樂高 SPIKE 機器人
創意專題實作

使用 LEGO Education SPIKE App 與擴充組

李春雄・李碩安 著

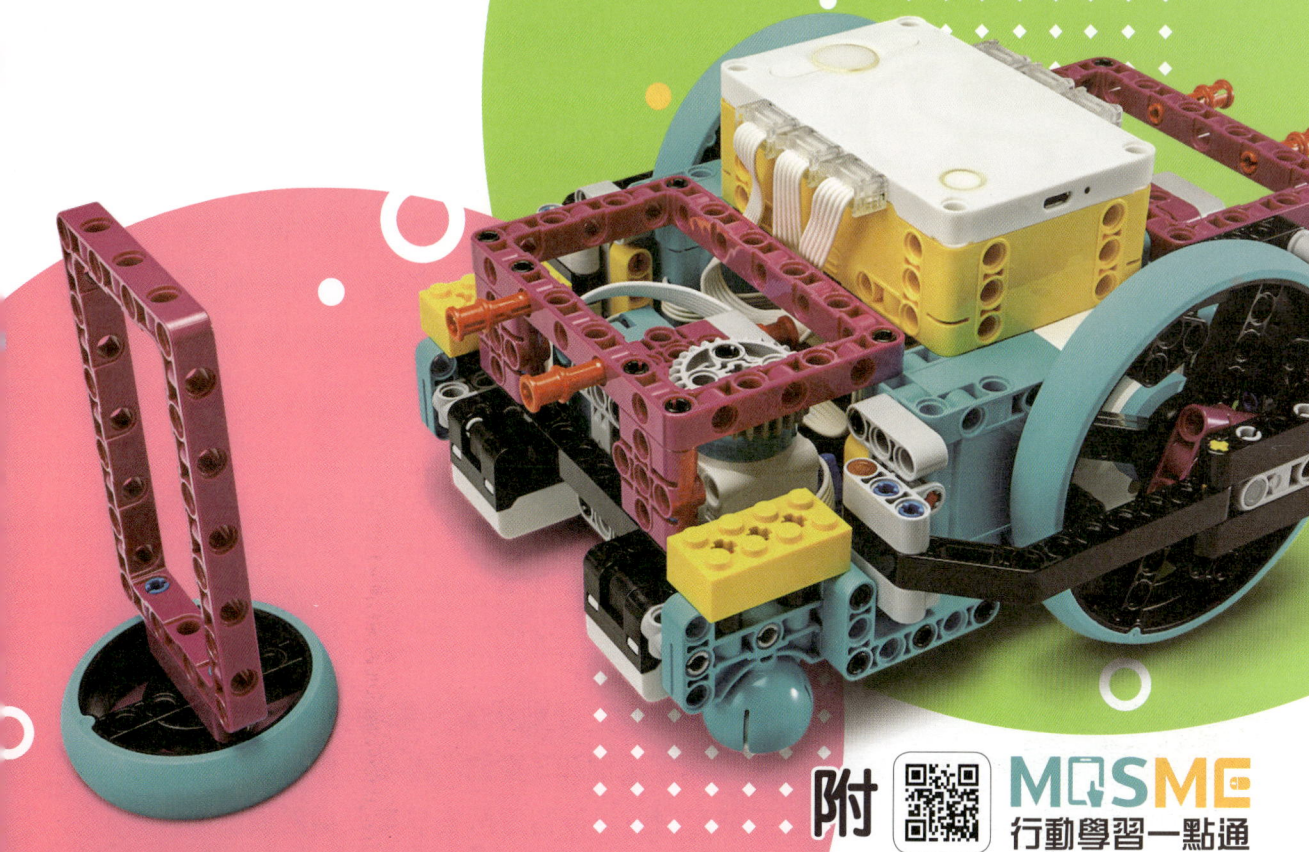

台科大圖書 since 1997

附 MOSME 行動學習一點通
診斷　評量　影音　加值

本書所引述的圖片及網頁內容，純屬教學及介紹之用，著作權屬於法定原著作權享有人所有，絕無侵權之意，在此特別聲明，並表達深深的感謝。

範例與課後習題解答檔案下載及觀看展示影片：
為方便讀者學習本書程式檔案，請至本公司 MOSME 行動學習一點通網站（http://www.mosme.net/），於首頁的關鍵字欄輸入本書相關字（例如：書號、書名、作者）進行書籍搜尋，尋得該書後即可於〔學習資源〕頁籤下載範例與課後習題解答檔案及觀看展示影片。

序

　　創客教育的主要精神，就是在鼓勵學生將自己的構想或創意，透過創客套件或零件，親自動手完成的作品分享到全世界。從過去單向「想」的學習模式，欠缺「實作」的學校課程，到今日創意創新成為競爭主體的時代來臨，確實逐漸在翻轉教育的觀念，這當中鼓勵學生自己動手做出東西的創客（Maker）教育。因此，創客教育強調「學習、思考、創意、實作及分享」五個階段，並且注重與「新科技」結合，因此，適合發展「跨學科」創新力培養的新途徑。

　　本書中使用的創客套件，使用 Lego 公司所開發的「Lego SPIKE Prime 史派克機器人教育版、擴充組」。本套件擁有完善的軟硬體配套，適合在不同機構及環境應用，例如：可供學校用於 STEAM（科學、科技、工程、藝術、數學）教育，初創企業亦能應用套件以便宜成本開發新產品及製造雛型。

　　Lego SPIKE Prime 史派克機器人教育版、擴充組可以用來開發有「創意性」及「功能性」的專題作品，並且每一個「專題作品」的機械系統都是由三個部分組合而成：

一、**結構元件**：用來設計「專題作品」的外型機構及「輸出」的執行機構。
　　例如：利用樂高零件來設計。

二、**動力元件**：用來決定「專題作品」的系統輸出「動力」方式。
　　例如：利用伺服馬達來設計。

三、**傳動元件**：用來改變「專題作品」的系統「運動」方式。
　　例如：利用齒輪、滑輪、履帶等元件來設計。

　　因此，筆者在本書中，創作一系列「Lego SPIKE Prime 史派克機器人教育版、擴充組」的結合作品，例如：1.小鴨機器人；2.相撲機器人；3.人型機器人；4.打高爾夫球機器人；5.撿桌球機器人；6.投籃機器人；7.F1賽車；8.工程大卡車；9.戰車機器人；10.直升機機器人等 10 種創意作品。

　　希望能夠透過主題式教材來引發各位讀者，對於創客教育的興趣。最後，在此特別感謝各位讀者對本著作的支持與愛護，筆者才疏學淺，有疏漏之處，敬請各位資訊先進不吝指教。

李春雄 教授（Leech@gcloud.csu.edu.tw）

2023 年 2 月

於 正修科技大學 資管系

目錄

Chapter 01 樂高機器人

1-1	樂高的基本介紹	2
1-2	什麼是機器人	8
1-3	SPIKE 樂高機器人介紹	11
1-4	SPIKE 樂高機器人套件	12
1-5	如何用 Lego Education SPIKE 程式學習運算思維	15
1-6	SPIKE 機器人在創客教育上的應用	16
	課後習題	20

Chapter 02 樂高機器人的程式開發環境

2-1	SPIKE 樂高機器人的程式開發環境	22
2-2	下載及安裝樂高機器人的 SPIKE 軟體	23
2-3	SPIKE 的整合開發環境	24
2-4	撰寫第一支 SPIKE 程式	30
	課後習題	32

Chapter 03 小鴨機器人

3-1	小鴨機器人	34
3-2	SPIKE 小鴨機器人組裝	36
3-3	撰寫「SPIKE 小鴨機器人」之指引程式	49
3-4	專題實作：樂高小鴨機器人走迷宮	52
	課後習題	55

Chapter 04 相撲機器人

4-1	相撲機器人	58
4-2	SPIKE 相撲機器人組裝	60
4-3	撰寫「SPIKE 相撲機器人」之指引程式	69
4-4	專題實作：樂高相撲機器人	72
	課後習題	74

Chapter 05 人型機器人

5-1	人型機器人	76
5-2	SPIKE 人型機器人組裝	78
5-3	撰寫「SPIKE 人型機器人」之指引程式	88
5-4	專題實作：樂高人型機器人 PID 循線	91
課後習題		93

Chapter 06 打高爾夫球機器人

6-1	打高爾夫球機器人	96
6-2	SPIKE 打高爾夫球機器人組裝	98
6-3	撰寫「SPIKE 打高爾夫球機器人」之指引程式	106
6-4	專題實作：樂高打高爾夫球機器人	108
課後習題		110

Chapter 07 撿桌球機器人

7-1	撿桌球機器人	112
7-2	SPIKE 撿桌球機器人組裝	114
7-3	撰寫「SPIKE 撿桌球機器人」之指引程式	126
7-4	專題實作：樂高撿桌球機器人	129
課後習題		131

Chapter 08 投籃機器人

8-1	投籃機器人	134
8-2	SPIKE 投籃機器人組裝	136
8-3	撰寫「SPIKE 投籃機器人」之指引程式	146
8-4	專題實作：樂高投籃機器人	148
課後習題		150

目錄

Chapter 09 F1 賽車

9-1　F1 賽車　　152
9-2　SPIKE F1 賽車組裝　　154
9-3　撰寫「SPIKE F1 賽車」之指引程式　　173
9-4　專題實作：樂高 F1 賽車　　176
課後習題　　178

Chapter 10 工程大卡車

10-1　工程大卡車　　180
10-2　SPIKE 工程大卡車組裝　　182
10-3　撰寫「SPIKE 工程大卡車」之指引程式　　201
10-4　專題實作：樂高工程大卡車　　204
課後習題　　206

Chapter 11 戰車機器人

11-1　戰車機器人　　208
11-2　SPIKE 戰車機器人組裝　　210
11-3　撰寫「SPIKE 戰車機器人」之指引程式　　225
11-4　專題實作：樂高戰車機器人　　229
課後習題　　232

Chapter 12 直升機機器人

12-1　直升機機器人　　234
12-2　SPIKE 直升機機器人組裝　　236
12-3　撰寫「SPIKE 直升機機器人」之指引程式　　256
12-4　專題實作：樂高直升機機器人　　259
課後習題　　261

附錄：各章課後習題參考答案　　262

Chapter 01 樂高機器人

本章學習目標

1. 讓讀者瞭解機器人定義及在各領域上的運用。
2. 讓讀者瞭解利用 Lego Education SPIKE 程式學習運算思維。

本章內容

1-1　樂高的基本介紹
1-2　什麼是機器人
1-3　SPIKE 樂高機器人介紹
1-4　SPIKE 樂高機器人套件
1-5　如何用 Lego Education SPIKE 程式學習運算思維
1-6　SPIKE 機器人在創客教育上的應用

1-1 | 樂高的基本介紹

　　樂高（Lego）是一間總部位於丹麥比隆的玩具公司，創始於西元 1932 年，初期主要生產積木玩具，並將其命名為樂高。現今的樂高，已經不只是小朋友的玩具，也獲得許多成人的熱愛，其主要原因就是因為樂高公司不停地求新求變，並且與時代的潮流與趨勢結合；它先後推出了一系列的主題產品，以下歸納出目前較常見的十種系列主題：

1. City（城市）系列
2. NinjaGo（忍者）系列 
3. Star Wars（星際大戰）系列 
4. Architecture（建築）系列 
5. Speed（賽車）系列 
6. Marvel（漫威）系列 
7. Friends（好朋友）系列 
8. Creator（創意）系列 
9. Technic（科技）系列 
10. Mindstorms（機器人）系列 

註　上面的 1～7 系列，樂高公司已經提供固定的產品，適合小朋友或收藏家。而 8～10 系列的產品比較能夠訓練學生的創意、組裝機構及邏輯思考的能力。

1-1.1 樂高創意積木

[功能] 讓小朋友隨著「故事」的情境，發揮自己的想像力，使用 LEGO 積木動手組裝出自己設計的模型。

[適齡] 幼稚園階段到國小二年級。

[目的] 1. 培養孩子的創新力。
2. 實作中訓練手指的靈活度。
3. 讓小朋友與大家分享自己的作品，培養孩子的表達能力。

樂高教具： 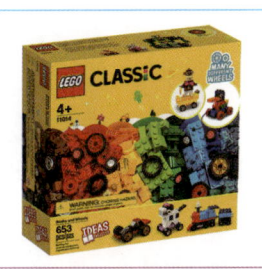
- classic ideas 創意積木
- 創意積木 

官方作品：
- 「小房子」造型創作 
- 「賽車」造型創作 

作者創作作品：
- 「無敵鐵金鋼」造型創作
- 「小汽車」造型創作 
- 坦克 
- 瓦力機器人

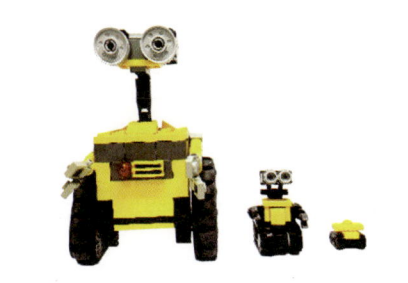

1-1.2 樂高動力機械

[功能] 讓小朋友使用 LEGO 動力機械組，藉由動手實作以驗證「槓桿」、「齒輪」、「滑輪」、「連桿」、「輪軸」等物理機械原理。

[適齡] 國小階段年紀及動力機械玩家。

[目的] 1. 從中觀察與測量不同現象，深入了解物理科學知識。
2. 讓學生「做中學，學中做」，培養實作能力。
3. 觀察生活、機械與培養解決能力。

樂高教具

幼兒簡易動力機械組

動力機械組

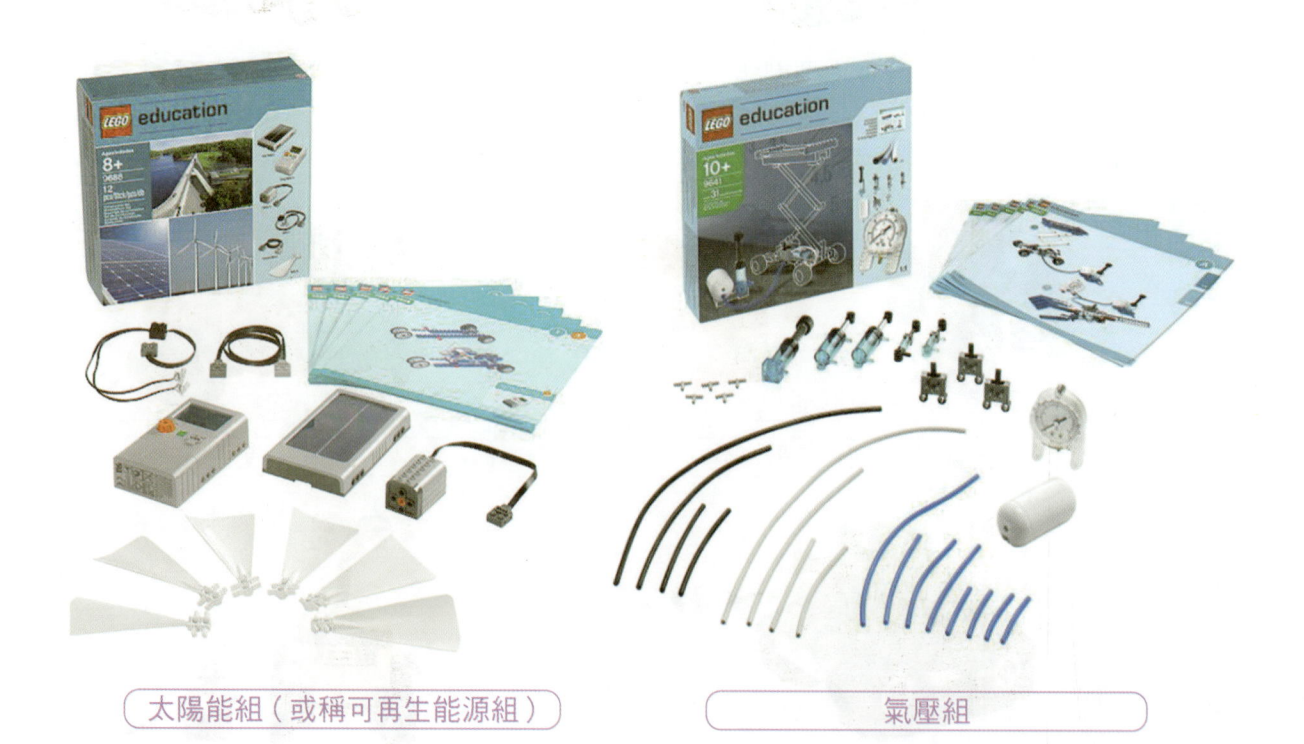

太陽能組（或稱可再生能源組）

氣壓組

Chapter 01　樂高機器人

紅外線接收器 　可調整速度 　無法調整速度
　　　　　　　　　IR 紅外線遙控器

PF 馬達（M）　PF 馬達（L） 　PF 馬達（XL） 　轉向馬達

動力機械組（延伸套件組）

註　PF 代表 Power Functions

官方作品

動力機器 F1 賽車 　　動力機器超級跑車

作者創作作品

「改造」成動力機器 F1 賽車 　　「原創」的 F1 賽車

「改造」成動力機器超級跑車 　　「原創」的超級跑車

5

樂高 SPIKE 機器人創意專題實作

1-1.3 樂高機器人

定義 樂高機器人（LEGO MINDSTORMS）是樂高集團所製造可程式化的機器玩具。

目的 1. 親自動手「組裝」，訓練學生「觀察力」與「空間轉換」能力。
2. 親自撰寫「程式」，訓練學生「專注力」與「邏輯思考」能力。
3. 親自實際「測試」，訓練學生「驗證力」與「問題解決」能力。

樂高教具 目前可分為 RCX（第一代）、NXT（第二代）與 EV3（第三代）

RCX（第一代）1998 　　NXT（第二代）2006 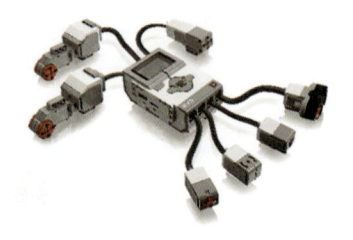　　EV3（第三代）2013

註
1. 第一代的 RCX 目前已經極少玩家在使用了（已成為古董級來收藏）。
2. 第二代的 NXT 目前雖然已經停產，但是大部分的教育中心尚在使用。
3. 第三代的 EV3 目前市面上的主流機器人。

1. NXT（第二代）相關的套件如下：

NXT 玩具版（零售版）LEGO 8547 　　NXT 教育版 LEGO 9797

2. EV3（第三代）相關的套件如下：

EV3 家用版（零售版）/LEGO 31313 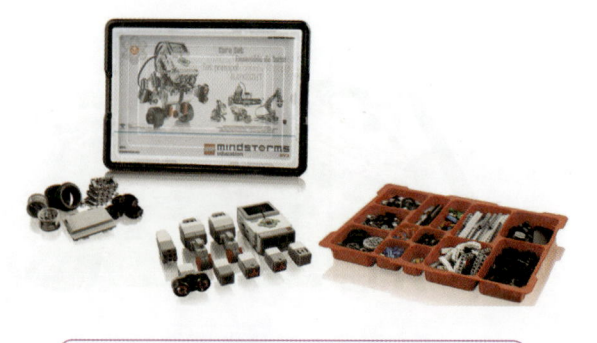　　EV3 教育版 /LEGO 45544

Chapter 01　樂高機器人

官方作品

NXT 基本車

NXT 人型機器人

EV3 機器狗

EV3 人型機器人

作者創作作品

「改造」成 EV3 主機的 F1 賽車

「原創」的樂高藍寶堅尼跑車

「改造」成 NXT 主機的超級跑車

「原創」的超級跑車

7

1-2 | 什麼是機器人

◆ 機器人的迷思

「機器人」只是一台「人型玩具或遙控跑車」，其實這樣的定義太過狹隘且不正確。

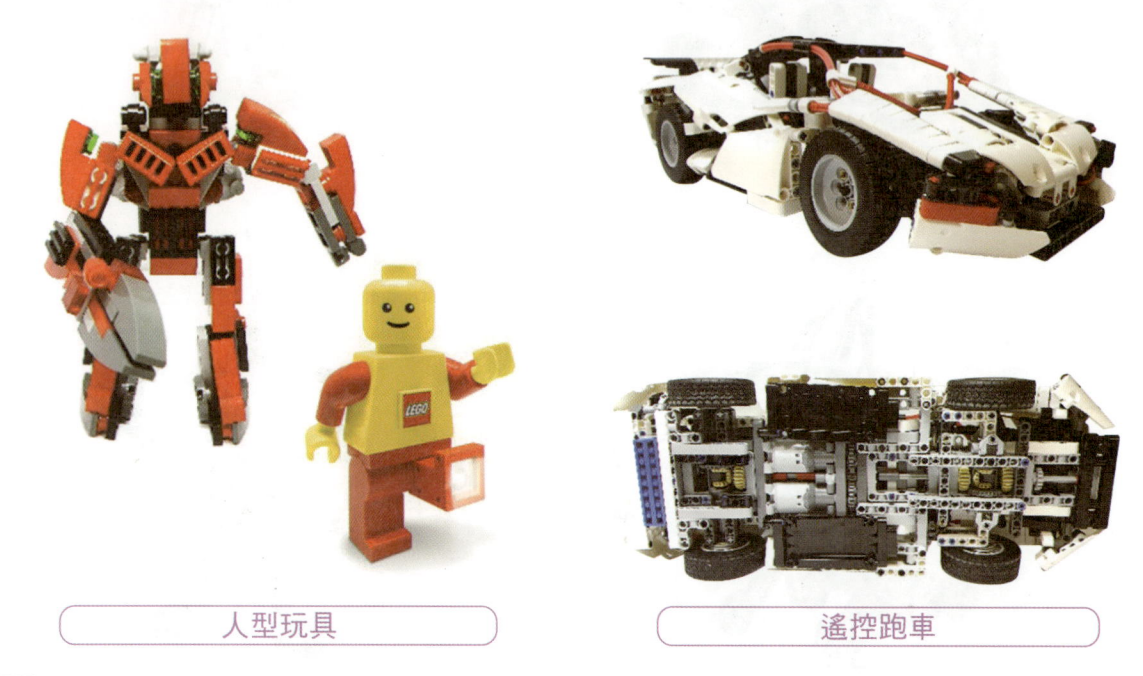

人型玩具

遙控跑車

[說明] 1. 人型玩具：屬於靜態的玩偶，無法接收任何訊號，更無法自行運作。

2. 遙控汽車：可以接收遙控器發射的訊號，但是，缺少「感應器」來偵測外界環境的變化。例如：如果沒有遙控器控制的話，遇到障礙物前，也不會自動停止或轉彎。

◆ 深入探討

我們都知道，人類可以用「眼睛」來觀看周圍的事物，利用「耳朵」聽見周圍的聲音，但是，機器人卻沒有眼睛也沒有耳朵，那到底要如何模擬人類思想與行為，進而協助人類處理複雜的問題呢？

其實「機器人」就是一部電腦（模擬人類的大腦），它是一部具有電腦控制器（包含中央處理單元、記憶體單元），並且有輸入端，用來連接感應器（模擬人類的五官）與輸出端，用來連接馬達（模擬人類的四肢）。

[定義] 機器人（Robot）它不一定是以「人型」為限，凡是可以用來模擬「人類思想」與「行為」的機械玩具皆能稱之。

◆ 三種組成要素

1. 感應器（輸入）、2. 處理器（處理）、3. 伺服馬達（輸出）。

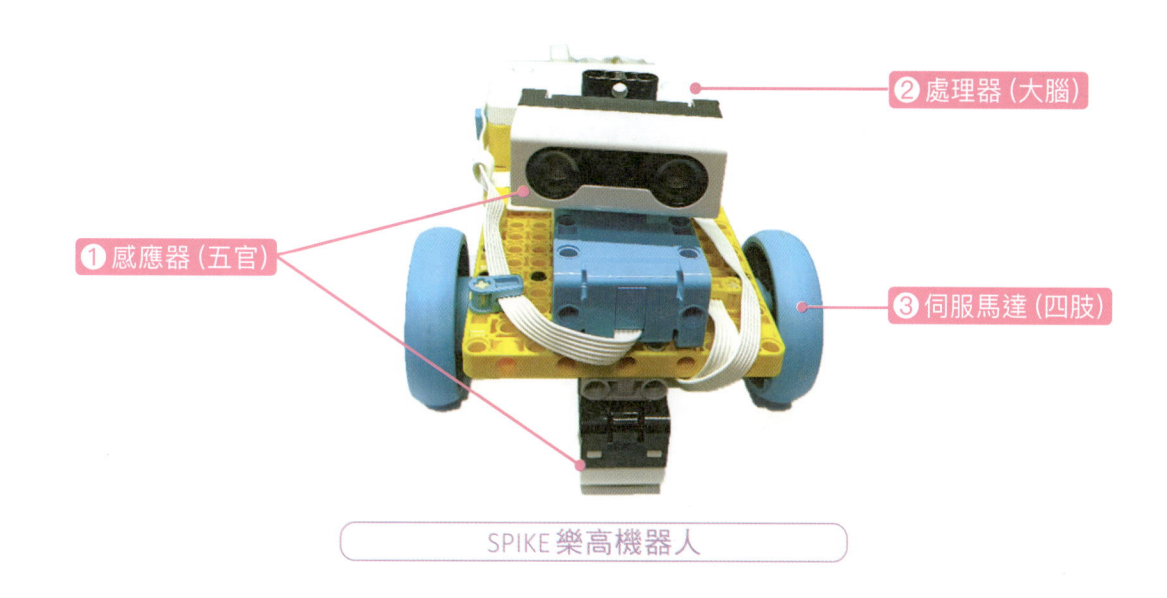

❶ 感應器（五官）
❷ 處理器（大腦）
❸ 伺服馬達（四肢）

SPIKE 樂高機器人

◆ 機器人的運作模式

1. **輸入端**：類似人類的「五官」，利用各種不同的「感應器」，來偵測外界環境的變化，並接收訊息資料。
2. **處理端**：類似人類的「大腦」，將偵測到的訊息資料，提供「程式」開發者來做出不同的回應動作程序。
3. **輸出端**：類似人類的「四肢」，透過「伺服馬達」來真正做出動作。

◆ 舉例：會走迷宮的機器人

假設已經組裝完成一台樂高機器人的車子（又稱為輪型機器人），當「輸入端」的「距離感應器」偵測到前方有障礙物時，其「處理端」的「程式」可能的回應有「直接後退」或「後退再換前進方向」或「停止」動作等，如果是選擇「後退再換前進方向」時，則「輸出端」的「伺服馬達」就是真正先退後，再向左或向右轉，最後再直走等動作程序。

◆ 機器人的運用

由於人類不喜歡做具有「危險性」及「重複性」的工作，因此，才會有動機來發明各種用途的機器人，其目的就是用來取代或協助人類各種複雜性的工作。

◆ 常見的運用

1. **工業上**：焊接用的機械手臂（如：汽車製造廠）或生產線的包裝。
2. **軍事上**：拆除爆裂物（如：炸彈）。
3. **太空上**：無人駕駛（如：偵查飛機、探險車）。
4. **醫學上**：居家看護（如：通報老人的情況）。
5. **生活上**：自動打掃房子（如：自動吸塵器、掃地機器人）。
6. **運動上**：自動發球機（如：桌球發球機）。
7. **運輸上**：無人駕駛車（如：Google 研發的無人駕駛車）。
8. **安全測試上**：汽車衝撞測試。
9. **娛樂上**：取代傳統單一功能的玩具。
10. **教學上**：訓練學生邏輯思考及整合應用能力，其主要目的讓學生學會機器人的機構原理、感應器、主機及伺服馬達的整合應用。進而開發各種機器人程式，以達成實務上的應用。

◆ 機器人結合 AI 人工智慧

近年來 AI 技術突飛猛進，各界積極推動 AI 技術應用至各行業，對人類威脅在於部分工作被人工智慧機器所取代，特別「工業機器人」部署規模日益擴大，將對全球就業市場帶來顛覆性變革，因此，對於「簡單性」、「重複性」和「規律性」的工作終將會被機器（人工智慧）所取代。（原文網址：https://kknews.cc/tech/voe65b4.html）

1-3 | SPIKE 樂高機器人介紹

定義 SPIKE 樂高機器人是樂高集團所製造之可程式化的機器玩具。

目的 1. 親自動手「組裝」，訓練學生「觀察力」與「空間轉換」能力。
2. 親自撰寫「程式」，訓練學生「專注力」與「邏輯思考」能力。
3. 親自實際「測試」，訓練學生「驗證力」與「問題解決」能力。

說明 在LEGO SPIKE軟體中，我們可以透過「拼圖程式」來命令SPIKE樂高機器人進行各種控制，以便讓學生較輕易地撰寫機器人程式，而不需瞭解樂高機器人內部的軟、硬體結構。

適齡 LEGO SPIKE適用於國中、小學生或樂高機器人的初學者。

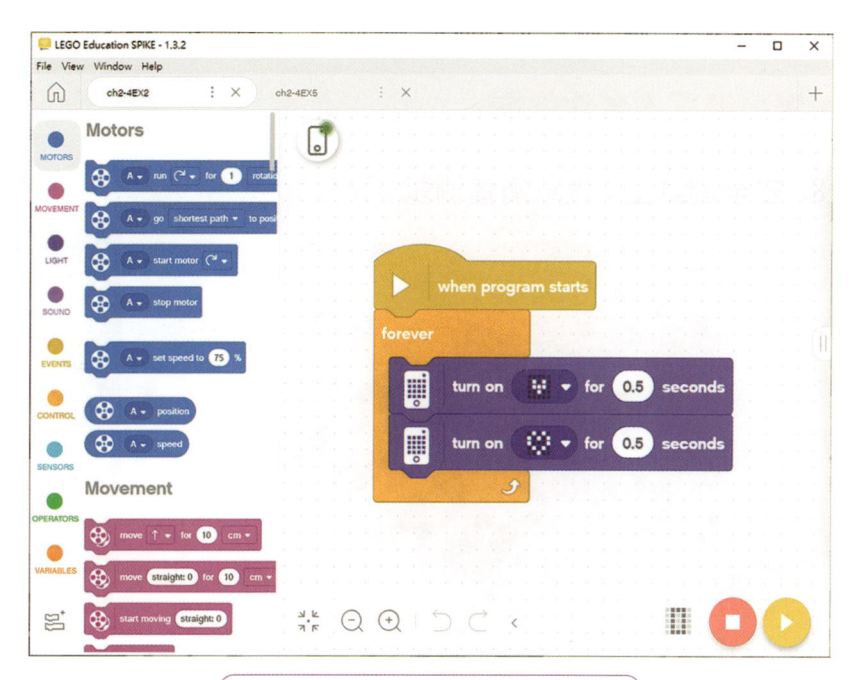

LEGO SPIKE軟體

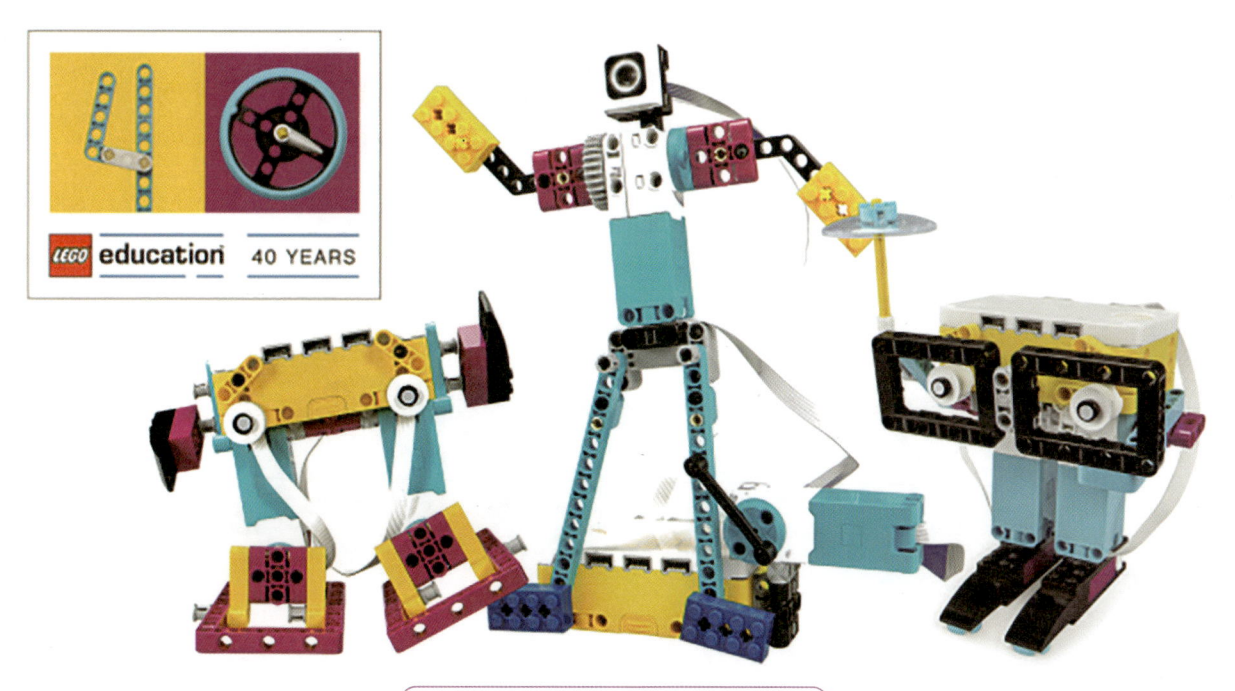

SPIKE樂高機器人

1-4 | SPIKE 樂高機器人套件

◆ 引言

基本上，樂高機器人是由許多積木、橫桿、軸、套環、輪子、齒輪及最重要的可程式積木（主機）與相關的感應器等元件所組成。因此，在學習樂高機器人之前，必須要先了解它的組成機構之元件。

◆ 樂高機器人套件版本

SPIKE教育版（產品編號：45678）

SPIKE零售版（產品編號：51515）

樂高教育擴充組（產品編號：45681）

◆ SPIKE 教育版的主機功能

1. 5×5 Light Matrix。
2. 儲存20個程式。
3. 32MB記憶體。
4. 六個動態調整的輸入／輸出連接埠（可彈性使用馬達或感應器）。
5. 內建六軸陀螺儀。
6. 使用可充電式鋰電池。
7. 具有藍牙連接功能。
8. 具有Micro USB連接埠。
9. 具有揚聲器之聲音輸出功能。
10. 處理器為100MHz，320Kbyte RAM，1M flash。
11. 嵌入式的OS為MicroPython。

◆ 樂高機器人的輸入／處理／輸出的主要元件（本書是以「SPIKE 教育版」為主）

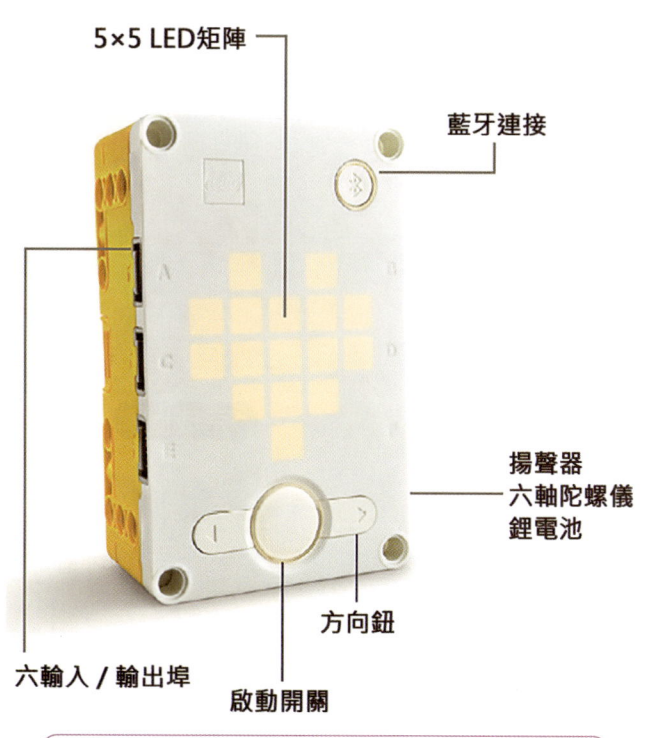

SPIKE機器人主要元件：
- 5×5 LED矩陣
- 藍牙連接
- 揚聲器
- 六軸陀螺儀
- 鋰電池
- 方向鈕
- 啟動開關
- 六輸入／輸出埠

[說明]
1. 輸入元件：感應器，連接埠編號分別為「A,B,C,D,E,F」。
2. 處理元件：SPIKE主機，機器人的大腦。
3. 輸出元件：伺服馬達，連接埠編號分別為「A,B,C,D,E,F」。

樂高 SPIKE 機器人創意專題實作

◆ 主機與鋰電池組裝步驟

步驟 1

步驟 2

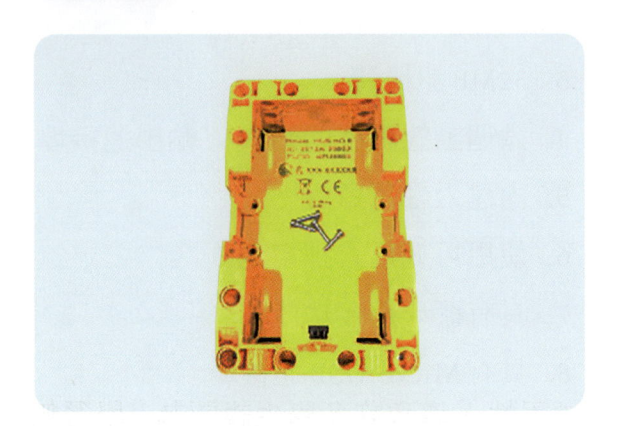

步驟 3

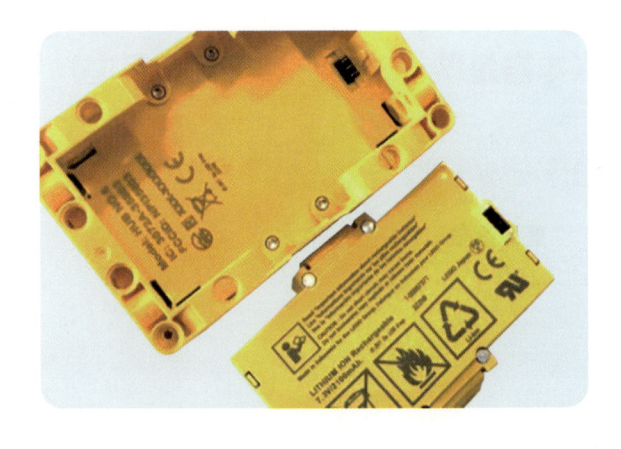

步驟 4

步驟 5

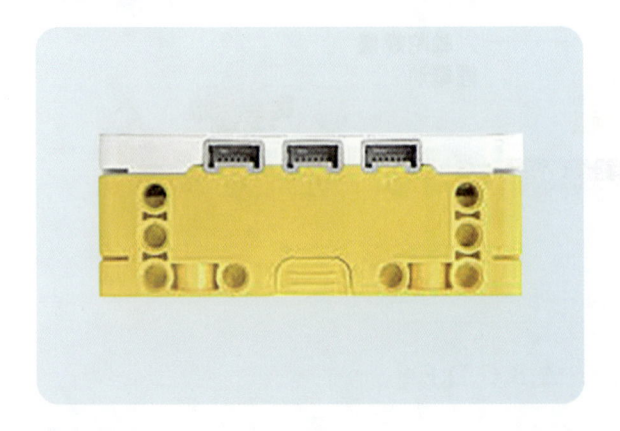

完成圖

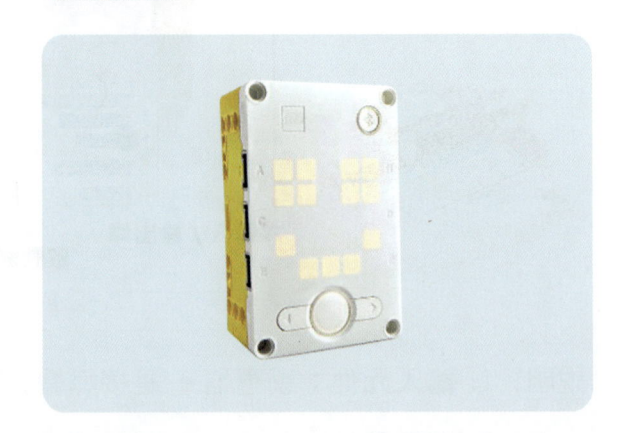

1-5 | 如何用 Lego Education SPIKE 程式學習運算思維

運算思維（Computational Thinking）本身就是運用電腦來解決問題的思維，其中「Computational」就是指「可運算的」；為什麼強調可運算？因為電腦的本質就是一台功能強大的計算機。所以，我們必須先「定義問題」，再將問題轉換成電腦可運算的形式，亦即程式處理程序（俗稱程式設計），透過它的強大運算能力來幫我們解決問題。

由於傳統的教學方式，大部分著重在「知識傳遞」，較少讓學生能「動手做」的機會，使得學生往往無法親自體驗學習的樂趣，更無法瞭解知識如何與生活上的連接性及應用性，導致許多學生誤認為「學習無用」的想法。

近年來全球吹起 Maker（創客）風潮，其主要的目的就是讓學生親自「動手做、實踐創意」之翻轉教育，它強調「一起做（Do It Together）」的跨領域整合學習方式。因此，美國總統歐巴馬也曾公開呼籲學生，希望學生多參與 Maker 活動，激發學生的各種創意思考，並希望透過 STEM（Science、Technology、Engineering、Mathematics）教育來跨領域地整合學習，讓學生可以從「創意」走向「創新」及「創業」。

由於傳統的程式設計教學方式，學生只會跟著老師學習本課中的小程式，它是屬於單向式教法、記憶式教法或紙上談兵法，無法讓學生感受到程式設計對它未來的幫助。有鑑於此，本書主要發想就是利用「SPIKE 機器人創客套件」為教具，來讓學生親自動手「組裝」日常生活上最想要設計的作品外部機構，並加裝各種電控元件，以完成「智能裝置」，再讓學生親自撰寫「程式」，訓練學生們的「邏輯思考」及「問題解決」能力。

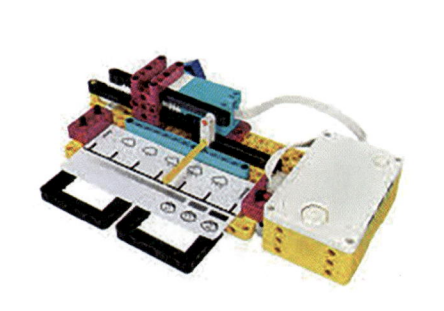

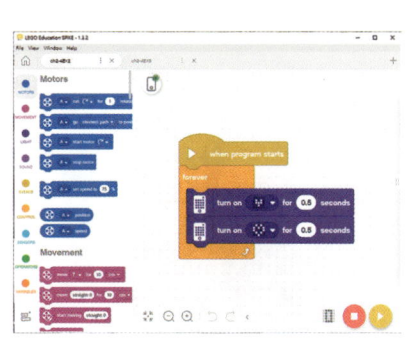

| SPIKE 機器人（硬體） | Lego SPIKE（軟體） | 解決問題 |

1-6 | SPIKE 機器人在創客教育上的應用

在瞭解樂高機器人教育組的基本運用之後，各位同學是否有發現，樂高機器人如果沒有結合擴展套件，好像不夠精彩及有趣。因此，筆者的研究室開發了各種不同專題製作的作品。

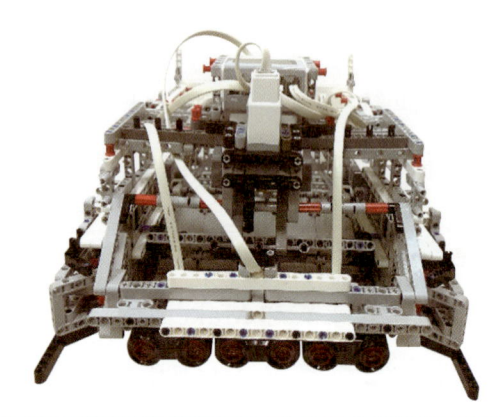

智慧型撿桌球機器人

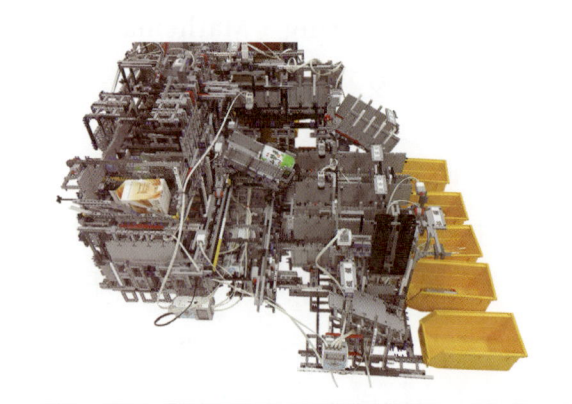

智慧型資源回收分類系統

智能垃圾壓縮筒

Chapter 01　樂高機器人

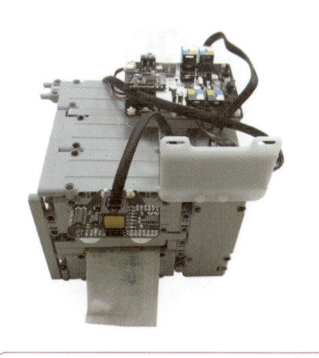

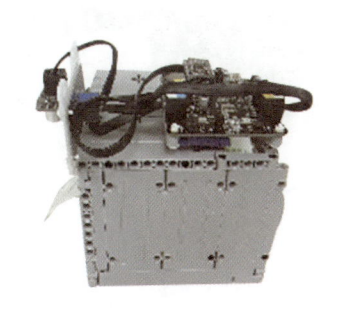

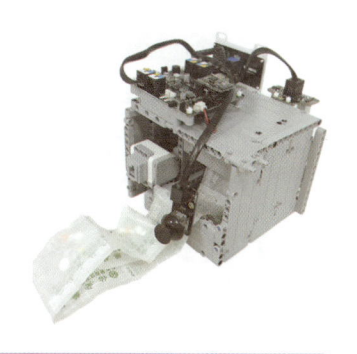

樂高版智慧藥盒（藥袋版 1.0）

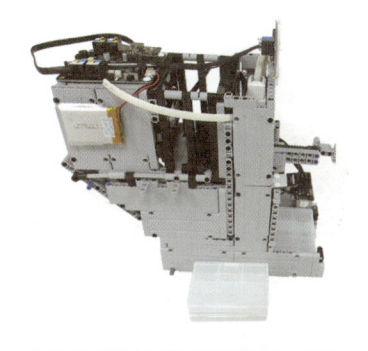

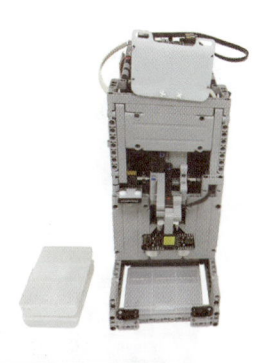

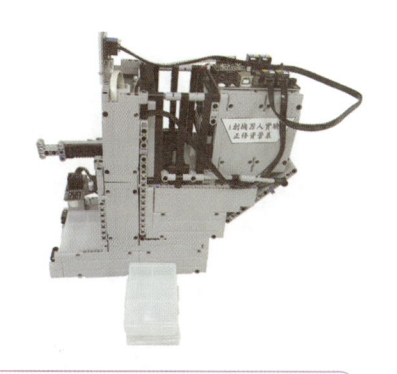

樂高版智慧藥盒（藥盒版 2.0）

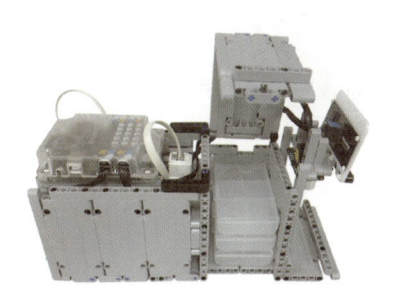

樂高版智慧藥盒（藥盒版 3.0）

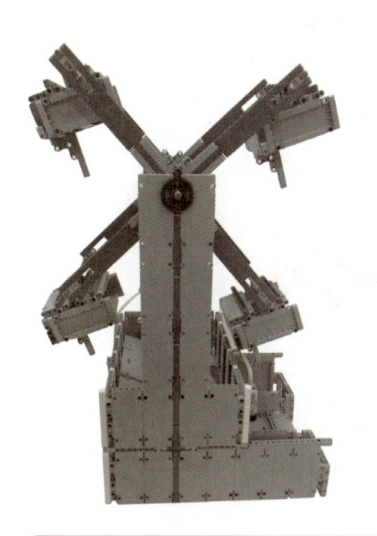

摩天輪智慧藥盒（藥盒版 4.0）

17

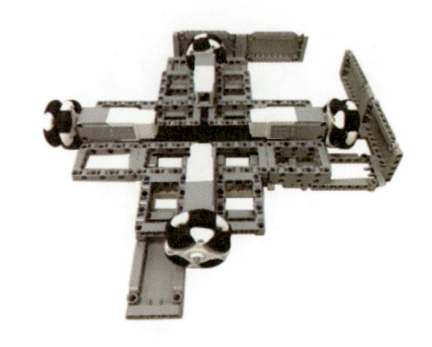

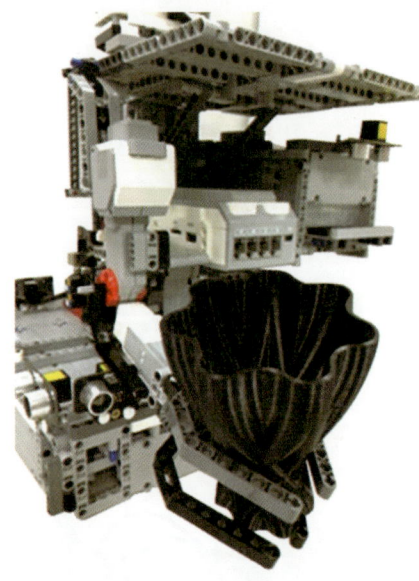

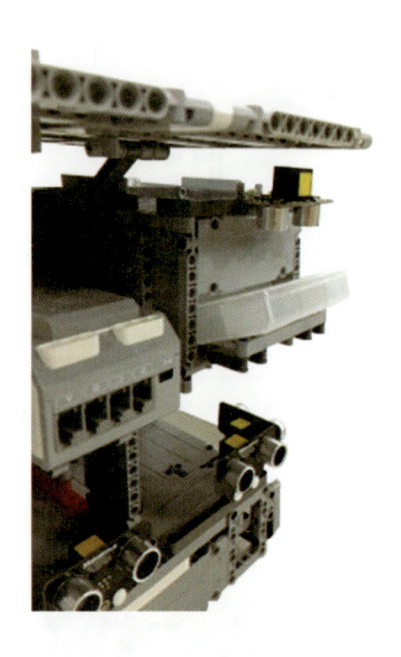

樂高 SPIKE 機器人創意專題實作

長照型服務機器人

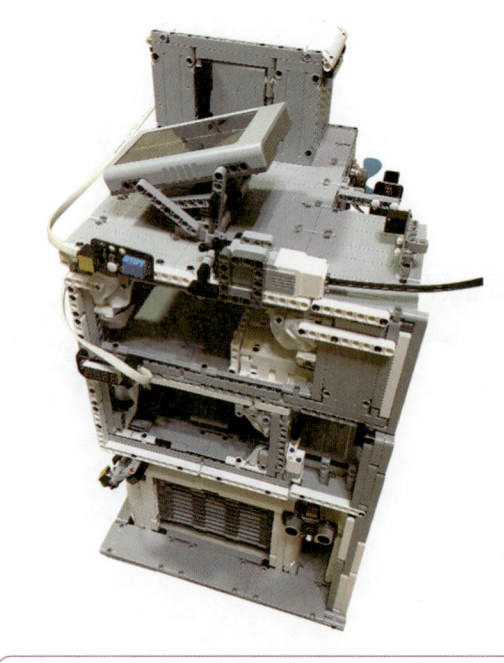

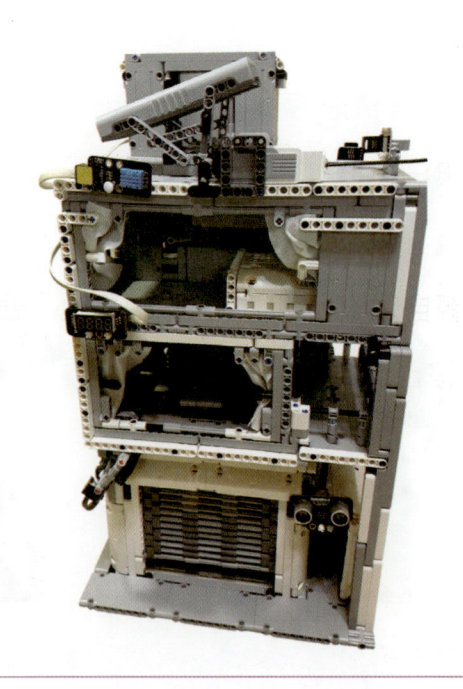

樂高智慧屋

18

智能導盲杖

　　當看到以上這些專題製作，心裡一定會想問：擁有一台屬於個人的SPIKE機器人智能車之後，可以做什麼？這是一個非常重要的問題。接下來，幫各位讀者歸納出一些運用。

◆ **娛樂方面**

　　由於智能小車上有「紅外線接收器」，因此，我們可以透過「紅外線遙控器」來操作機器人，也可以切換到自走車。例如：遙控車、避障車及循跡車等。

◆ **訓練邏輯思考及解決問題的能力**

1. 親自動手「組裝」，訓練學生「觀察力」與「空間轉換」能力。
2. 親自撰寫「程式」，訓練學生「專注力」與「邏輯思考」能力。
3. 親自實際「測試」，訓練學生「驗證力」與「問題解決」能力。

　　綜合上述，學生在組裝一台智能小車之後，再利用「圖控程式」方式來降低學習程式的門檻，進而達到解決問題的能力。

◆ **機構改造與創新**

1. 依照不同的用途來建構特殊化創意機構。
2. 整合機構、電控及程式設計等跨領域的能力。

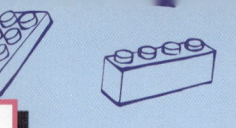

Chapter 01 課後習題

1. 請說明創意積木、動力機械及樂高機器人三者的主要差異。

2. 請說明樂高機器人（第一代到第三代）的發展歷程。

3. 請列舉出機器人的組成三要素。

4. 請列舉出機器人的運用（至少列出10項）。

5. 請問目前常見有哪些軟體程式可以用來控制「樂高機器人」？

Chapter 02 樂高機器人的程式開發環境

▍本章學習目標
1. 讓讀者瞭解如何下載及安裝樂高機器人的 SPIKE 軟體。
2. 讓讀者瞭解如何利用 SPIKE 程式來撰寫樂高機器人程式。

▍本章內容
2-1 樂高機器人的程式開發環境

2-2 下載及安裝樂高機器人的 SPIKE 軟體

2-3 SPIKE 的整合開發環境

2-4 撰寫第一支 SPIKE 程式

2-1 | SPIKE 樂高機器人的程式開發環境

當瞭解機器人的輸入端、處理端及輸出端的硬體結構之後，各位一定會迫不及待想寫一支程式來玩玩看。既然想要寫程式，那就不得不先瞭解樂高機器人的程式開發環境。基本上，控制樂高機器人的程式，目前大部分使用的有以下兩種：

第一種為SPIKE開發環境，是圖塊拼圖式的開發介面，軟體由樂高官方下載及安裝（適合國小及國中學生）。

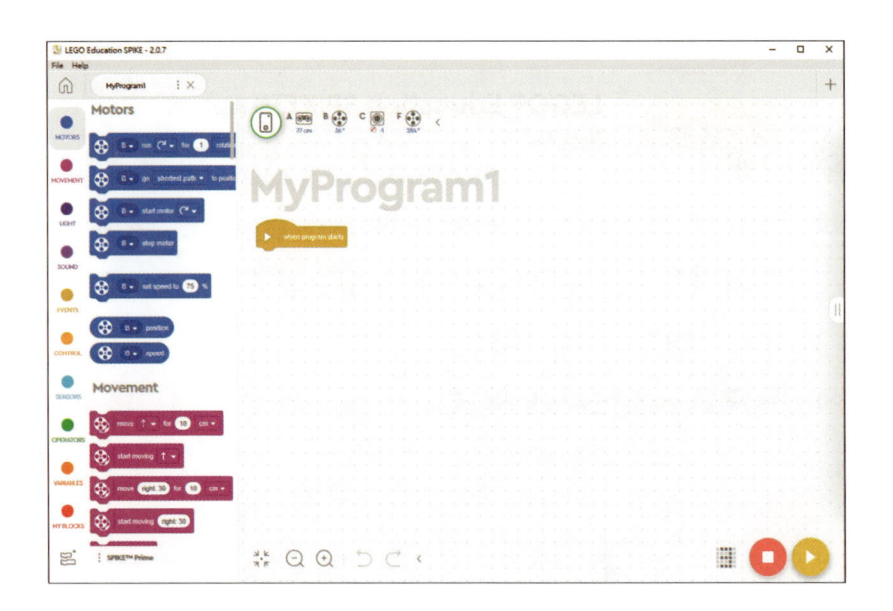

第二種為Python開發環境，是以Python為基礎的程式設計環境（適合高中及大專院校以上學生）。

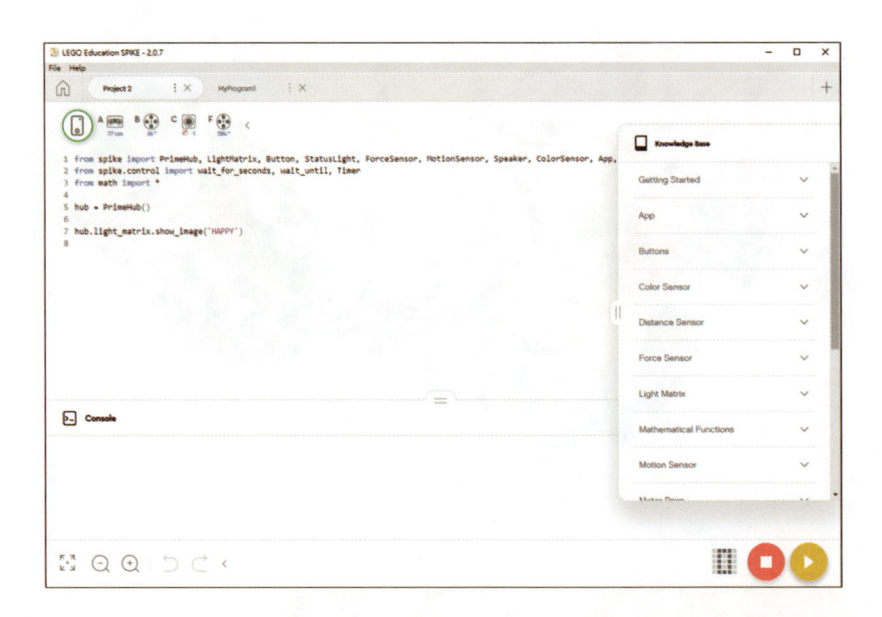

2-2 下載及安裝樂高機器人的 SPIKE 軟體

當組裝完成一台樂高機器人及瞭解基本硬體元件之後,接下來就可以到樂高機器人的官方網站下載控制它的軟體,就是所謂的「SPIKE」拼圖程式軟體。https://education.lego.com/en-us/downloads/spike-app/software

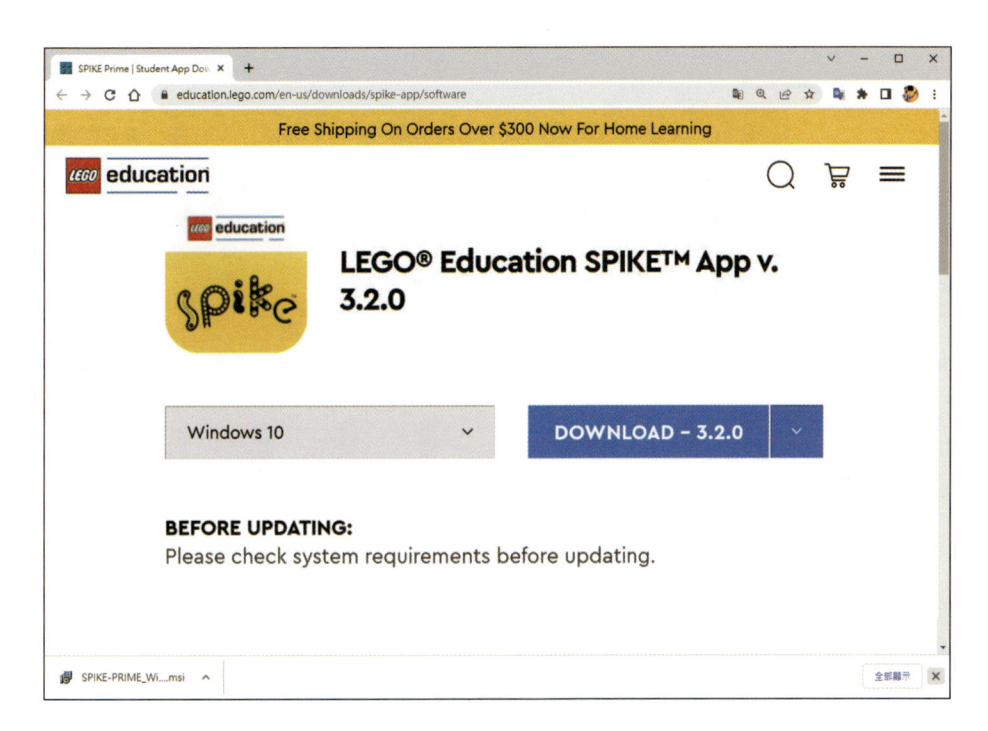

[說明] 在下載完成之後,再進行安裝程序,完成安裝後重新開啟。

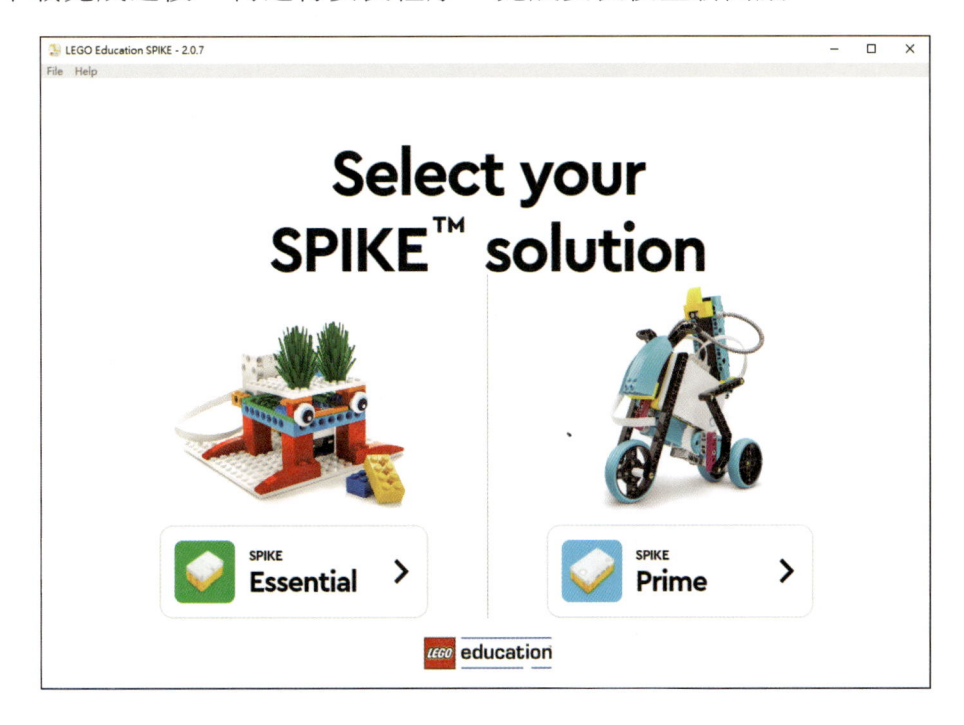

2-3 | SPIKE 的整合開發環境

如果想利用「SPIKE圖控程式」來開發樂高機器人程式時，必須要先熟悉SPIKE的整合開發環境的介面。

2-3.1 SPIKE 啟動畫面（主畫面）

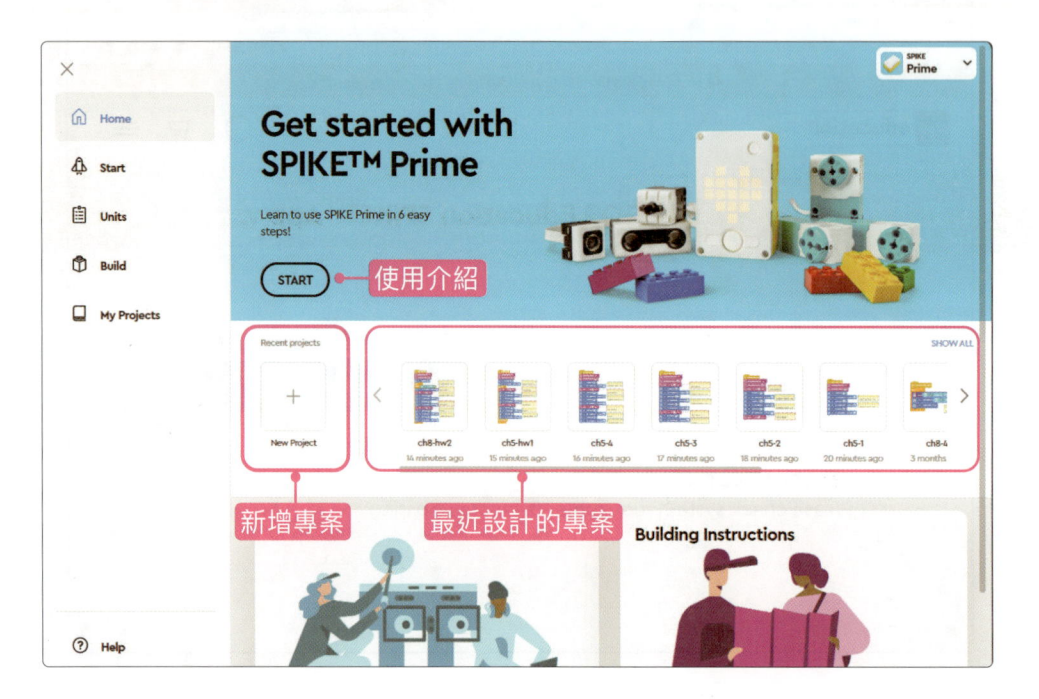

■ 我的專案（專案管理）

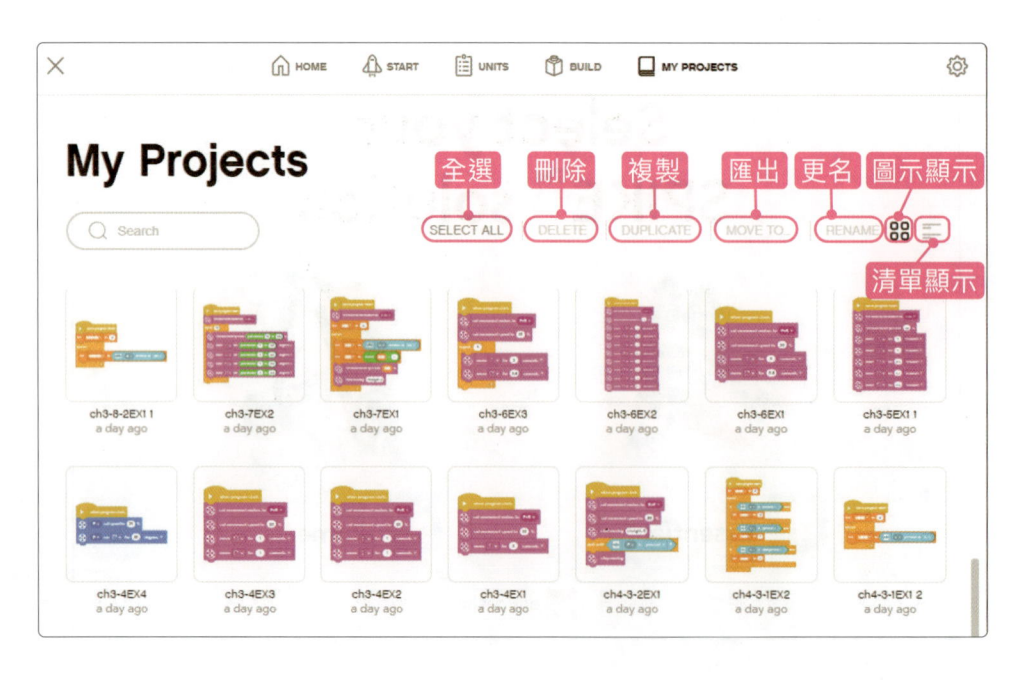

二 新增專案

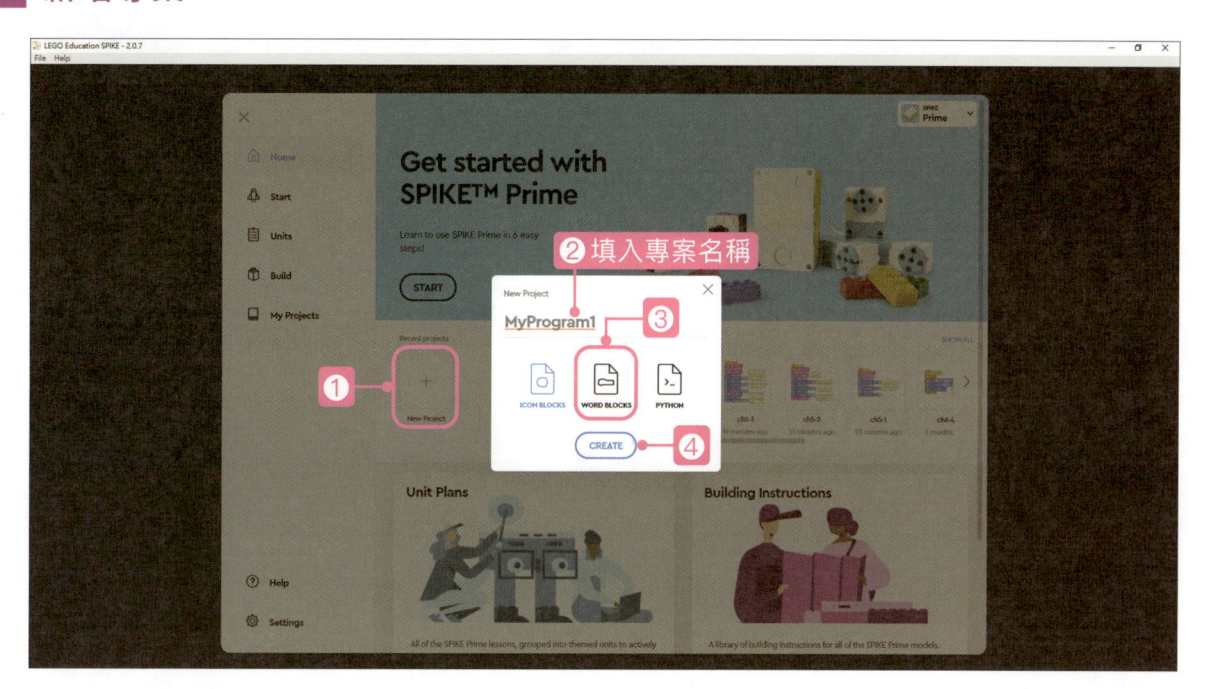

三 SPIKE 開發介面

如果想利用「SPIKE圖控程式」來開發樂高機器人程式時，必須要先熟悉SPIKE的整合開發環境的介面。

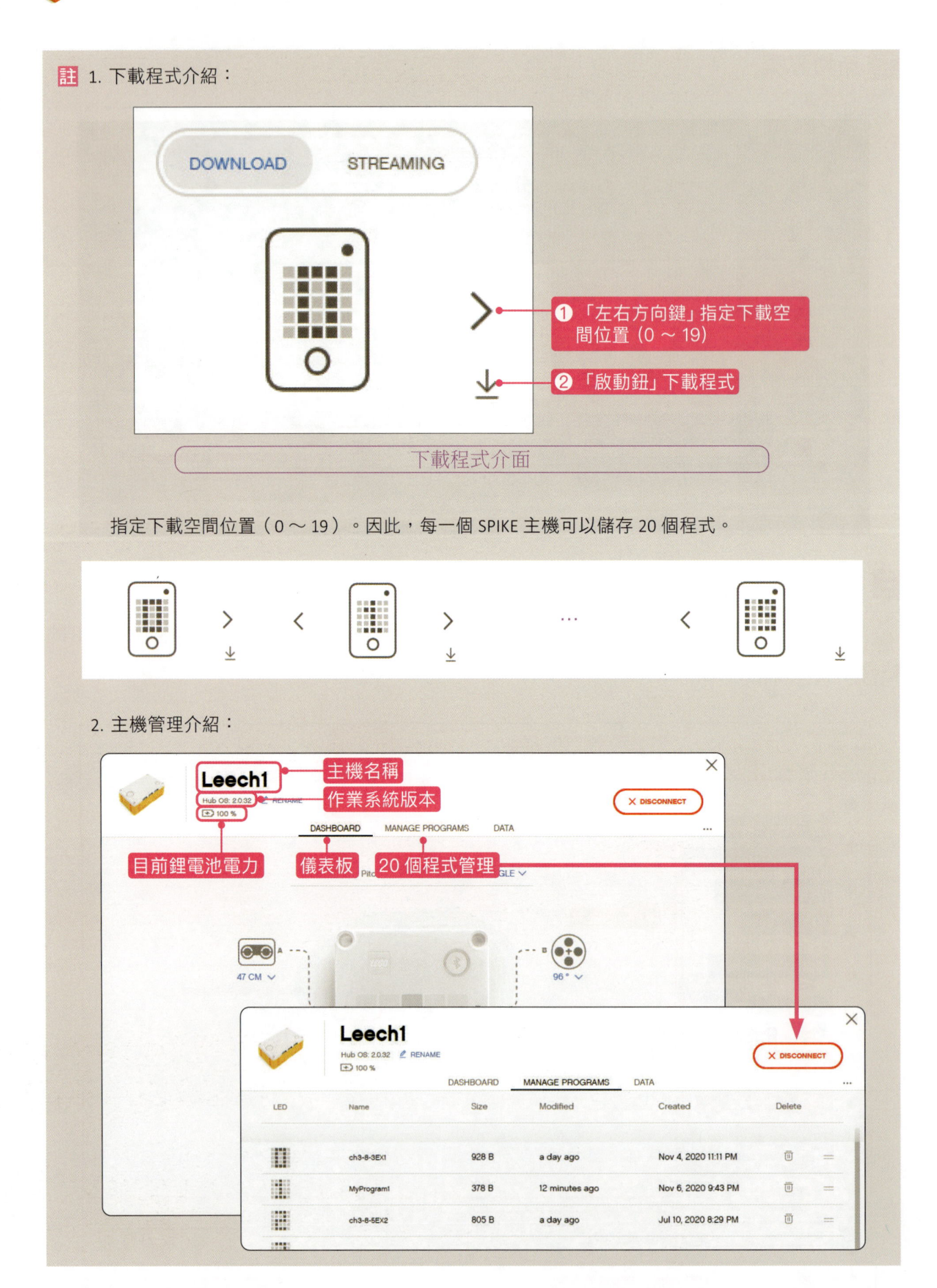

樂高 SPIKE 機器人創意專題實作

註 1. 下載程式介紹：

下載程式介面

❶「左右方向鍵」指定下載空間位置（0～19）

❷「啟動鈕」下載程式

指定下載空間位置（0～19）。因此，每一個 SPIKE 主機可以儲存 20 個程式。

2. 主機管理介紹：

主機名稱：Leech1
作業系統版本：Hub OS: 2.0.32
目前鋰電池電力：100 %
儀表板：DASHBOARD
20 個程式管理：MANAGE PROGRAMS

LED	Name	Size	Modified	Created	Delete
	ch3-8-3EX1	928 B	a day ago	Nov 4, 2020 11:11 PM	
	MyProgram1	378 B	12 minutes ago	Nov 6, 2020 9:43 PM	
	ch3-8-5EX2	805 B	a day ago	Jul 10, 2020 8:29 PM	

26

Chapter 02　樂高機器人的程式開發環境

◆ SPIKE 提供的功能如下：

1. 提供「完全免費」的「整合開發環境」來開發專案透過官方網站（https://education.lego.com/en-us/downloads/spike-app/software）下載及安裝就可以開發SPIKE機器人程式。

2. 提供「群組化」的「元件庫」來快速設計使用者介面全部指令元件皆分門別類，提供學習者更容易及輕鬆撰寫程式。

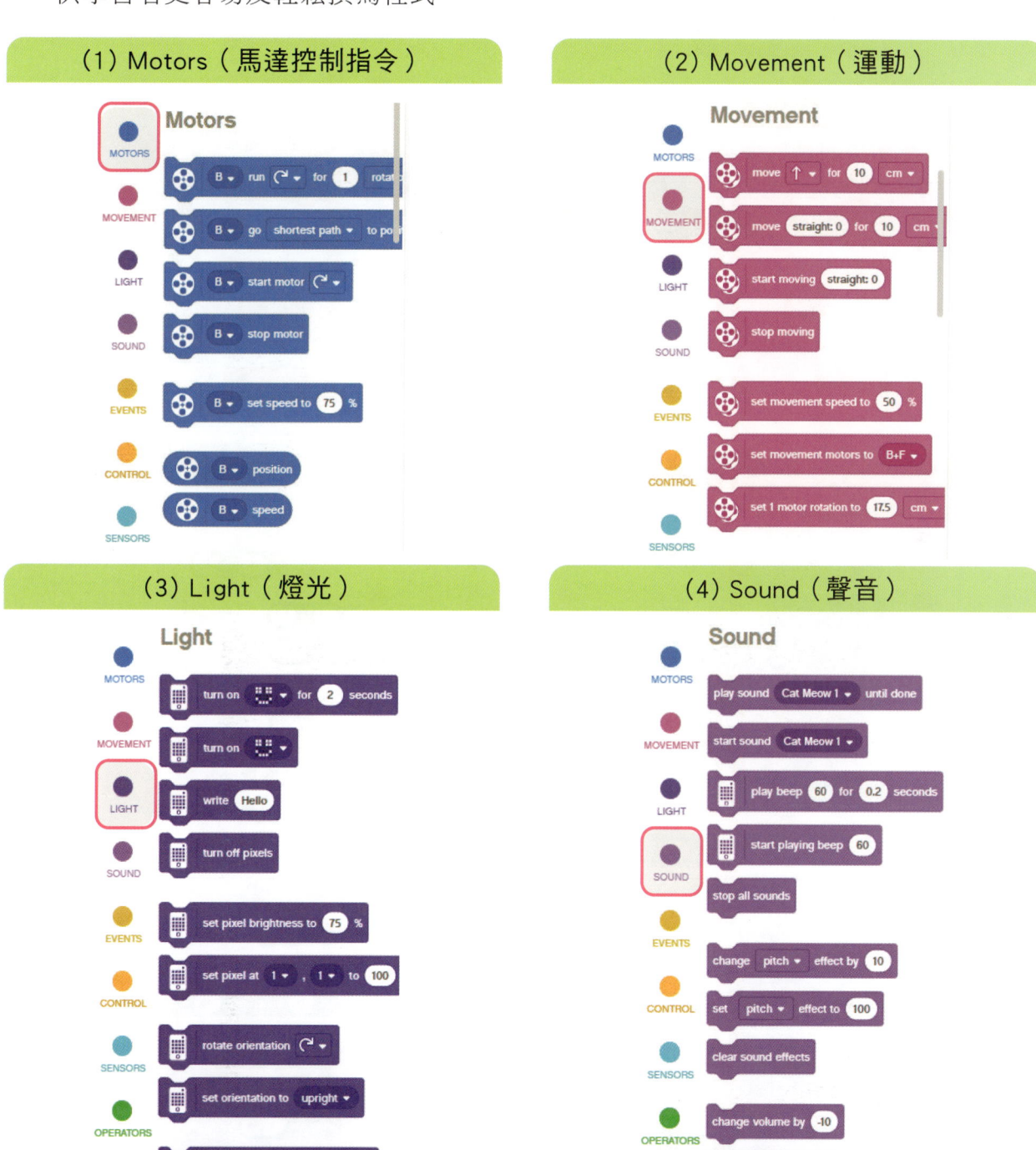

(1) Motors（馬達控制指令）

(2) Movement（運動）

(3) Light（燈光）

(4) Sound（聲音）

27

（5）Events（事件）

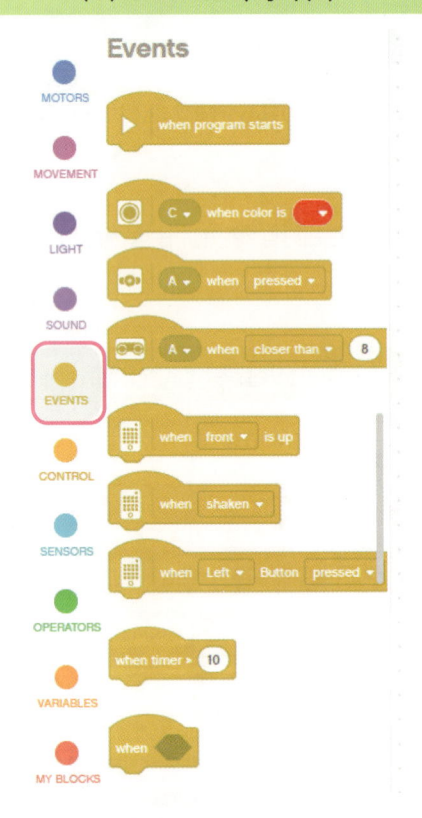

（6）Control（控制流程）

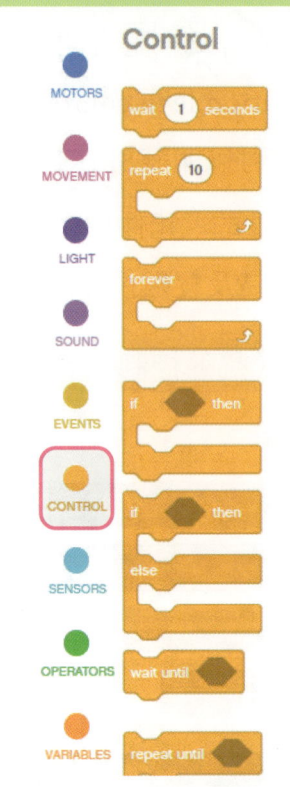

（7）Sensors（各種感應器）

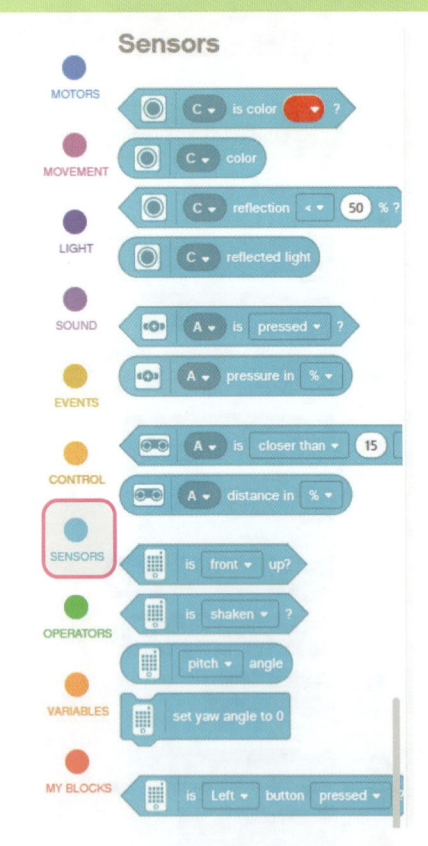

（8）Operators（各種運算子）

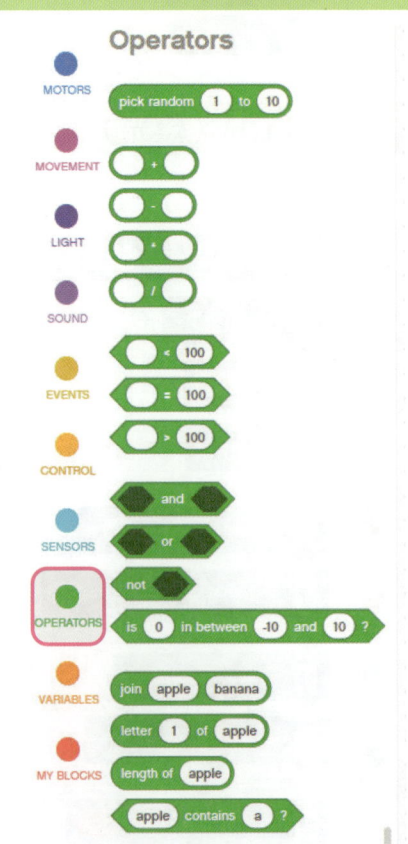

(9) Variables（變數）

(10) My Blocks（副程式）

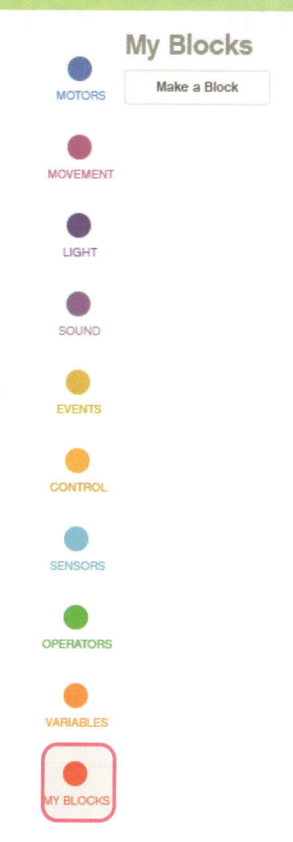

3. 用「視覺化」的「拼圖程式」來撰寫程式邏輯開發環境中各群組中的元件都是利用拼圖方式來撰寫程式，學習者可以輕易地將問題的邏輯程序，透過視覺化的拼圖程式來實踐。

4. 支援「娛樂化」的「樂高機器人」製作的控制元件SPIKE程式除了可以訓練學習者的邏輯能力之外，並透過控制樂高機器人來引發學習者對於程式的動機與興趣。

5. 提供「多媒體化」的「聲光互動效果」將顯示圖像，設置狀態指示燈和播放聲音。

2-4 撰寫第一支 SPIKE 程式

在瞭解SPIKE開發環境之後，接下來，我們就可以開始撰寫第一支SPIKE程式，其完整的步驟如下所示：

步驟 1 利用 USB 線來連接 SPIKE 與電腦

利用USB線來連接SPIKE主機與電腦

步驟 2 撰寫「拼圖積木程式」Hello!

1. 新增專案

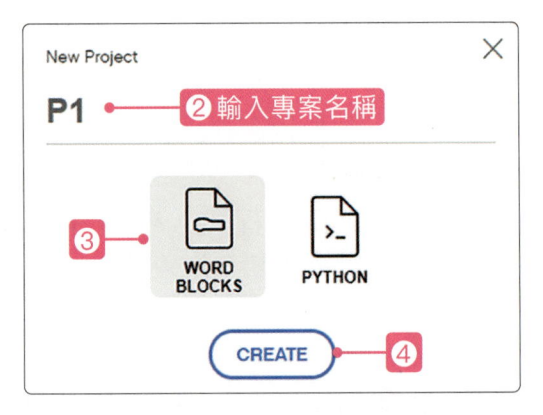

   ❶ 新增專案
   ❷ 輸入專案名稱
   ❸
   ❹

2. 撰寫拼圖程式

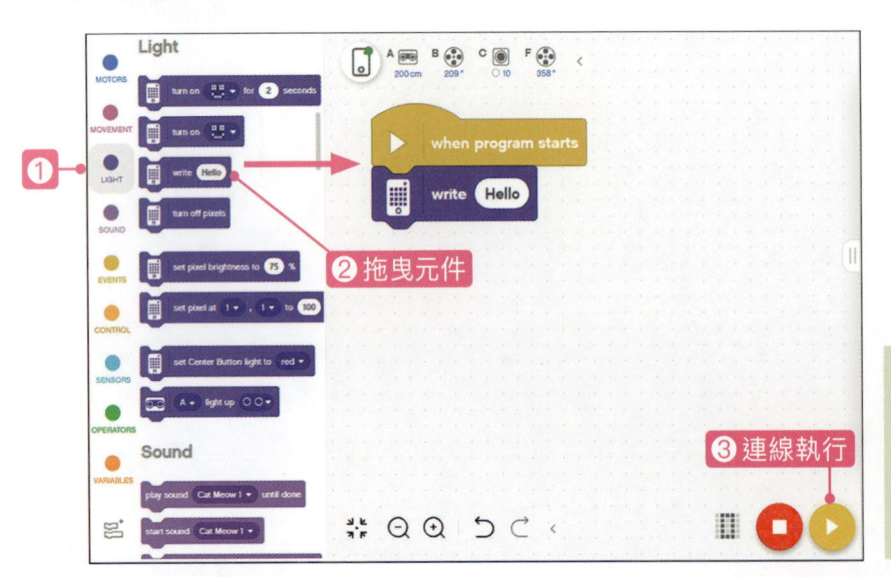

   ❶
   ❷ 拖曳元件
   ❸ 連線執行

   說明：在元件區中，找「LIGHT」群組，顯示文字拼圖指令來顯示「Hello」。

3. 連線執行程式

   在撰寫完成以下的程式之後，再按下執行鈕，就會在主機的螢幕上顯示「Hello」英文字跑馬燈。

   在順利完成第一支SPIKE程式之後，各位同學是否發現SPIKE的開發環境中，還有非常多的元件群組，讓學習者設計各種有趣又好玩的程式。

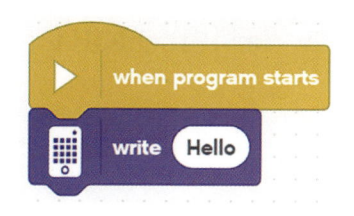

4. 離線執行程式

   首先，必須要「主機程式管理圖示」，再選擇儲放程式的空間位置（0～19），最後，再按下「下載」鈕，此時，就會自動將程式嵌入到主機上，您就可以透過主機上的「左右方向鍵」來選擇程式儲放位置編號，再按下「啟動鈕」即可執行。

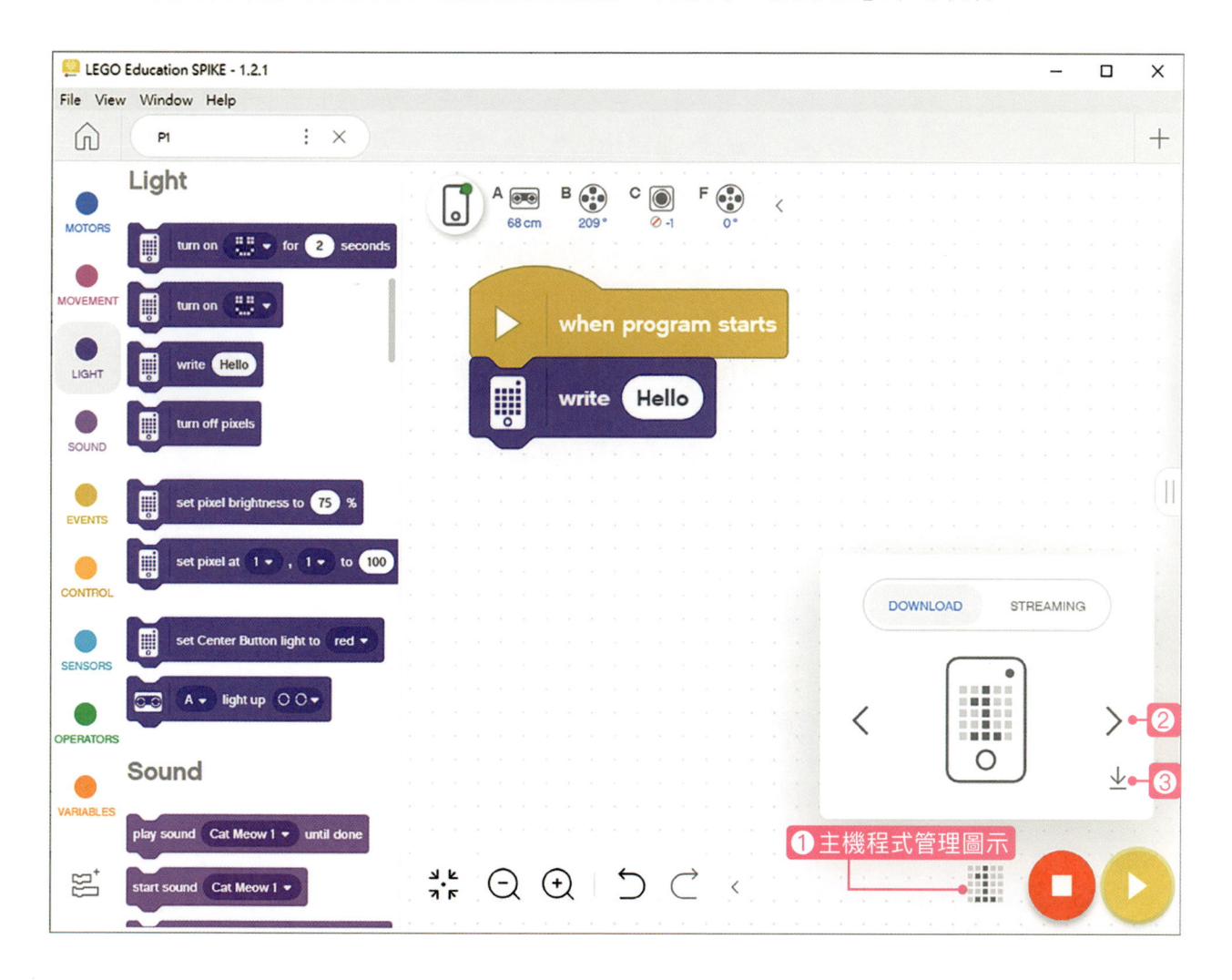

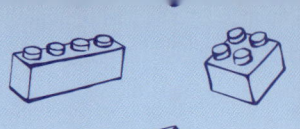

Chapter 02 課後習題

1. 請利用「LIGHT」群組中的元件,來設計您的英文姓名跑馬燈。

2. 請利用「LIGHT」群組中的小圖示來設計心臟跳動的情況。

3. 請利用「LIGHT」群組中的元件,來設計啟動按鈕「紅、藍、綠」三色輪播。

4. 請利用「LIGHT」群組中的元件,來設計距離感應器「LED的眼球的變化」。

Chapter 03 小鴨機器人

本章學習目標
1. 讓讀者瞭解組裝樂高小鴨機器人及瞭解如何透過小鴨機器人來進行活動。
2. 讓讀者瞭解如何利用 SPIKE 程式來撰寫樂高小鴨機器人程式。

本章內容
3-1 小鴨機器人
3-2 SPIKE 小鴨機器人組裝
3-3 撰寫「SPIKE 小鴨機器人」之指引程式
3-4 專題實作：樂高小鴨機器人走迷宮

3-1 | 小鴨機器人

其實讀者利用樂高機器人來設計創意作品，有一項非常重要的任務就是試圖設計出具有「創意性、應用性或娛樂性」的作品。但是，如果只使用SPIKE基本車的機構，卻沒有此功能。因此，在SPIKE教育組還必須要再搭配「擴充組」，就可以設計出更具有創意的作品。

[主題] 設計「小鴨機器人」。

[目的] 設計出具有「創意性及娛樂性」作品。

◆ 設計的三部曲

1. 創意組裝	2. 寫程式	3. 測試
依照指定「功能及造型」來結合「感應器及相關配件」與「主機」。	依照指定任務來撰寫處理程序的動作與順序（程式）。	利用SPIKE拼圖程式：將程式上傳到「主機」內，並依照指定功能先進行測試。

Chapter 03　小鴨機器人

◆ **流程圖**

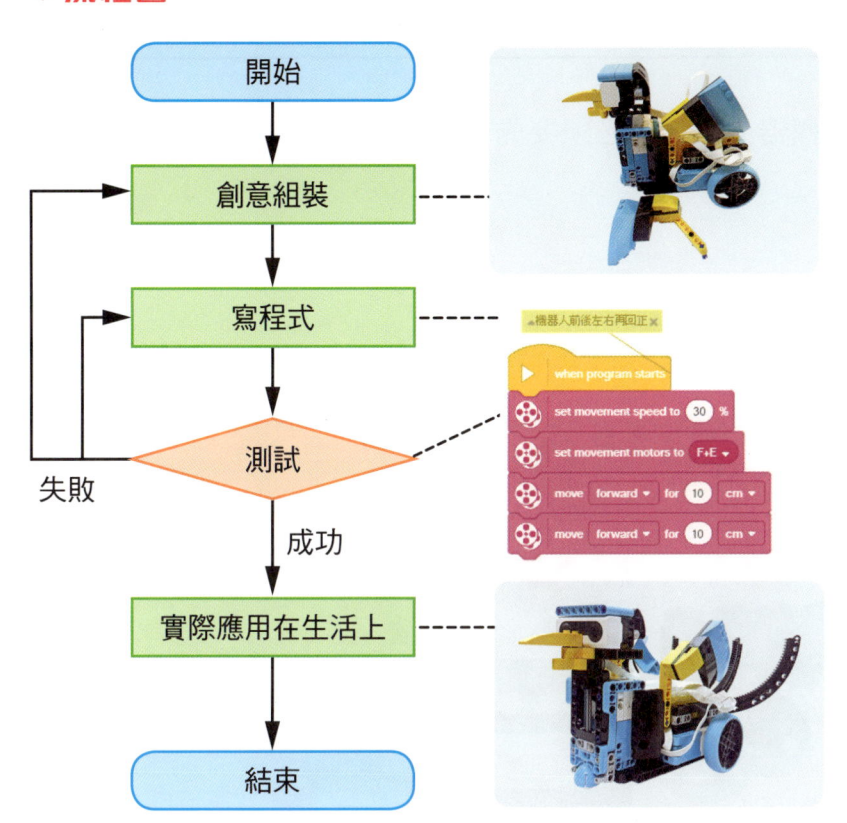

```
開始
 ↓
創意組裝 ←──┐
 ↓          │
寫程式 ←─┐  │
 ↓      │  │
測試 ───┤失敗
 │成功  │
 ↓
實際應用在生活上
 ↓
結束
```

說明：從左邊的流程圖中，我們可以清楚瞭解「設計機器人程式」必須要經過的三大步驟，並且在進行第三步驟時，如果無法測試成功，除了要修改程式之外，也要檢查組裝是否正確，並且要反覆地進行測試，直到完全成功為止。最後，就可以將創作的智能裝置，應用在我們日常生活中。

35

3-2 | SPIKE 小鴨機器人組裝

想要製作一台「SPIKE小鴨機器人」時,必須要先準備相關的「主機、馬達、感應器及相關的零件材料」。

3-2.1 零件清單

基本上,要製作一台「SPIKE小鴨機器人」時,零件清單如下圖所示:

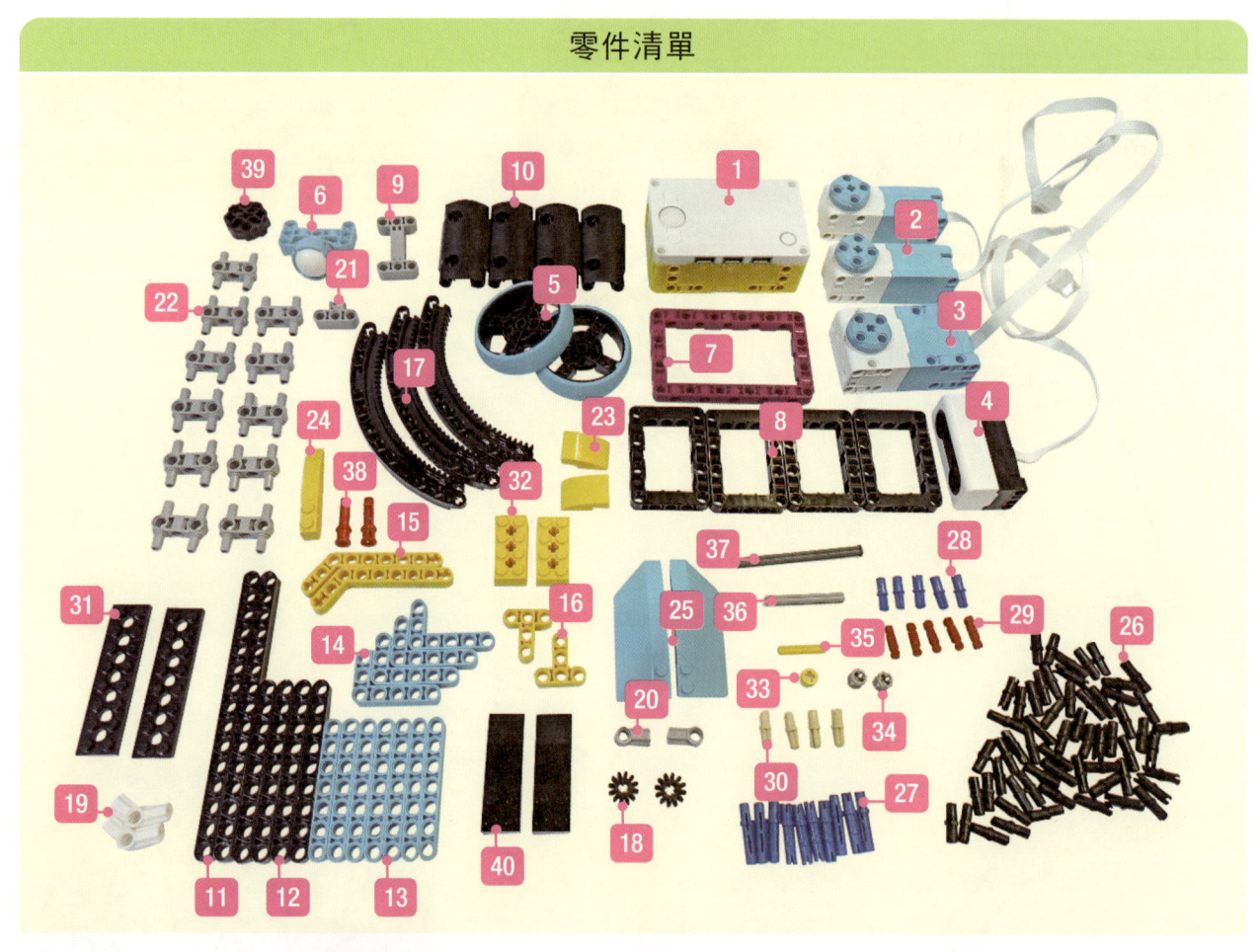

零件清單

1	主機 ×1	2	中型馬達 ×2	3	大型馬達 ×1	4	距離感應器 ×1
5	輪子 ×2	6	全向輪 ×1	7	中型方型框 ×1	8	小型方型框 ×4
9	I型方型框 ×1	10	2孔弧型側板 ×4	11	15M 橫桿 ×2	12	9M 橫桿 ×4
13	7M 橫桿 ×7	14	3×5M 橫桿 ×4	15	3×7M 橫桿 ×2	16	T型橫桿 ×2
17	圓弧型齒輪 ×3	18	12齒雙面斜輪 ×2	19	4號連接器 ×2	20	1號連接器 ×2
21	T型連接器 ×1	22	H型連接器 ×11	23	小型側板 ×2	24	中型側板 ×1
25	大型側板 ×2	26	黑色短插銷 ×59	27	藍色長插銷 ×10	28	藍色短插銷 ×5
29	2M 十字軸 ×5	30	活動式短插銷 ×4	31	2×8 平板積木 ×2	32	2×4 積木 ×2
33	半套筒 ×1	34	全套筒 ×2	35	3M 十字軸 ×1	36	5M 十字軸 ×1
37	9M 十字軸 ×1	38	紅色插銷 ×2	39	圓孔連接器 ×1	40	斜側板 ×2

3-2.2 組裝指引

在準備好「SPIKE小鴨機器人」所需要的「主機、感應器、鋁合金構件及相關的材料」之後，接下來，請各位讀者依照以下的步驟即可完成組裝：

步驟 1

步驟 2

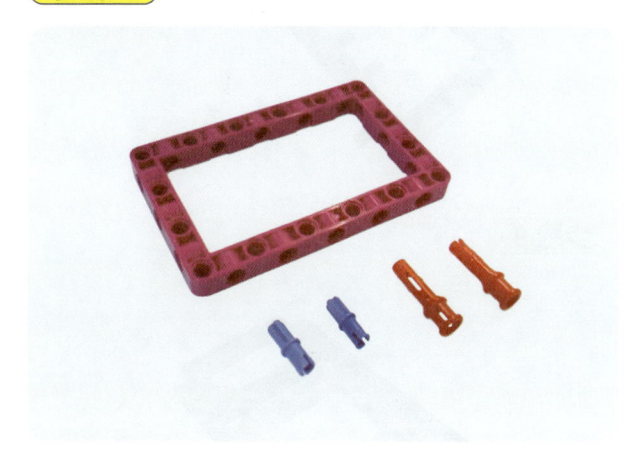

步驟 3

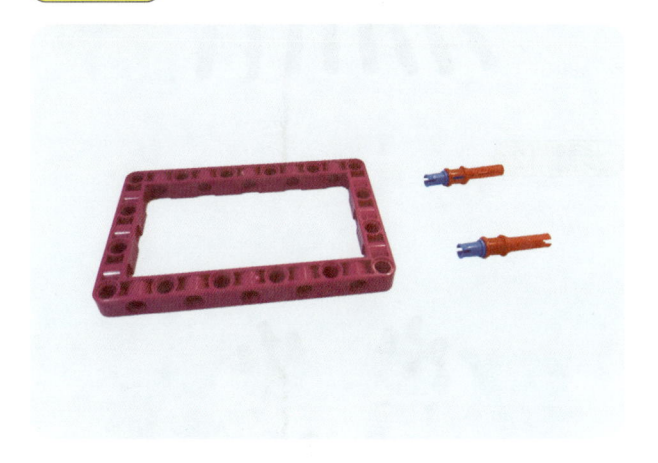

步驟 4

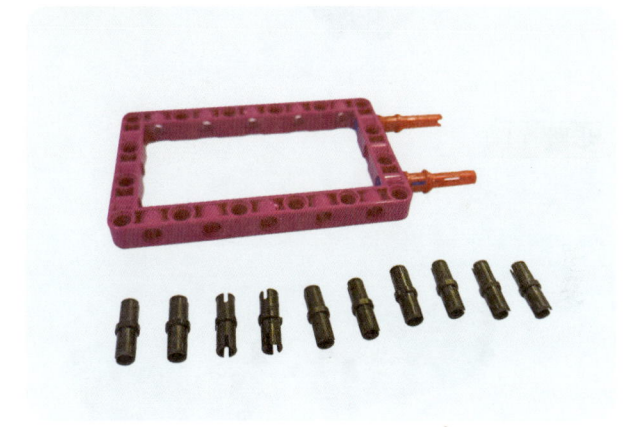

步驟 5

步驟 6

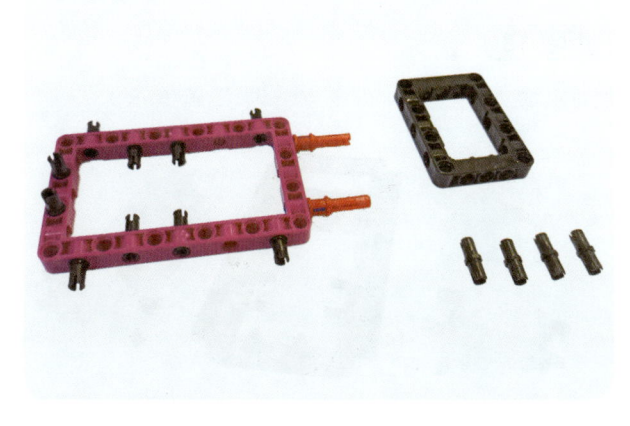

樂高 SPIKE 機器人創意專題實作

步驟 7

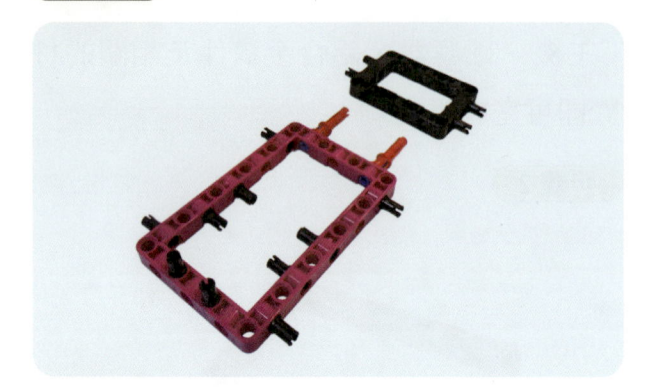

步驟 8

步驟 9

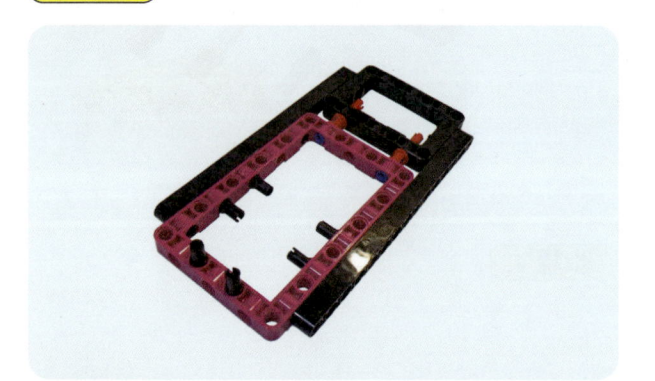

步驟 10

步驟 11

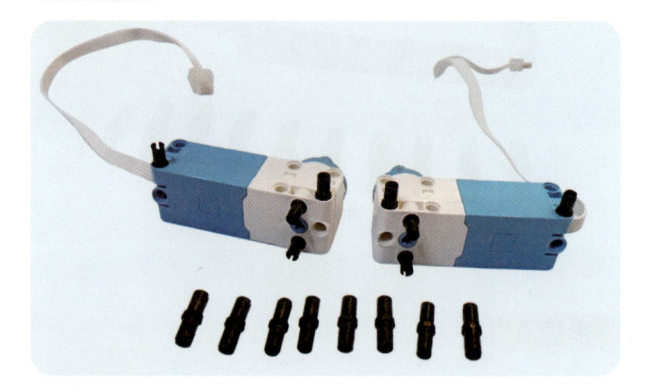

步驟 12

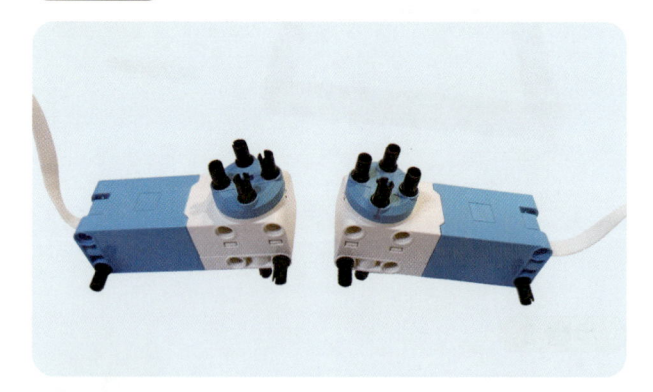

步驟 13

步驟 14

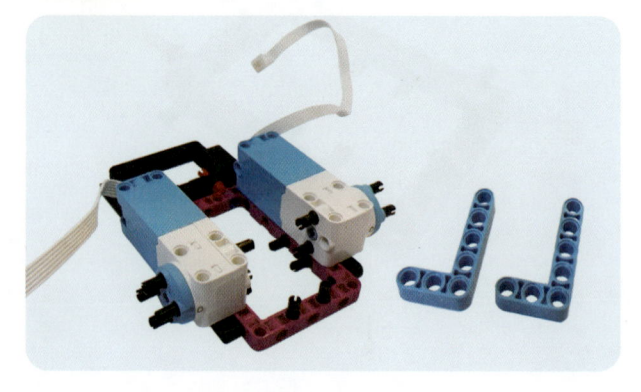

Chapter 03　小鴨機器人

步驟 15

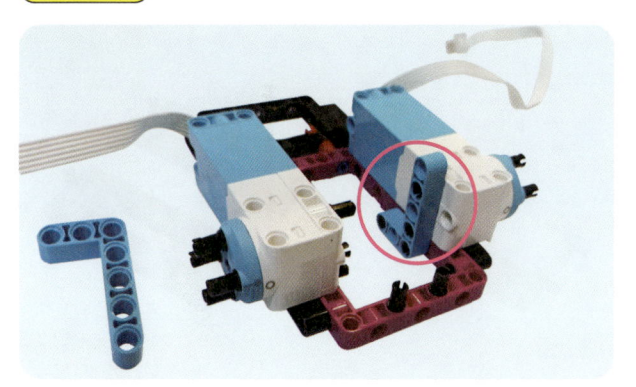

步驟 16

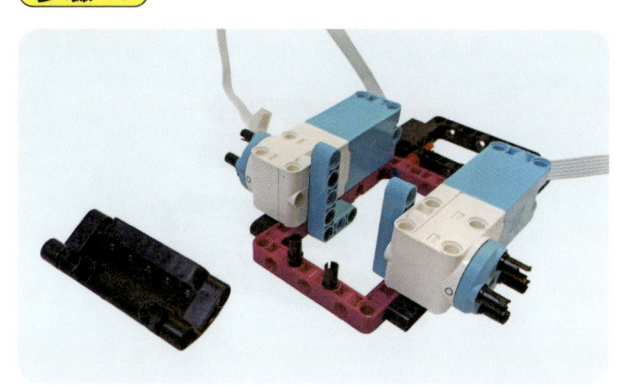

步驟 17

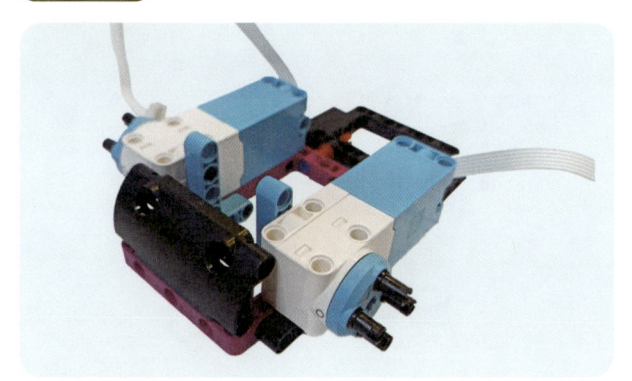

步驟 18

步驟 19

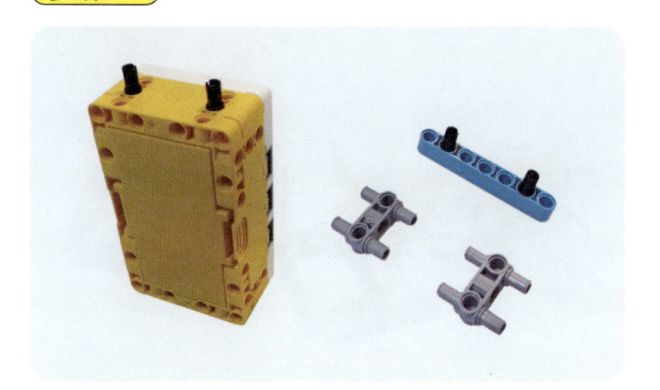

步驟 20

步驟 21

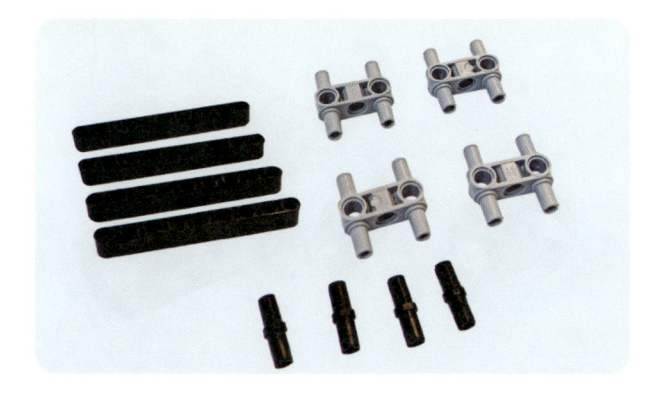

步驟 22

39

樂高 SPIKE 機器人創意專題實作

步驟 23

步驟 24

步驟 25

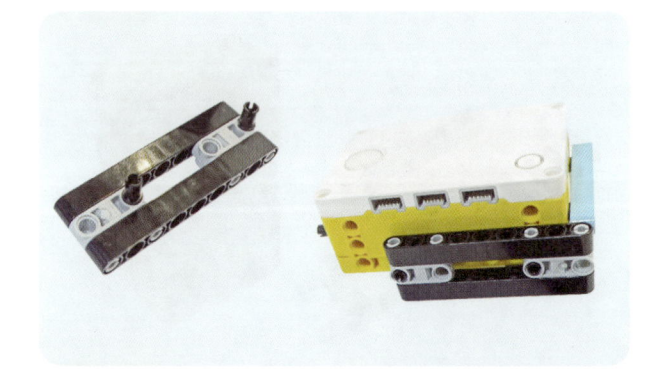

步驟 26

步驟 27

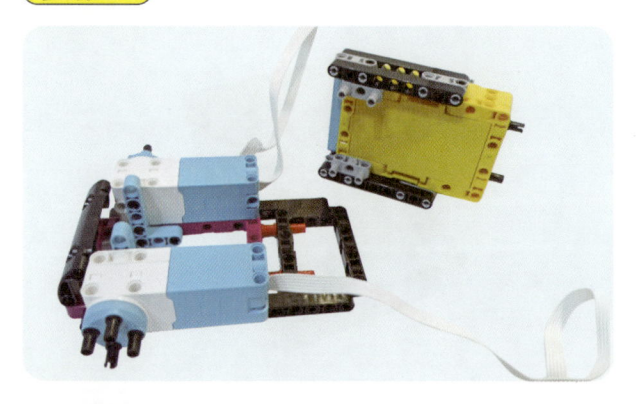

步驟 28

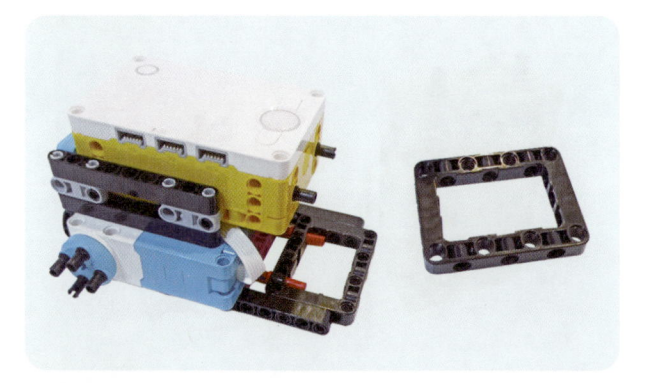

步驟 29

步驟 30

40

Chapter 03　小鴨機器人

步驟 31

步驟 32

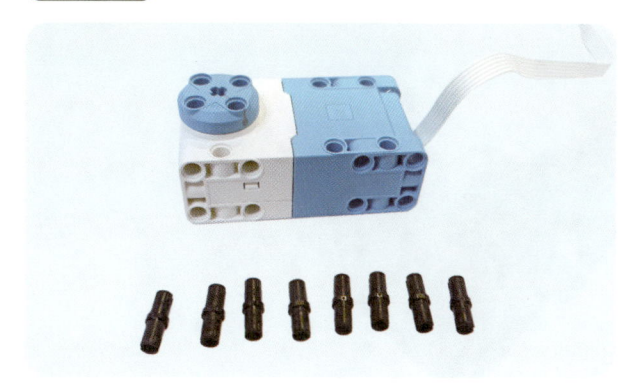

步驟 33

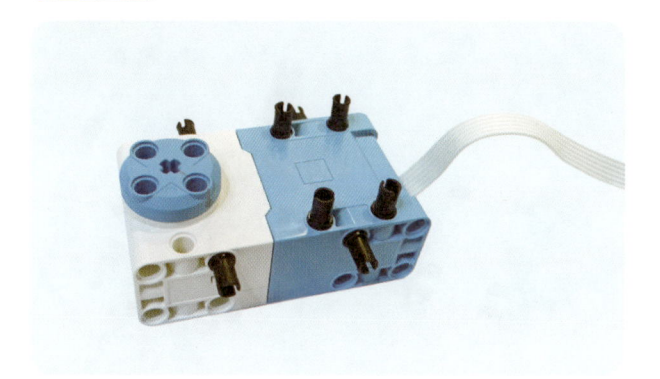

步驟 34

步驟 35

步驟 36

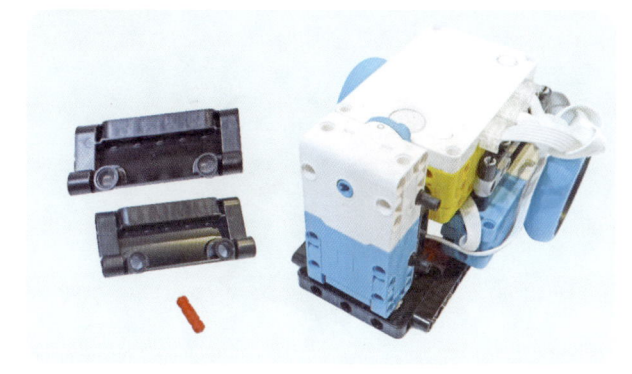

步驟 37

步驟 38

41

樂高 SPIKE 機器人創意專題實作

步驟 39

步驟 40

步驟 41

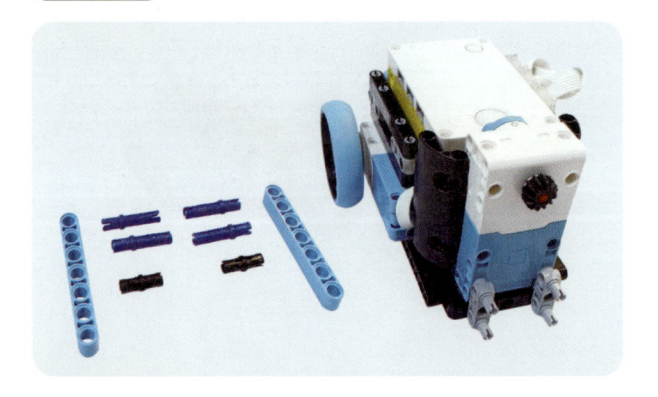

步驟 42

步驟 43

步驟 44

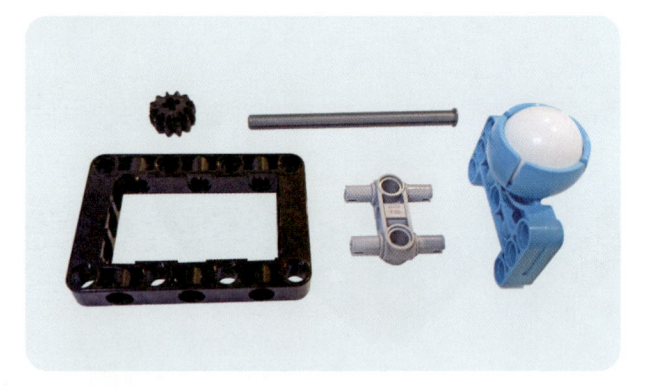

步驟 45

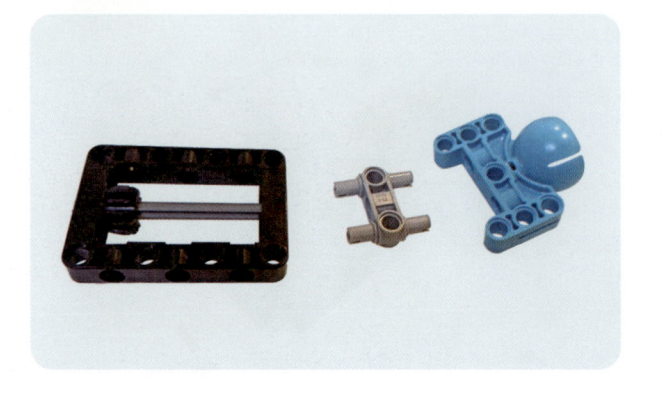

步驟 46

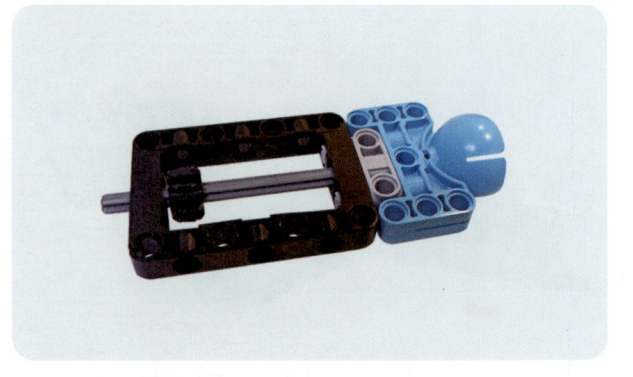

42

Chapter 03　小鴨機器人

步驟 47

步驟 48

步驟 49

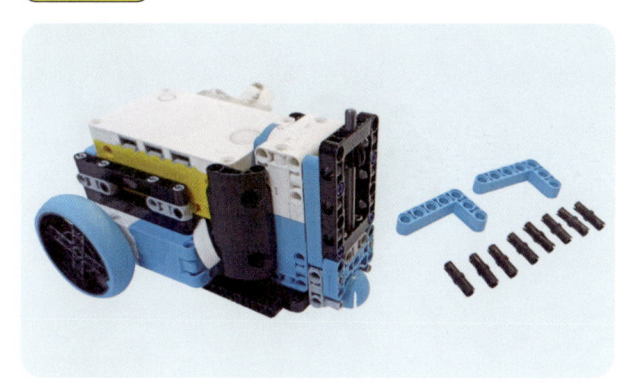

步驟 50

步驟 51

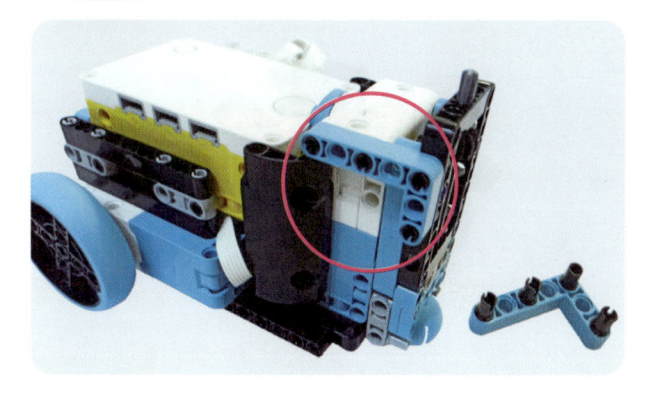

步驟 52

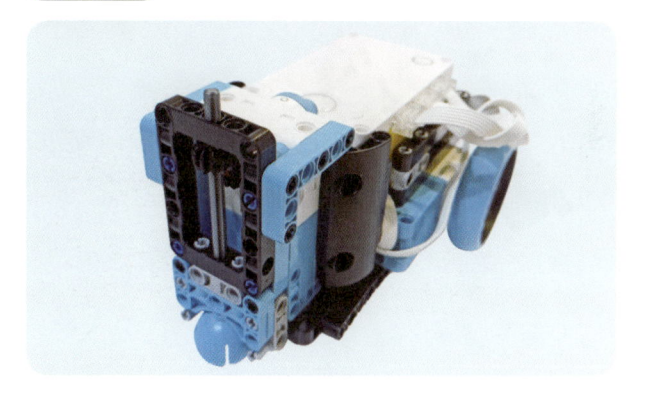

步驟 53

步驟 54

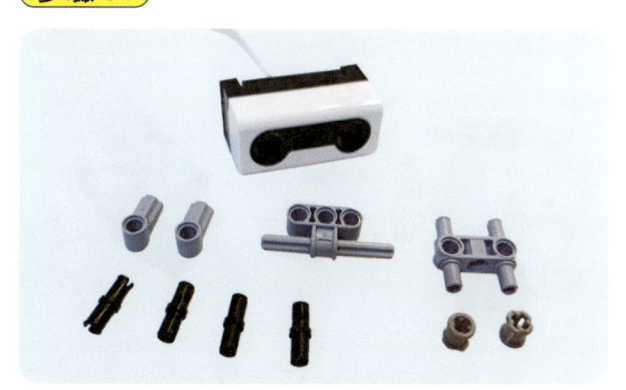

43

樂高 SPIKE 機器人創意專題實作

步驟 55

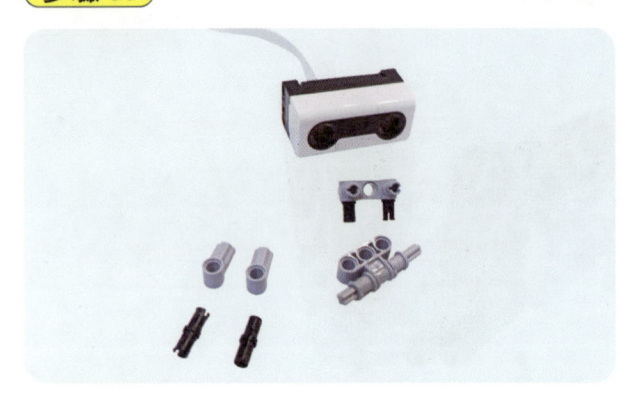

步驟 56

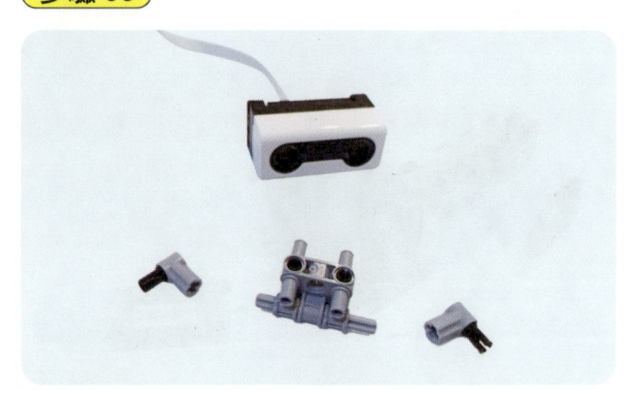

步驟 57

步驟 58

步驟 59

步驟 60

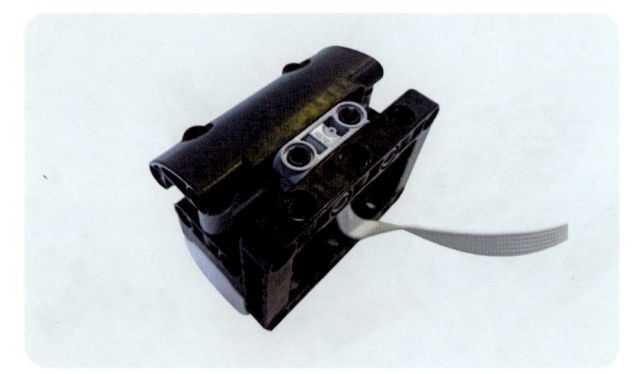

步驟 61

步驟 62

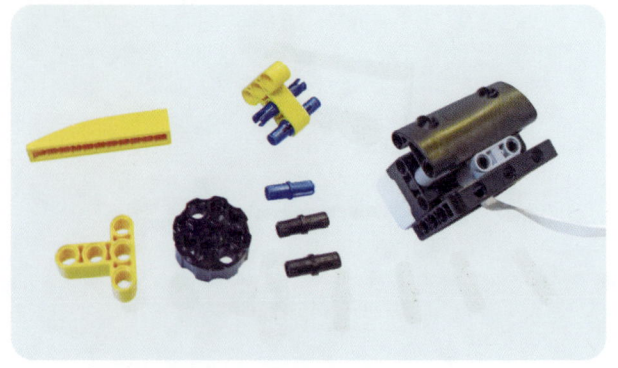

44

Chapter 03　小鴨機器人

步驟 63

步驟 64

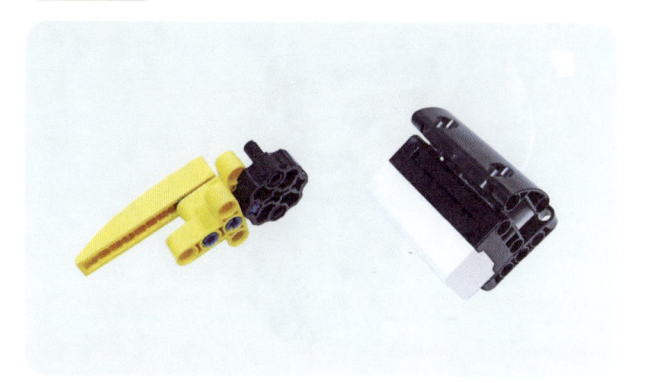

步驟 65

步驟 66

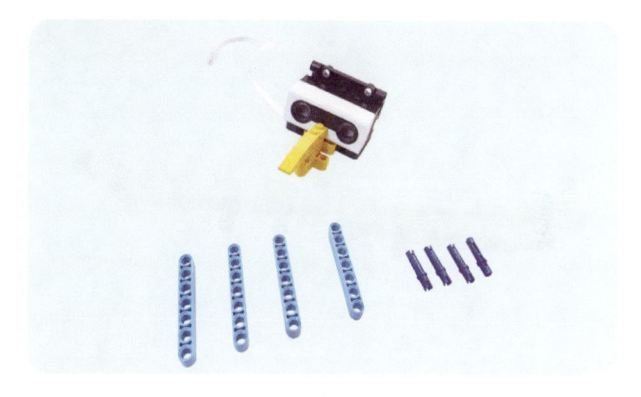

步驟 67

步驟 68

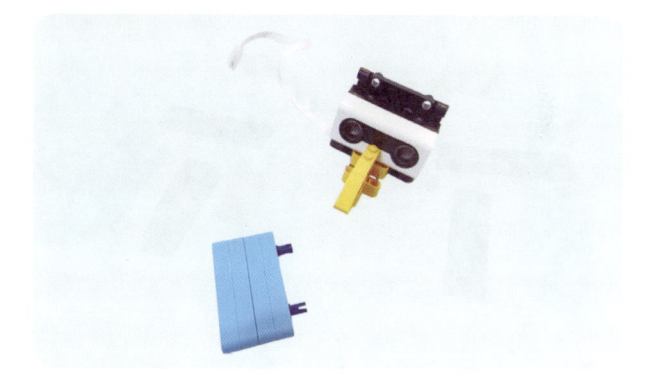

步驟 69

步驟 70

45

樂高 SPIKE 機器人創意專題實作

步驟 71

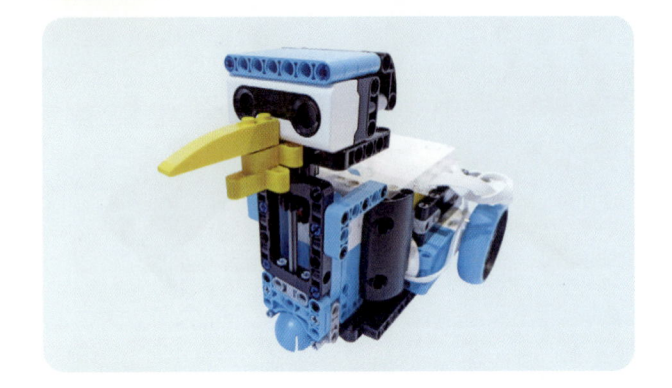

步驟 72

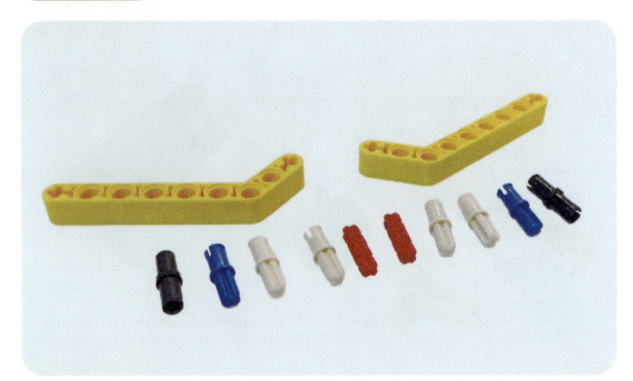

步驟 73

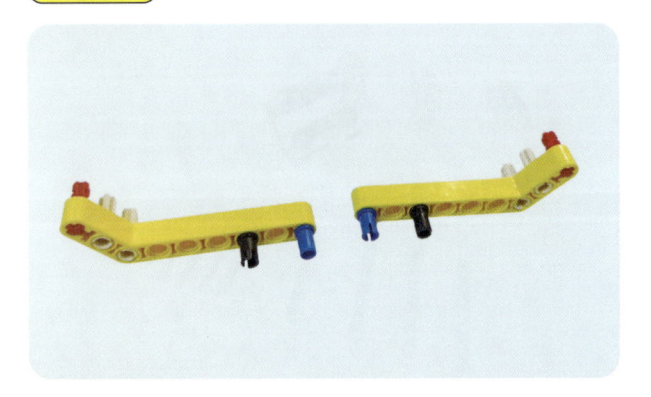

步驟 74

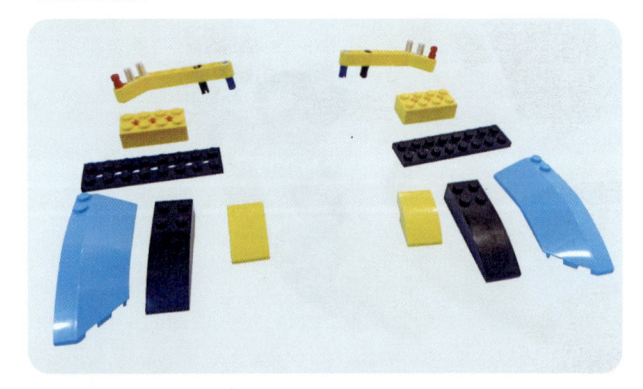

步驟 75

步驟 76

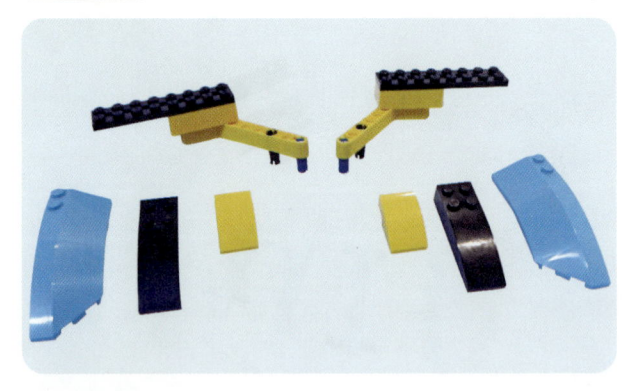

步驟 77

步驟 78

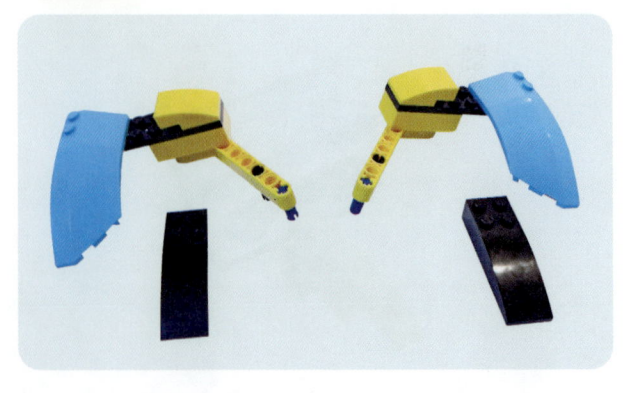

樂高 SPIKE 機器人創意專題實作

46

Chapter 03　小鴨機器人

步驟 79

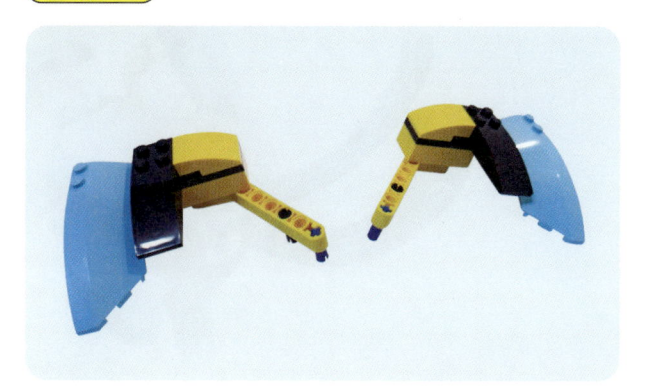

步驟 80

步驟 81

步驟 82

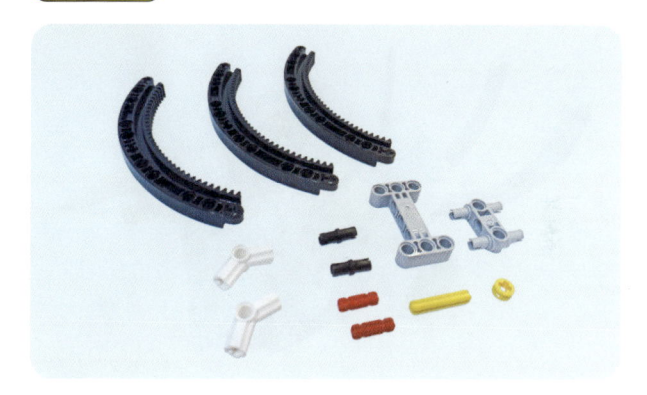

步驟 83

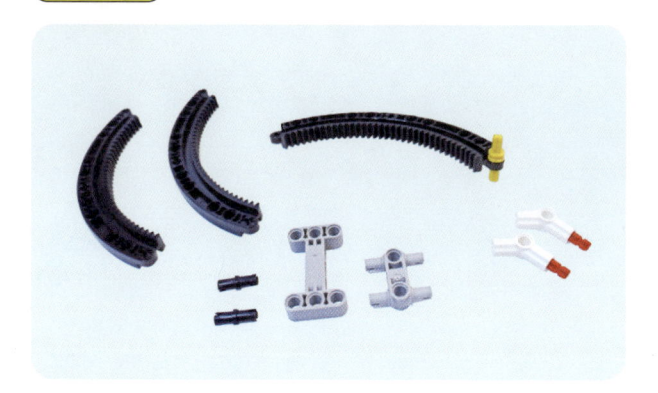

步驟 84

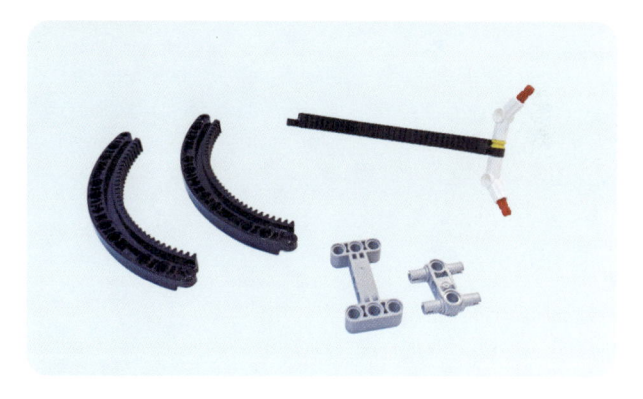

步驟 85

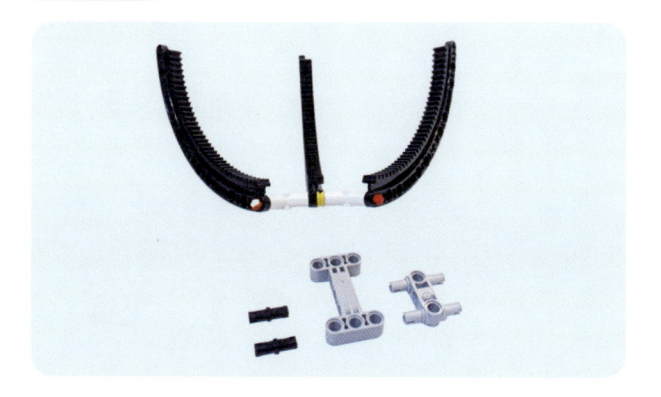

步驟 86

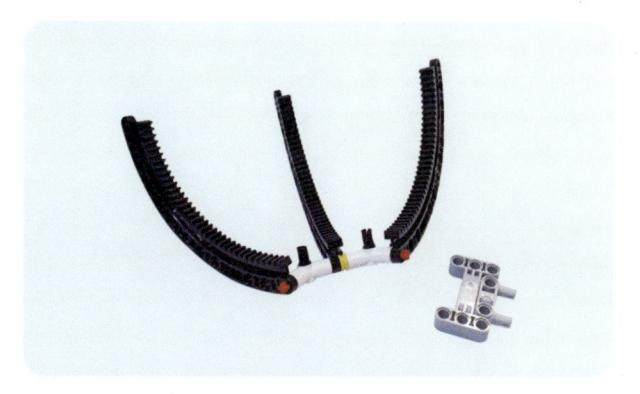

47

步驟 87

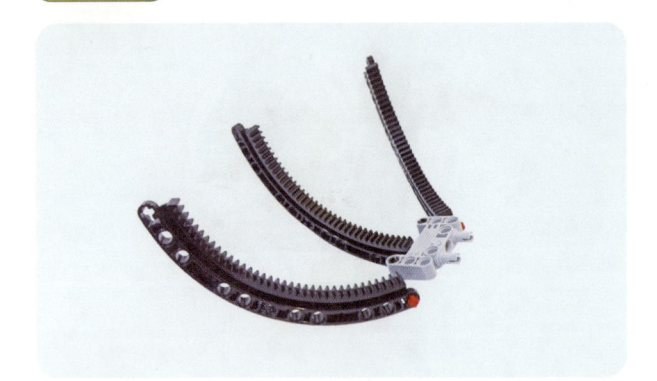

步驟 88

步驟 89

完成圖

3-3 ｜撰寫「SPIKE 小鴨機器人」之指引程式

由於設計「樂高小鴨機器人」程式，必須要先學會大型伺服馬達的角度控制方法：
大型伺服馬達：用來控制脖子左右轉。

電控元件 大型伺服馬達

說明 用來設計機器手臂之功能。

主題 ① 小鴨機器人的脖子朝向前面，並且前進二秒後再右轉 90 度。

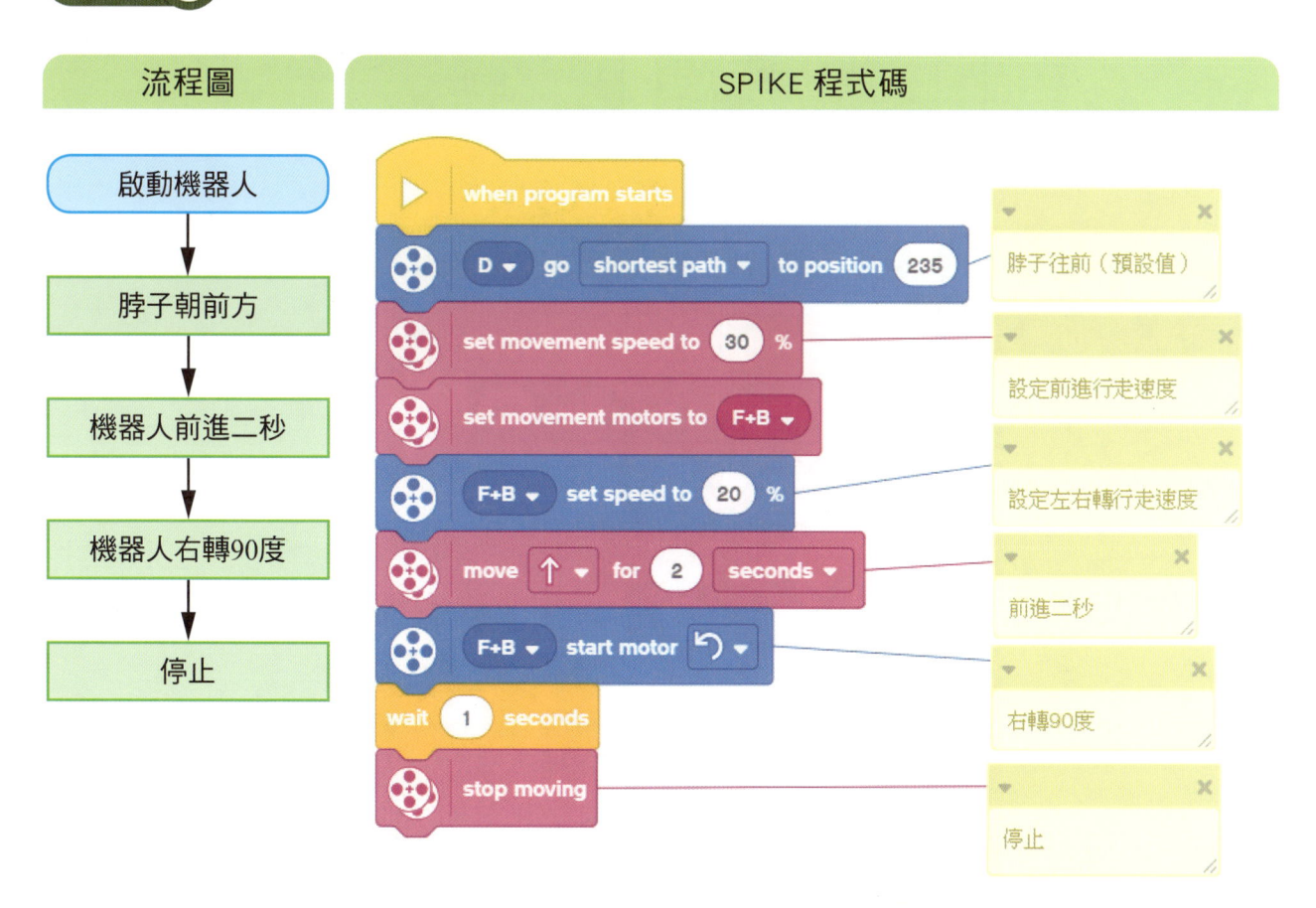

流程圖	SPIKE 程式碼
啟動機器人 → 脖子朝前方 → 機器人前進二秒 → 機器人右轉90度 → 停止	when program starts D go shortest path to position 235 — 脖子往前（預設值） set movement speed to 30 % — 設定前進行走速度 set movement motors to F+B F+B set speed to 20 % — 設定左右轉行走速度 move ↑ for 2 seconds — 前進二秒 F+B start motor ↺ — 右轉90度 wait 1 seconds stop moving — 停止

49

樂高 SPIKE 機器人創意專題實作

主題 ② 小鴨機器人繞一個「正方形」。

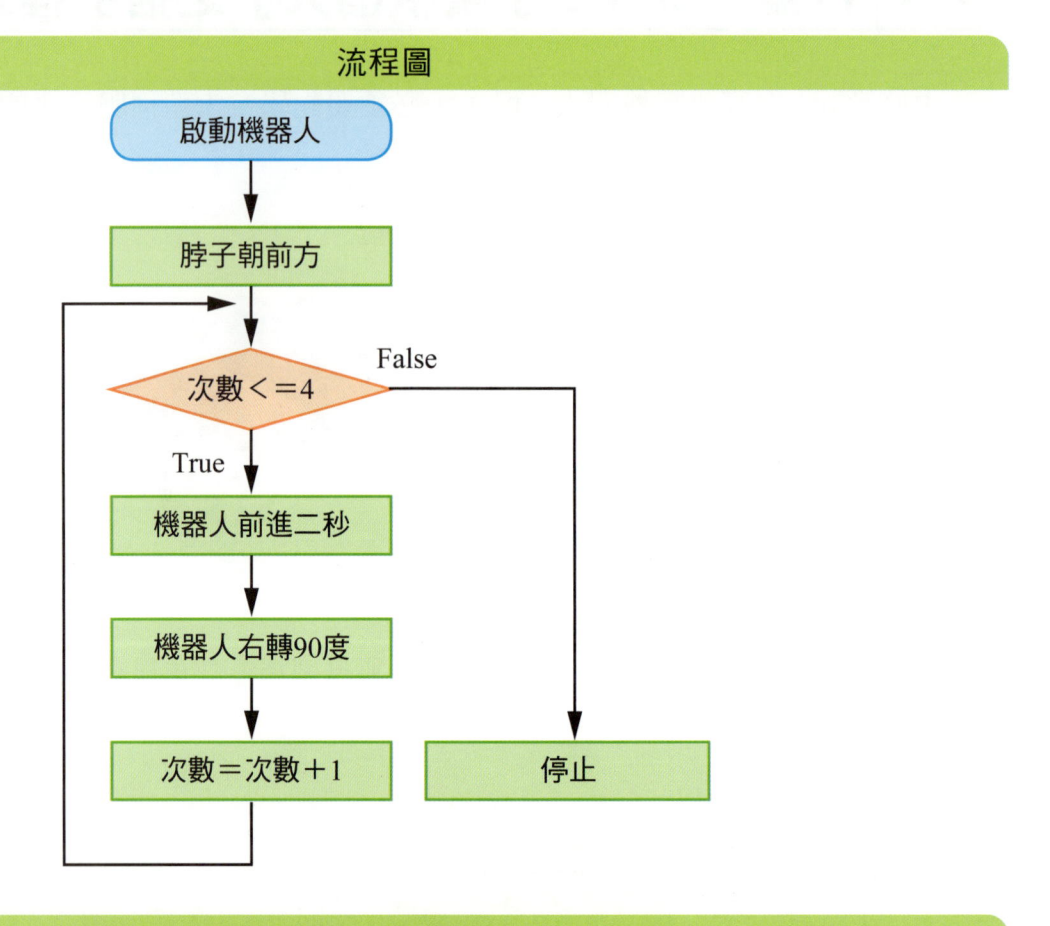

流程圖

```
啟動機器人
    ↓
脖子朝前方
    ↓
次數<=4 ──False──→ 停止
    │True
    ↓
機器人前進二秒
    ↓
機器人右轉90度
    ↓
次數＝次數＋1
    ↑（迴圈回到判斷）
```

SPIKE 程式碼

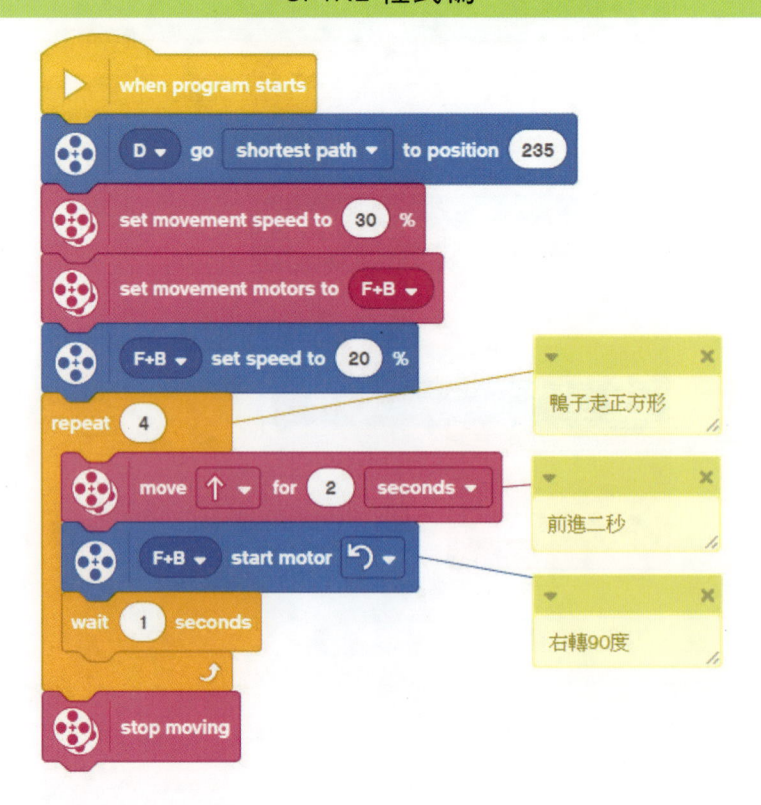

```
when program starts
D ▼ go shortest path ▼ to position 235
set movement speed to 30 %
set movement motors to F+B ▼
F+B ▼ set speed to 20 %
repeat 4
    move ↑ ▼ for 2 seconds ▼
    F+B ▼ start motor ↺ ▼
    wait 1 seconds
stop moving
```

註解：
- 鴨子走正方形
- 前進二秒
- 右轉90度

50

主題 ③ 小鴨機器人的眼睛（距離感應器）偵測物件靠近時，頭部左右轉動 90 度，最後再回正。

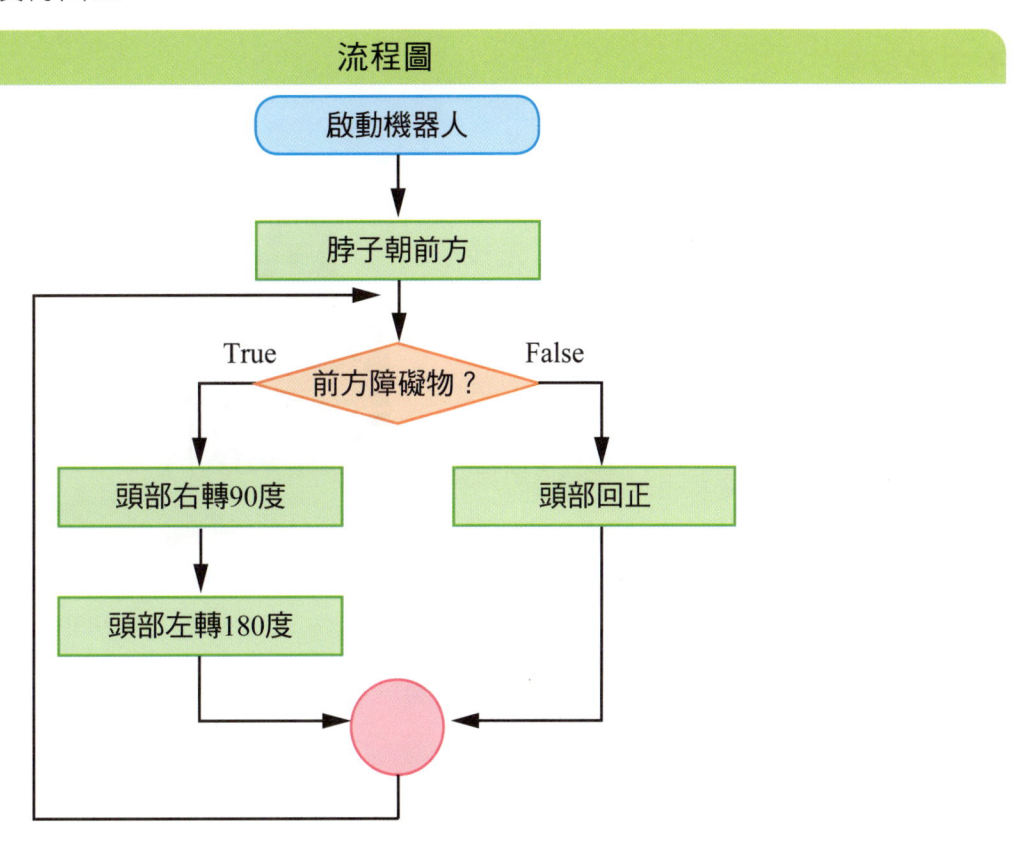

流程圖

```
啟動機器人
    ↓
脖子朝前方
    ↓
前方障礙物？
  True ↙      ↘ False
頭部右轉90度    頭部回正
    ↓
頭部左轉180度
    ↓
    ●  ←
```

SPIKE 程式碼

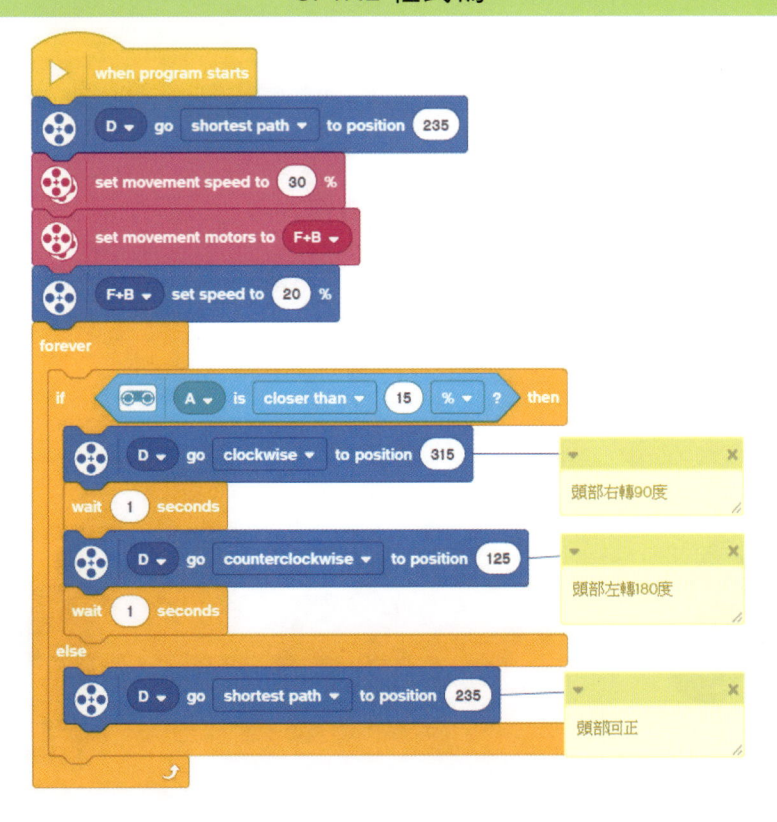

```
when program starts
D ▼ go  shortest path ▼ to position  235
set movement speed to  30 %
set movement motors to  F+B ▼
F+B ▼ set speed to  20 %
forever
    if  A ▼ is closer than  15 % ▼ ?  then
        D ▼ go  clockwise ▼ to position  315        頭部右轉90度
        wait  1  seconds
        D ▼ go  counterclockwise ▼ to position  125  頭部左轉180度
        wait  1  seconds
    else
        D ▼ go  shortest path ▼ to position  235    頭部回正
```

51

3-4 | 專題實作：樂高小鴨機器人走迷宮

◆ 主題發想

　　黃色小鴨（英語：Rubber Duck），是荷蘭概念藝術師弗洛倫泰因·霍夫曼所創作的巨型黃色小鴨藝術品，先後製作了多個款式，其中一款為世界上體積最龐大，為 26×20×32 公尺。透過這隻不具有任何政治立場或暗示的和平使者，來傳遞愛與和平的精神。

資料來源：維基百科及 https://journey.tw/rubberduck-kaohsiung/

　　雖然，黃色小鴨希望藉由每個城市參與製作，讓當地居民能夠更喜好黃色小鴨，但是，它只能單純在戶外觀看，無法讓一般的小朋友或喜好者可以在家中與人們互動，缺少人機互動的功能。

　　有鑑於此，本章節透過創意組裝「小鴨機器人」外型機構，再利用程式設計來控制機器人的各種活動，模擬實際小鴨行走的情況，讓「小鴨機器人」可以與環境及人們互動，進而提高學生學習程式的動機與興趣。

◆ 主題目的

1. 機器人模擬人類在走迷宮時會尋找出口的情況。
2. 讓學生實作機器人程式來讓機器人走迷宮，以增加寫程式的樂趣。

◆ 完成圖

1. 創意組裝　　2. 寫程式　　3. 測試

流程圖

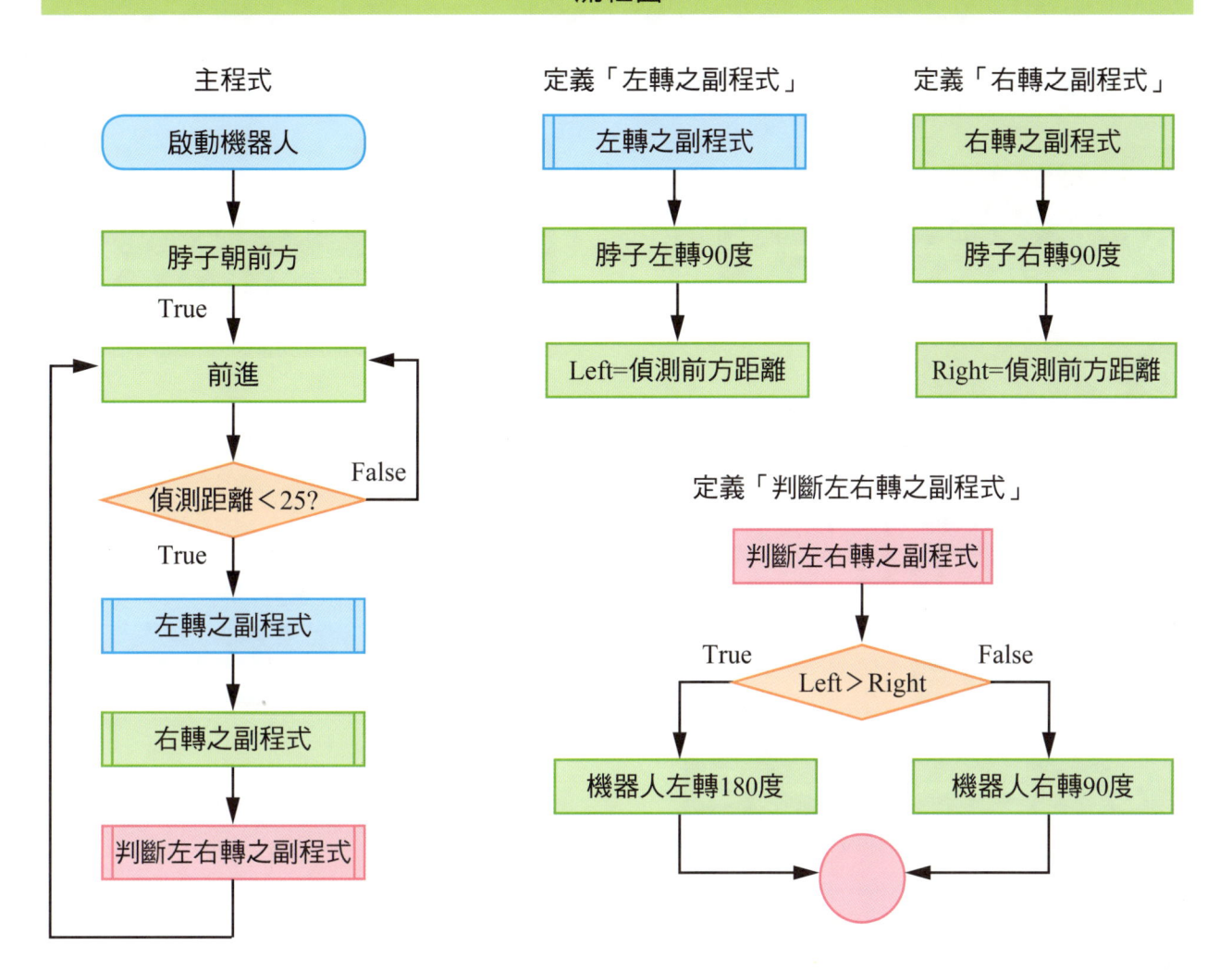

主程式
- 啟動機器人
- 脖子朝前方
- True
- 前進
- 偵測距離＜25？
  - False → 前進
  - True
    - 左轉之副程式
    - 右轉之副程式
    - 判斷左右轉之副程式

定義「左轉之副程式」
- 左轉之副程式
- 脖子左轉90度
- Left=偵測前方距離

定義「右轉之副程式」
- 右轉之副程式
- 脖子右轉90度
- Right=偵測前方距離

定義「判斷左右轉之副程式」
- 判斷左右轉之副程式
- Left＞Right
  - True → 機器人左轉180度
  - False → 機器人右轉90度

SPIKE 程式碼

1. 主程式

- when program starts
- D ▾ go shortest path ▾ to position 235
- set movement speed to 30 %
- set movement motors to F+B ▾
- F+B ▾ set speed to 20 %
- forever
  - start moving straight: 0
  - if A ▾ is closer than ▾ 25 cm ▾ ? then
    - F+B ▾ stop motor
    - 左轉之副程式
    - D ▾ go shortest path ▾ to position 235
    - wait 0.5 seconds
    - 右轉之副程式
    - D ▾ go shortest path ▾ to position 235
    - wait 0.5 seconds
    - 判斷左右轉之副程式

2. 定義「左轉之副程式」

- define 左轉之副程式
- D ▾ go shortest path ▾ to position 315
- set Left ▾ to A ▾ distance in cm ▾

3. 定義「右轉之副程式」

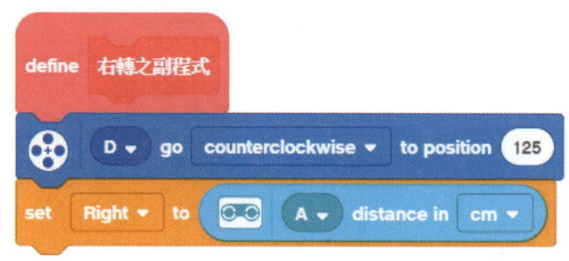

- define 右轉之副程式
- D ▾ go counterclockwise ▾ to position 125
- set Right ▾ to A ▾ distance in cm ▾

4. 定義「判斷左右轉之副程式」

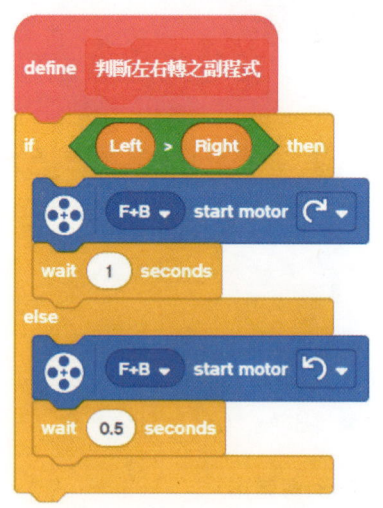

- define 判斷左右轉之副程式
- if Left > Right then
  - F+B ▾ start motor ↻ ▾
  - wait 1 seconds
- else
  - F+B ▾ start motor ↺ ▾
  - wait 0.5 seconds

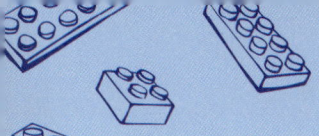

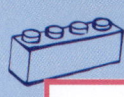

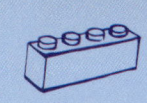

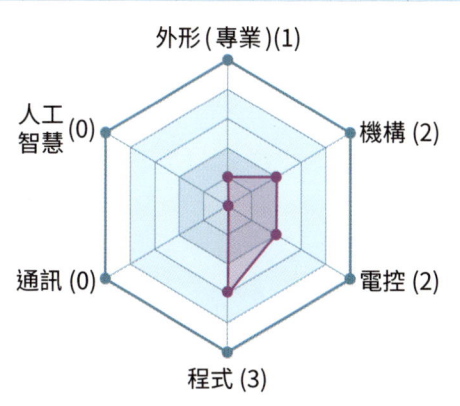

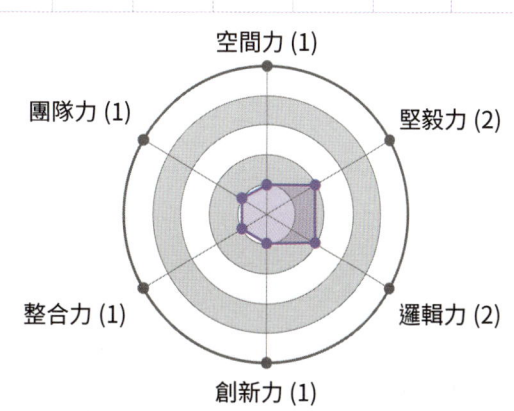

Chapter 03 課後習題

題目名稱 1. 鴨子「有規則」跳舞

題目說明 鴨子「有規則」跳舞（連續二回合）：
(1) 前進二秒；(2) 後退二秒；(3) 左轉 90 度；(4) 右轉 90 度；(5) 左轉 180 度。

創客題目編號：A038022

創客學習力

外形(專業)	機構	電控	程式	通訊	人工智慧	創客總數
1	2	2	3	0	0	8

綜合素養力

空間力	堅毅力	邏輯力	創新力	整合力	團隊力	素養總數
1	2	2	1	1	1	8

100 mins

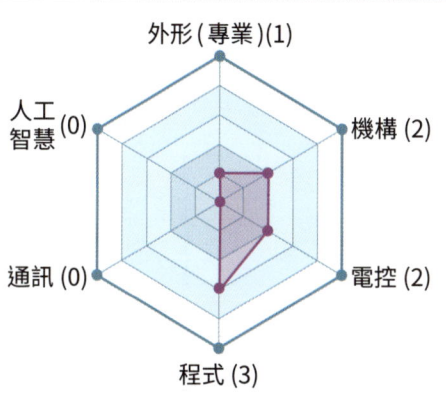

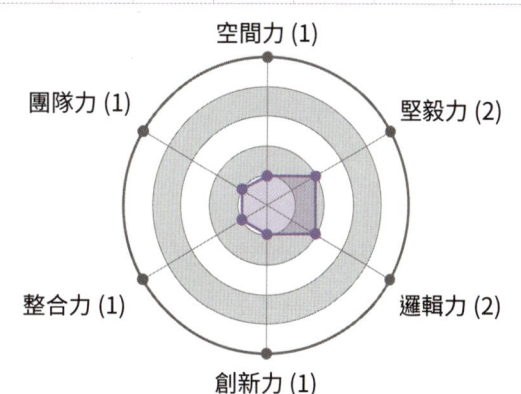

題目名稱 2. 鴨子「無規則」跳舞

題目說明 鴨子「無規則」跳舞（連續十回合），利用隨機方式，來執行以下的指令：
(1) 前進二秒；(2) 後退二秒；(3) 左轉 90 度；(4) 右轉 90 度；(5) 左轉 180 度。

創客題目編號：A038023

創客學習力

外形(專業)	機構	電控	程式	通訊	人工智慧	創客總數
1	2	2	3	0	0	8

綜合素養力

空間力	堅毅力	邏輯力	創新力	整合力	團隊力	素養總數
1	2	2	1	1	1	8

120 mins

note

Chapter 04 相撲機器人

本章學習目標

1. 讓讀者瞭解組裝樂高相撲機器人及瞭解如何透過相撲機器人來進行活動。
2. 讓讀者瞭解如何利用 SPIKE 程式來撰寫樂高相撲機器人程式。

本章內容

4-1 相撲機器人
4-2 SPIKE 相撲機器人組裝
4-3 撰寫「SPIKE 相撲機器人」之指引程式
4-4 專題實作：樂高相撲機器人

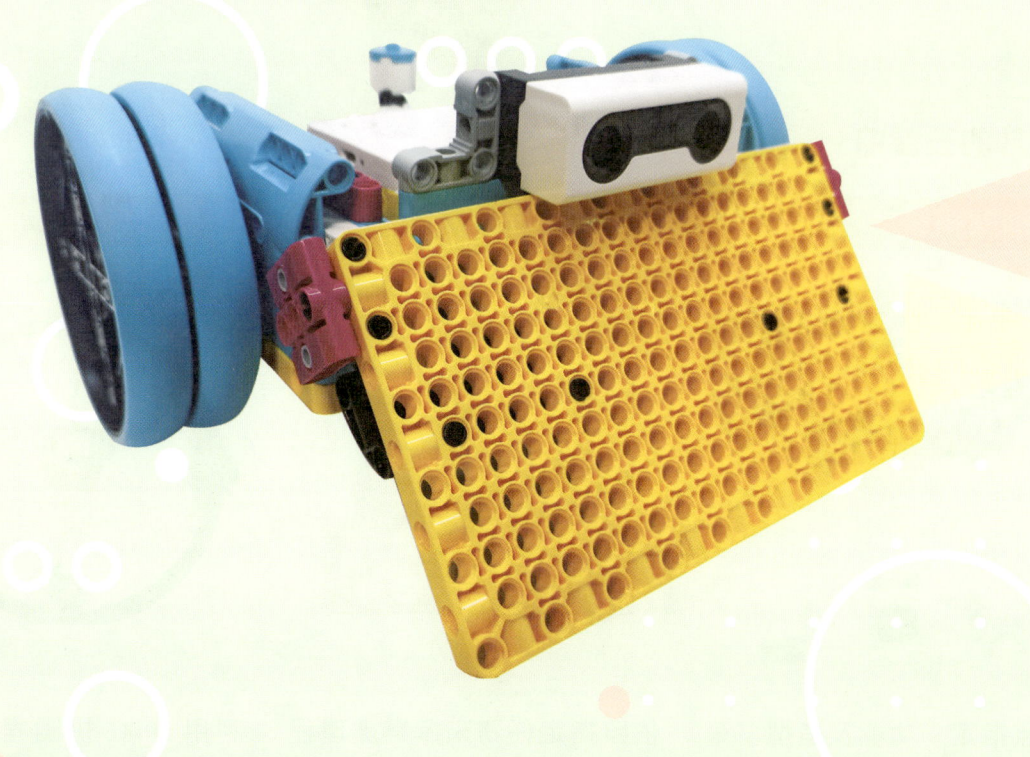

樂高 SPIKE 機器人創意專題實作

4-1 │ 相撲機器人

其實讀者利用樂高機器人來設計創意作品，有一項非常重要的任務就是試圖設計出具有「創意性、應用性或娛樂性」的作品。但是，如果只使用SPIKE基本車的機構，卻沒有此功能。因此，在SPIKE教育組還必須要再搭配「擴充組」，就可以設計出更具有創意的作品。

主題 設計「相撲機器人」。

目的 設計出具有「創意性及娛樂性」作品。

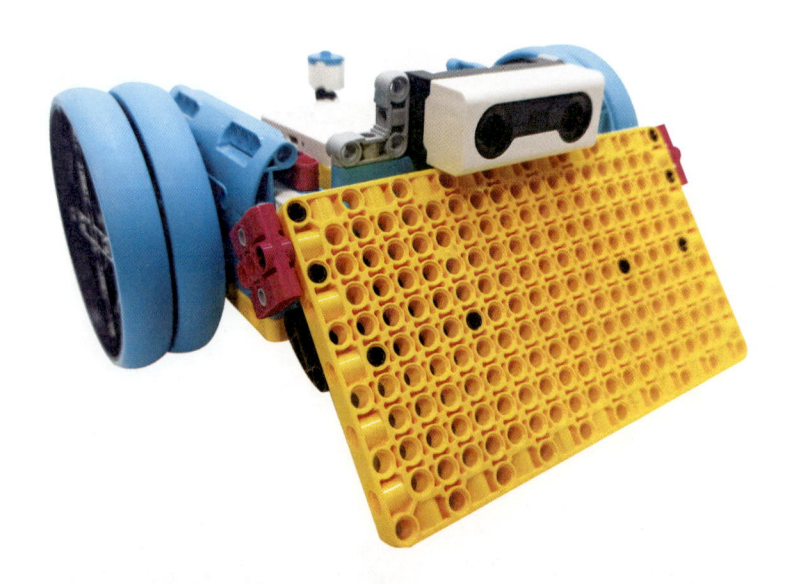

◆ 設計的三部曲

1. 創意組裝　　2. 寫程式　　3. 測試

依照指定「功能及造型」來結合「感應器及相關配件」與「主機」。

依照指定任務來撰寫處理程序的動作與順序（程式）。

利用SPIKE拼圖程式：將程式上傳到「主機」內，並依照指定功能先進行測試。

58

Chapter 04　相撲機器人

◆ 流程圖

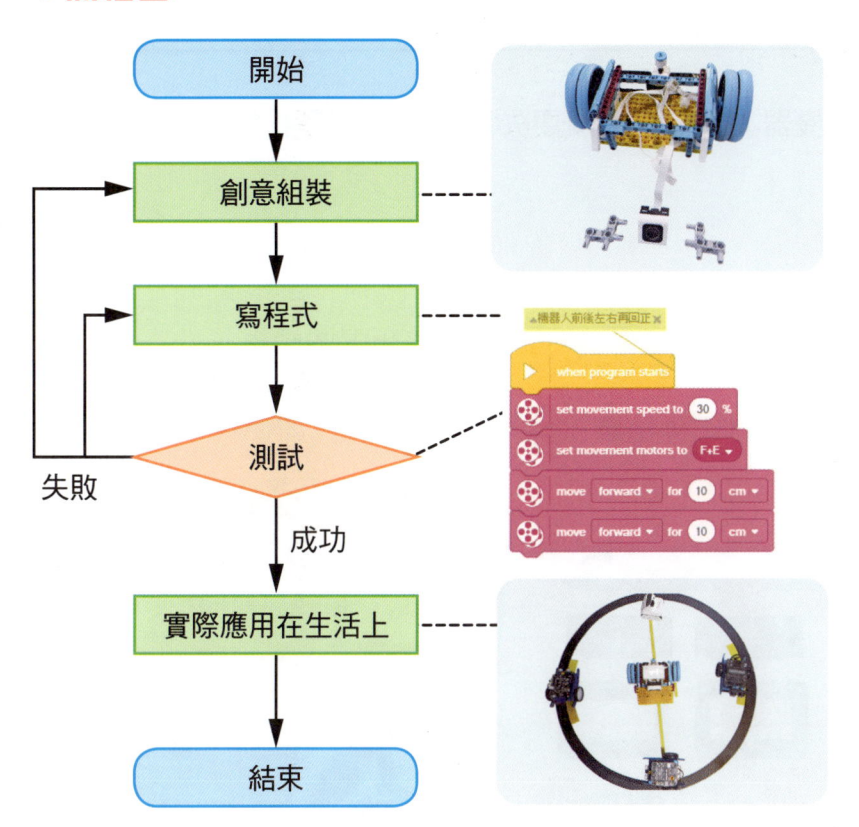

```
開始
  ↓
創意組裝 ←──┐
  ↓        │
寫程式  ←─┐│
  ↓      ││
 測試 ───┘│
  │ 失敗  │
  │成功───┘
  ↓
實際應用在生活上
  ↓
結束
```

說明：從左邊的流程圖中，我們可以清楚瞭解「設計機器人程式」必須要經過的三大步驟，並且在進行第三步驟時，如果無法測試成功，除了要修改程式之外，也要檢查組裝是否正確，並且要反覆地進行測試，直到完全成功為止。最後，就可以將創作的智能裝置，應用在我們日常生活中。

59

4-2 | SPIKE 相撲機器人組裝

想要製作一台「SPIKE相撲機器人」時,必須要先準備相關的「主機、馬達、感應器及相關的零件材料」。

4-2.1 零件清單

基本上,要製作一台「SPIKE相撲機器人」時,零件清單如下圖所示:

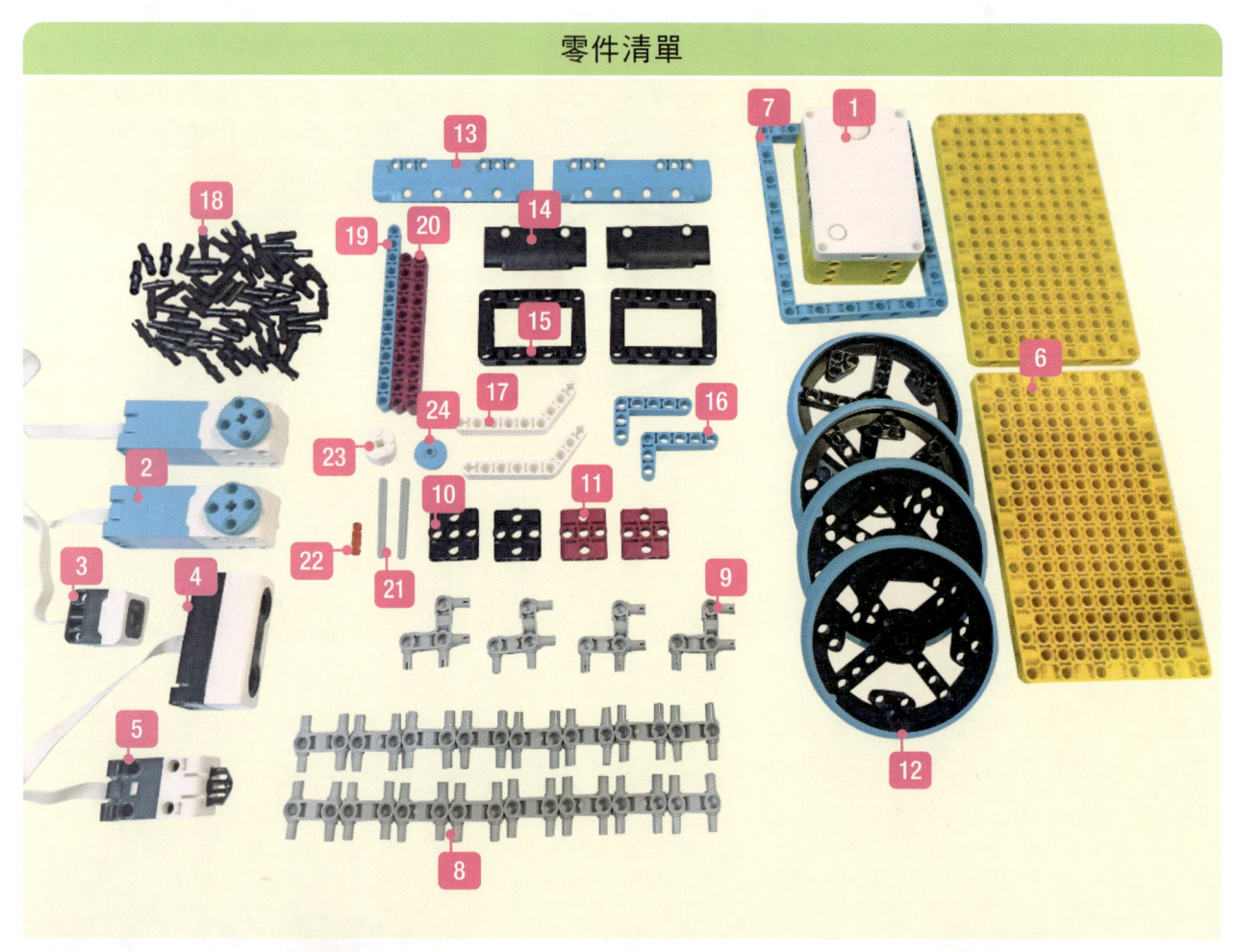

1	主機 ×1	2	中型馬達 ×2	3	顏色感應器 ×1	4	距離感應器 ×1
5	壓力感應器 ×1	6	底板 ×2	7	大型方型框 ×1	8	H型連接器 ×16
9	馬型連接器 ×4	10	黑色十字型連接器 ×2	11	紅色十字型連接器 ×2	12	輪子 ×4
13	4孔弧型側板 ×2	14	2孔弧型側板 ×2	15	小型方型框 ×2	16	3×5M 橫桿 ×2
17	4×6M 橫桿 ×2	18	黑色短插銷 ×62	19	13M 橫桿 ×1	20	11M 橫桿 ×2
21	5M 十字軸 ×2	22	2M 十字軸 ×1	23	圓型基本磚 ×1	24	圓孔蓋 ×1

4-2.2 組裝指引

在準備好「SPIKE相撲機器人」所需要的「主機、感應器、鋁合金構件及相關的材料」之後，接下來，請各位讀者依照以下的步驟即可完成：

步驟 1

步驟 2

步驟 3

步驟 4

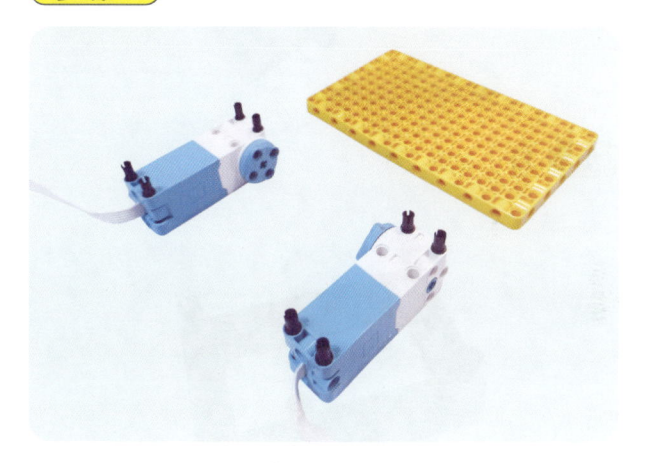

步驟 5

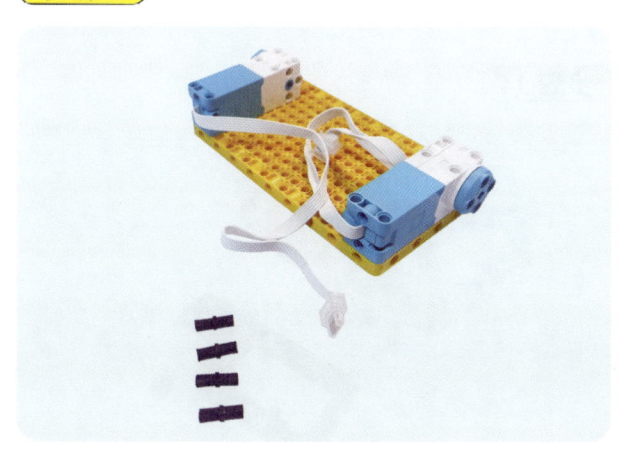

步驟 6

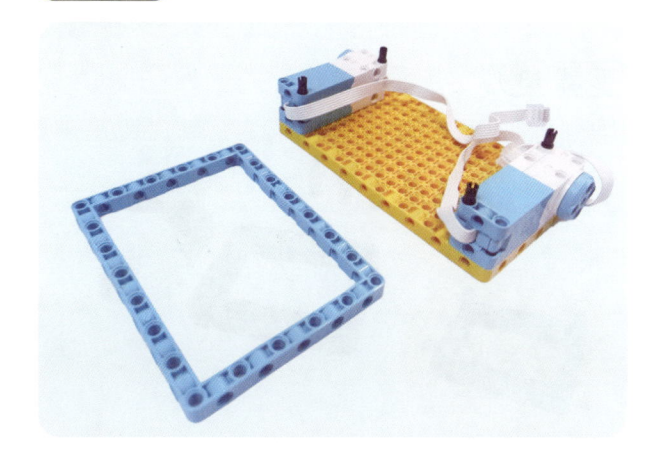

61

步驟 7

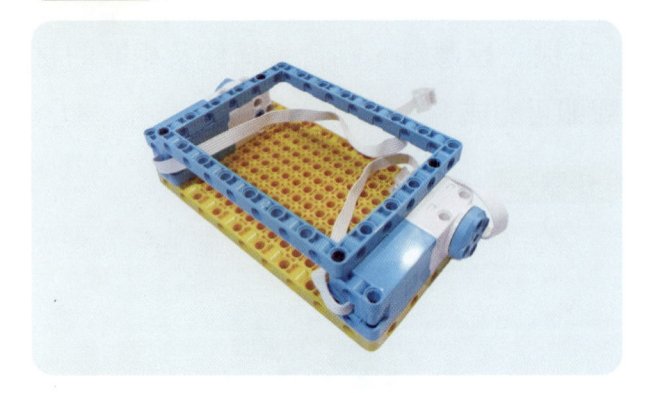

步驟 8

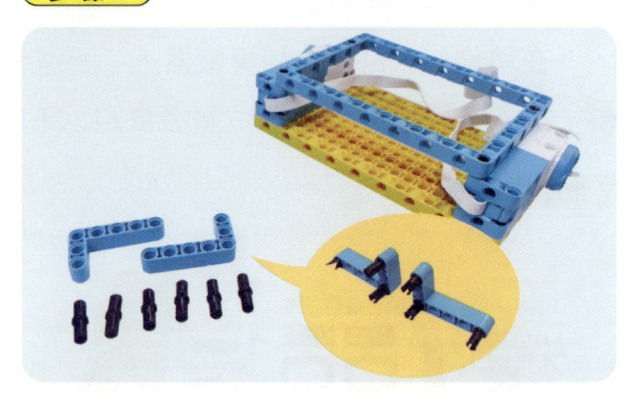

步驟 9

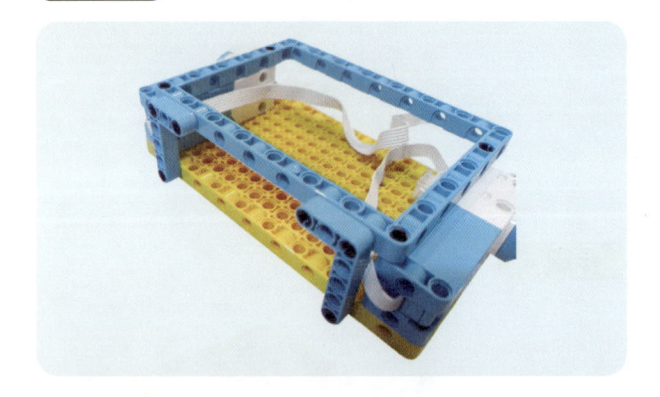

步驟 10

步驟 11

步驟 12

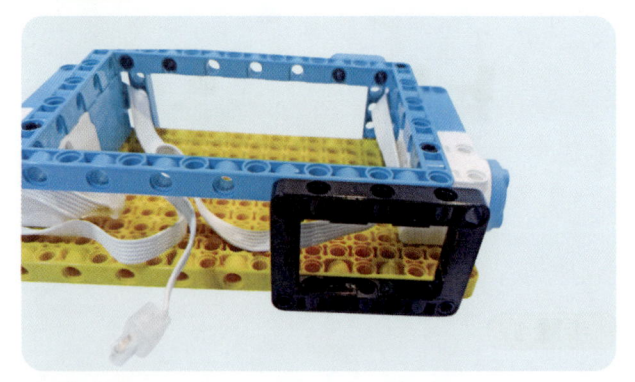

步驟 13

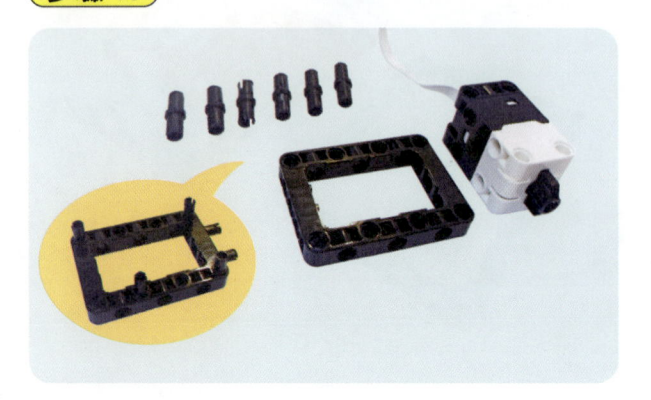

步驟 14

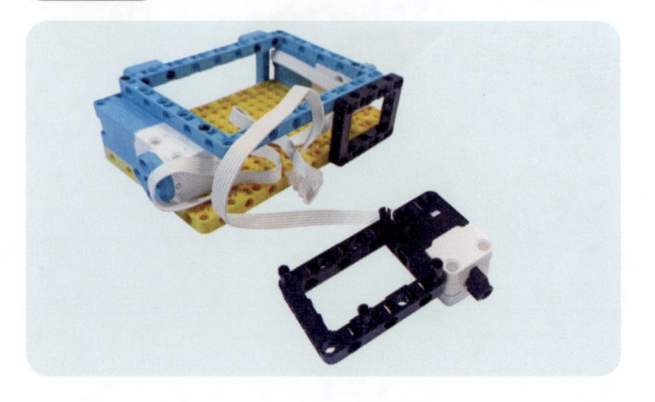

Chapter 04　相撲機器人

步驟 15

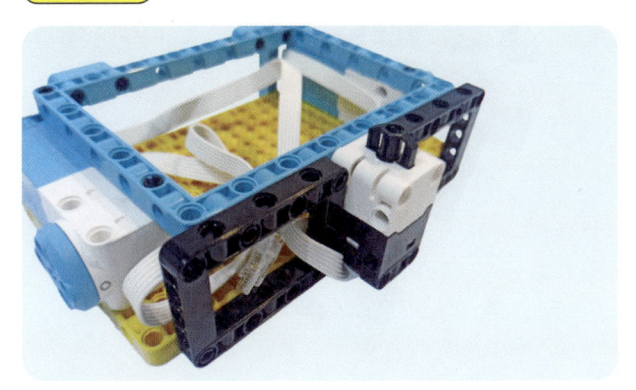

步驟 16

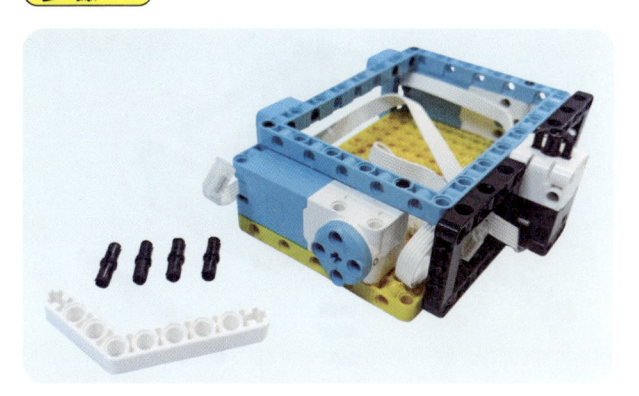

步驟 17

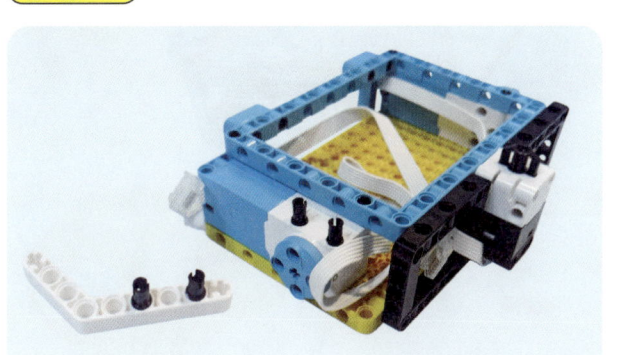

步驟 18

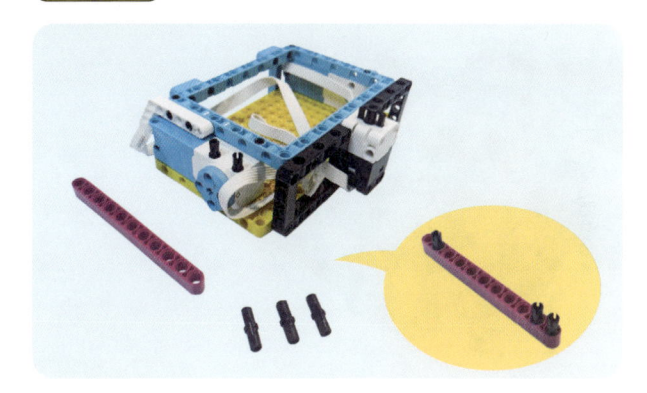

步驟 19

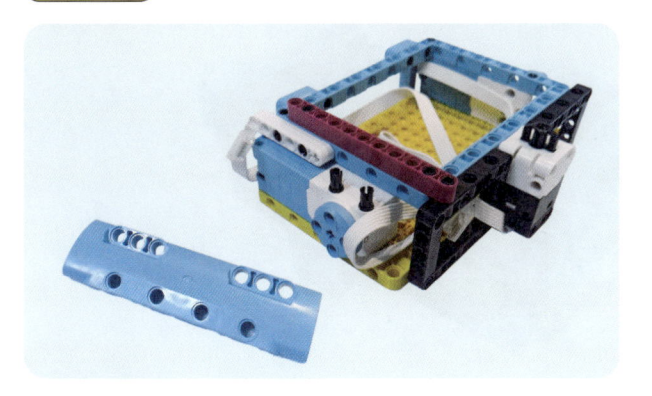

步驟 20

步驟 21

步驟 22

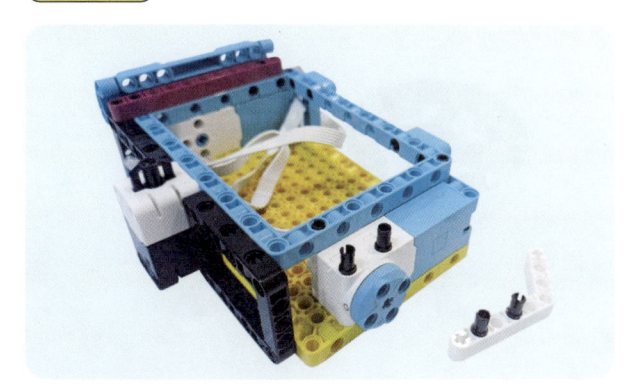

63

樂高 SPIKE 機器人創意專題實作

步驟 23

步驟 24

步驟 25

步驟 26

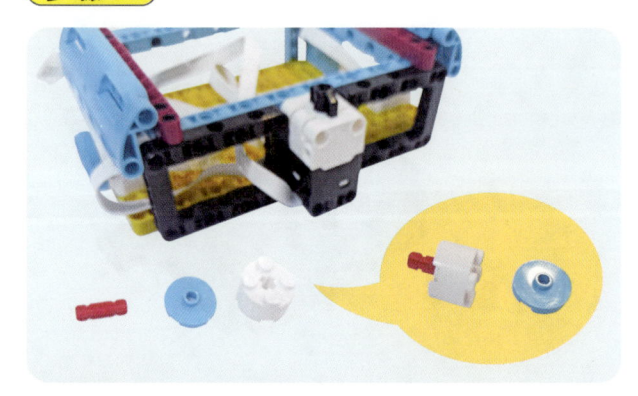

步驟 27

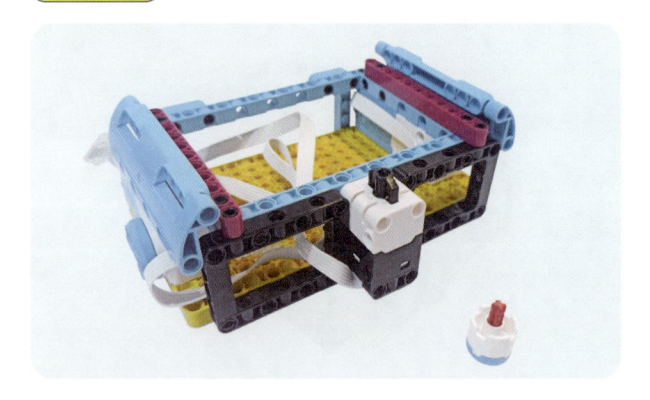

步驟 28

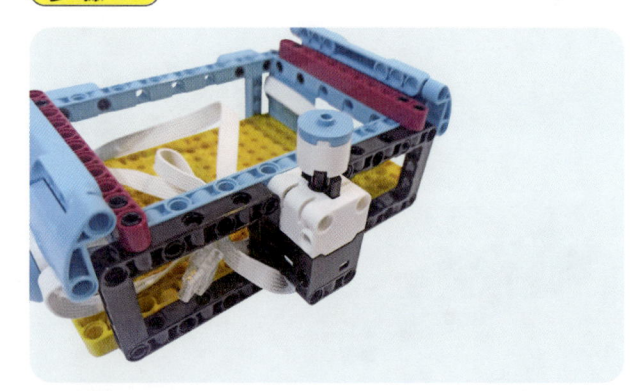

步驟 29

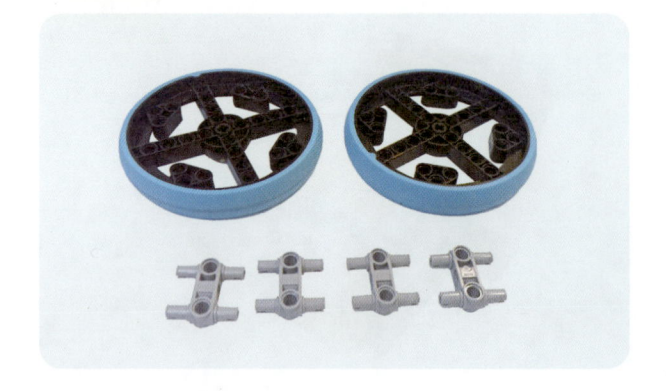

步驟 30

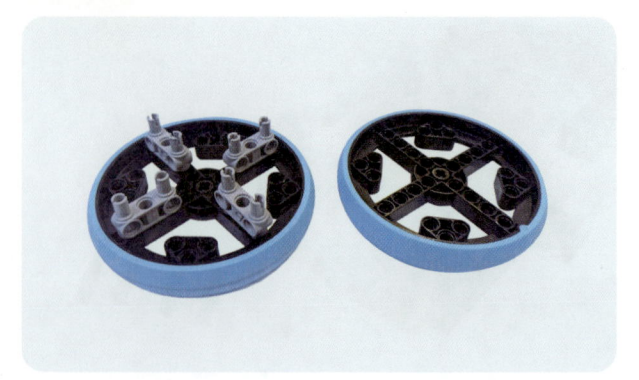

Chapter 04　相撲機器人

步驟 31

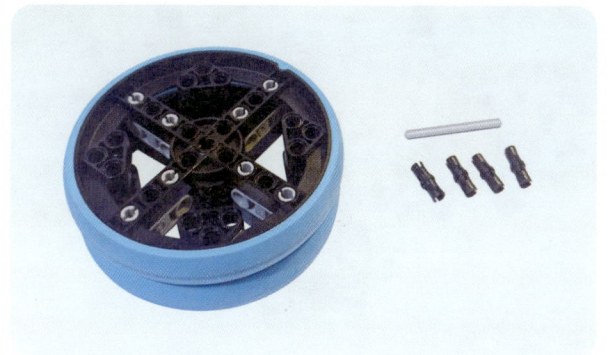

步驟 32

步驟 33　註 另一個輪子組裝同步驟 29～32

步驟 34

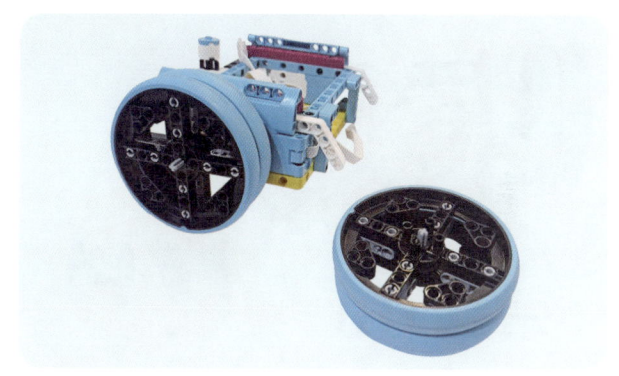

步驟 35

步驟 36

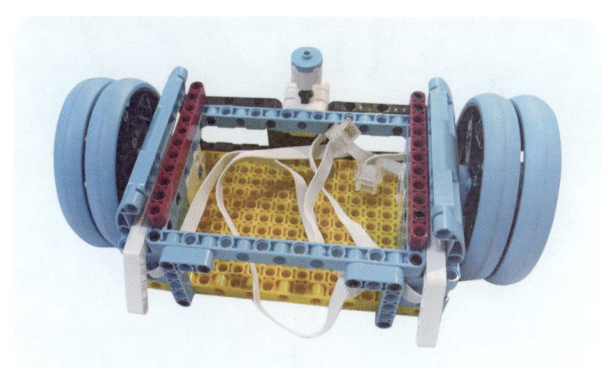

步驟 37

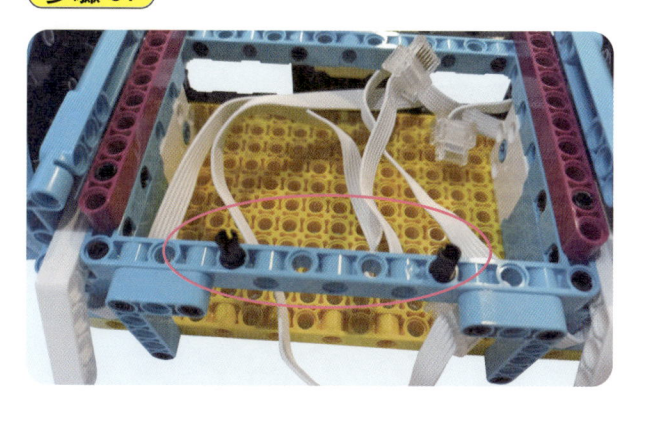

步驟 38

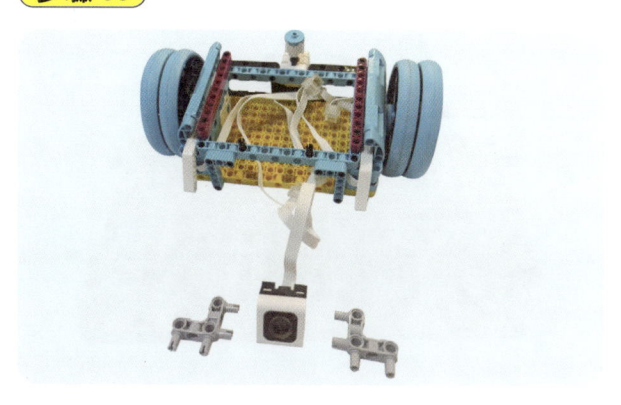

65

步驟 39

步驟 40

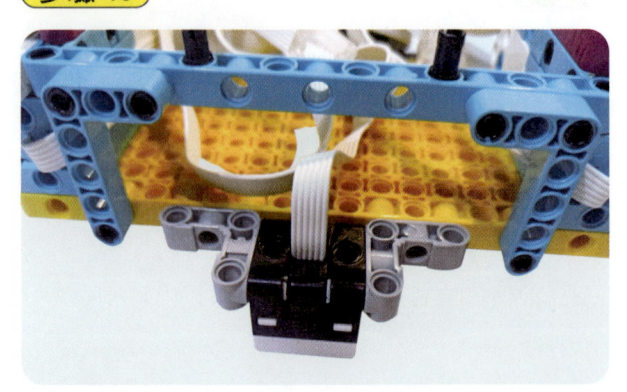

步驟 41

步驟 42

步驟 43

步驟 44

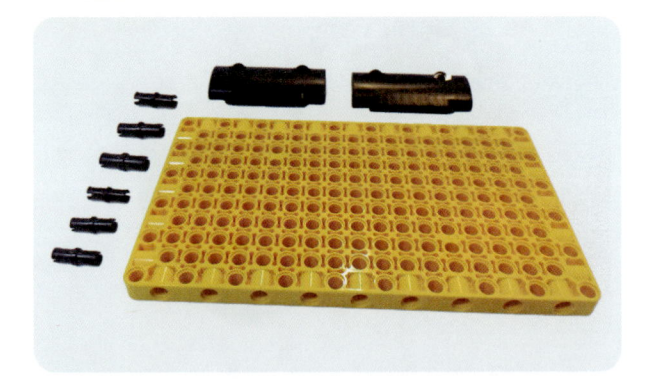

步驟 45

步驟 46

Chapter 04　相撲機器人

步驟 47

步驟 48

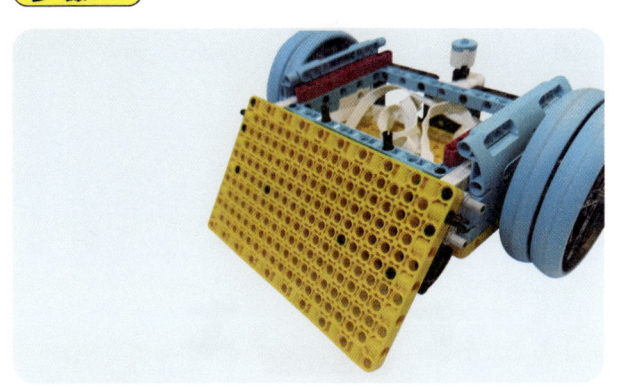

步驟 49

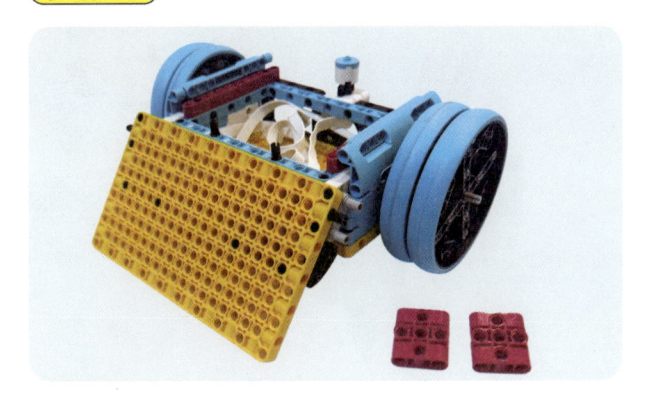

步驟 50

步驟 51

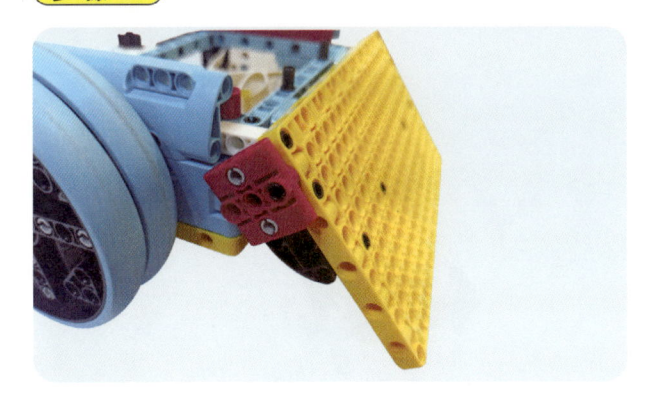

步驟 52

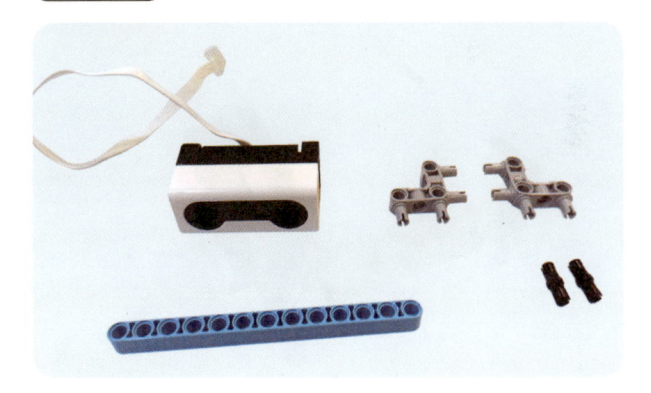

步驟 53

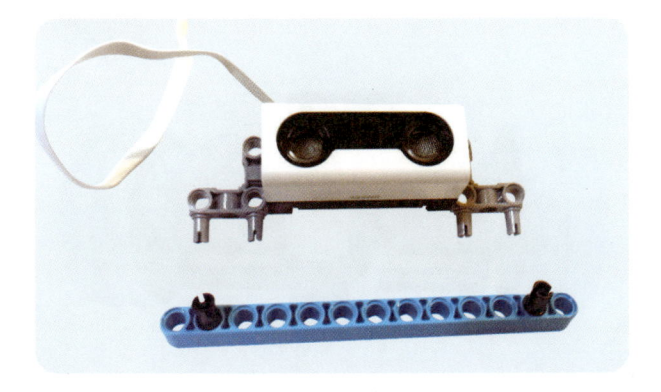

步驟 54

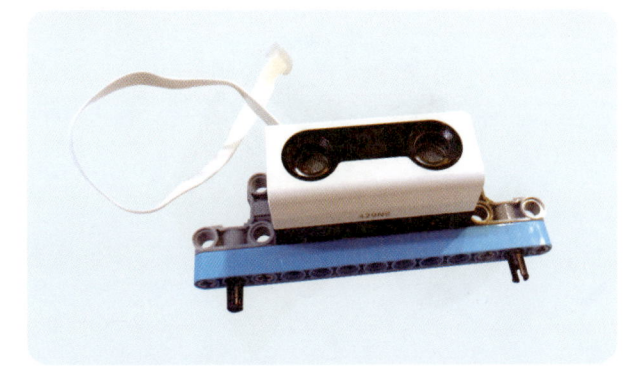

67

樂高 SPIKE 機器人創意專題實作

步驟 55

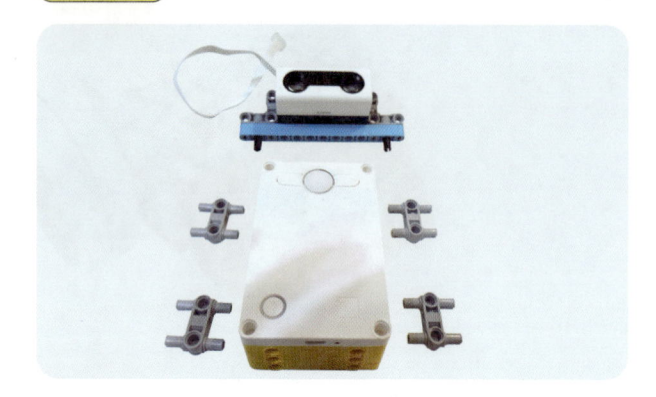

步驟 56

步驟 57

步驟 58

步驟 59

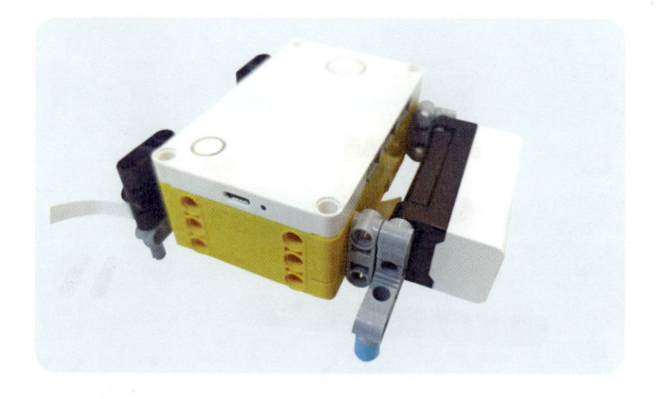

步驟 60

步驟 61

完成圖

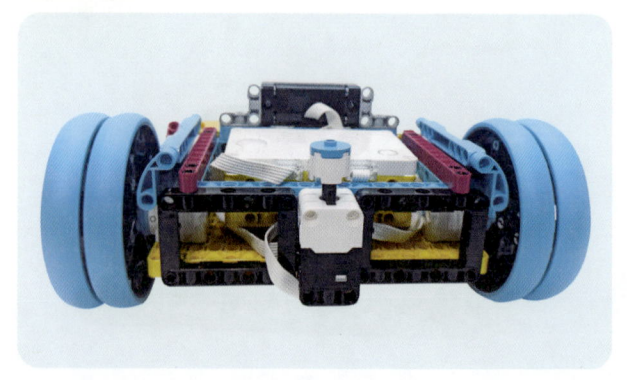

4-3 │撰寫「SPIKE 相撲機器人」之指引程式

主題 ① 相撲機器人前進,直到偵測到黑色線時,後退 1 秒。

電控元件 顏色感應器

說明 用來偵測不同顏色的反射光、顏色及環境光強度。

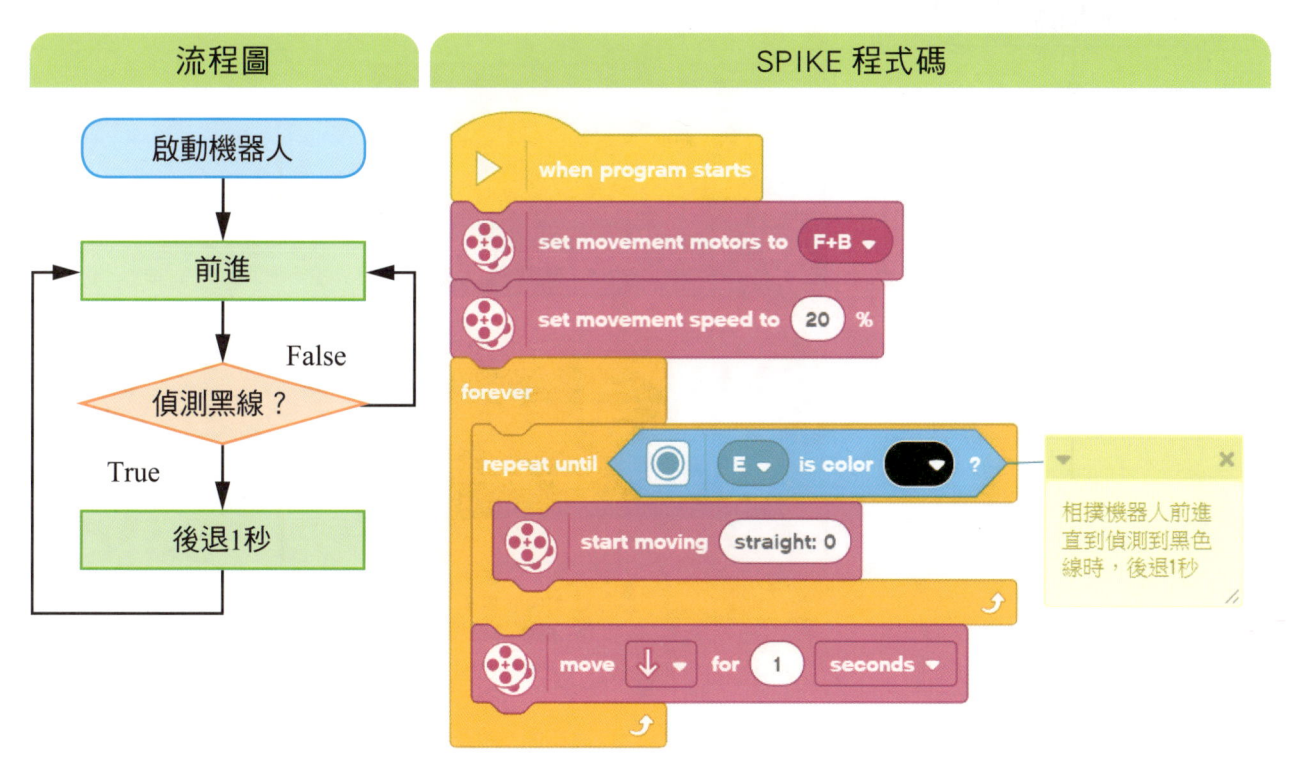

流程圖

啟動機器人 → 前進 → 偵測黑線？
- False → 前進（迴圈）
- True → 後退1秒

SPIKE 程式碼

```
when program starts
set movement motors to F+B
set movement speed to 20 %
forever
    repeat until ● E is color ● ?
        start moving straight: 0
    move ↓ for 1 seconds
```

> 相撲機器人前進直到偵測到黑色線時,後退1秒

樂高 SPIKE 機器人創意專題實作

主題 ② 相撲機器人原地回旋，直到偵測到前方有敵人時，往前衝。

電控元件 距離感應器

說明 偵測前方是否有「障礙物」或「目標物」，以讓機器人進行不同的動作。

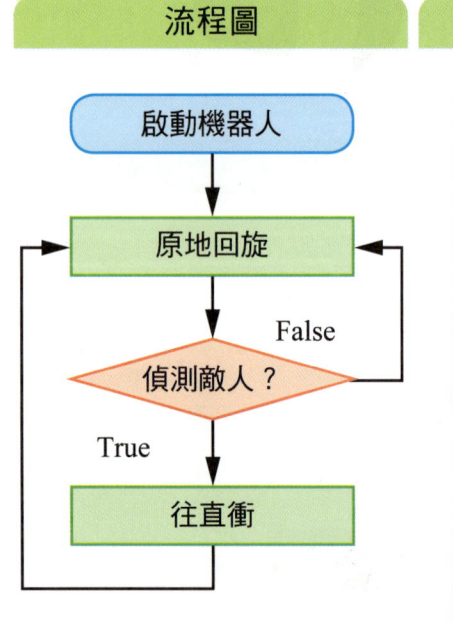

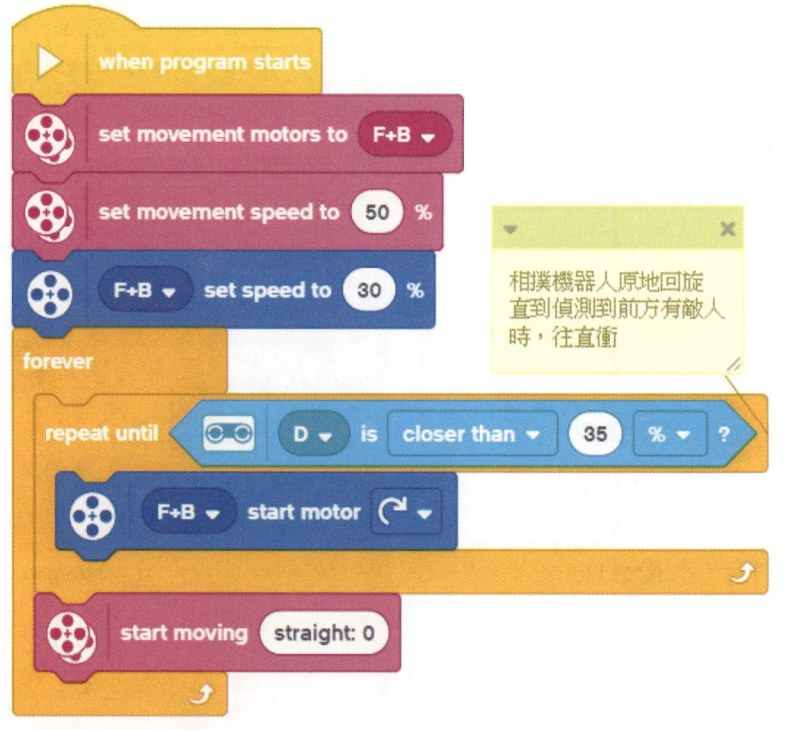

流程圖

啟動機器人 → 原地回旋 → 偵測敵人？
- False → 原地回旋
- True → 往直衝

SPIKE 程式碼

```
when program starts
set movement motors to F+B
set movement speed to 50 %
F+B set speed to 30 %
forever
    repeat until  D  is closer than  35 %  ?
        F+B start motor ↻
    start moving straight: 0
```

相撲機器人原地回旋，直到偵測到前方有敵人時，往直衝

70

主題 3 承上一題,再加入「壓力感應器」,先亮紅燈,當按下「壓力感應器(按鈕)」之後再亮綠燈,相撲機器人原地迴旋,直到偵測到前方有敵人時,往直衝。

流程圖

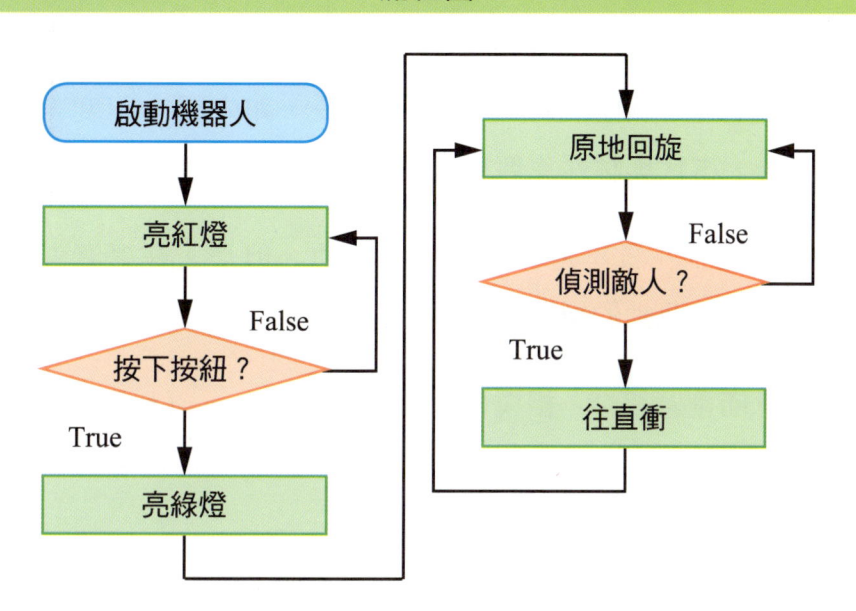

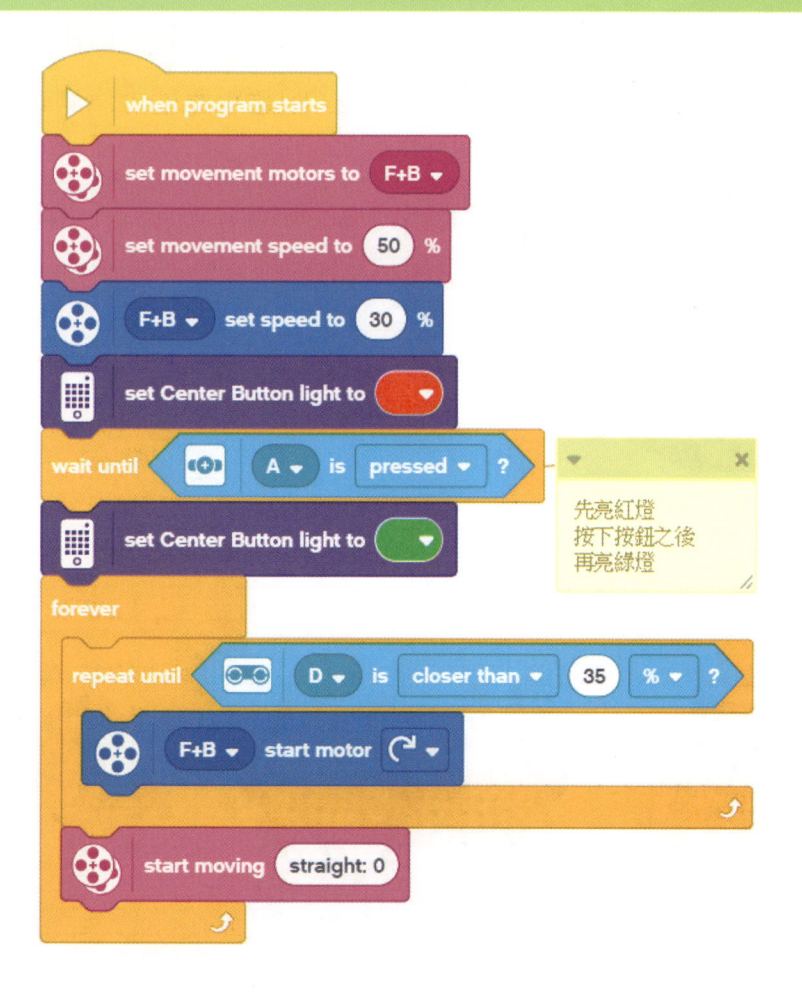

啟動機器人 → 亮紅燈 → 按下按鈕?
- False → 亮紅燈
- True → 亮綠燈 → 原地迴旋 → 偵測敵人?
  - False → 原地迴旋
  - True → 往直衝

SPIKE 程式碼

- when program starts
- set movement motors to F+B
- set movement speed to 50 %
- F+B set speed to 30 %
- set Center Button light to (紅)
- wait until A is pressed ?
- set Center Button light to (綠)

  先亮紅燈
  按下按鈕之後
  再亮綠燈

- forever
  - repeat until D is closer than 35 % ?
    - F+B start motor ↻
  - start moving straight: 0

4-4 專題實作：樂高相撲機器人

◆ **主題發想**

相撲是一對一的運動項目，由於規則容易明白，而且一次即決勝負，因此這項運動正在迅速普及世界各地。相撲起源追溯源遠流長，如中國、印度、中亞甚至古希臘的壁畫都有歷史記載，古代奧林匹克競賽也有類似相撲的比賽。

雖然，目前相撲運動在日本是非常有名的活動，但是，在臺灣似乎沒有相關的比賽，因此無法真正體會此運動的樂趣。

有鑑於此，本章節創意組裝「相撲機器人」外型機構，再利用程式設計來控制相撲機器人的各種活動，來模擬兩位選手相撲的活動，在某一特定舞台區域內，被推出的一方，就視為輸家，另一方為贏家。

◆ **示意圖**

◆ **主題目的**

1. 顏色感應器（偵測相撲地圖的外框）。
2. 距離感應器（偵測敵人）。

◆ **完成圖**

相撲機器人（左側）　　相撲機器人（正面） 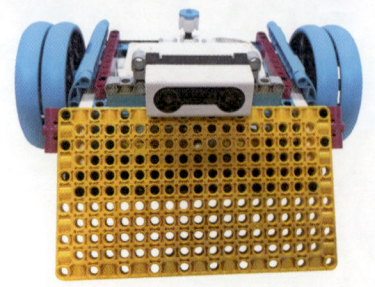　　相撲機器人（右側）

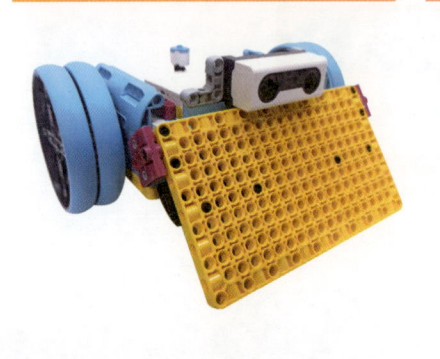

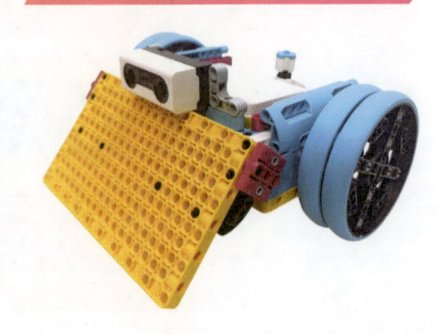

Chapter 04　相撲機器人

流程圖

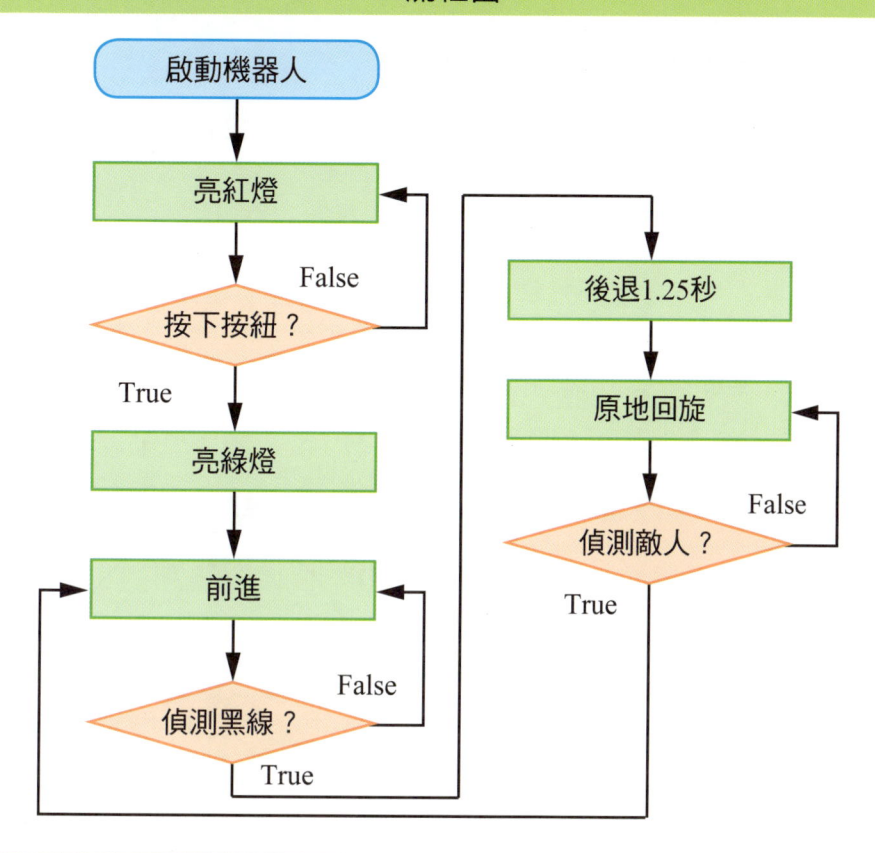

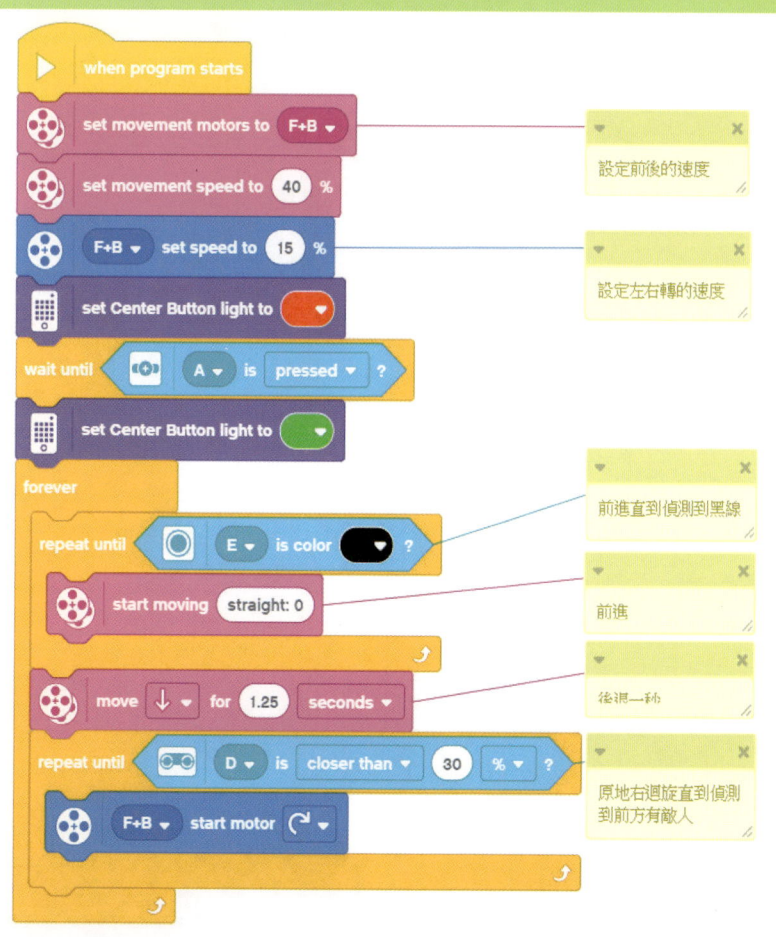

```
啟動機器人
    ↓
  亮紅燈 ←──────────────┐       ┌──────────→ 後退1.25秒
    ↓         False     │       │                ↓
  按下按紐？ ─────────────┘       │             原地回旋 ←──┐
    │ True                       │                ↓        │
    ↓                            │             偵測敵人？ ──┘ False
  亮綠燈                          │                │ True
    ↓                            │                
  前進 ←──┐                      └────────────────┘
    ↓     │
  偵測黑線？ ──False──┘
    │ True
```

SPIKE 程式碼

設定前後的速度

設定左右轉的速度

前進直到偵測到黑線

前進

後退一秒

原地右迴旋直到偵測到前方有敵人

73

Chapter 04 課後習題

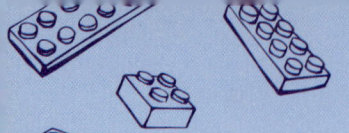

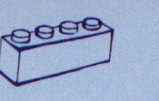

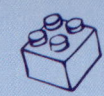

題目名稱 記錄黑線數量的機器人

題目說明 請參考本章的專題實作程式，再增加一項用相撲機器人來「記錄偵測到黑色的次數」的設定。

創客題目編號：A038024

創客學習力

外形(專業)	機構	電控	程式	通訊	人工智慧	創客總數
1	2	3	3	0	0	9

綜合素養力

空間力	堅毅力	邏輯力	創新力	整合力	團隊力	素養總數
1	2	3	1	1	1	9

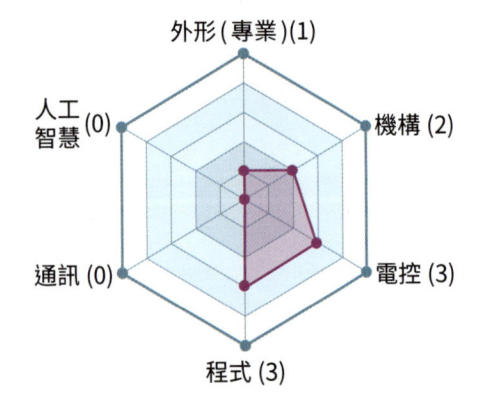

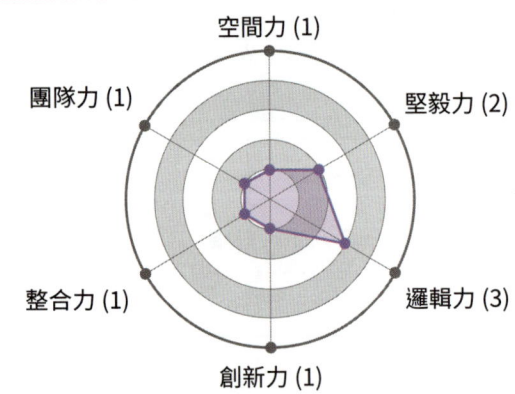

100 mins

Chapter 05 人型機器人

本章學習目標

1. 讓讀者瞭解組裝樂高人型機器人及瞭解如何透過人型機器人來進行活動。
2. 讓讀者瞭解如何利用 SPIKE 程式來撰寫樂高人型機器人程式。

本章內容

5-1 人型機器人

5-2 SPIKE 人型機器人組裝

5-3 撰寫「SPIKE 人型機器人」之指引程式

5-4 專題實作：樂高人型機器人 PID 循線

5-1 | 人型機器人

　　其實讀者利用樂高機器人來設計創意作品，有一項非常重要的任務就是試圖設計出具有「創意性、應用性或娛樂性」的作品。但是，如果只使用SPIKE基本車的機構，卻沒有此功能。因此，在SPIKE教育組還必須要再搭配「擴充組」，就可以設計出更具有創意的作品。

[主題] 設計「人型機器人」。

[目的] 設計出具有「創意性及娛樂性」作品。

◆ **設計的三部曲**

1. 創意組裝	2. 寫程式	3. 測試
依照指定「功能及造型」來結合「感應器及相關配件」與「主機」。	依照指定任務來撰寫處理程序的動作與順序（程式）。	利用SPIKE拼圖程式：將程式上傳到「主機」內，並依照指定功能先進行測試。

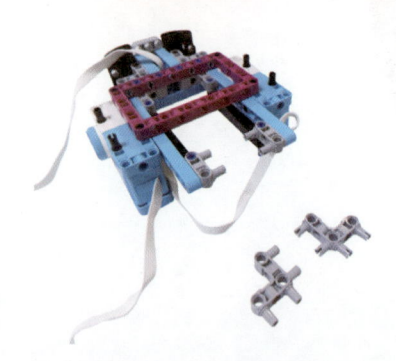

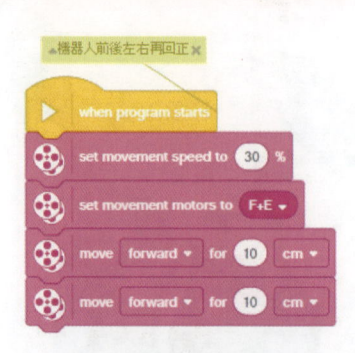

Chapter 05　人型機器人

◆ **流程圖**

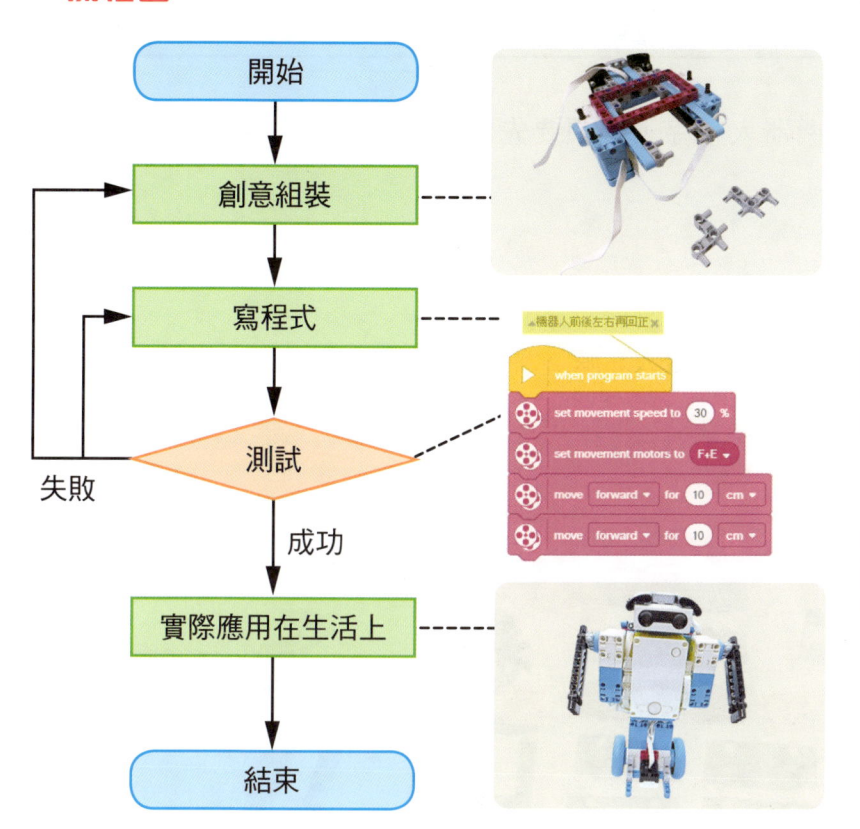

```
開始
 ↓
創意組裝 ← ─ ─ ─
 ↓           ↑
寫程式         │
 ↓           │
測試 ── 失敗 ─┘
 ↓ 成功
實際應用在生活上
 ↓
結束
```

說明：從左邊的流程圖中，我們可以清楚瞭解「設計機器人程式」必須要經過的三大步驟，並且在進行第三步驟時，如果無法測試成功，除了要修改程式之外，也要檢查組裝是否正確，並且要反覆地進行測試，直到完全成功為止。最後，就可以將創作的智能裝置，應用在我們日常生活中。

77

5-2 | SPIKE 人型機器人組裝

想要製作一台「SPIKE人型機器人」時,必須要先準備相關的「主機、馬達、感應器及相關的零件材料」。

5-2.1 零件清單

基本上,要製作一台「SPIKE人型機器人」時,零件清單如下圖所示:

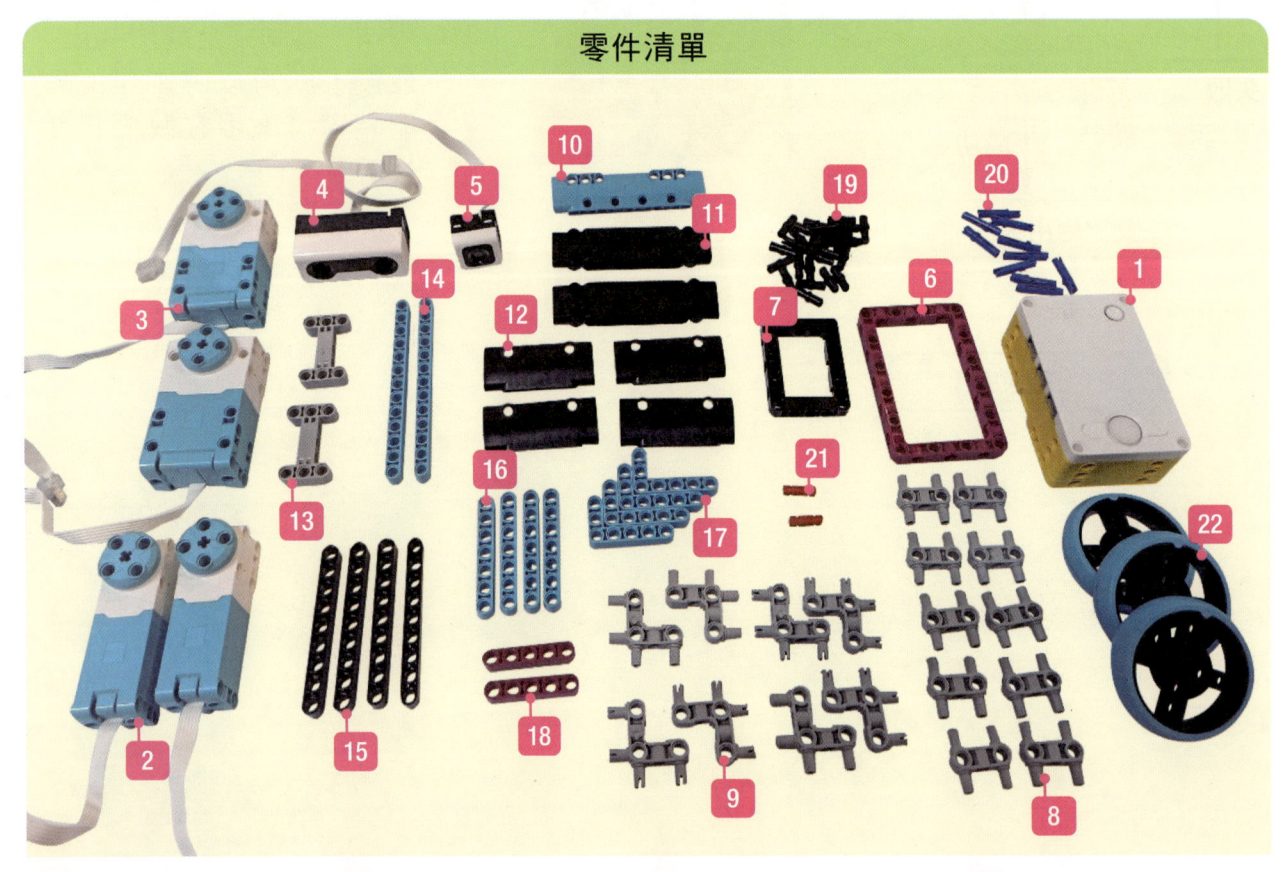

零件清單

1	主機 ×1	2	中型馬達 ×2	3	大型馬達 ×2	4	距離感應器 ×1
5	顏色感應器 ×1	6	中型方型框 ×1	7	小型方型框 ×1	8	H型連接器 ×10
9	馬型連接器 ×8	10	4孔弧型側板 ×1	11	側板 ×2	12	2孔弧型側板 ×4
13	I型方型框 ×2	14	13M 橫桿 ×2	15	9M 橫桿 ×4	16	7M 橫桿 ×4
17	3×5M 橫桿 ×4	18	5M 橫桿 ×2	19	黑色短插銷 ×24	20	長插銷 ×10
21	2M 十字軸 ×2	22	輪子 ×3				

5-2.2 組裝指引

在準備好「SPIKE人型機器人」所需要的「主機、感應器、鋁合金構件及相關的材料」之後,接下來,請各位讀者依照以下的步驟即可完成組裝:

步驟 1

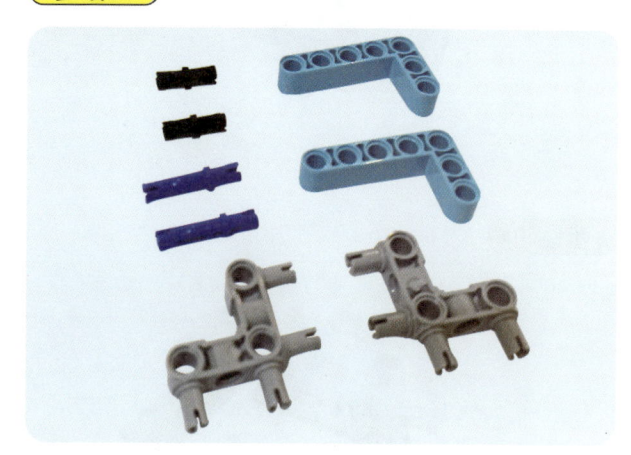

步驟 2

步驟 3

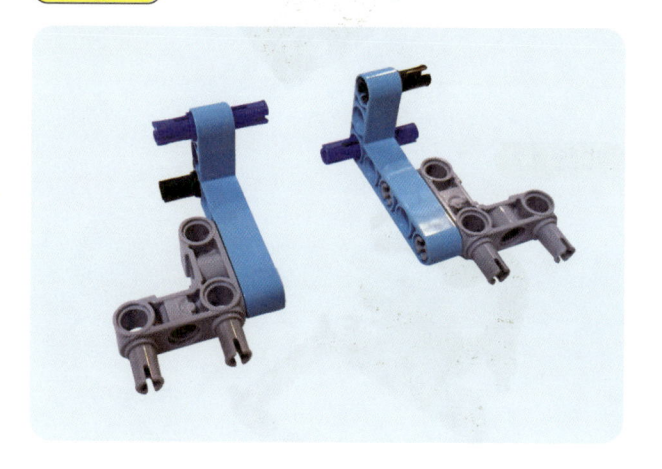

步驟 4

步驟 5

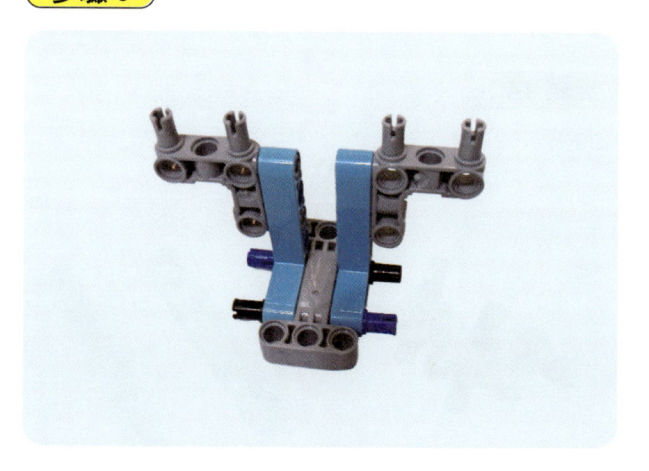

步驟 6

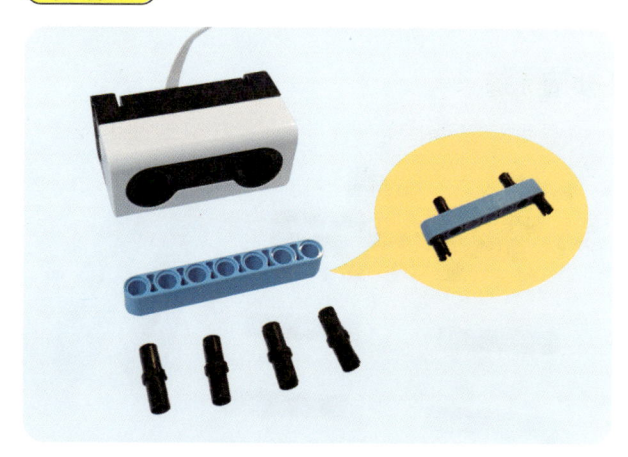

樂高 SPIKE 機器人創意專題實作

步驟 7

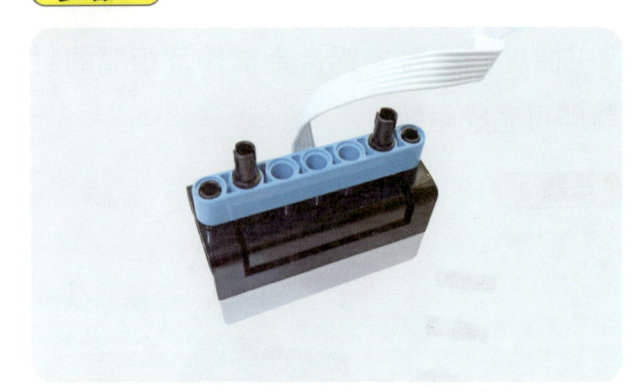

步驟 8

步驟 9

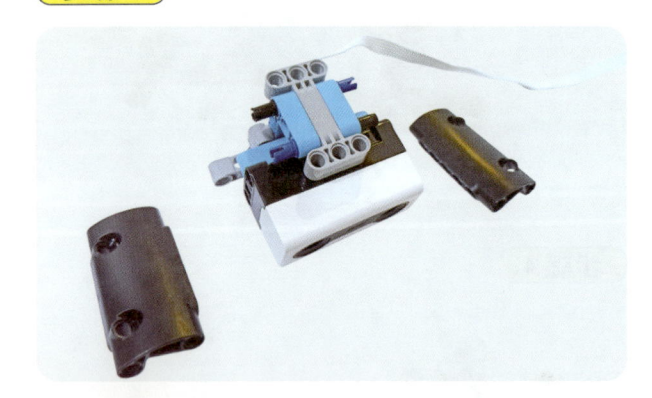

步驟 10

步驟 11

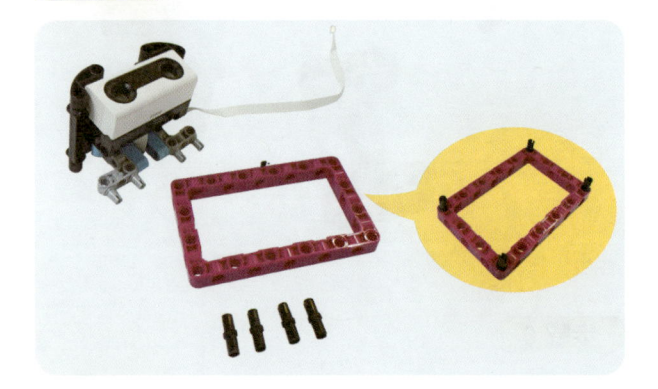

步驟 12

步驟 13

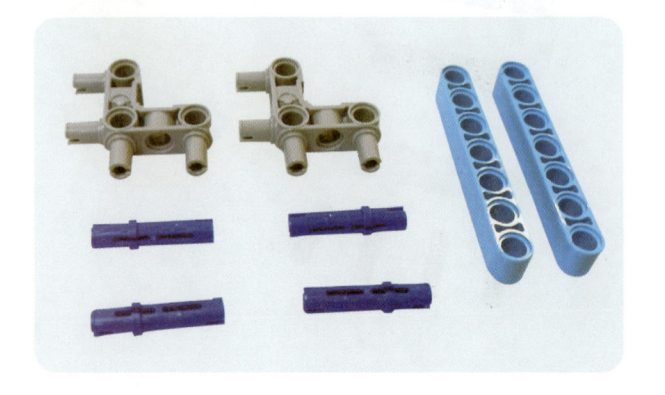

步驟 14

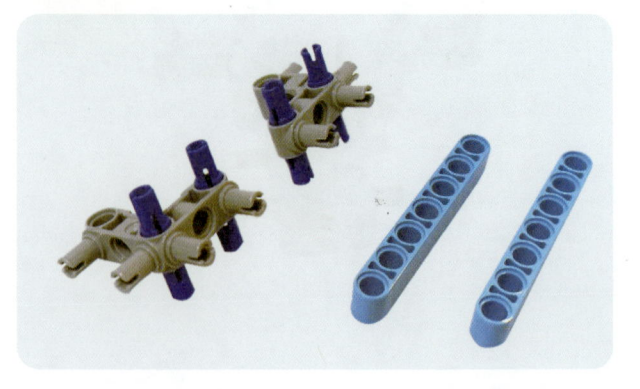

Chapter 05　人型機器人

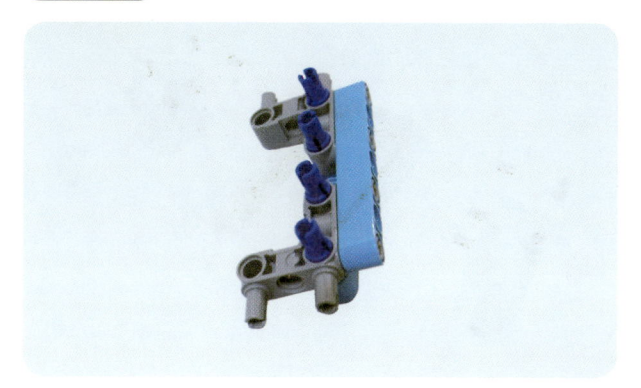

步驟 15

步驟 16

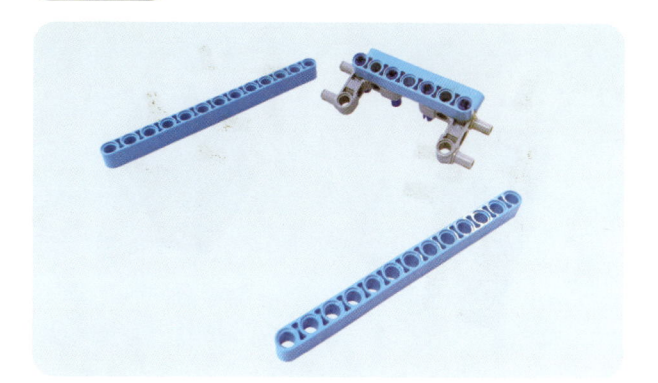

步驟 17

步驟 18

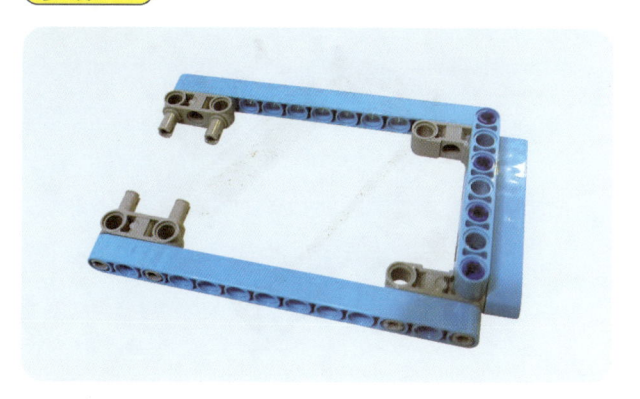

步驟 19

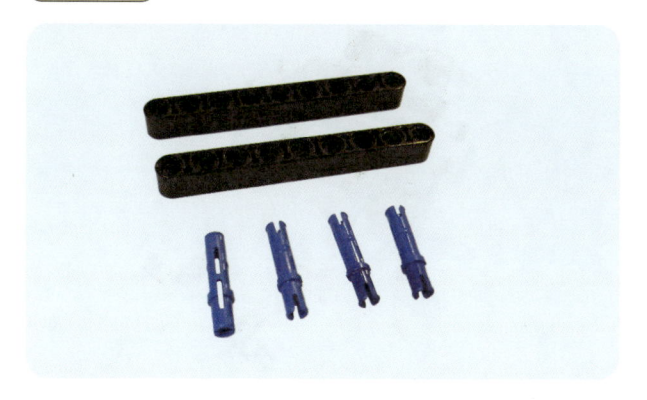

步驟 20

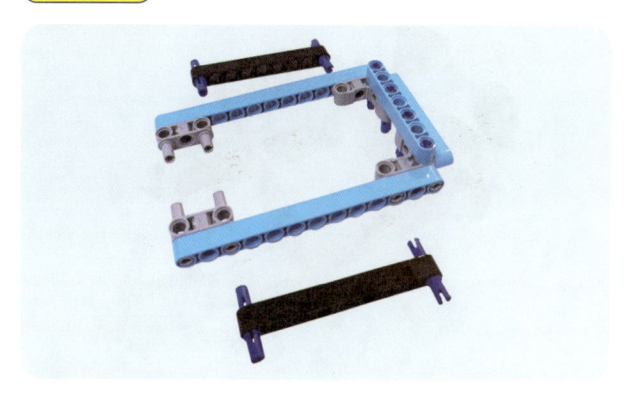

步驟 21

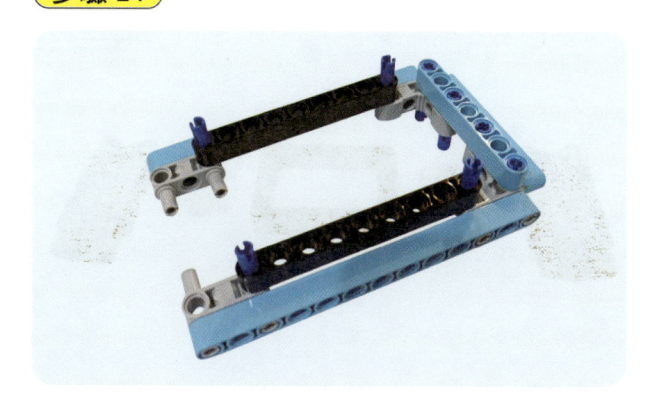

步驟 22

81

樂高 SPIKE 機器人創意專題實作

步驟 23

步驟 24

步驟 25

步驟 26

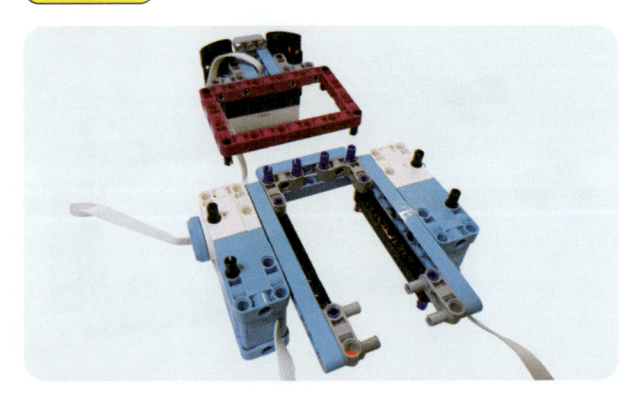

步驟 27

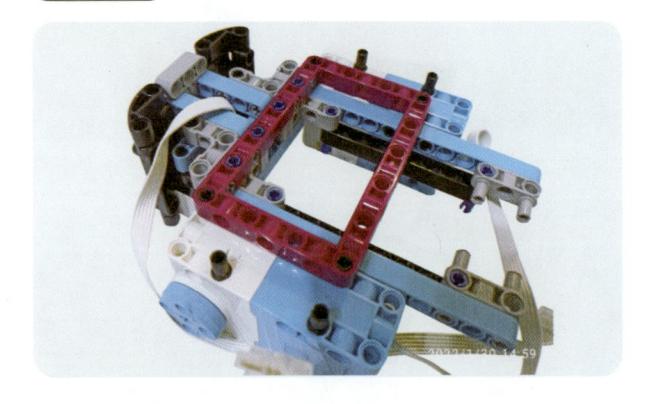

步驟 28

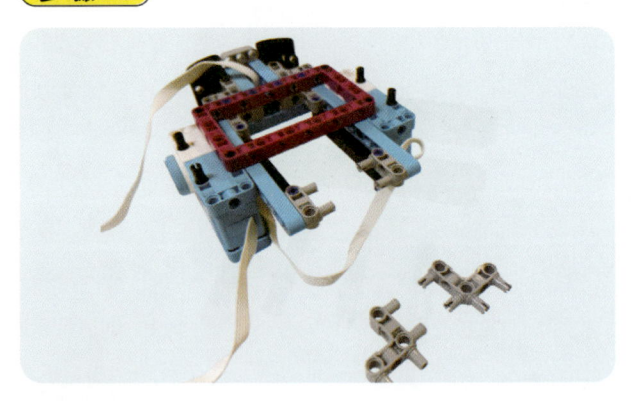

步驟 29

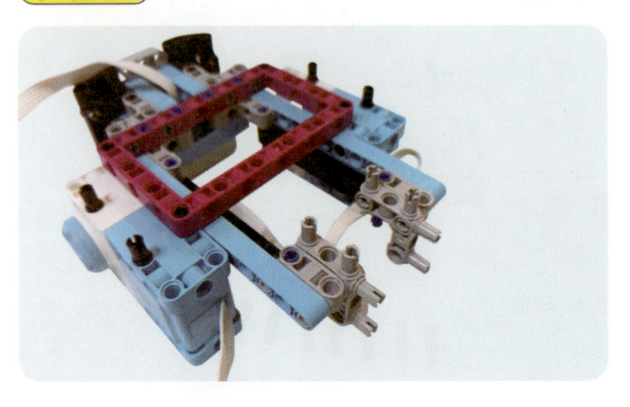

步驟 30

Chapter 05　人型機器人

步驟 31

步驟 32

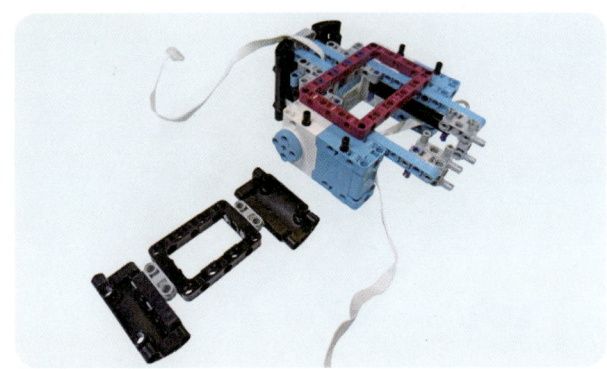

步驟 33

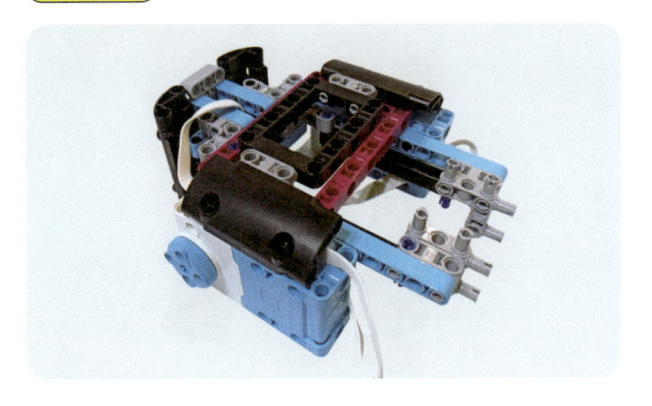

步驟 34

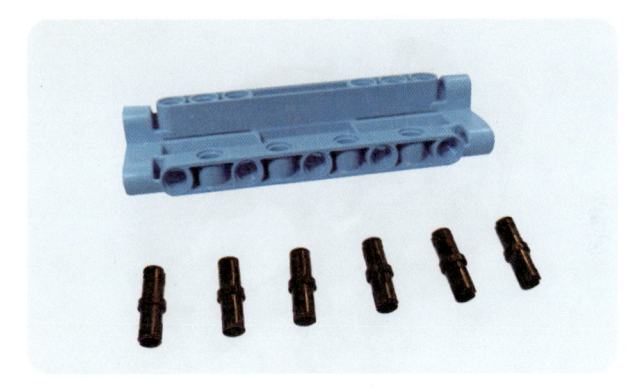

步驟 35

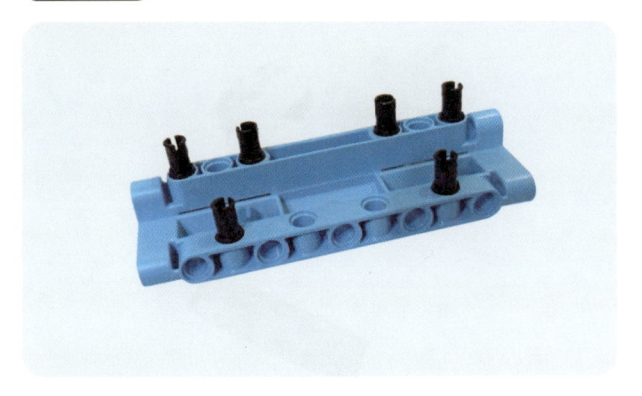

步驟 36

步驟 37

步驟 38

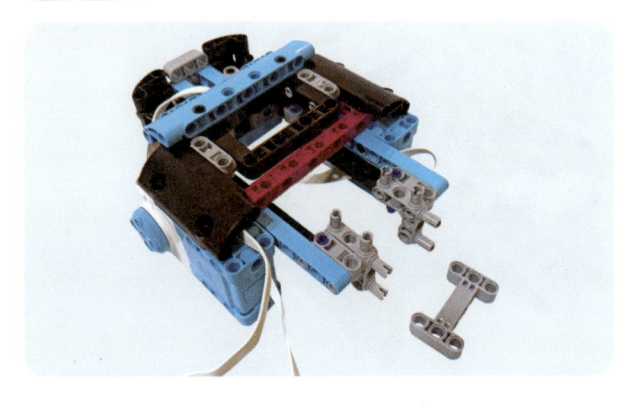

83

樂高 SPIKE 機器人創意專題實作

步驟 39

步驟 40

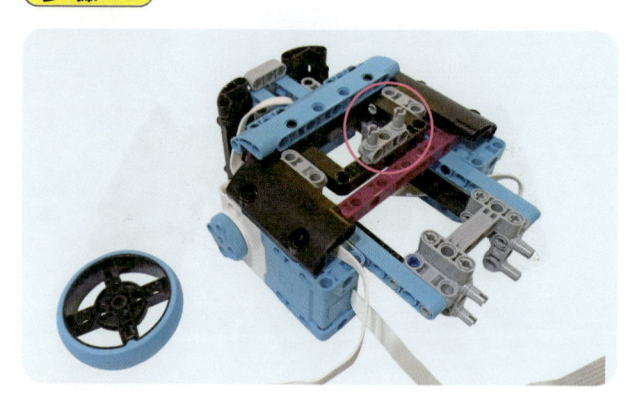

步驟 41

步驟 42

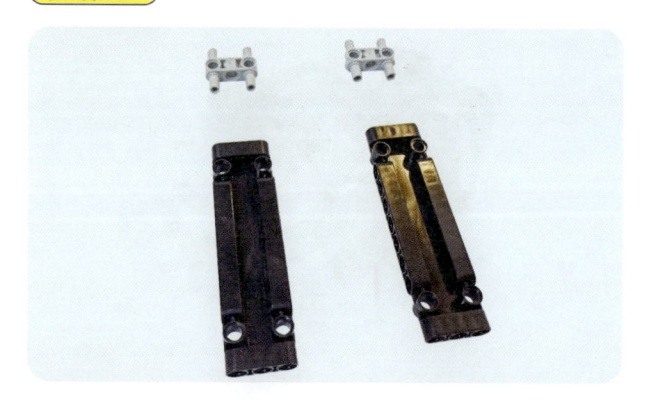

步驟 43

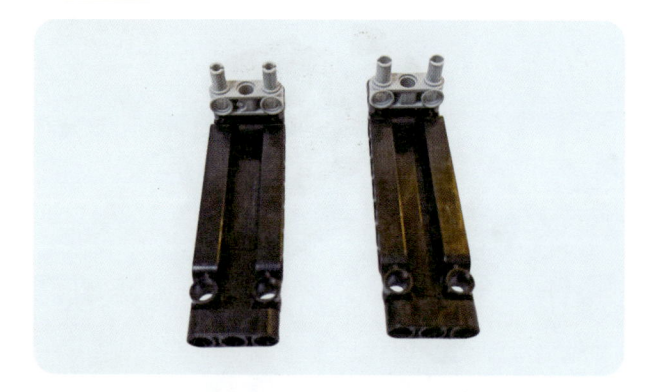

步驟 44

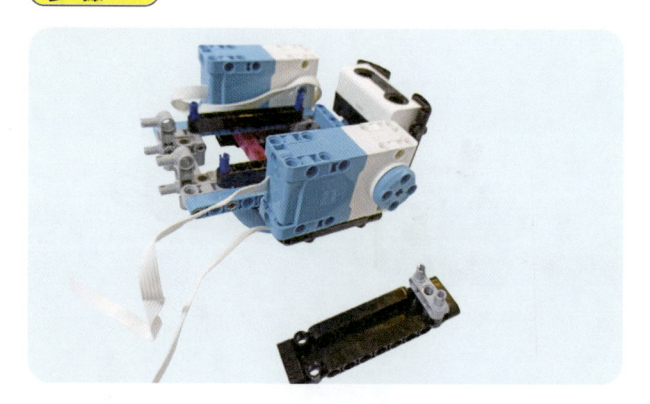

步驟 45

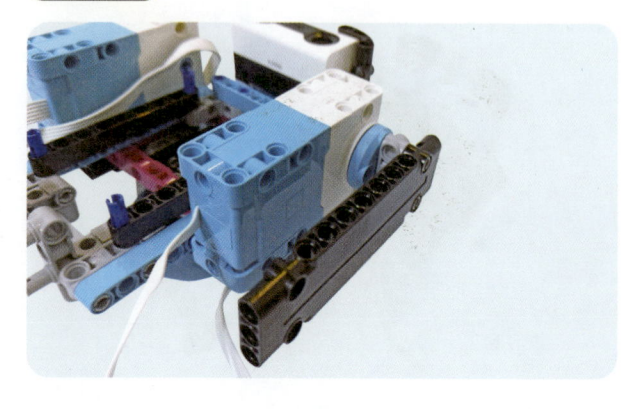

步驟 46

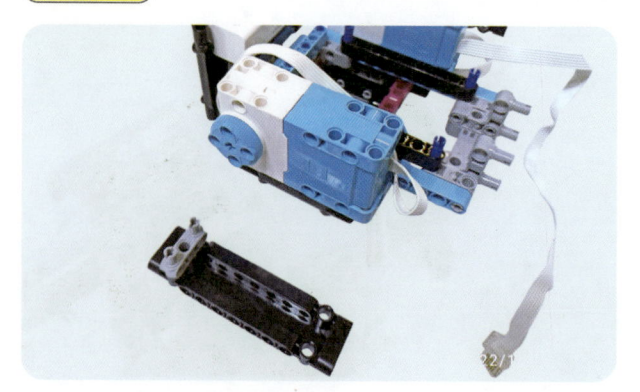

84

Chapter 05　人型機器人

步驟 47

步驟 48

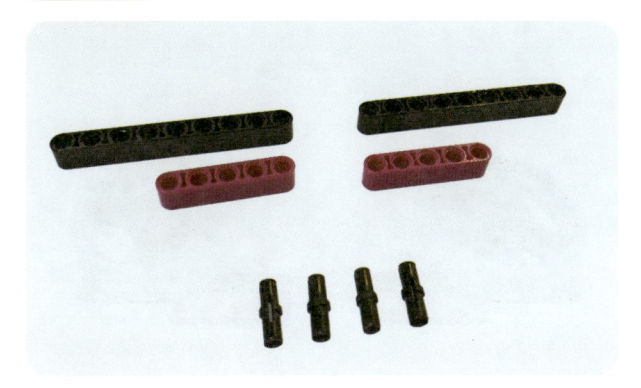

步驟 49

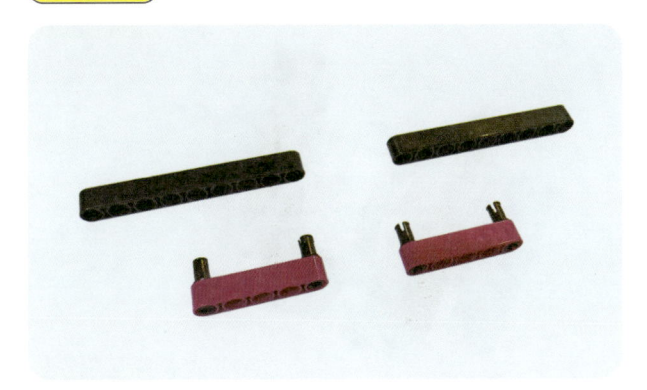

步驟 50

步驟 51

步驟 52

步驟 53

步驟 54

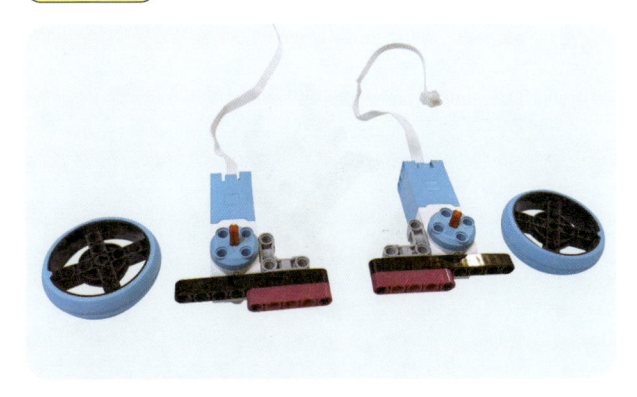

85

樂高 SPIKE 機器人創意專題實作

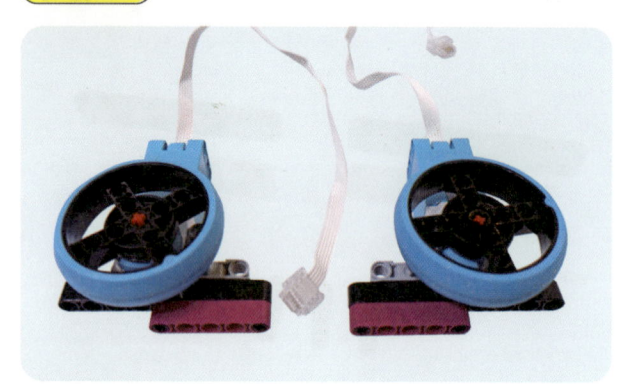

步驟 55

步驟 56

步驟 57

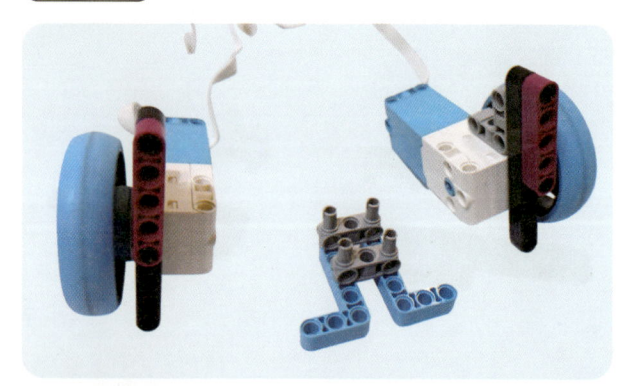

步驟 58

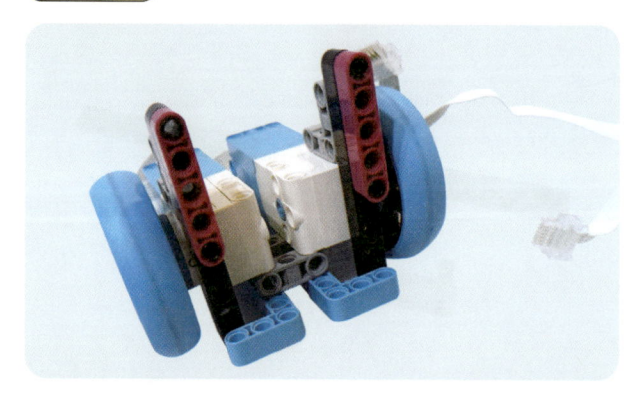

步驟 59

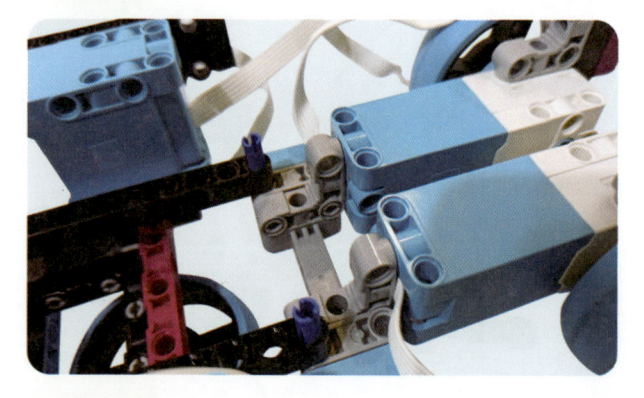

步驟 60

步驟 61

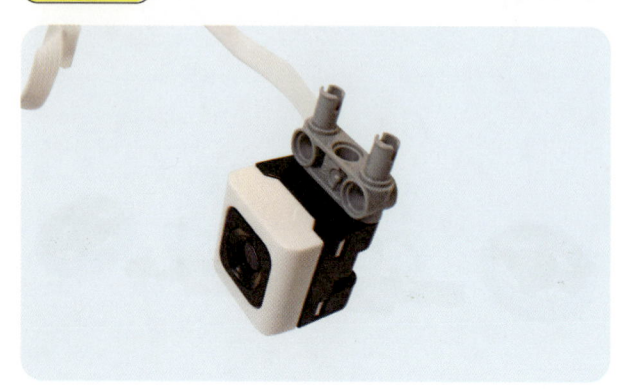

步驟 62

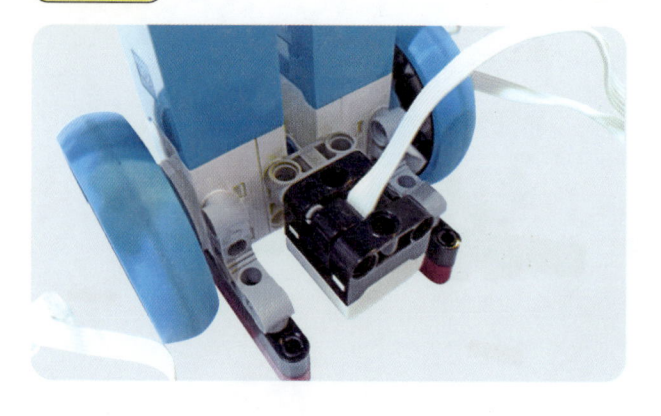

Chapter 05　人型機器人

步驟 63

步驟 64

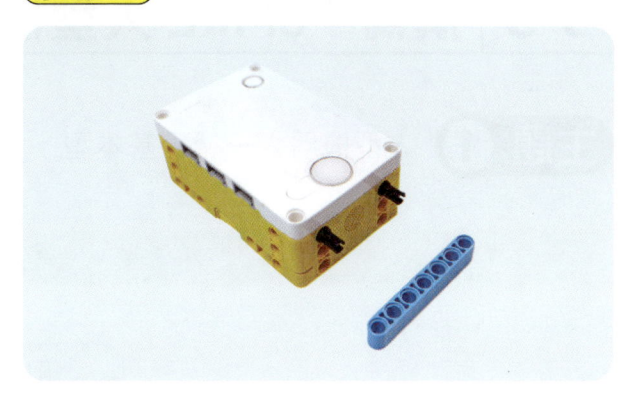

步驟 65

步驟 66

步驟 67

完成圖

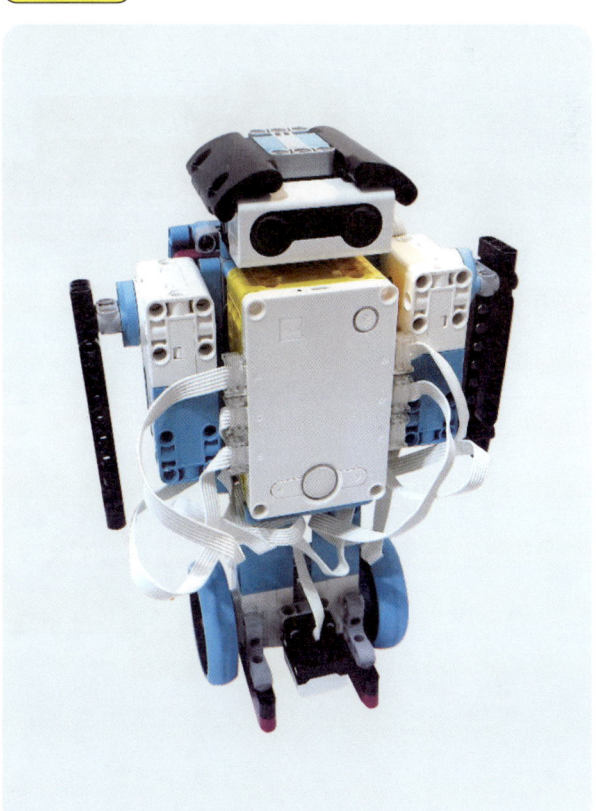

步驟 68

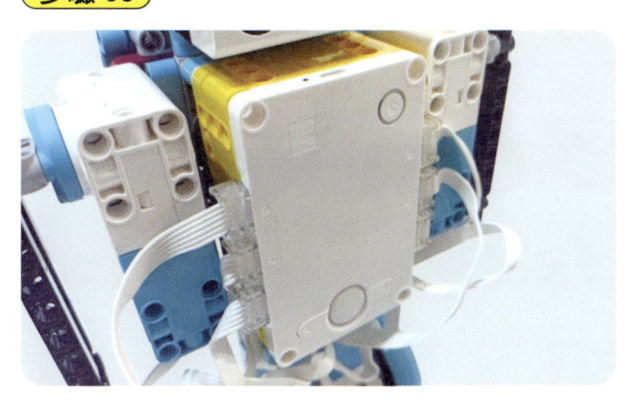

87

5-3 │ 撰寫「SPIKE 人型機器人」之指引程式

主題 ① 人型機器人—循線基本型。

流程圖

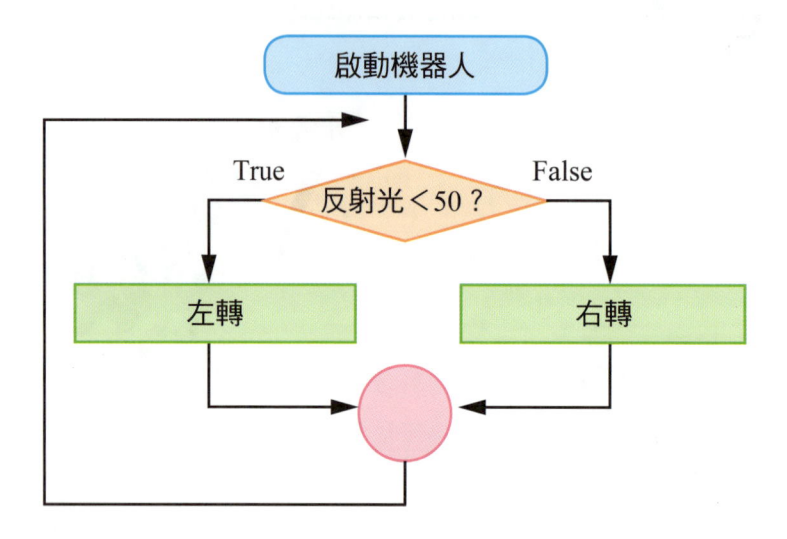

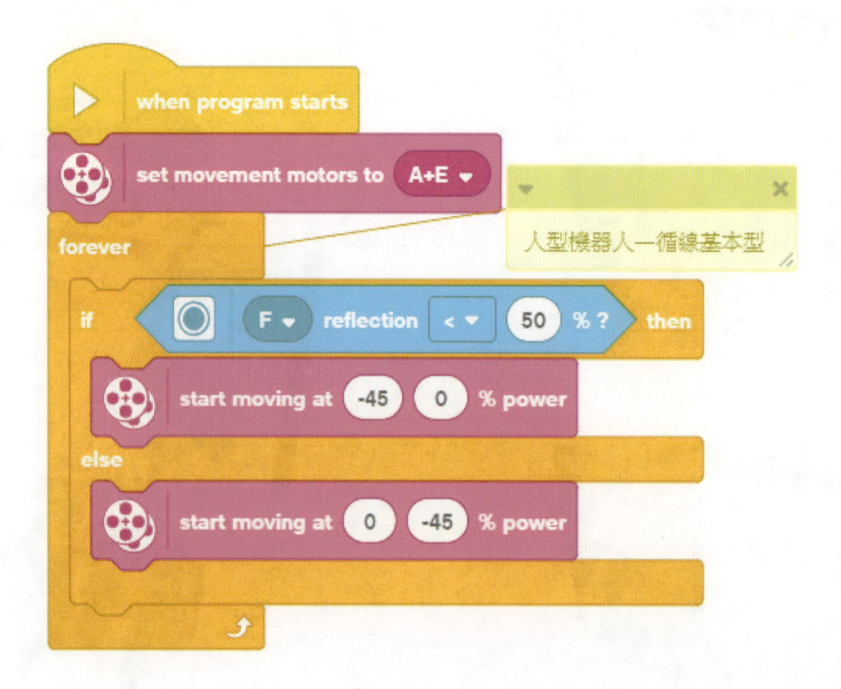

```
啟動機器人
    ↓
反射光＜50？
  True ↙    ↘ False
  左轉        右轉
    ↘      ↙
     （迴圈）
```

SPIKE 程式碼

```
when program starts
set movement motors to A+E
forever
    if  F reflection < 50 %? then
        start moving at -45  0 % power
    else
        start moving at 0  -45 % power
```

人型機器人—循線基本型

Chapter 05　人型機器人

主題 ② 人型機器人—避障。

流程圖

```
啟動機器人
    ↓
超音波偵測距離 ←──────┐
    ↓                │
距離＜25              │
 True ↓    False ↓   │
 右轉       直走      │
    ↓        ↓       │
    ●───────────────┘
```

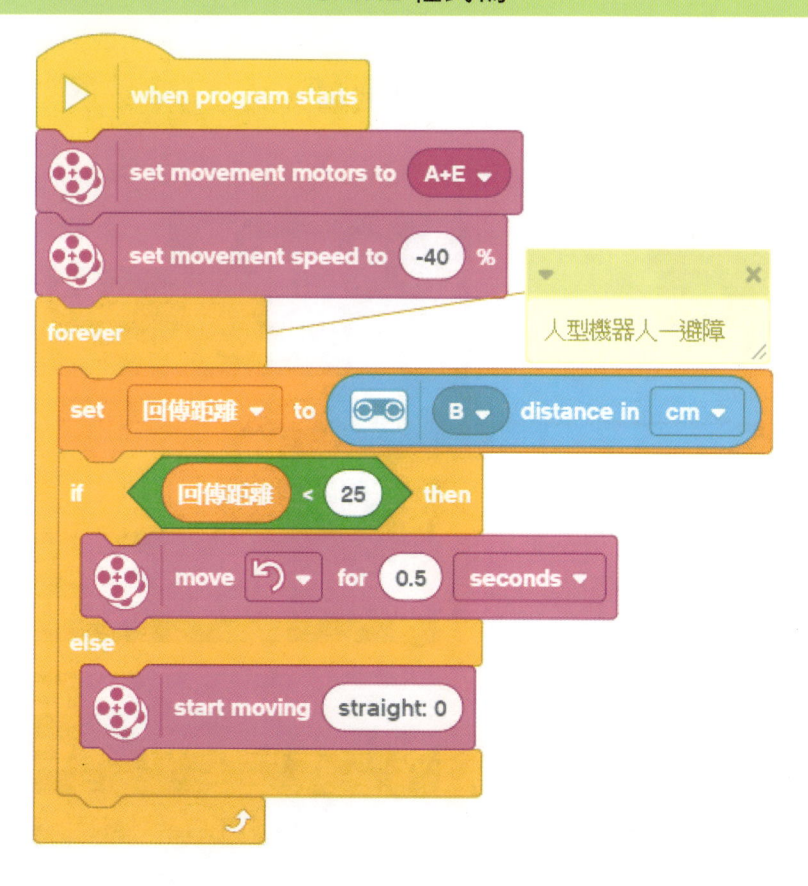

SPIKE 程式碼

```
when program starts
set movement motors to A+E
set movement speed to -40 %
forever
    set 回傳距離 to [B] distance in cm
    if 回傳距離 < 25 then
        move ↺ for 0.5 seconds
    else
        start moving straight: 0
```

人型機器人—避障

89

樂高 SPIKE 機器人創意專題實作

主題 3　人型機器人－避障並且具有雙手擺手的效果（同步處理）。

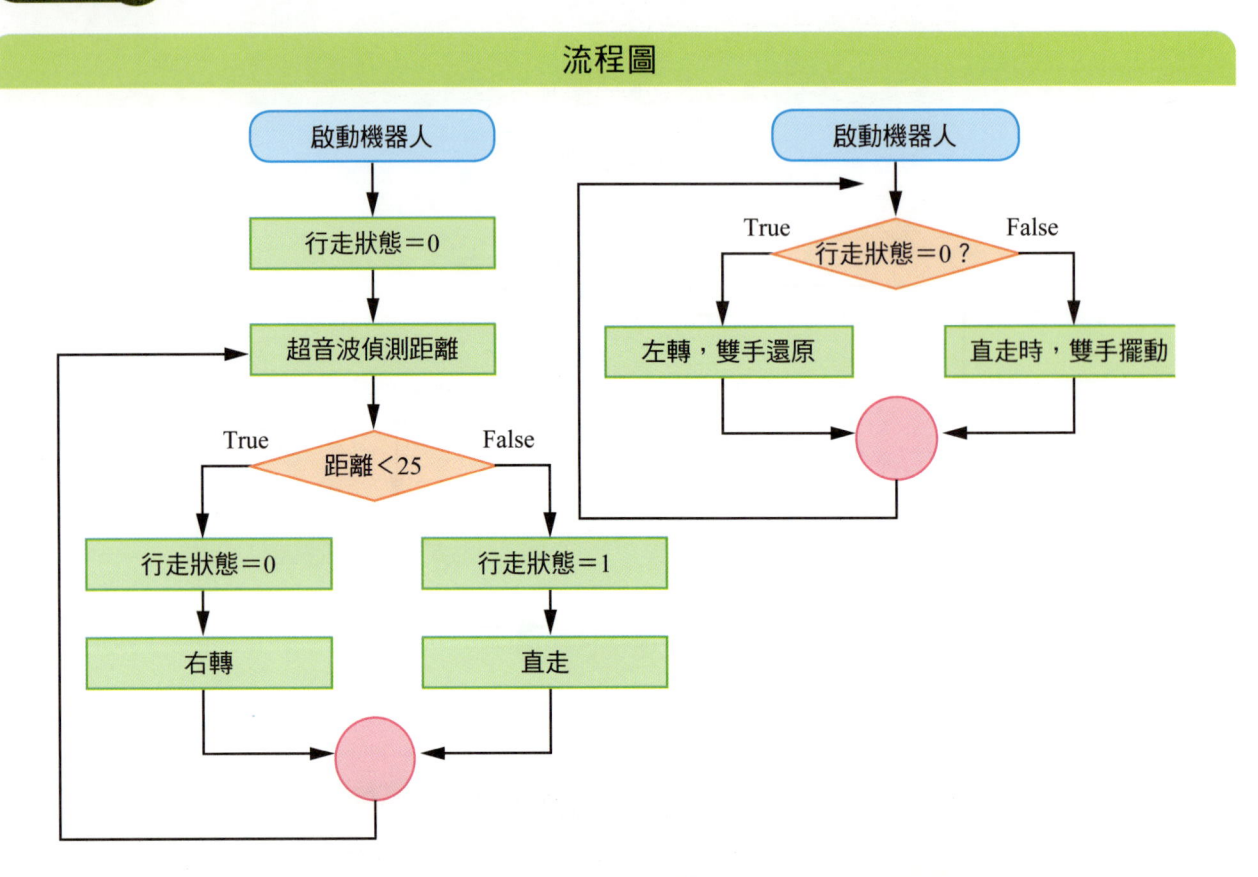

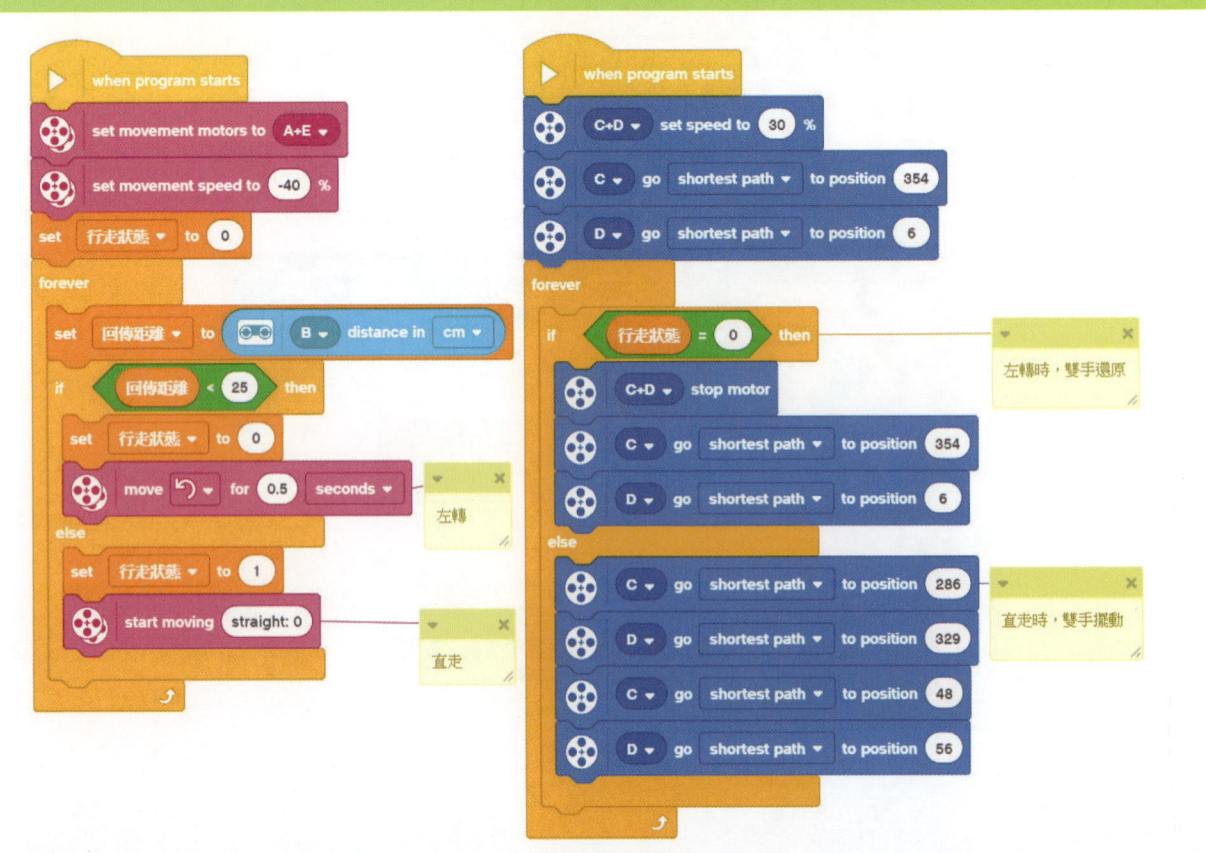

流程圖

```
啟動機器人
    ↓
行走狀態＝0
    ↓
超音波偵測距離 ←──────┐
    ↓                │
  距離＜25            │
  True / False       │
   ↓      ↓          │
行走狀態＝0  行走狀態＝1 │
   ↓      ↓          │
  右轉    直走         │
   └──→ ● ←──────────┘
```

```
啟動機器人
    ↓
行走狀態＝0？ ←──────┐
True / False        │
  ↓       ↓         │
左轉，雙手還原  直走時，雙手擺動
  └────→ ● ←────────┘
```

SPIKE 程式碼

左側程式（行走控制）：
- when program starts
- set movement motors to A+E
- set movement speed to -40 %
- set 行走狀態 to 0
- forever
  - set 回傳距離 to (B) distance in cm
  - if 回傳距離 < 25 then
    - set 行走狀態 to 0
    - move ↺ for 0.5 seconds　（左轉）
  - else
    - set 行走狀態 to 1
    - start moving straight: 0　（直走）

右側程式（雙手擺動）：
- when program starts
- C+D set speed to 30 %
- C go shortest path to position 354
- D go shortest path to position 6
- forever
  - if 行走狀態 = 0 then　（左轉時，雙手還原）
    - C+D stop motor
    - C go shortest path to position 354
    - D go shortest path to position 6
  - else　（直走時，雙手擺動）
    - C go shortest path to position 286
    - D go shortest path to position 329
    - C go shortest path to position 48
    - D go shortest path to position 56

5-4 專題實作：樂高人型機器人 PID 循線

◆ 主題發想

在機器人領域中，目前國內外有非常多的比賽都必須要「軌跡」，亦即利用「顏色感應器」沿著黑色線前進，亦即模擬「無人駕駛車」。但是，目前的循線機器人大多是以輪型方式呈現，無法模擬人類二足行走的樣貌。

因此，在本章節中將介紹如何設定人型機器人行走，並且利用PID（比例控制方式）來讓機器人行走更穩定。

◆ 主題目的

1. 創意組裝人型機器人的機構及動作。
2. 讓人型機器人更真實模擬人類動作。

◆ 完成圖

人型機器人（正面）　　人型機器人（側面） 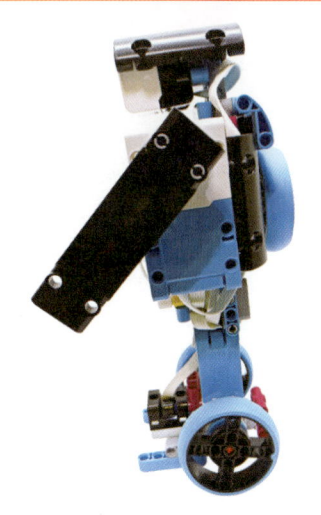　　人型機器人（背面）

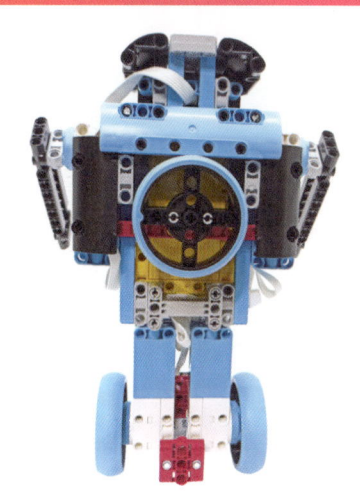

流程圖

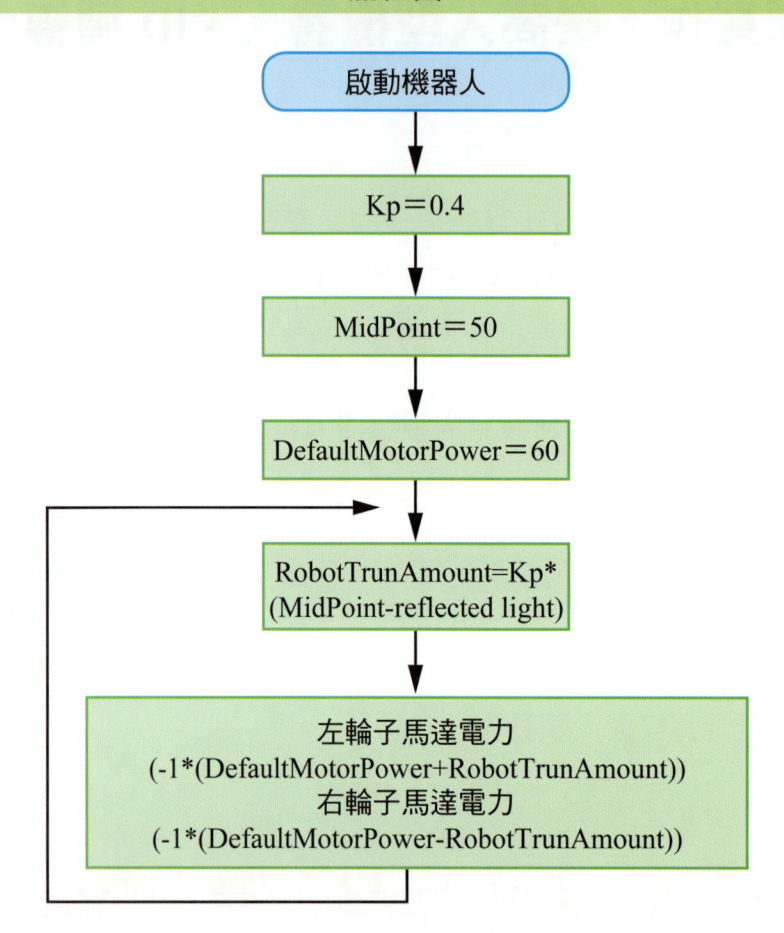

```
啟動機器人
    ↓
Kp＝0.4
    ↓
MidPoint＝50
    ↓
DefaultMotorPower＝60
    ↓
RobotTrunAmount=Kp*
(MidPoint-reflected light)
    ↓
左輪子馬達電力
(-1*(DefaultMotorPower+RobotTrunAmount))
右輪子馬達電力
(-1*(DefaultMotorPower-RobotTrunAmount))
    ↑ (迴圈返回)
```

SPIKE 程式碼

```
when program starts
set movement motors to A+E
set Kp to 0.4
set MidPoint to 50
set DefaultMotorPower to 60
forever
    set RobotTurnAmount to Kp * (MidPoint - (F reflected light))
    start moving at -1 * DefaultMotorPower + RobotTurnAmount : -1 * DefaultMotorPower - RobotTurnAmount % power
```

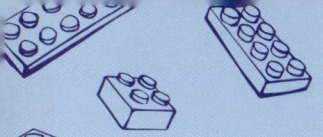

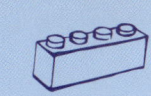

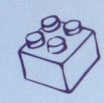

Chapter 05 課後習題

題目名稱 1. 多功能避礙車

題目說明 人型機器人行走時，除了具有避障及擺手之後，還可以顯示狀態 LED 顏色，亦即偵測到障礙物時，亮紅燈，反之，則亮綠燈。

創客題目編號：A038025

創客學習力

外形(專業)	機構	電控	程式	通訊	人工智慧	創客總數
1	2	3	3	0	0	9

綜合素養力

空間力	堅毅力	邏輯力	創新力	整合力	團隊力	素養總數
1	2	3	1	1	1	9

100 mins

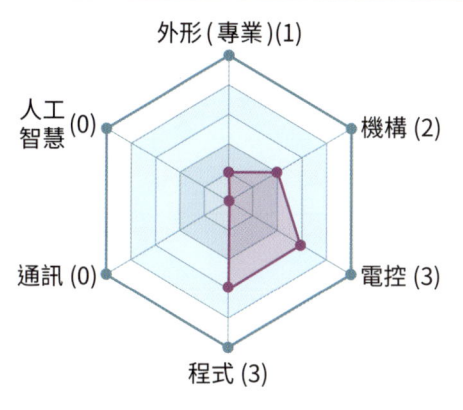

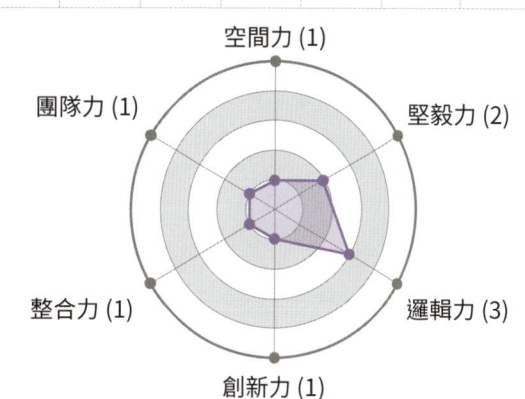

外形(專業)(1)、機構(2)、電控(3)、程式(3)、通訊(0)、人工智慧(0)

空間力(1)、堅毅力(2)、邏輯力(3)、創新力(1)、整合力(1)、團隊力(1)

題目名稱 2. 迎賓機器人

題目說明 會揮手打招呼的機器人。

創客題目編號：A038026

創客學習力

外形(專業)	機構	電控	程式	通訊	人工智慧	創客總數
1	2	2	3	0	0	8

綜合素養力

空間力	堅毅力	邏輯力	創新力	整合力	團隊力	素養總數
1	2	2	1	1	1	8

120 mins

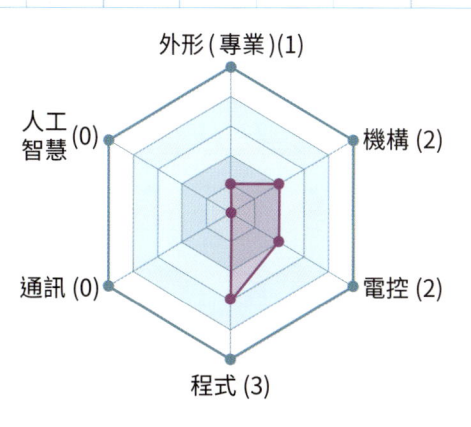

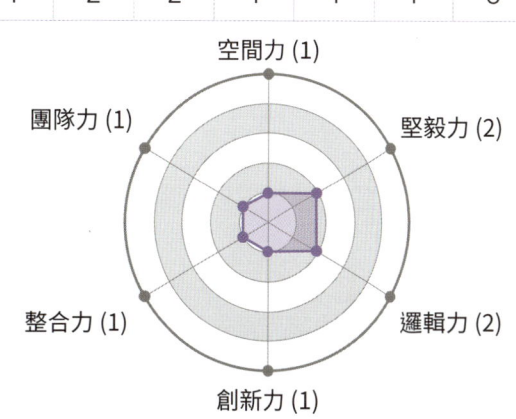

外形(專業)(1)、機構(2)、電控(2)、程式(3)、通訊(0)、人工智慧(0)

空間力(1)、堅毅力(2)、邏輯力(2)、創新力(1)、整合力(1)、團隊力(1)

note

Chapter 06 打高爾夫球機器人

本章學習目標

1. 讓讀者瞭解組裝樂高打高爾夫球機器人及瞭解如何透過打高爾夫球機器人來進行活動。
2. 讓讀者瞭解如何利用 SPIKE 程式來撰寫樂高打高爾夫球機器人程式。

本章內容

6-1 打高爾夫球機器人
6-2 SPIKE 打高爾夫球機器人組裝
6-3 撰寫「SPIKE 打高爾夫球機器人」之指引程式
6-4 專題實作：樂高打高爾夫球機器人

6-1 | 打高爾夫球機器人

其實讀者利用樂高機器人來設計創意作品,有一項非常重要的任務就是試圖設計出具有「創意性、應用性或娛樂性」的作品。但是,如果只使用SPIKE基本車的機構,卻沒有此功能。因此,在SPIKE教育組還必須要再搭配「擴充組」,就可以設計出更具有創意的作品。

主題 設計「打高爾夫球機器人」。

目的 設計出具有「創意性及娛樂性」作品。

◆ 設計的三部曲

1. 創意組裝 → **2. 寫程式** → **3. 測試**

依照指定「功能及造型」來結合「感應器及相關配件」與「主機」。

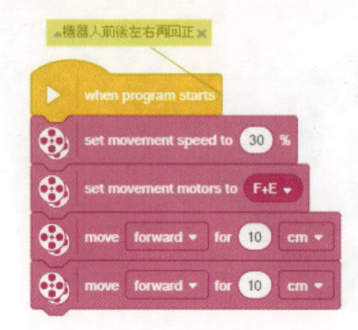

依照指定任務來撰寫處理序的動作與順序(程式)。

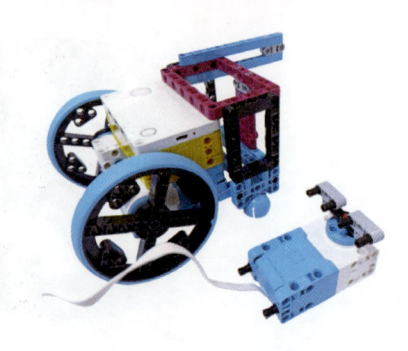

利用SPIKE拼圖程式:將程式上傳到「主機」內,並依照指定功能先進行測試。

Chapter 06　打高爾夫球機器人

◆ 流程圖

```
開始
 ↓
創意組裝 ←─┐
 ↓         │
寫程式 ←┐  │
 ↓      │  │
測試 ───┤失敗
 │成功  │
 ↓
實際應用在生活上
 ↓
結束
```

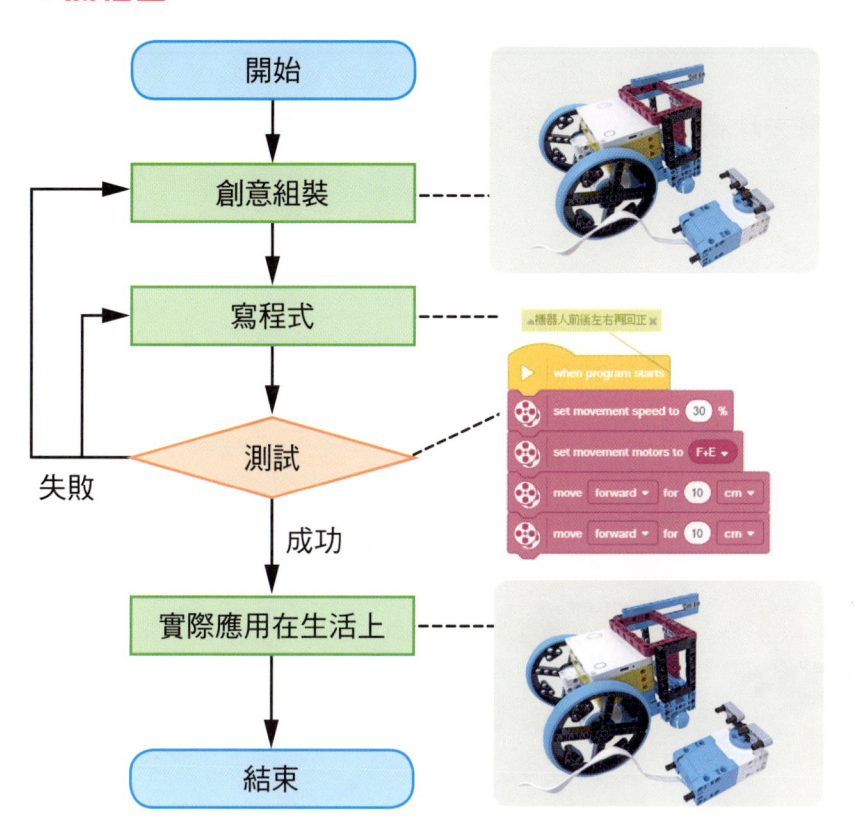

說明：從左邊的流程圖中，我們可以清楚瞭解「設計機器人程式」必須要經過的三大步驟，並且在進行第三步驟時，如果無法測試成功，除了要修改程式之外，也要檢查組裝是否正確，並且要反覆地進行測試，直到完全成功為止。最後，就可以將創作的智能裝置，應用在我們日常生活中。

97

6-2 | SPIKE 打高爾夫球機器人組裝

想要製作一台「SPIKE打高爾夫球機器人」時，必須要先準備相關的「主機、馬達、感應器及相關的零件材料」。

6-2.1 零件清單

基本上，要製作一台「SPIKE打高爾夫球機器人」時，零件清單如下圖所示：

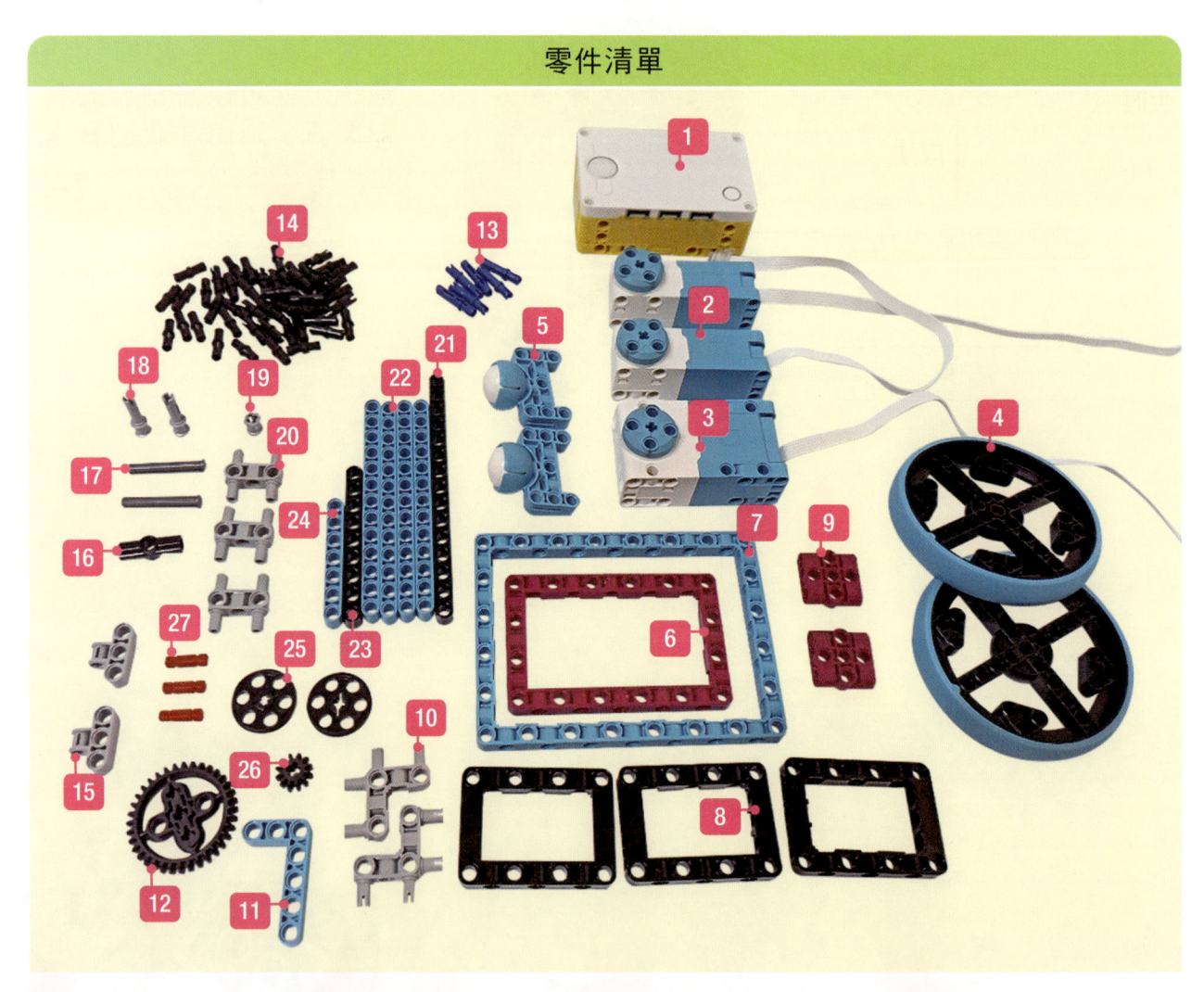

零件清單

1	主機 ×1	2	中型馬達 ×2	3	大型馬達 ×1	4	輪子 ×2
5	全向輪 ×2	6	中型方型框 ×1	7	大型方型框 ×1	8	小型方型框 ×3
9	紅色十字型連接器 ×2	10	馬型連接器 ×2	11	3×5M 橫桿 ×1	12	40 齒雙面 斜齒輪 ×1
13	藍色長插銷 ×6	14	黑色短插銷 ×44	15	T 型連接器 ×2	16	2 號連接器 ×1
17	單邊十字軸 ×2	18	十字軸長插銷 ×2	19	全套筒 ×1	20	H 型連接器 ×3
21	15M 橫桿 ×1	22	13M 橫桿 ×4	23	9M 橫桿 ×1	24	7M 橫桿 ×1
25	滑輪 ×2	26	12 齒雙面斜輪 ×1	27	2M 十字軸 ×3		

6-2.2 組裝指引

在準備好「SPIKE打高爾夫球機器人」所需要的「主機、感應器、鋁合金構件及相關的材料」之後,接下來,請各位讀者依照以下的步驟即可完成組裝:

步驟 1

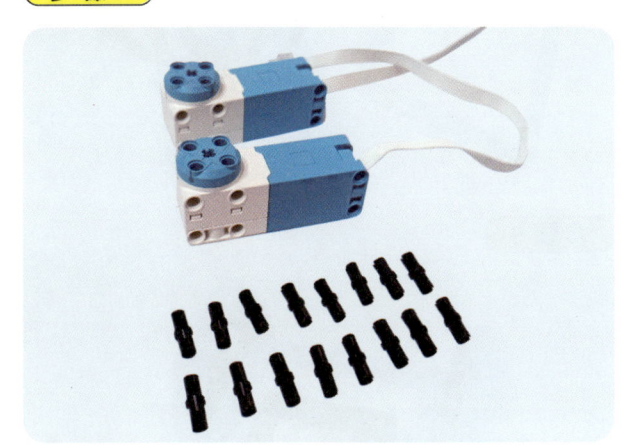

步驟 2

步驟 3

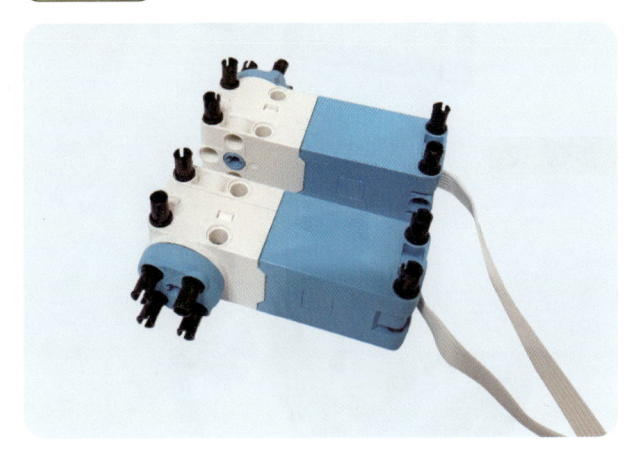

步驟 4

步驟 5

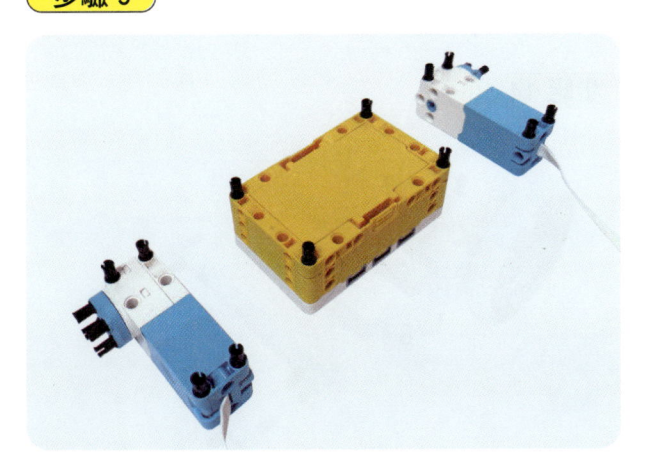

步驟 6

樂高 SPIKE 機器人創意專題實作

步驟 7

步驟 8

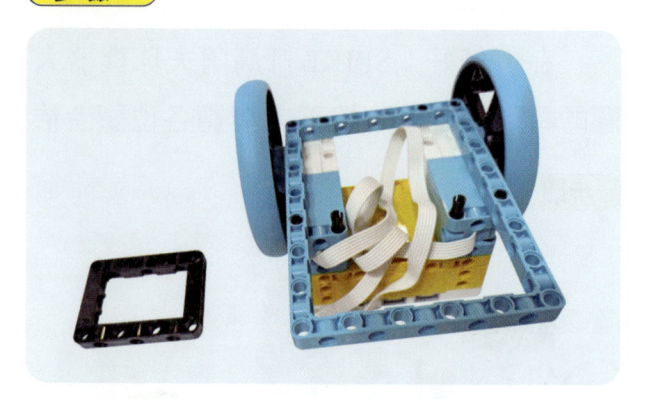

步驟 9

步驟 10

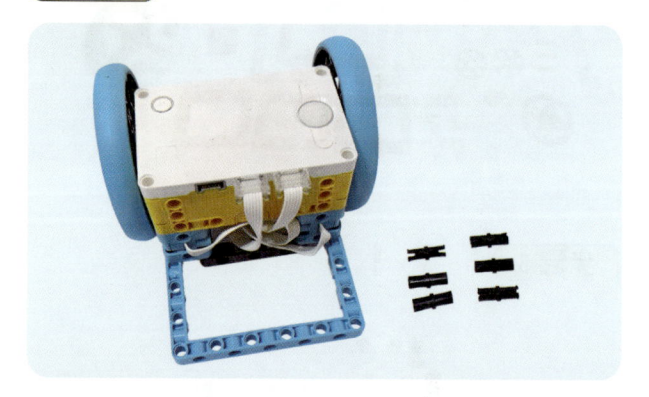

步驟 11

步驟 12

步驟 13

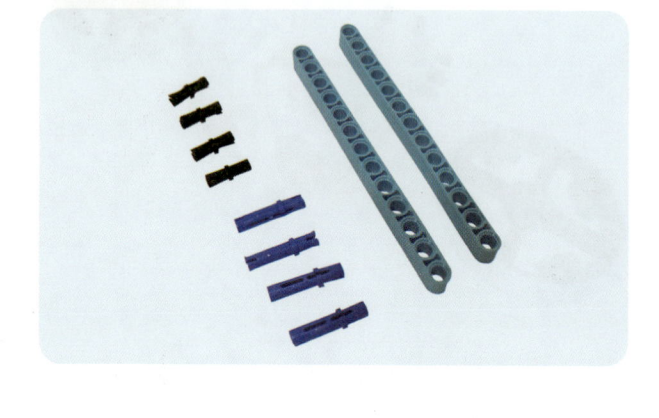

步驟 14

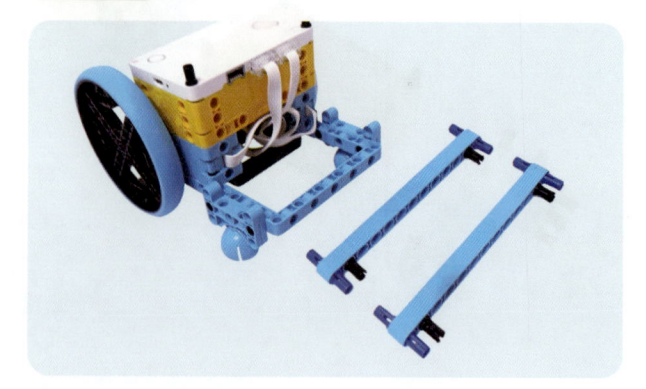

樂高 SPIKE 機器人創意專題實作

Chapter 06　打高爾夫球機器人

步驟 15

步驟 16

步驟 17

步驟 18

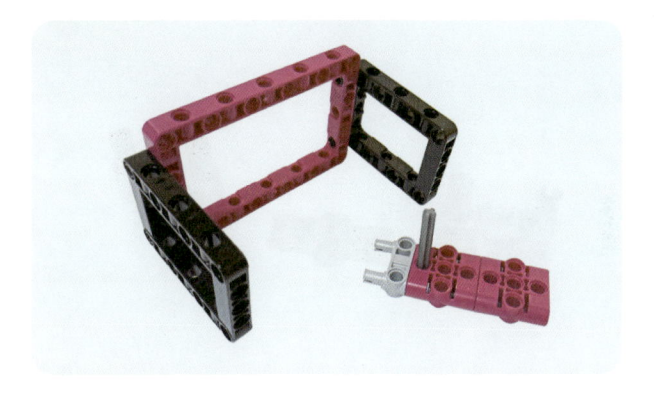

步驟 19

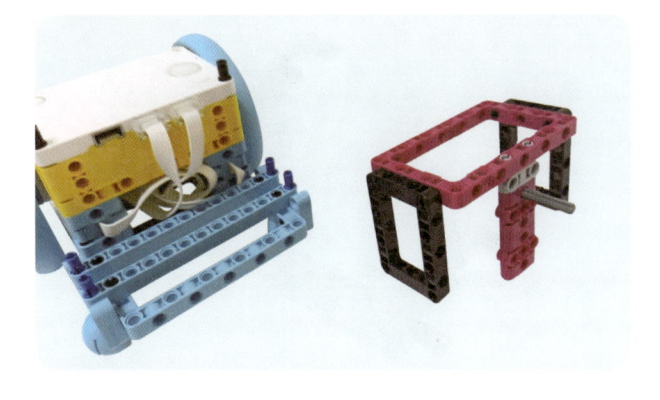

步驟 20

步驟 21

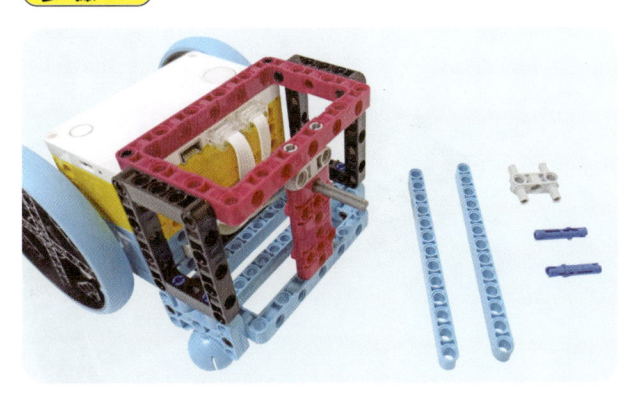

步驟 22

101

樂高 SPIKE 機器人創意專題實作

步驟 23

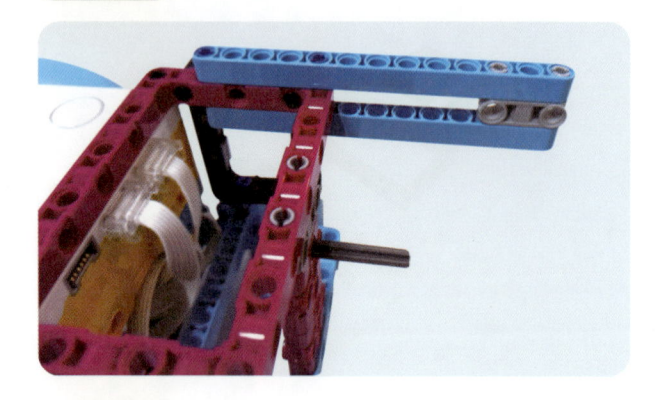

步驟 24

步驟 25

步驟 26

步驟 27

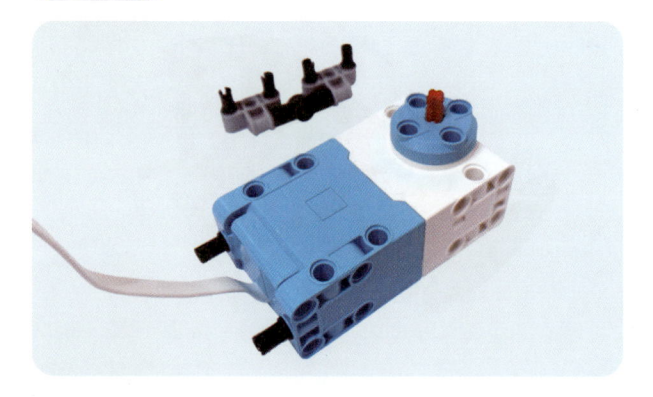

步驟 28

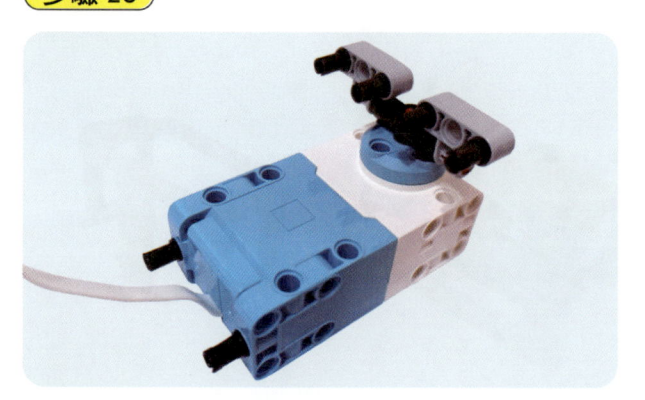

步驟 29

步驟 30

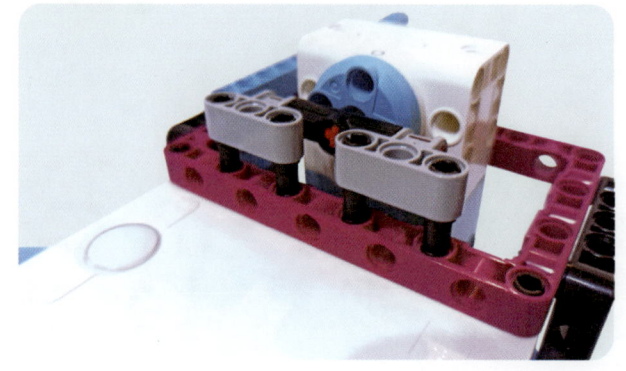

102

Chapter 06　打高爾夫球機器人

步驟 31

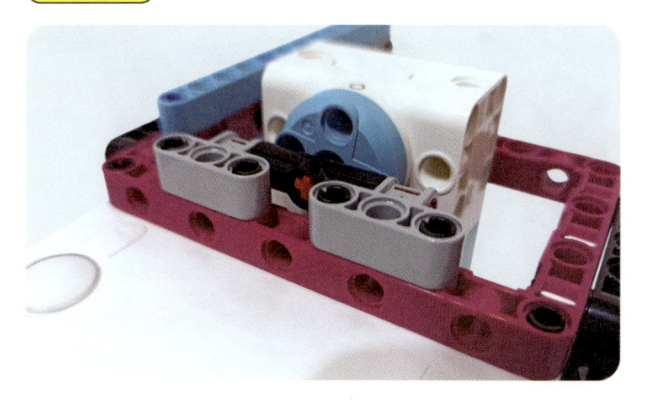

步驟 32

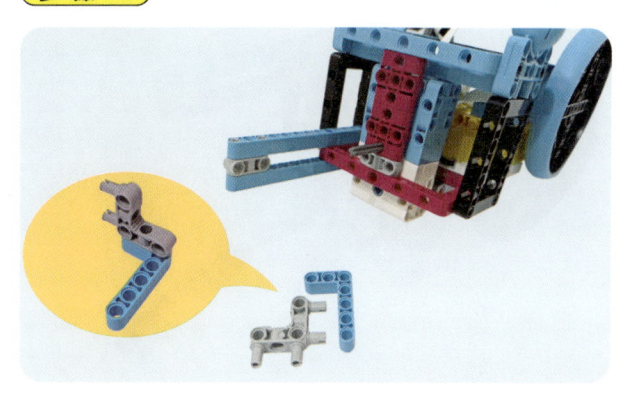

步驟 33

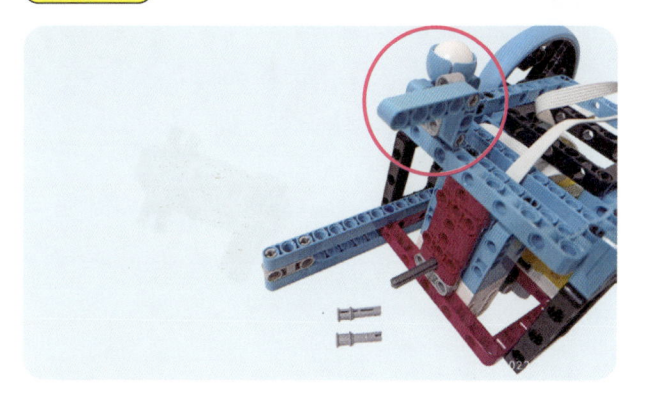

步驟 34

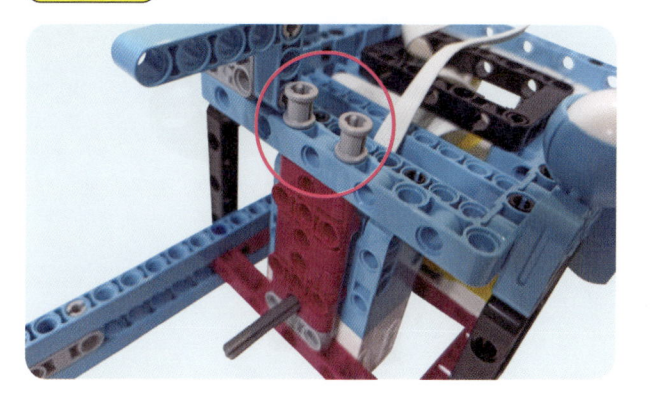

步驟 35

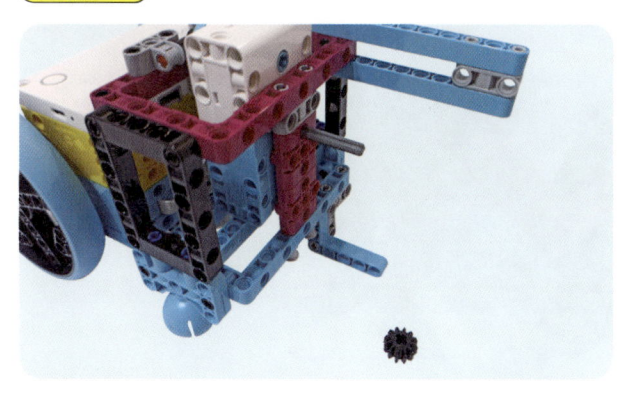

步驟 36

步驟 37

步驟 38

103

樂高 SPIKE 機器人創意專題實作

步驟 39

步驟 40

步驟 41

步驟 42

步驟 43

步驟 44

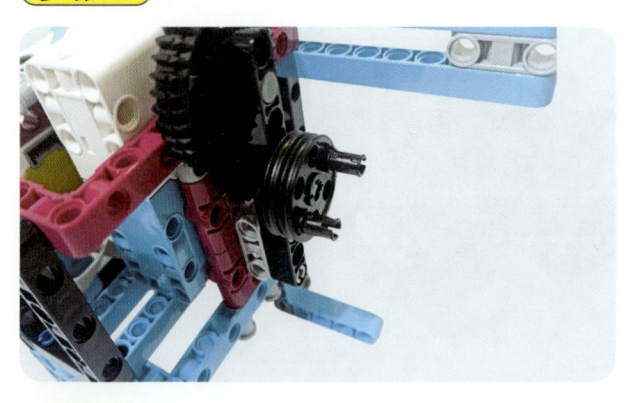

步驟 45

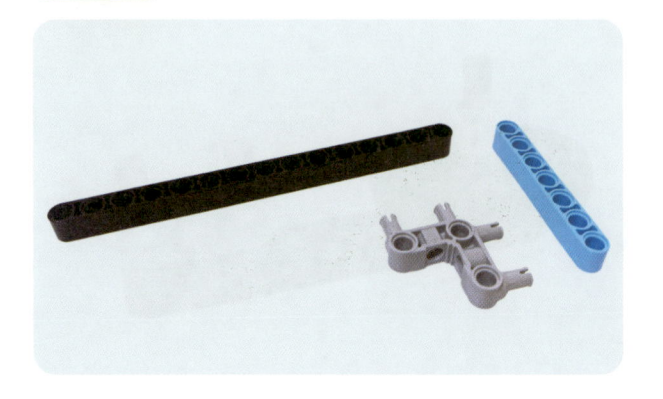

步驟 46

Chapter 06 打高爾夫球機器人

步驟 47

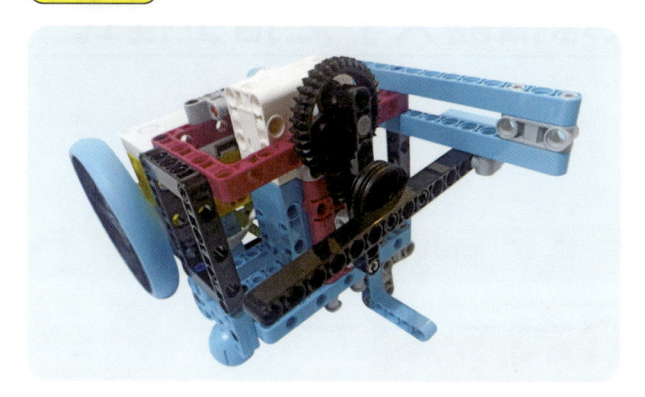

步驟 48

完成圖

6-3 撰寫「SPIKE 打高爾夫球機器人」之指引程式

主題 1 準備動作打高爾夫球。

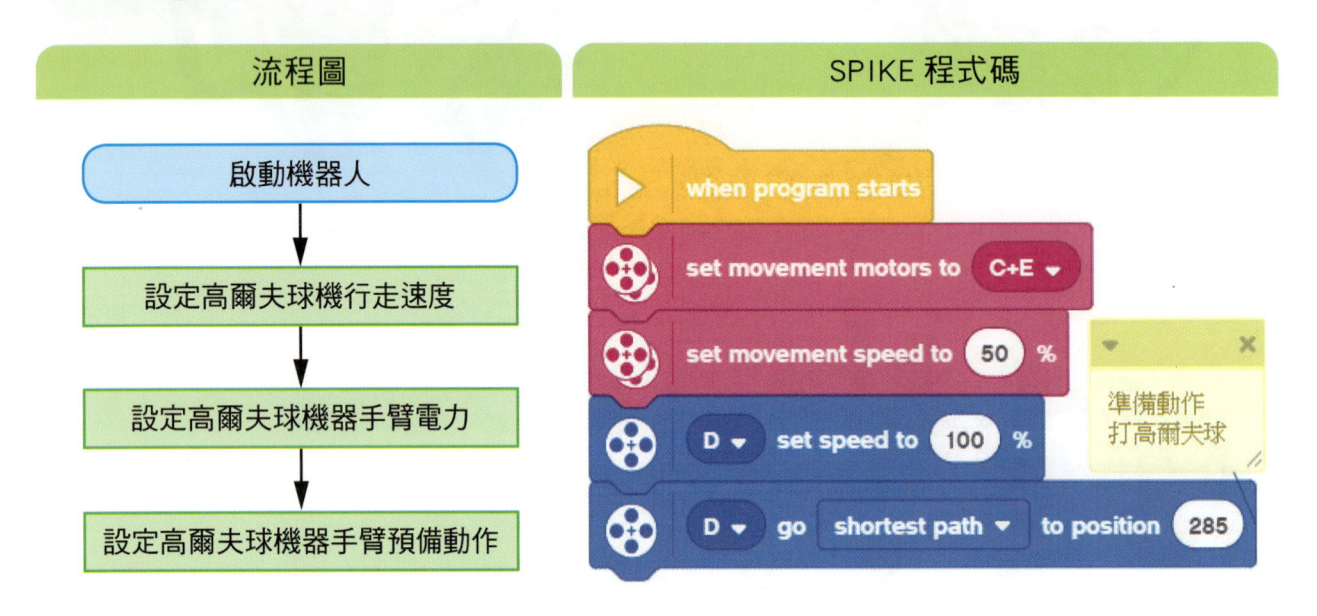

流程圖

啟動機器人
↓
設定高爾夫球機行走速度
↓
設定高爾夫球機器手臂電力
↓
設定高爾夫球機器手臂預備動作

SPIKE 程式碼

- when program starts
- set movement motors to C+E
- set movement speed to 50 %
- D set speed to 100 %
- D go shortest path to position 285

（準備動作打高爾夫球）

主題 2 打高爾夫球（準備動作→揮桿→收桿）。

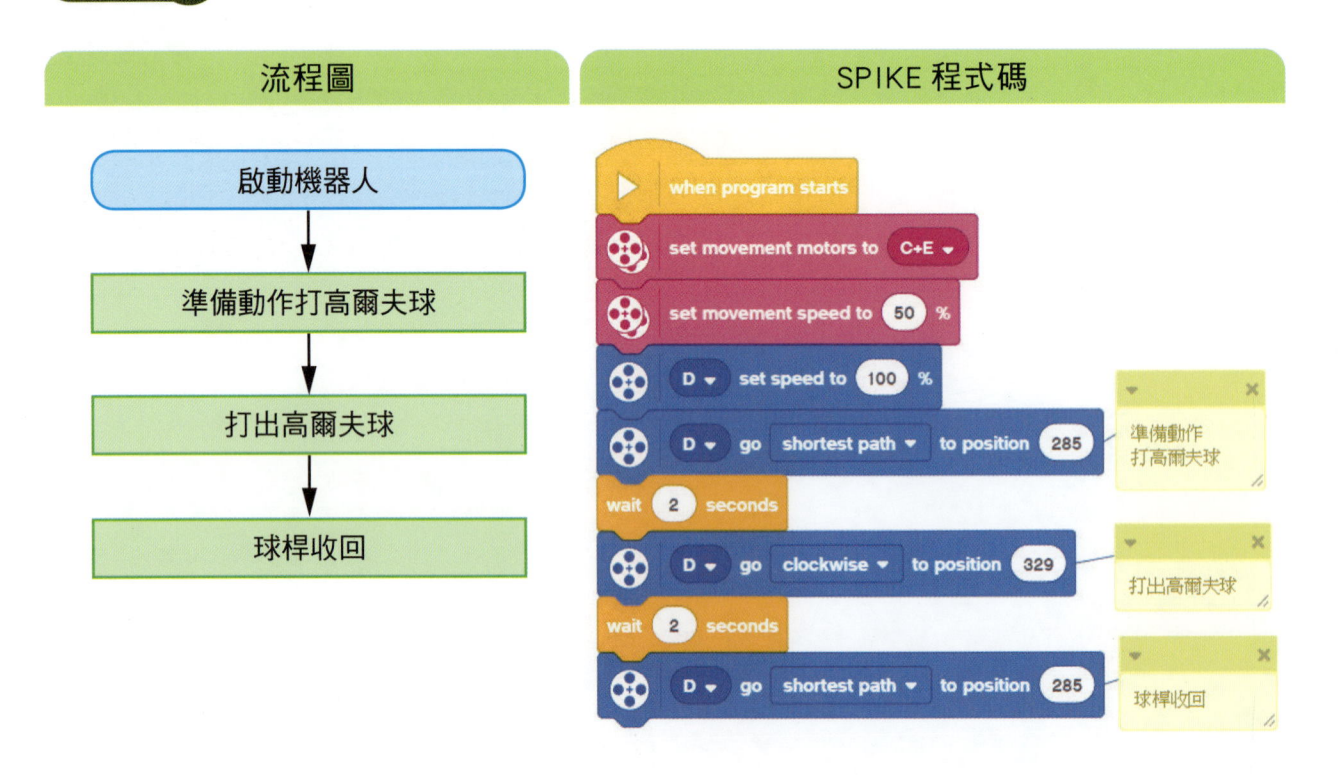

流程圖

啟動機器人
↓
準備動作打高爾夫球
↓
打出高爾夫球
↓
球桿收回

SPIKE 程式碼

- when program starts
- set movement motors to C+E
- set movement speed to 50 %
- D set speed to 100 %
- D go shortest path to position 285 （準備動作打高爾夫球）
- wait 2 seconds
- D go clockwise to position 329 （打出高爾夫球）
- wait 2 seconds
- D go shortest path to position 285 （球桿收回）

主題 3 承上一題，連續三次，打高爾夫球（準備動作→揮桿→收桿）。

流程圖

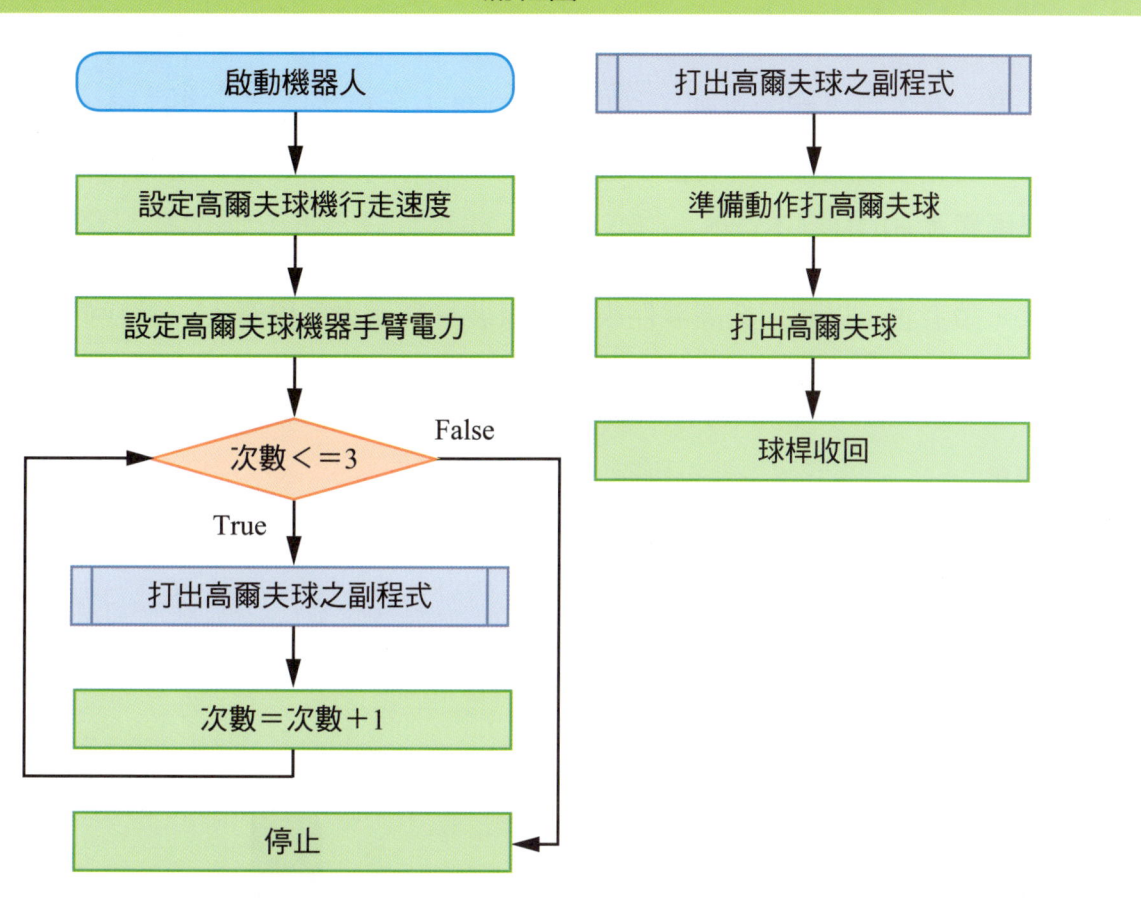

啟動機器人
↓
設定高爾夫球機行走速度
↓
設定高爾夫球機器手臂電力
↓
次數＜＝3 —False→ 停止
↓True
打出高爾夫球之副程式
↓
次數＝次數＋1
（迴圈回到判斷）

打出高爾夫球之副程式
↓
準備動作打高爾夫球
↓
打出高爾夫球
↓
球桿收回

SPIKE 程式碼

```
when program starts
set movement motors to C+E
set movement speed to 15 %
D set speed to 100 %
repeat 3
    打高爾夫球之副程式
stop moving
```

```
define 打高爾夫球之副程式
D go shortest path to position 285     ← 準備動作打高爾夫球
wait 2 seconds
D go clockwise to position 329         ← 打出高爾夫球
wait 2 seconds
D go shortest path to position 285     ← 球桿收回
move ↑ for 10 cm
```

6-4 | 專題實作：樂高打高爾夫球機器人

◆ 主題發想

打高爾夫球不是人類的專利，美國一家高爾夫球科技公司，就研發出一款高爾夫球機器人，而且在鳳凰城公開賽當中進行表演，沒想到這台機器人當場打一桿進洞的美技，讓現場觀眾 HIGH 到不行。

因此，讀者也可以利用樂高零件來創意組裝打高爾夫球機器人，讓我們學習如何控制伺服馬達來做出打高爾夫球的動作。

◆ 主題目的

1. 創意組裝一台打高爾夫球機器人。
2. 模擬人類打高爾夫球的動作或行為。

◆ 完成圖

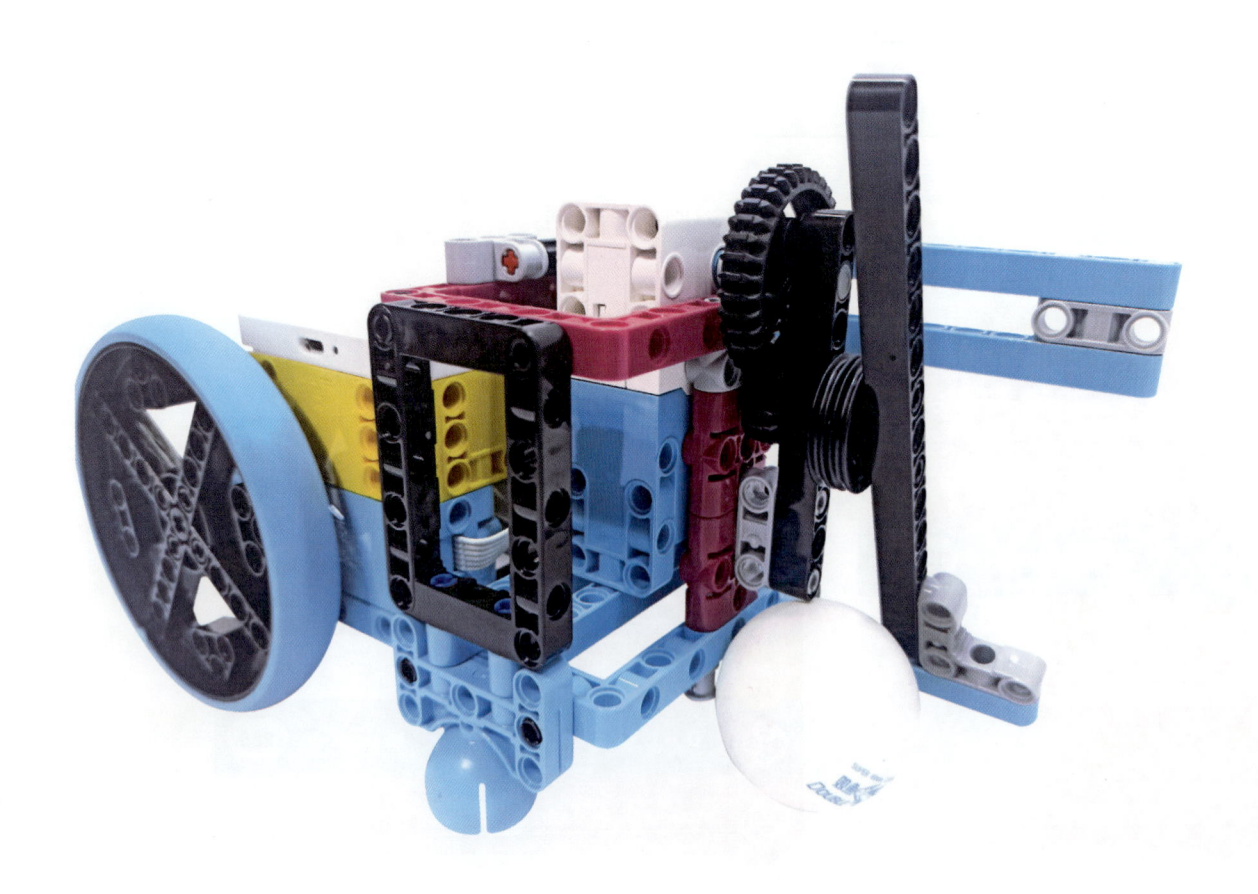

Chapter 06 打高爾夫球機器人

流程圖

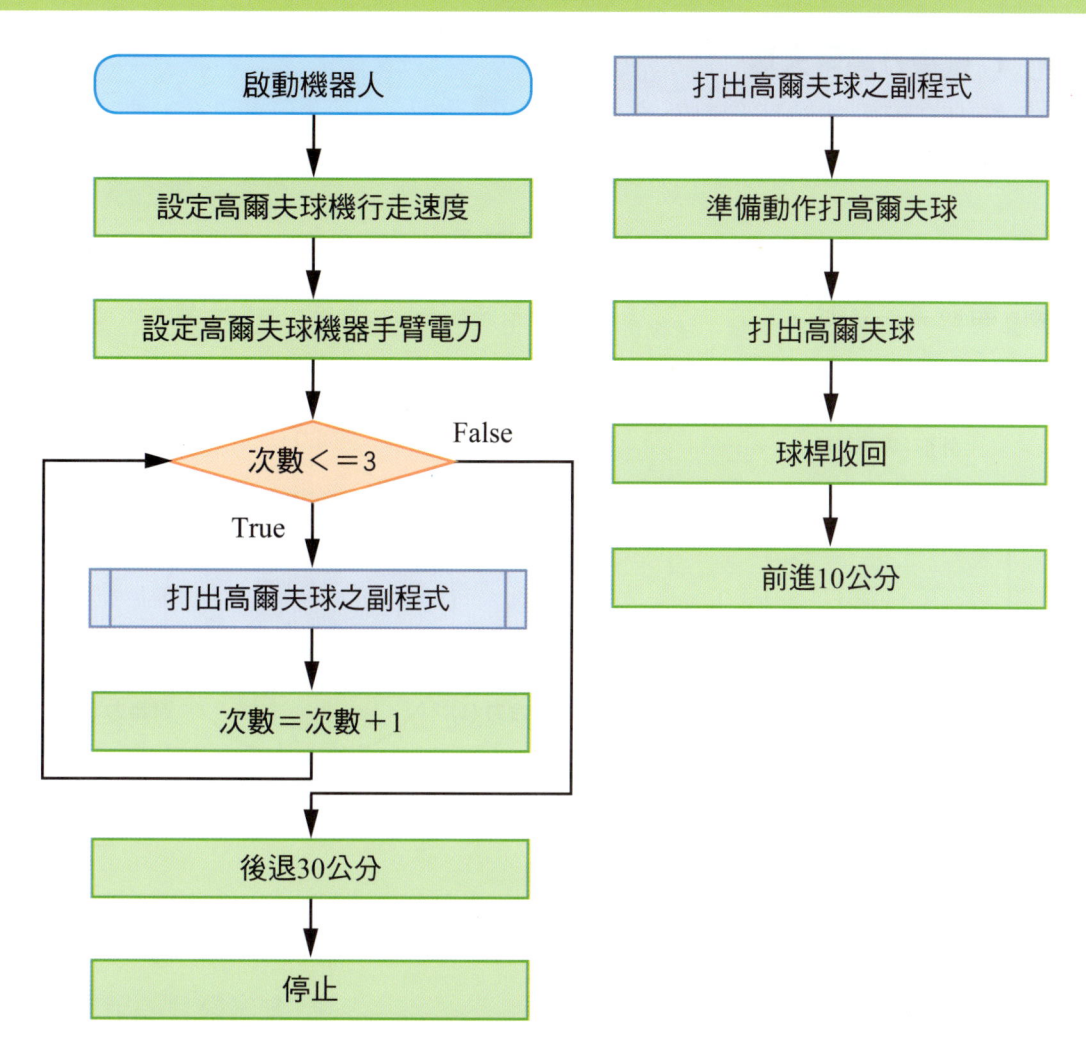

主程式：
啟動機器人 → 設定高爾夫球機行走速度 → 設定高爾夫球機器手臂電力 → 次數＜＝3？
- True：打出高爾夫球之副程式 → 次數＝次數＋1 →（回到判斷）
- False：後退30公分 → 停止

副程式：
打出高爾夫球之副程式 → 準備動作打高爾夫球 → 打出高爾夫球 → 球桿收回 → 前進10公分

SPIKE 程式碼

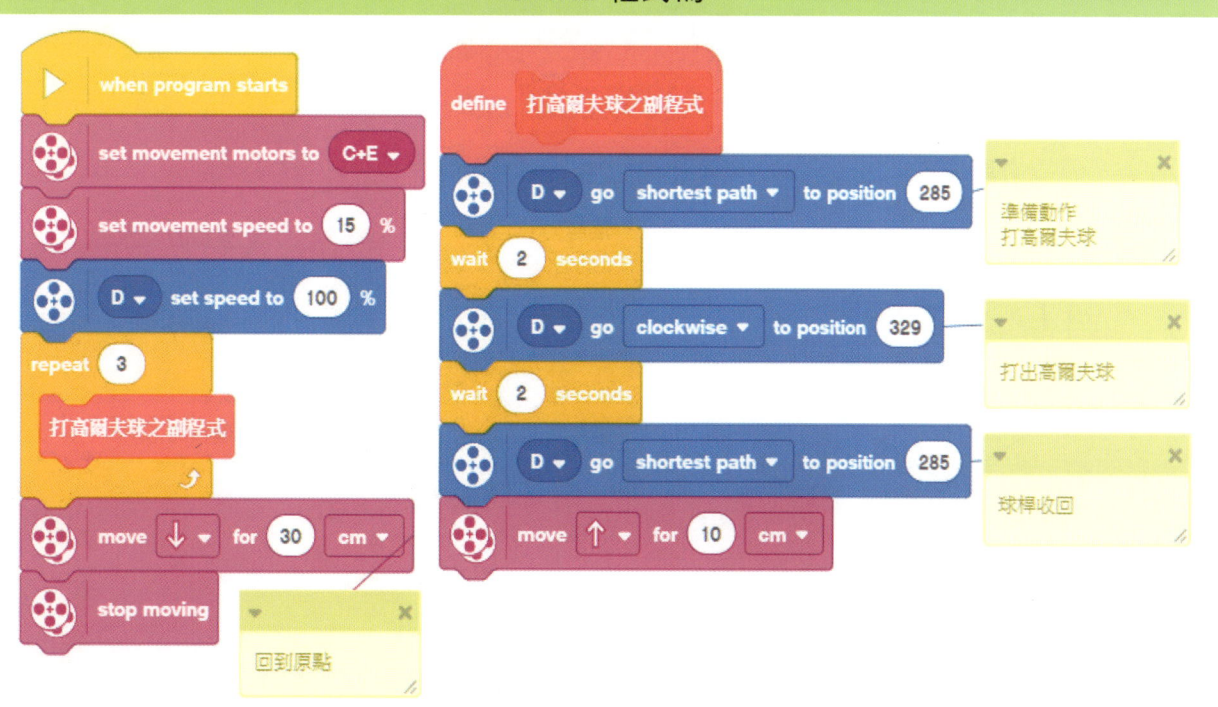

主程式：
- when program starts
- set movement motors to C+E
- set movement speed to 15 %
- D set speed to 100 %
- repeat 3
  - 打高爾夫球之副程式
- move ↓ for 30 cm
- stop moving
- （回到原點）

副程式 define 打高爾夫球之副程式：
- D go shortest path to position 285　（準備動作打高爾夫球）
- wait 2 seconds
- D go clockwise to position 329　（打出高爾夫球）
- wait 2 seconds
- D go shortest path to position 285　（球桿收回）
- move ↑ for 10 cm

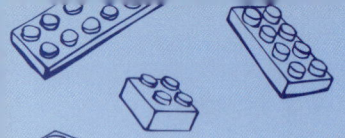

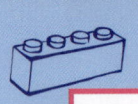

Chapter 06 課後習題

題目名稱 1. 模擬打高爾夫球

題目說明 打出高爾夫球時揮桿動作所發生音效。

創客題目編號：A038027

創客學習力

外形(專業)	機構	電控	程式	通訊	人工智慧	創客總數
1	2	2	3	0	0	8

綜合素養力

空間力	堅毅力	邏輯力	創新力	整合力	團隊力	素養總數
1	2	2	1	1	1	8

100 mins

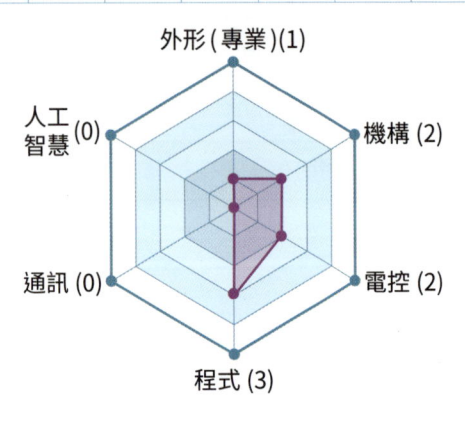

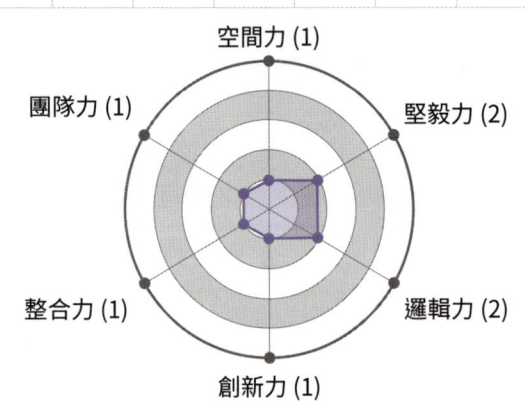

題目名稱 2. 記錄打高爾夫球次數

題目說明 承上一題，記錄高爾夫球揮桿的次數。

創客題目編號：A038028

創客學習力

外形(專業)	機構	電控	程式	通訊	人工智慧	創客總數
1	2	2	3	0	0	8

綜合素養力

空間力	堅毅力	邏輯力	創新力	整合力	團隊力	素養總數
1	2	2	1	1	1	8

120 mins

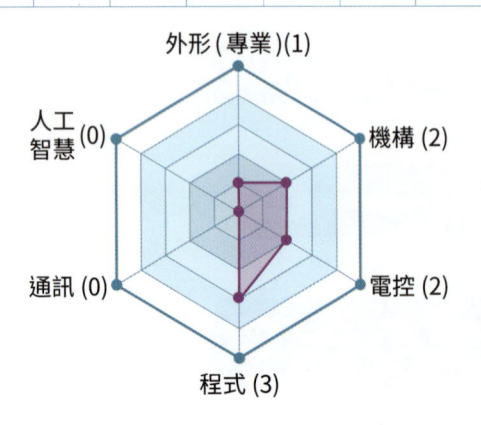

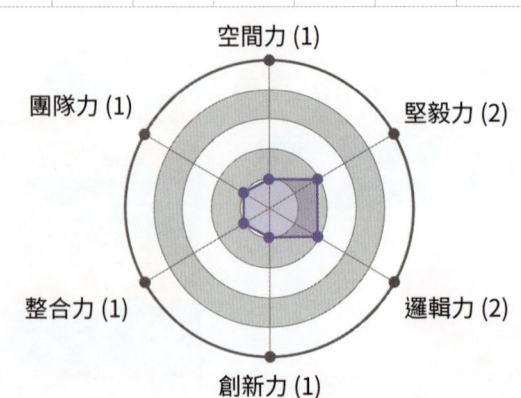

Chapter 07 撿桌球機器人

本章學習目標

1. 讓讀者瞭解組裝樂高撿桌球機器人及瞭解如何透過撿桌球機器人來進行活動。
2. 讓讀者瞭解如何利用 SPIKE 程式來撰寫樂高撿桌球機器人程式。

本章內容

7-1 撿桌球機器人

7-2 SPIKE 撿桌球機器人組裝

7-3 撰寫「SPIKE 撿桌球機器人」之指引程式

7-4 專題實作:樂高撿桌球機器人

7-1 撿桌球機器人

其實讀者利用樂高機器人來設計創意作品，有一項非常重要的任務就是試圖設計出具有「創意性、應用性或娛樂性」的作品。但是，如果只使用SPIKE基本車的機構，卻沒有此功能。因此，在SPIKE教育組還必須要再搭配「擴充組」，就可以設計出更具有創意的作品。

[主題] 設計「撿桌球機器人」。

[目的] 設計出具有「創意性及娛樂性」作品。

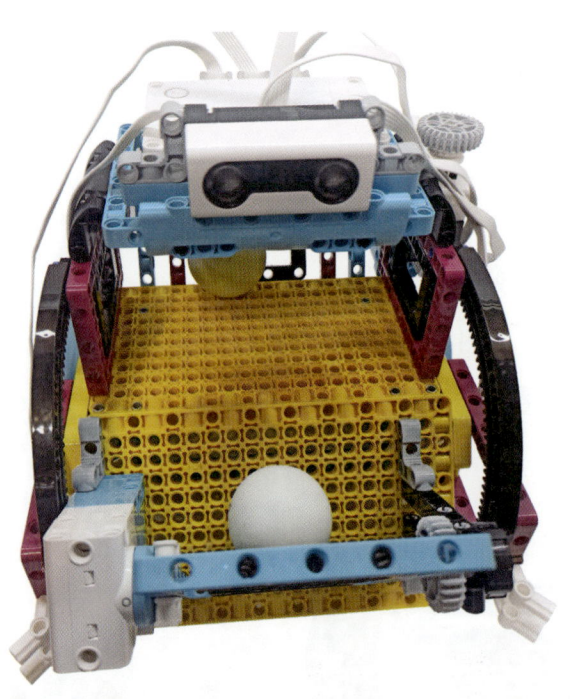

◆ **設計的三部曲**

1. 創意組裝	2. 寫程式	3. 測試
依照指定「功能及造型」來結合「感應器及相關配件」與「主機」。	依照指定任務來撰寫處理序的動作與順序（程式）。	利用SPIKE拼圖程式：將程式上傳到「主機」內，並依照指定功能先進行測試。

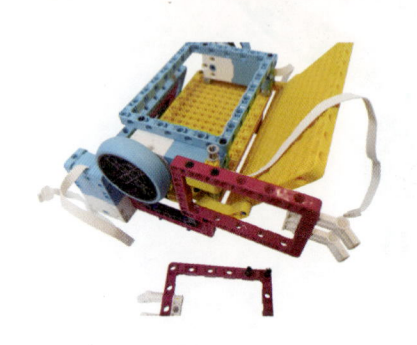

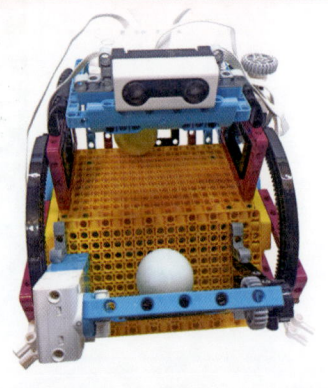

Chapter 07　撿桌球機器人

◆ 流程圖

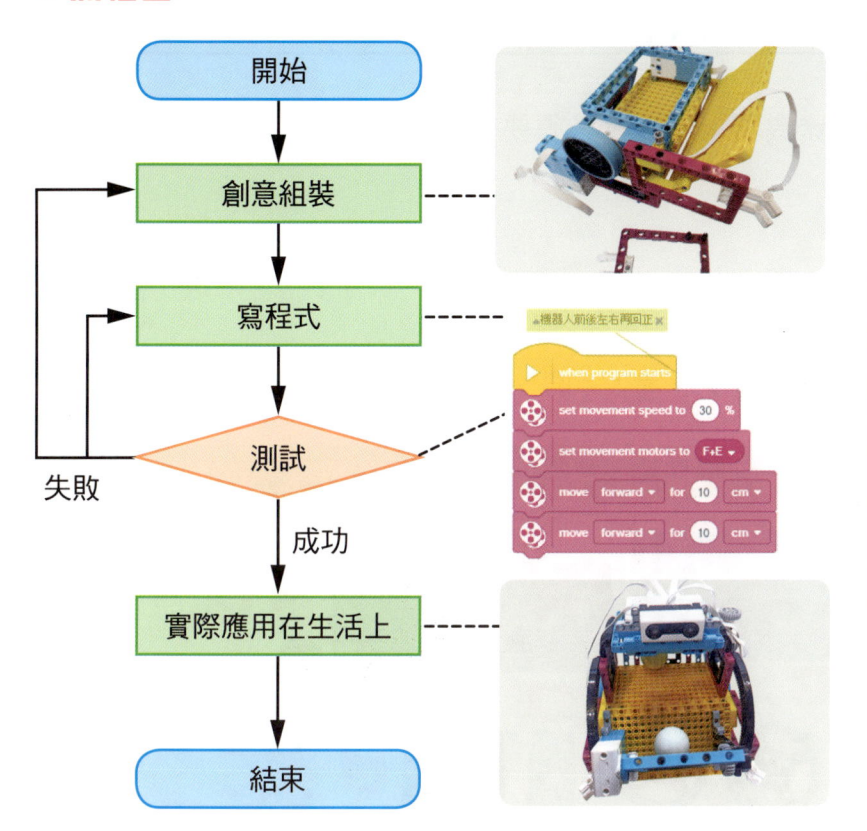

開始 → 創意組裝 → 寫程式 → 測試
- 失敗 → 回到創意組裝／寫程式
- 成功 → 實際應用在生活上 → 結束

說明：從左邊的流程圖中，我們可以清楚瞭解「設計機器人程式」必須要經過的三大步驟，並且在進行第三步驟時，如果無法測試成功，除了要修改程式之外，也要檢查組裝是否正確，並且要反覆地進行測試，直到完全成功為止。最後，就可以將創作的智能裝置，應用在我們日常生活中。

113

7-2 | SPIKE 撿桌球機器人組裝

想要製作一台「SPIKE撿桌球機器人」時，必須要先準備相關的「主機、馬達、感應器及相關的零件材料」。

7-2.1 零件清單

基本上，要製作一台「SPIKE撿桌球機器人」時，零件清單如下圖所示：

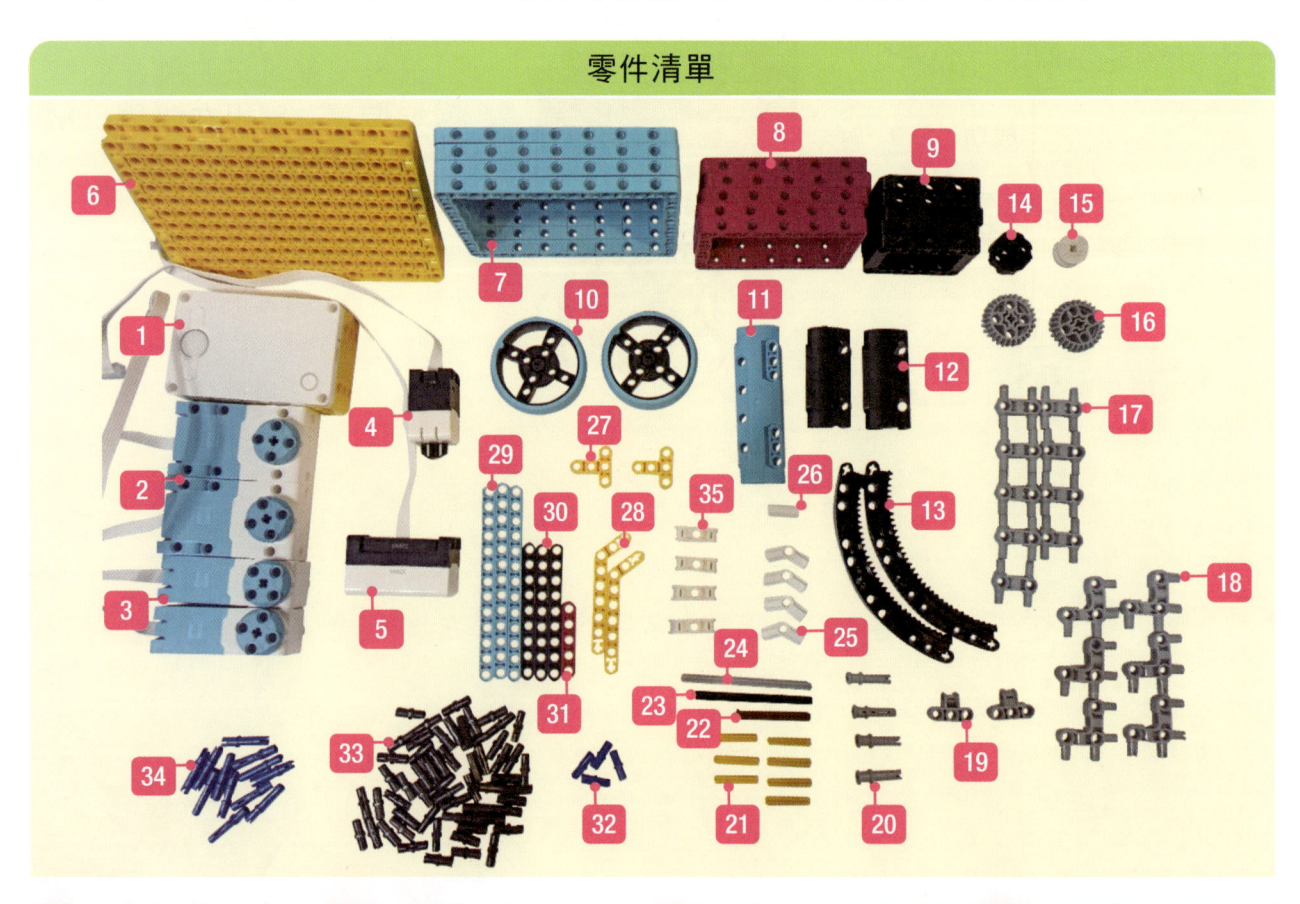

1	主機 ×1	2	大型馬達 ×2	3	中型馬達 ×2	4	壓力感應器 ×1
5	距離感應器 ×1	6	底座 ×2	7	大型方型框 ×4	8	中型方型框 ×5
9	小型方型框 ×5	10	輪子 ×2	11	4孔弧型側板 ×1	12	2孔弧型側板 ×2
13	圓弧型齒輪 ×2	14	圓孔連接器 ×1	15	滑輪 ×1	16	雙面斜齒輪 ×2
17	H型連接器 ×9	18	馬型連接器 ×6	19	直立三孔插銷 ×2	20	十字軸長插銷 ×4
21	3M 十字軸 ×7	22	5M 十字軸 ×1	23	8M 十字軸 ×1	24	9M 十字軸 ×1
25	4號連接器 ×4	26	雙軸連接器 ×1	27	T型連接器 ×2	28	3×7 橫桿 ×2
29	13M 橫桿 ×3	30	9M 橫桿 ×3	31	5M 橫桿 ×1	32	藍色短插銷 ×4
33	黑色短插銷 ×57	34	藍色長插銷 ×12	35	3L 垂直連接器 ×4		

7-2.2 組裝指引

在準備好「SPIKE 撿桌球機器人」所需要的「主機、感應器、鋁合金構件及相關的材料」之後，接下來，請各位讀者依照以下的步驟即可完成組裝：

步驟 1

步驟 2

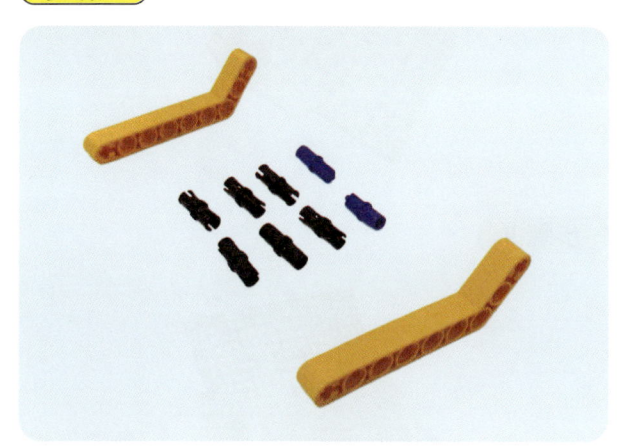

步驟 3

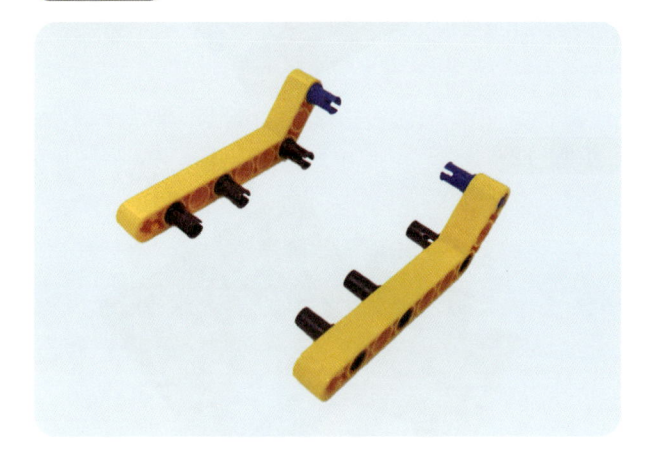

步驟 4

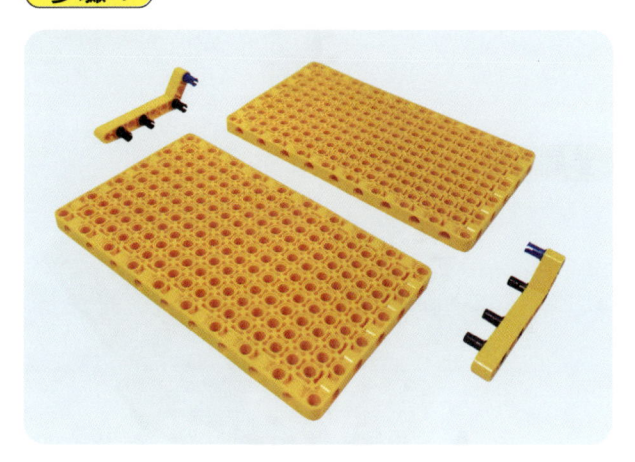

步驟 5

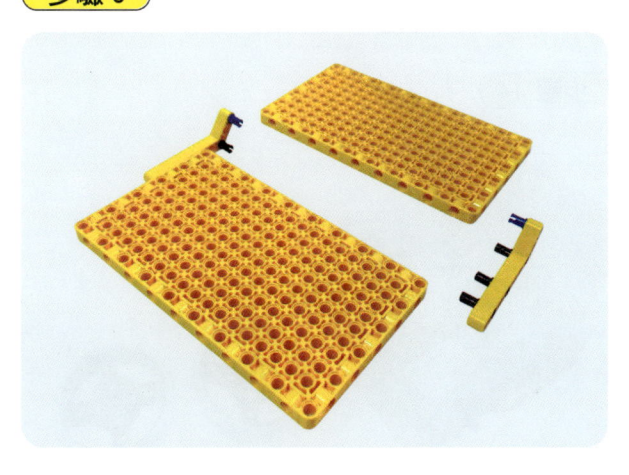

步驟 6

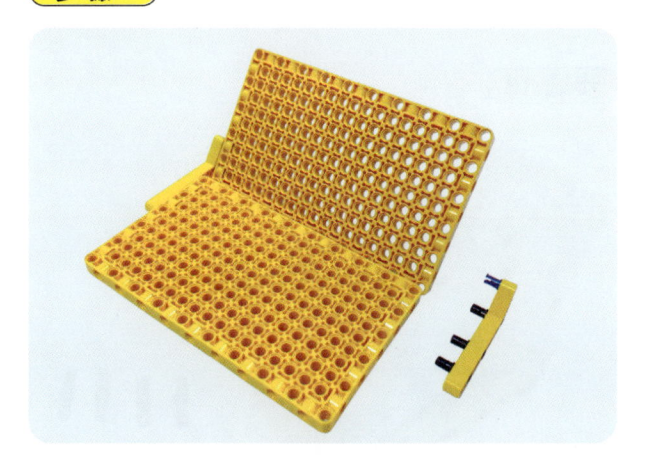

樂高 SPIKE 機器人創意專題實作

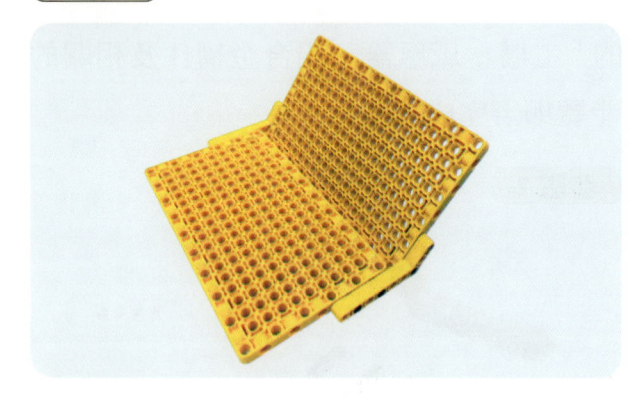

步驟 7

步驟 8

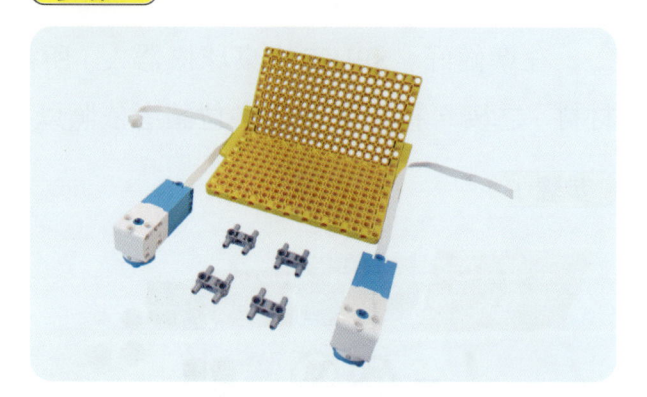

步驟 9

步驟 10

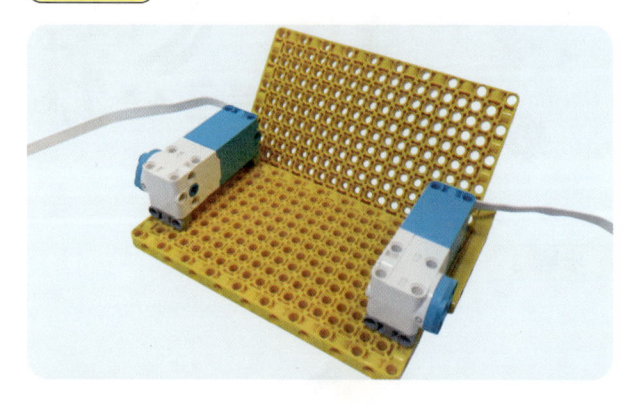

步驟 11

步驟 12

步驟 13

步驟 14

116

Chapter 07　撿桌球機器人

步驟 15

步驟 16

步驟 17

步驟 18

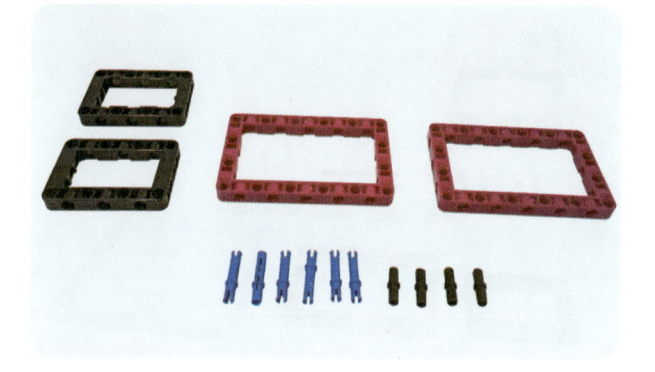

步驟 19

步驟 20

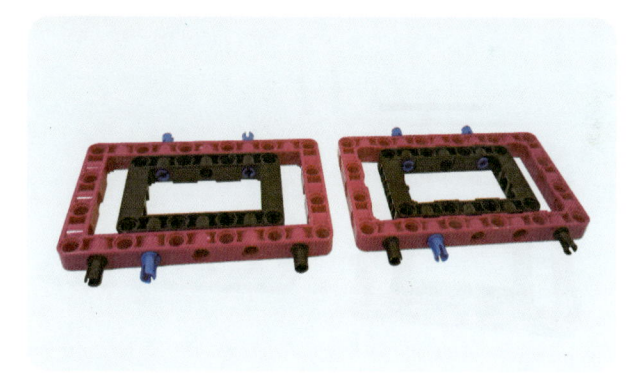

步驟 21

步驟 22

117

步驟 23

步驟 24

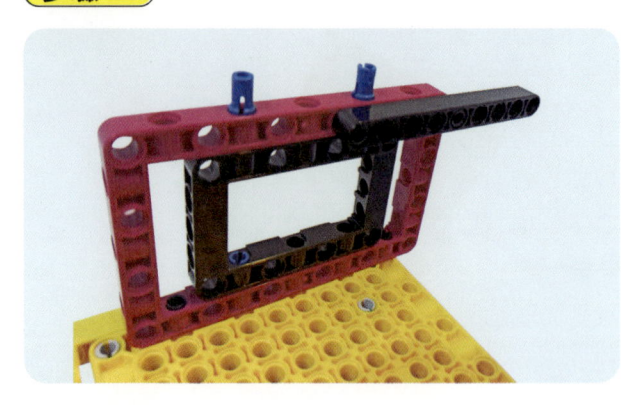

步驟 25

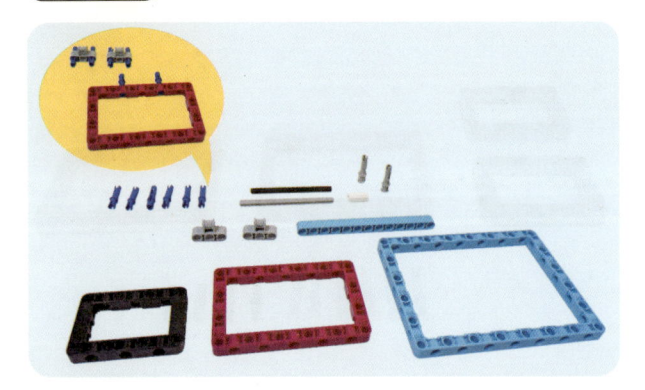

步驟 26

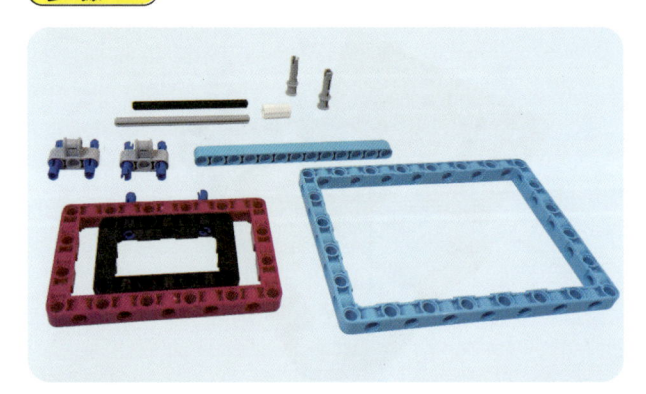

步驟 27

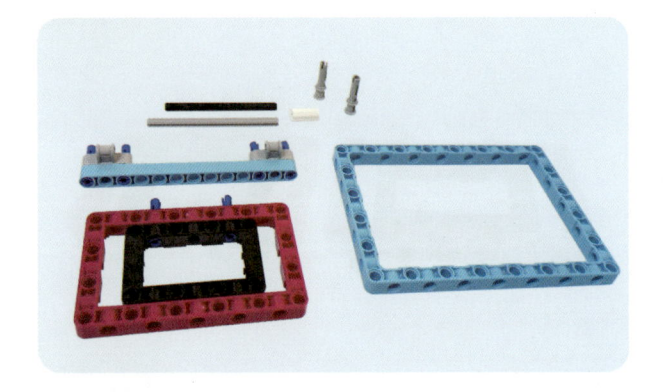

步驟 28

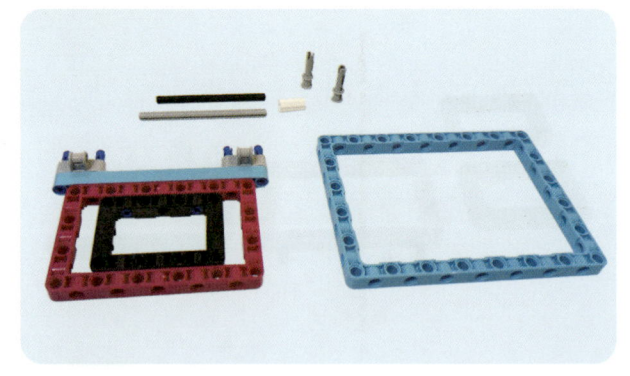

步驟 29

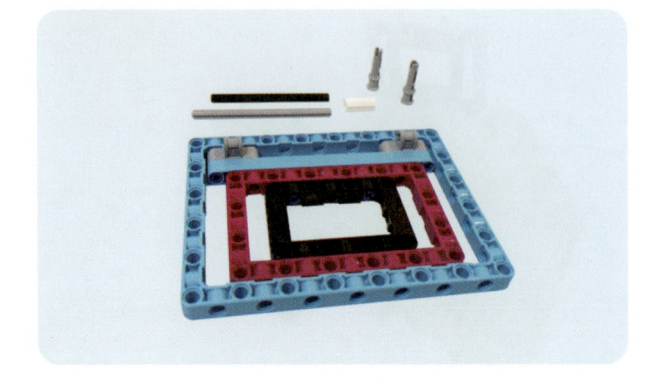

步驟 30

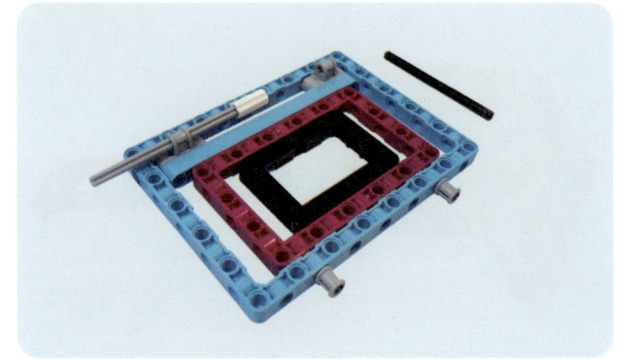

Chapter 07　撿桌球機器人

步驟 31

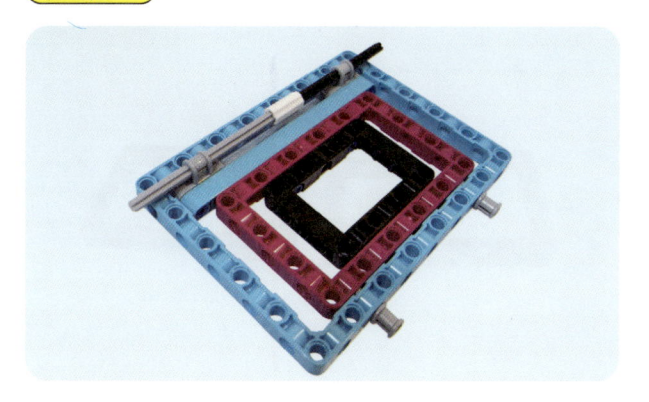

步驟 32

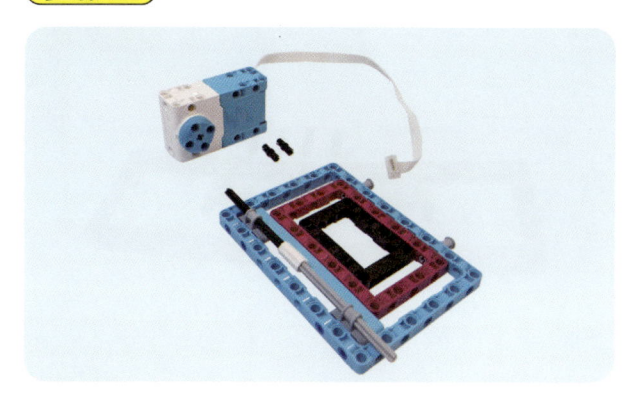

步驟 33

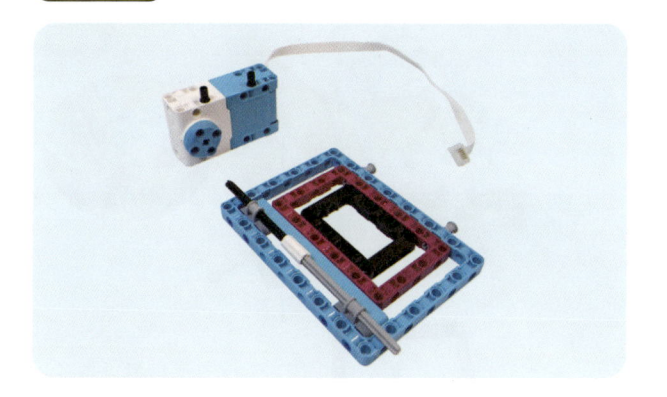

步驟 34

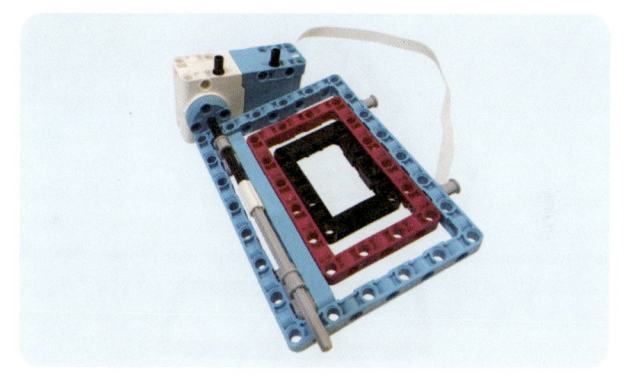

步驟 35

步驟 36

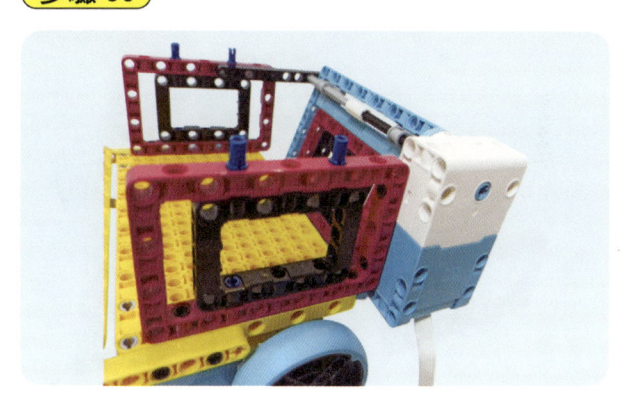

步驟 37

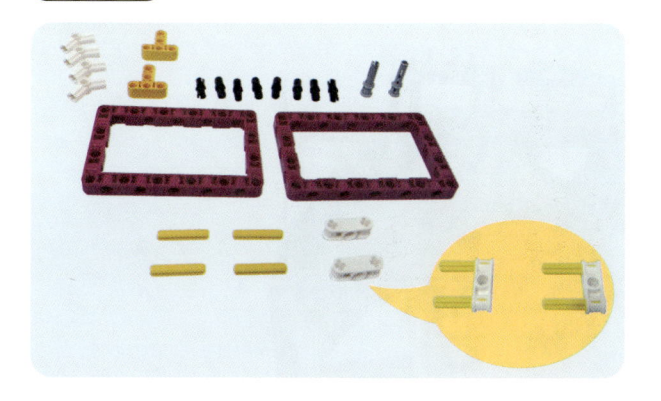

步驟 38

119

步驟 39

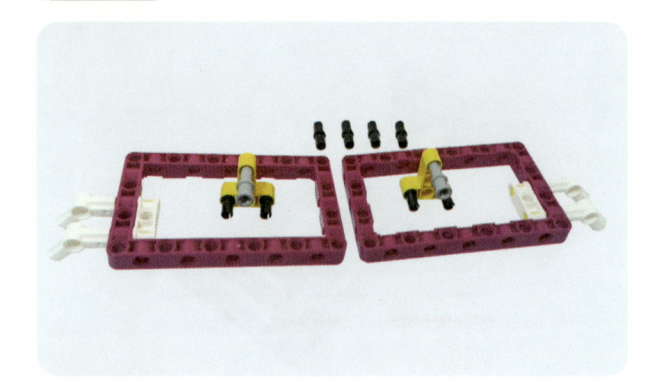

步驟 40

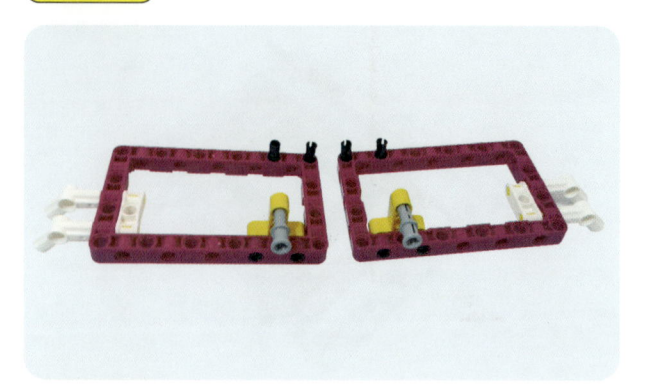

步驟 41

步驟 42

步驟 43

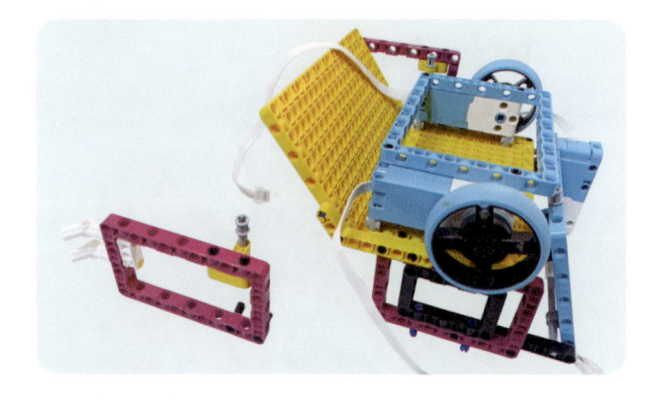

步驟 44

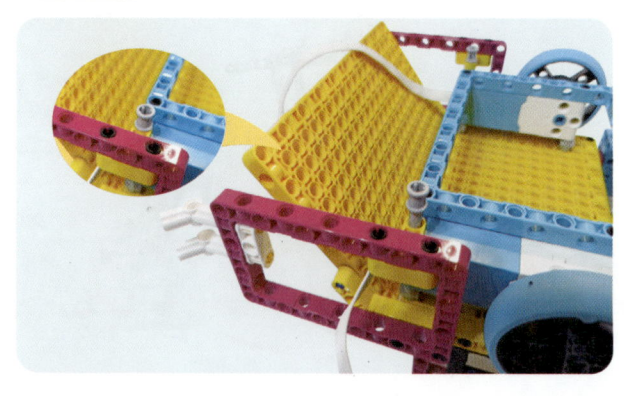

步驟 45

步驟 46

Chapter 07　撿桌球機器人

步驟 47

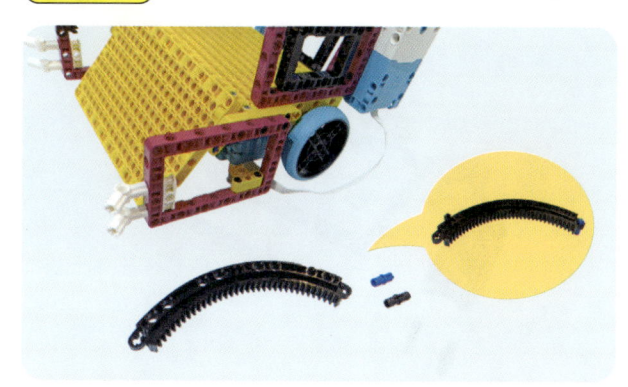

步驟 48

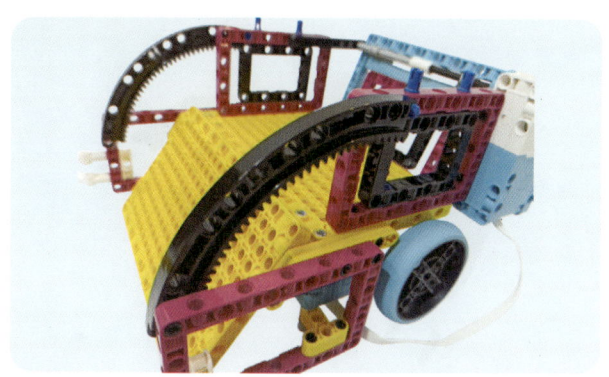

步驟 49

步驟 50

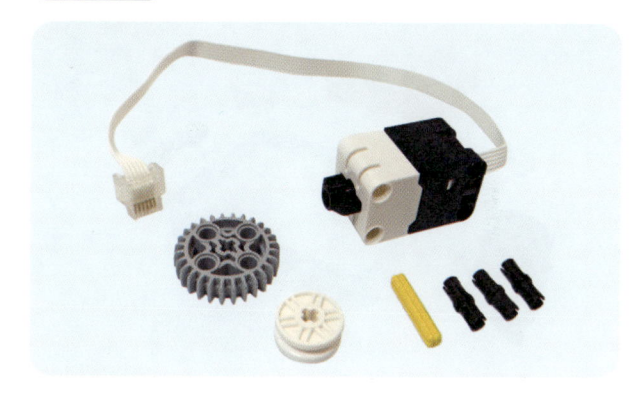

步驟 51

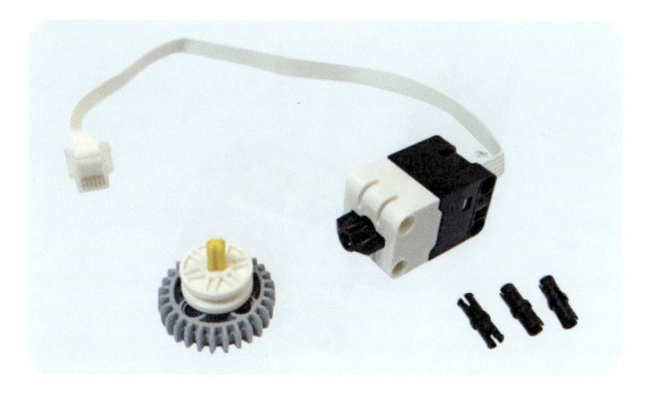

步驟 52

步驟 53

步驟 54

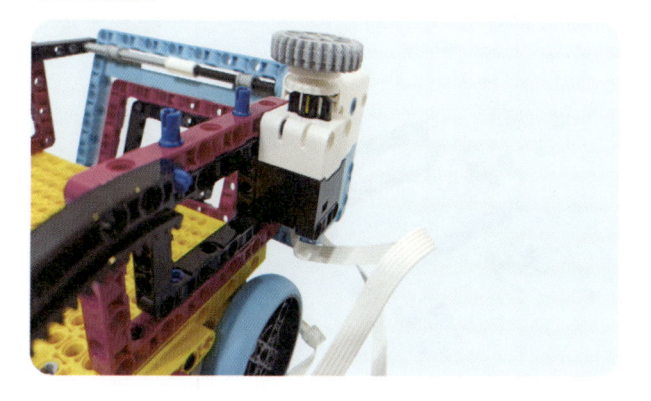

121

樂高 SPIKE 機器人創意專題實作

步驟 55

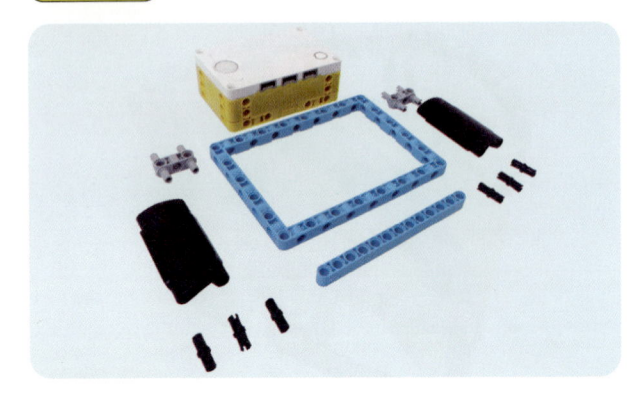

步驟 56

步驟 57

步驟 58

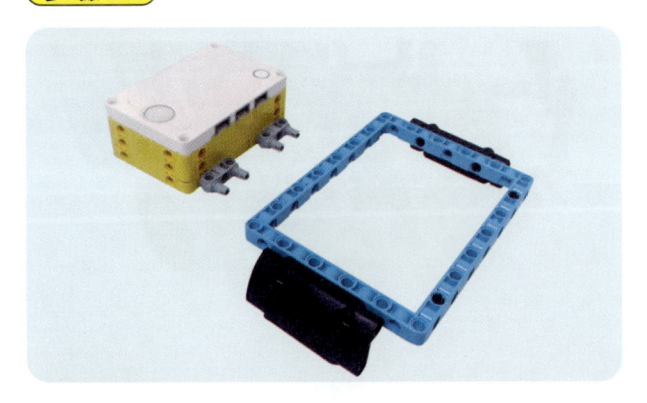

步驟 59

步驟 60

步驟 61

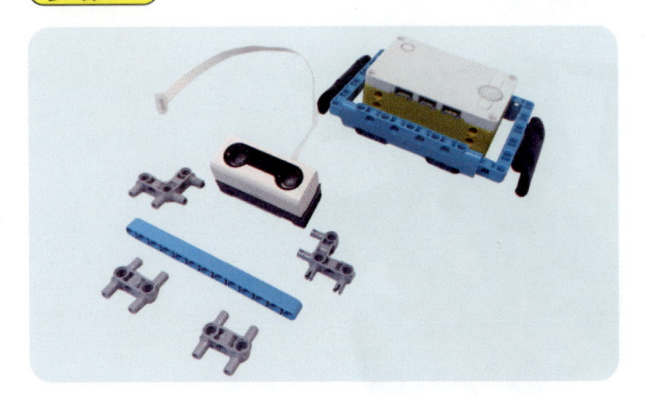

步驟 62

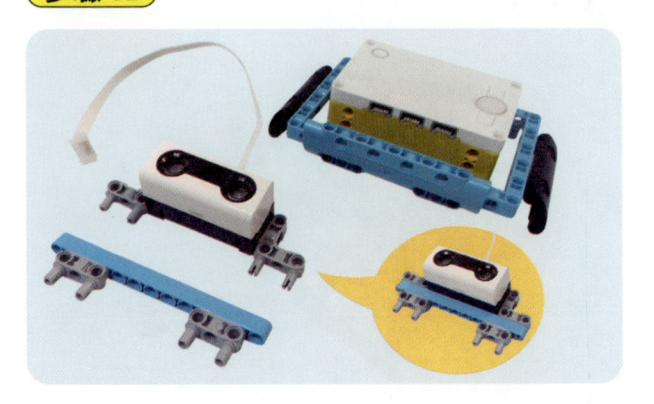

122

Chapter 07　撿桌球機器人

步驟 63

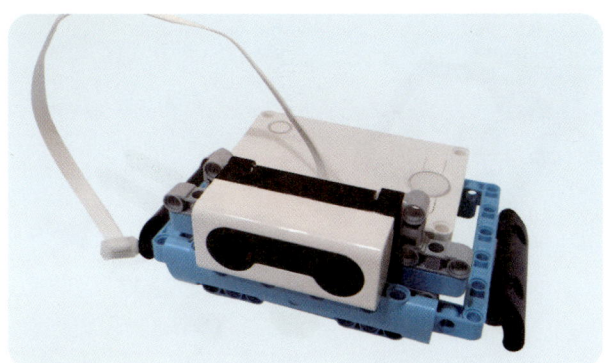

步驟 64

步驟 65

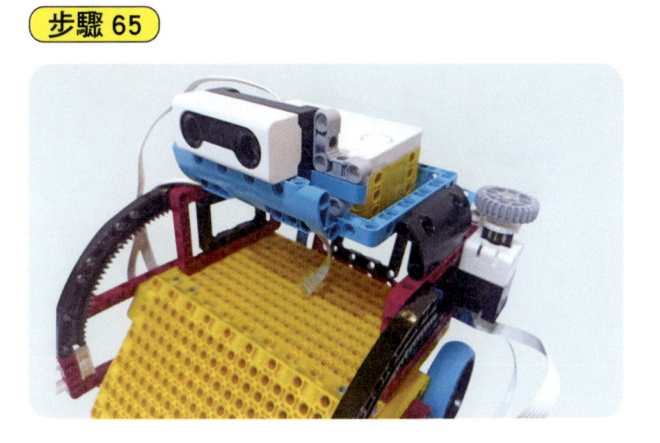

步驟 66

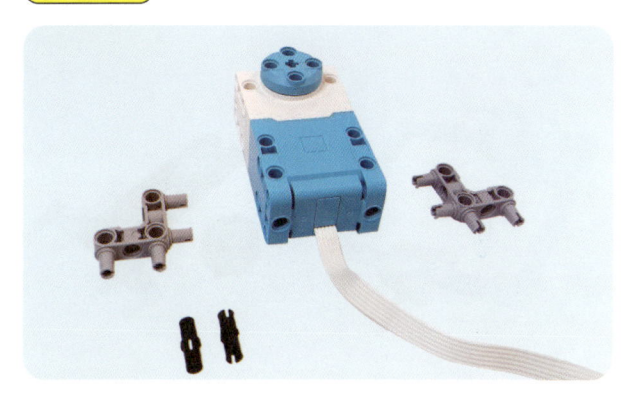

步驟 67

步驟 68

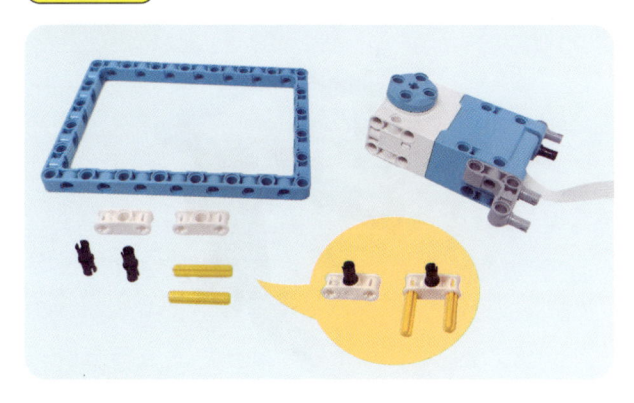

步驟 69

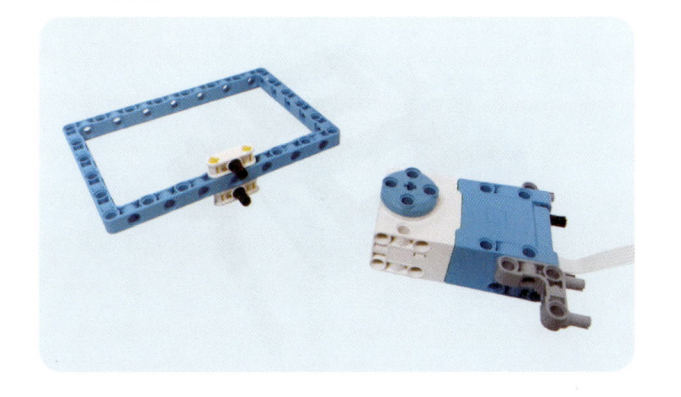

步驟 70

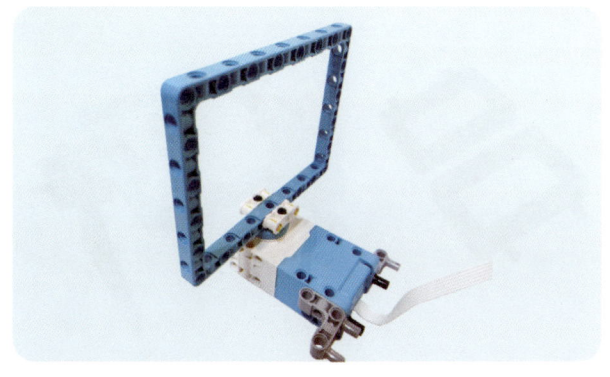

123

步驟 71

步驟 72

步驟 73

步驟 74

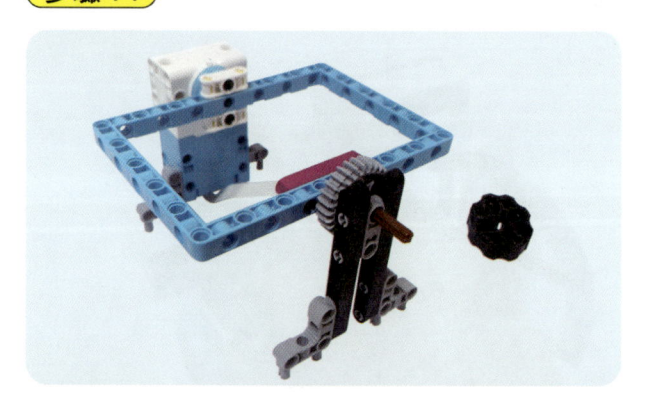

步驟 75

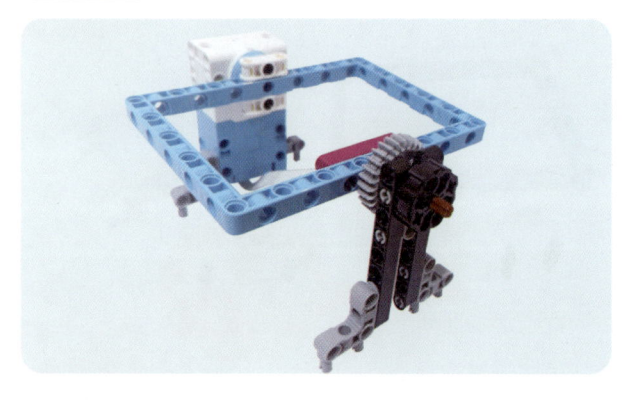

步驟 76

步驟 77

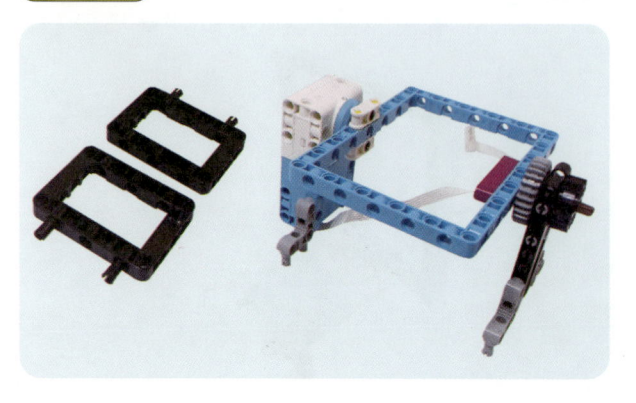

步驟 78

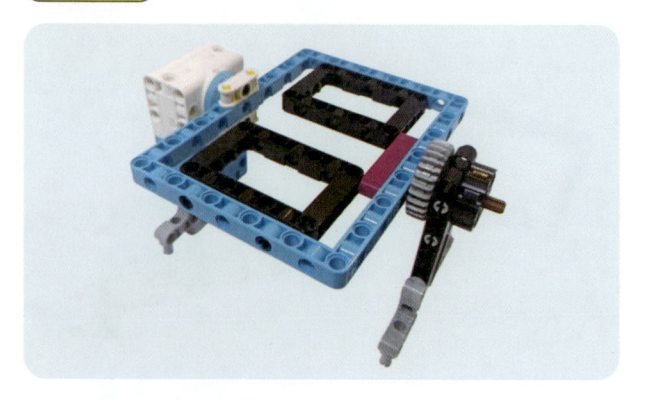

Chapter 07　撿桌球機器人

步驟 79

步驟 80

完成圖

7-3 撰寫「SPIKE 撿桌球機器人」之指引程式

主題 ① 撿桌球機器人,具有自動避障功能。

流程圖

啟動機器人 → 超音波偵測距離 → 距離＜25
- True → 機器人右轉
- False → 機器人前進
（迴圈回到超音波偵測距離）

SPIKE 程式碼

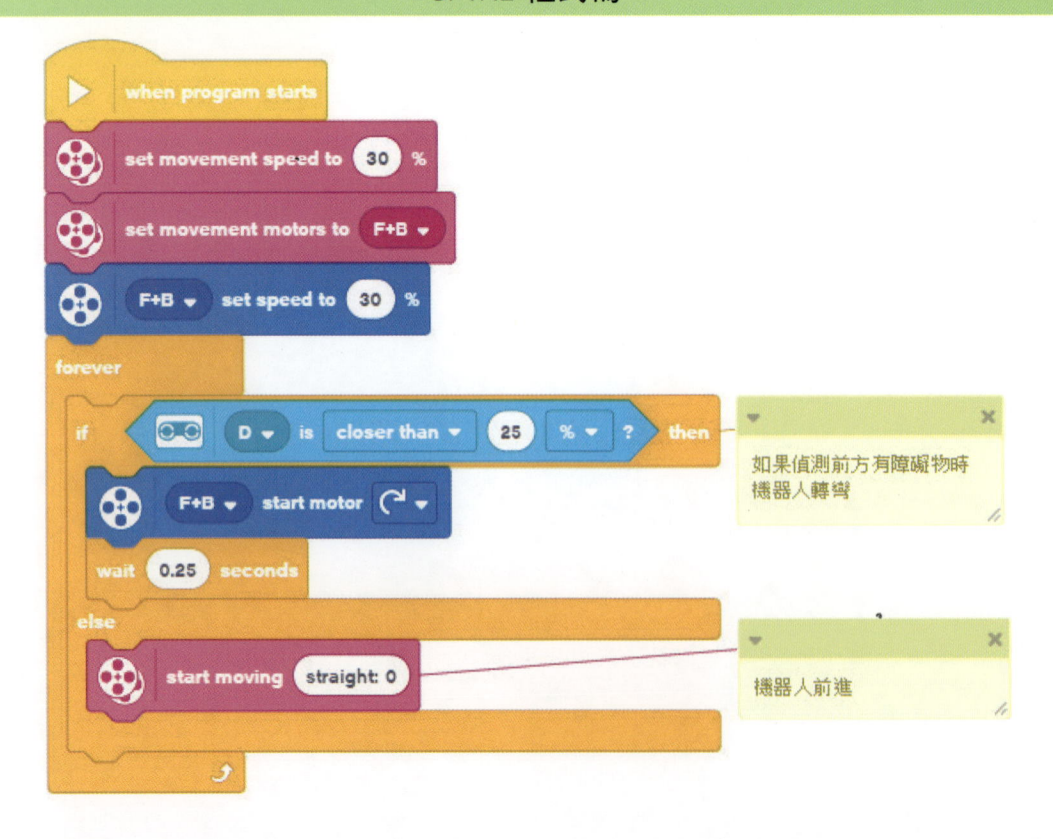

```
when program starts
set movement speed to 30 %
set movement motors to F+B
F+B set speed to 30 %
forever
  if [D is closer than 25 %] then
    F+B start motor ↻         ← 如果偵測前方有障礙物時,機器人轉彎
    wait 0.25 seconds
  else
    start moving straight: 0   ← 機器人前進
```

126

主題 ❷ 撿桌球器轉動一圈，倒球器關閉，當按下壓力感應器時，倒球器開啟後，再將倒球器關閉。

流程圖

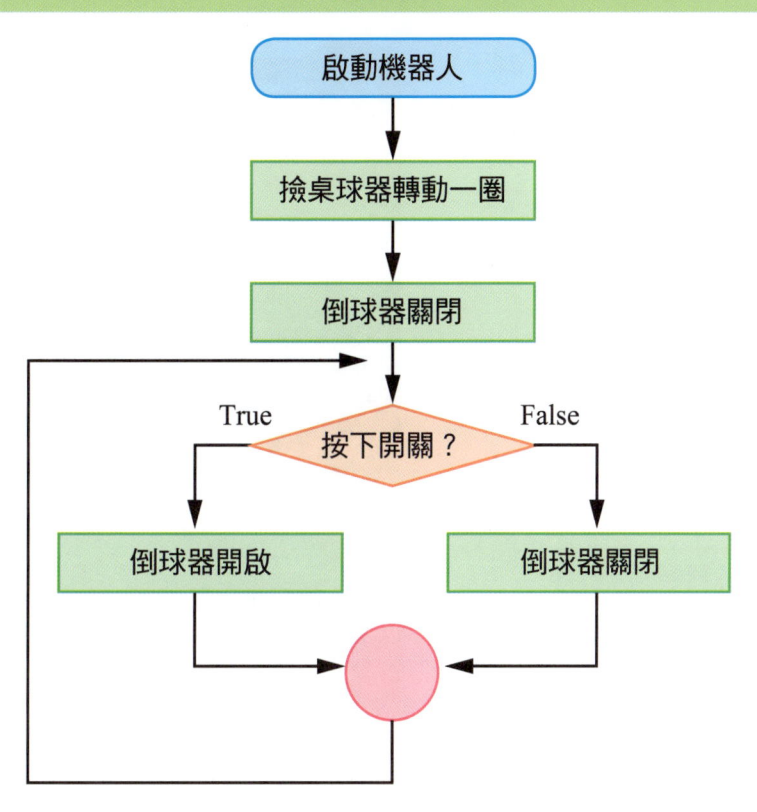

```
啟動機器人
    ↓
撿桌球器轉動一圈
    ↓
倒球器關閉
    ↓
  按下開關？
 True ↙    ↘ False
倒球器開啟   倒球器關閉
     ↘   ↙
       ●
```

SPIKE 程式碼

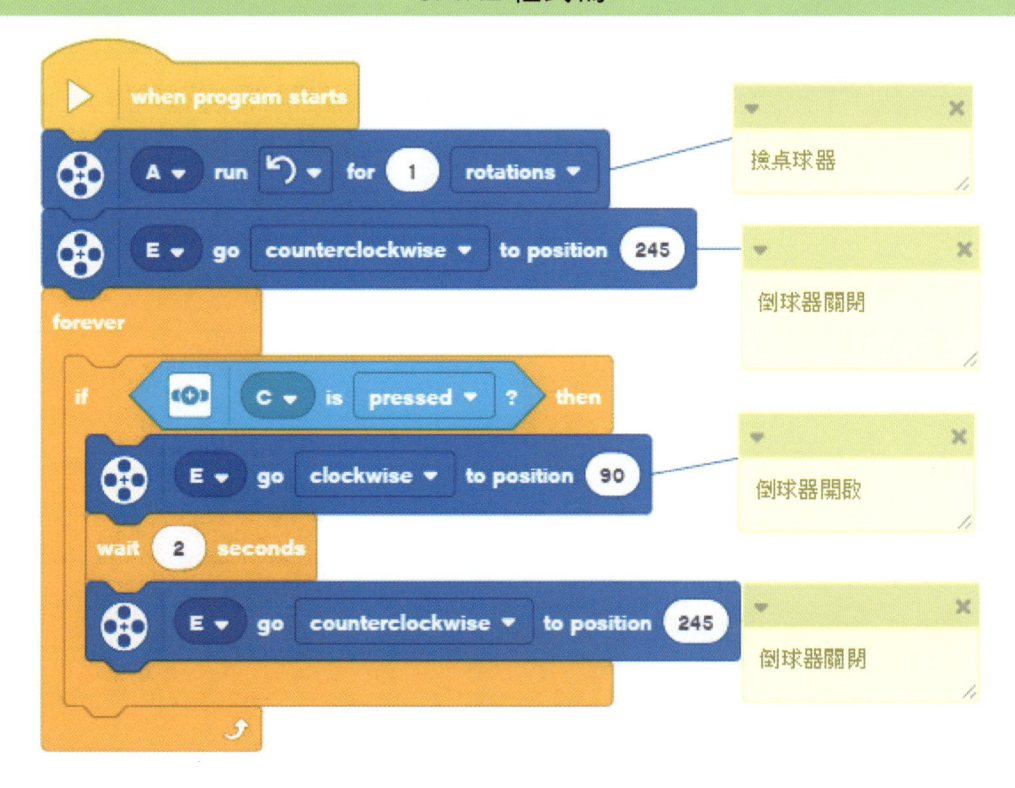

```
when program starts
  A ▼ run ↺▼ for 1 rotations ▼        ← 撿桌球器
  E ▼ go counterclockwise ▼ to position 245   ← 倒球器關閉
  forever
    if [C ▼ is pressed ▼] ? then
      E ▼ go clockwise ▼ to position 90       ← 倒球器開啟
      wait 2 seconds
      E ▼ go counterclockwise ▼ to position 245  ← 倒球器關閉
```

樂高 SPIKE 機器人創意專題實作

主題 ③ 撿桌球機器人一邊行走，一邊撿球，並且具有避障功能。

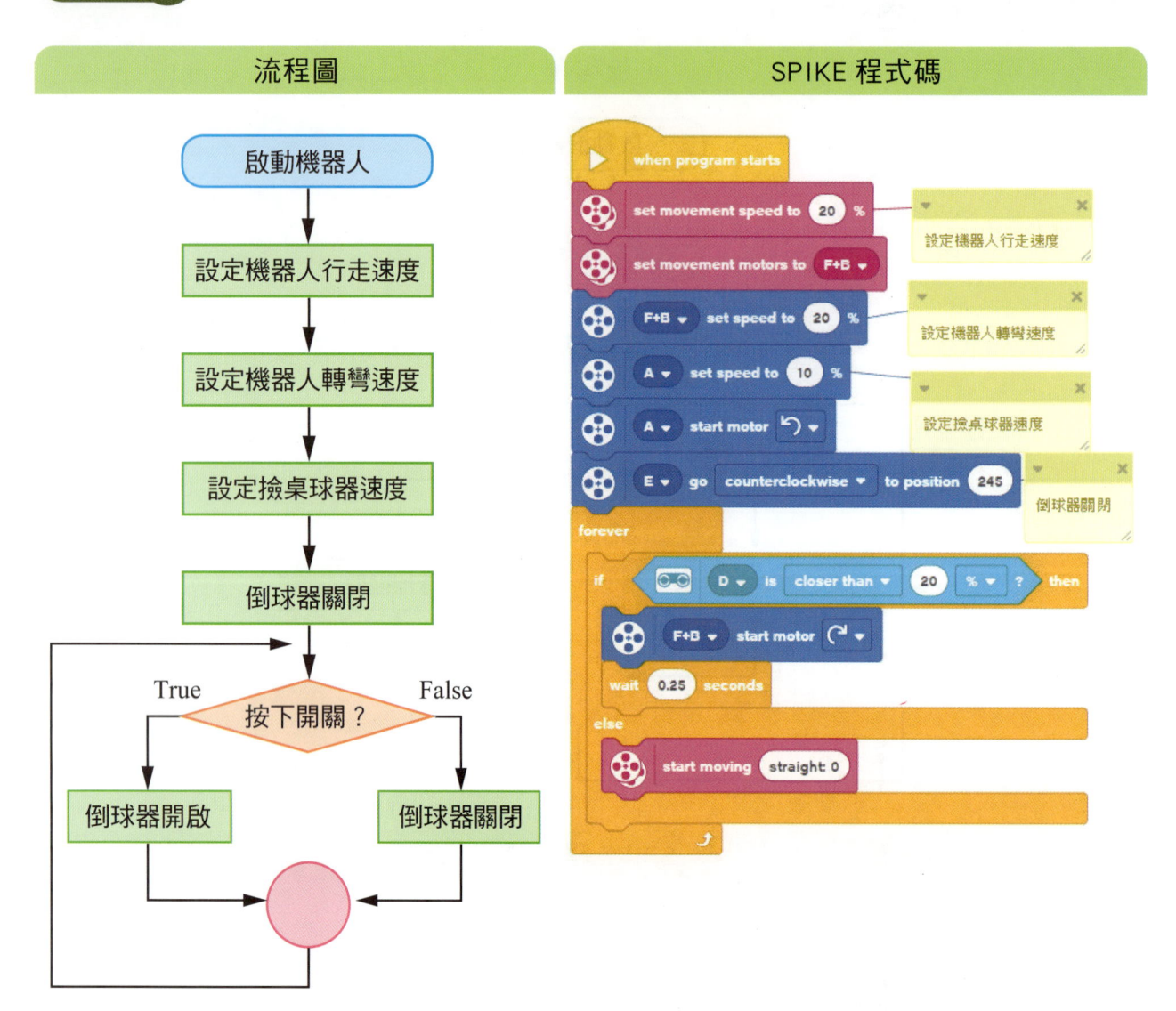

流程圖

啟動機器人
↓
設定機器人行走速度
↓
設定機器人轉彎速度
↓
設定撿桌球器速度
↓
倒球器關閉
↓
按下開關？
- True → 倒球器開啟
- False → 倒球器關閉

SPIKE 程式碼

```
when program starts
set movement speed to 20 %         ← 設定機器人行走速度
set movement motors to F+B
F+B set speed to 20 %              ← 設定機器人轉彎速度
A set speed to 10 %
A start motor ↺                    ← 設定撿桌球器速度
E go counterclockwise to position 245  ← 倒球器關閉
forever
  if  D is closer than 20 % ? then
    F+B start motor ↻
    wait 0.25 seconds
  else
    start moving straight: 0
```

128

7-4 | 專題實作：樂高撿桌球機器人

◆ 主題發想

各位同學一定都有打桌球的經驗，你是否有發現，目前已經有「自動發球機」，但是，卻沒有人發明「自動撿桌球機」。因此，我們也可以將基本車改造成撿桌球機器人。

◆ 主題目的

1. 自動行走及避障功能。
2. 撿桌球功能。
3. 倒球器具有開啟及關閉功能。

◆ 完成圖

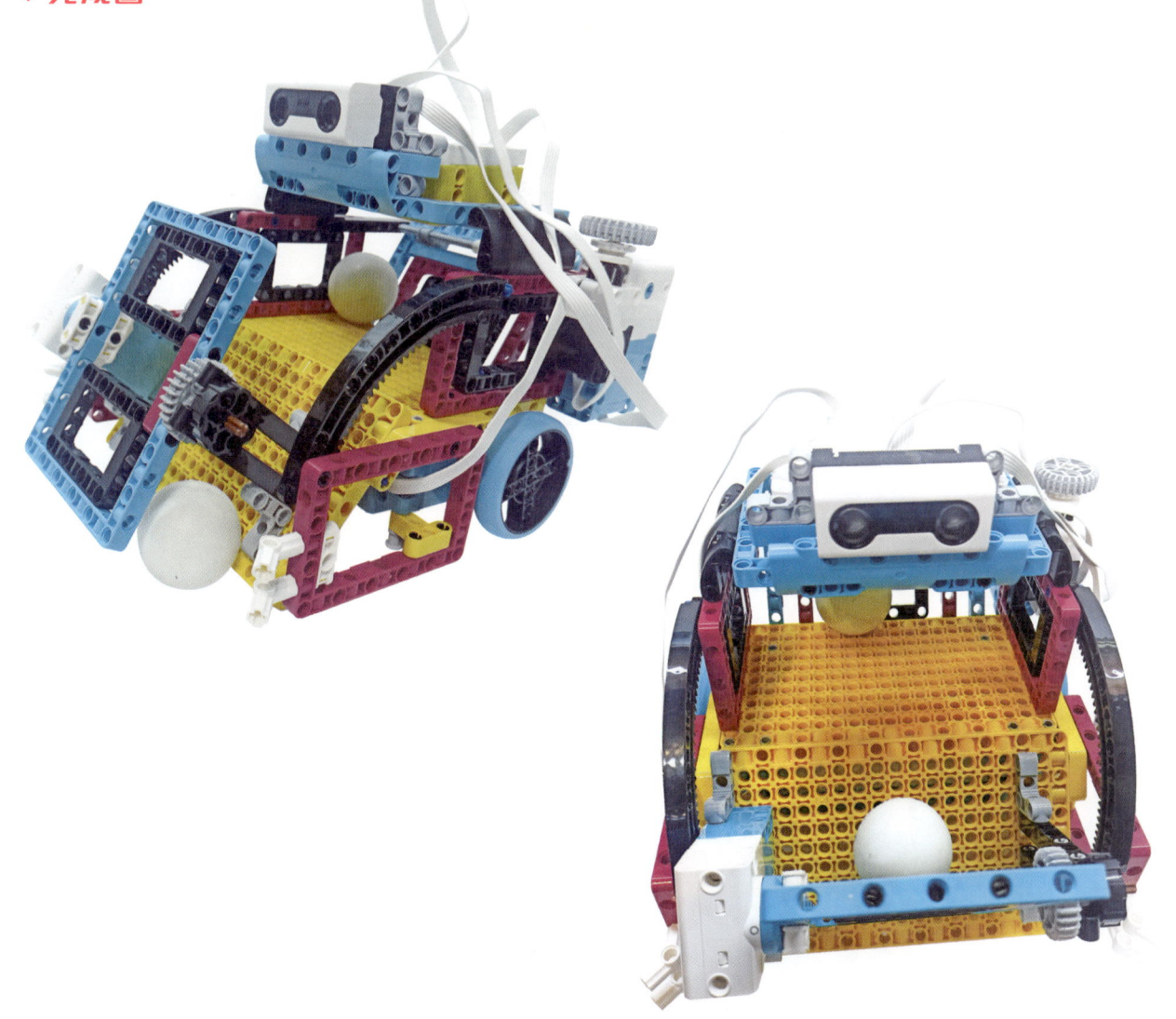

流程圖

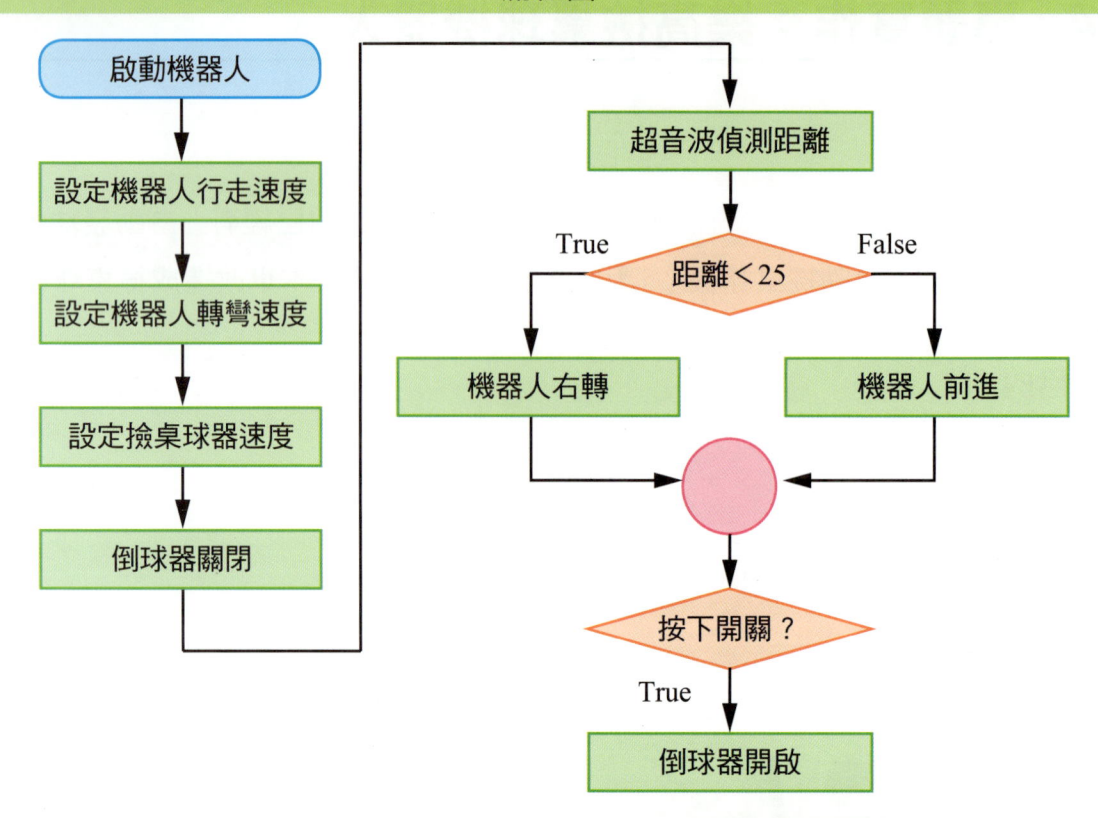

- 啟動機器人
- 設定機器人行走速度
- 設定機器人轉彎速度
- 設定撿桌球器速度
- 倒球器關閉

- 超音波偵測距離
- 距離＜25
  - True → 機器人右轉
  - False → 機器人前進
- 按下開關？
  - True → 倒球器開啟

SPIKE 程式碼

```
when program starts
set movement speed to 20 %
set movement motors to F+B
F+B set speed to 20 %
A set speed to 10 %
A start motor ↺
E go counterclockwise to position 245    // 倒球器關閉
forever
  if D is closer than 20 % ? then        // 自主行車及避障
    F+B start motor ↻                    // 機器人轉彎
    wait 0.25 seconds
  else
    start moving straight: 0             // 機器人前進
  if C is pressed ? then
    E go clockwise to position 90        // 倒球器開啟
```

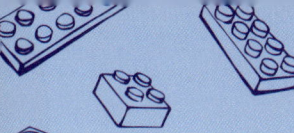

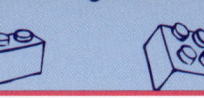

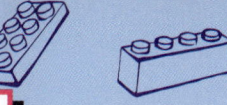

Chapter 07 課後習題

題目名稱 1. 具有倒球功能的撿桌球機器人

題目說明 承本章的專題實作，再增加「倒球器開啟及關閉功能」。亦即當使用者按下「壓力感應器」時，倒球器開啟自動倒球後，再自動關閉倒球器。

創客題目編號：A038029

創客學習力

外形(專業)	機構	電控	程式	通訊	人工智慧	創客總數
1	2	3	3	0	0	9

綜合素養力

空間力	堅毅力	邏輯力	創新力	整合力	團隊力	素養總數
1	2	3	1	1	1	9

100 mins

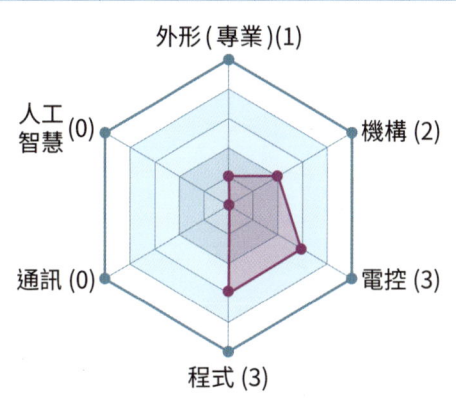

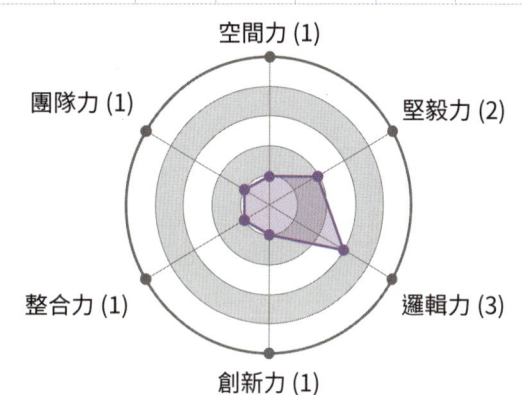

題目名稱 2. 具有動態顯示倒球圖示的撿桌球機器人

題目說明 承上一題，增加開門與關門的圖示。亦即倒球器開啟時，在主機上的螢幕會顯示「開門」圖示，而在關閉倒球器顯示「關門」圖示。

創客題目編號：A038030

創客學習力

外形(專業)	機構	電控	程式	通訊	人工智慧	創客總數
1	2	3	3	0	0	9

綜合素養力

空間力	堅毅力	邏輯力	創新力	整合力	團隊力	素養總數
1	2	3	1	1	1	9

120 mins

131

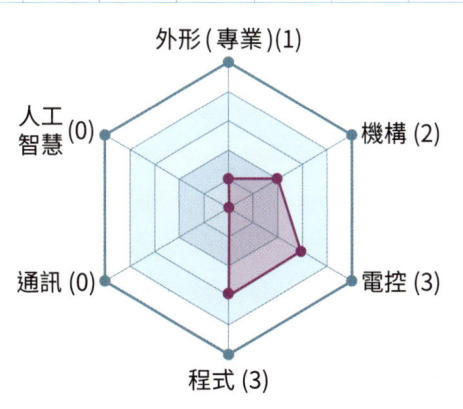

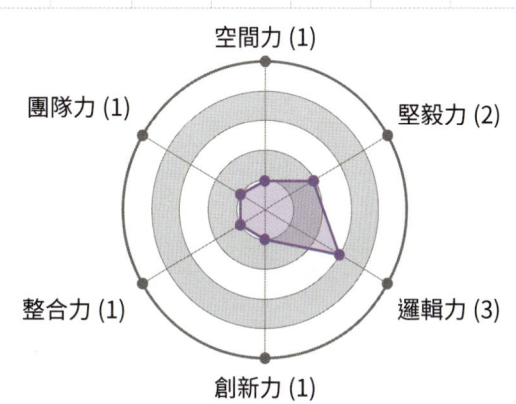

note

Chapter 08 投籃機器人

本章學習目標

1. 讓讀者瞭解組裝樂高投籃機器人及瞭解如何透過投籃機器人來進行活動。
2. 讓讀者瞭解如何利用 SPIKE 程式來撰寫樂高投籃機器人程式。

本章內容

8-1 投籃機器人

8-2 SPIKE 投籃機器人組裝

8-3 撰寫「SPIKE 投籃機器人」之指引程式

8-4 專題實作：樂高投籃機器人

8-1 投籃機器人

其實讀者利用樂高機器人來設計創意作品，有一項非常重要的任務就是試圖設計出具有「創意性、應用性或娛樂性」的作品。但是，如果只使用SPIKE基本車的機構，卻沒有此功能。因此，在SPIKE教育組還必須要再搭配「擴充組」，就可以設計出更具有創意的作品。

主題 設計「投籃機器人」。

目的 設計出具有「創意性及娛樂性」作品。

◆ 設計的三部曲

1. 創意組裝

依照指定「功能及造型」來結合「感應器及相關配件」與「主機」。

2. 寫程式

依照指定任務來撰寫處理序的動作與順序（程式）。

3. 測試

利用 SPIKE 拼圖程式：將程式上傳到「主機」內，並依照指定功能先進行測試。

Chapter 08　投籃機器人

◆ **流程圖**

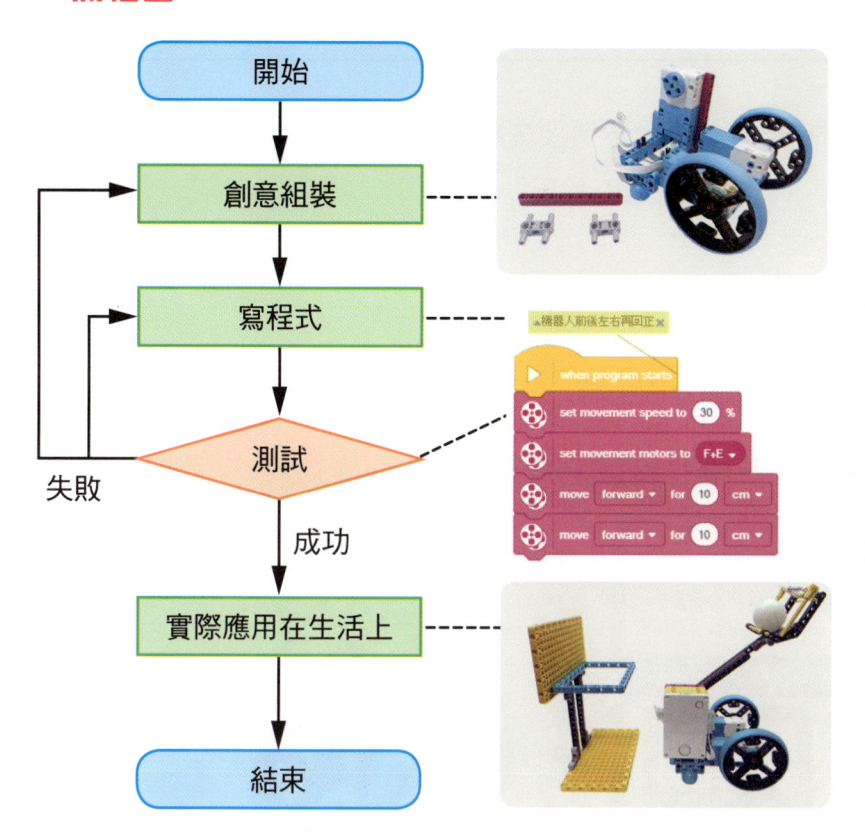

```
開始
 ↓
創意組裝 ────
 ↓
寫程式 ────
 ↓
測試 ──失敗──→（回到創意組裝／寫程式）
 ↓ 成功
實際應用在生活上 ────
 ↓
結束
```

說明：從左邊的流程圖中，我們可以清楚瞭解「設計機器人程式」必須要經過的三大步驟，並且在進行第三步驟時，如果無法測試成功，除了要修改程式之外，也要檢查組裝是否正確，並且要反覆地進行測試，直到完全成功為止。最後，就可以將創作的智能裝置，應用在我們日常生活中。

135

8-2 | SPIKE 投籃機器人組裝

想要製作一台「SPIKE投籃機器人」時,必須要先準備相關的「主機、馬達、感應器及相關的零件材料」。

8-2.1 零件清單

基本上,要製作一台「SPIKE投籃機器人」時,零件清單如下圖所示:

1	主機 ×1	2	大型馬達 ×1	3	中型馬達 ×2	4	觸撞感應器 ×1
5	輪子 ×2	6	全向輪 ×2	7	大型方型框 ×2	8	中型方型框 ×1
9	馬型連接器 ×8	10	H 型連接器 ×3	11	15M 橫桿 ×2	12	13M 橫桿 ×2
13	11M 橫桿 ×3	14	7M 橫桿 ×1	15	5M 橫桿 ×1	16	3×5 橫桿 ×2
17	J 型橫桿 ×2	18	L 型連接器 ×2	19	黑色短插銷 ×41	20	3L 垂直連接器 ×2
21	藍色長插銷 ×4	22	全套筒 ×1	23	白色滑輪 ×1	24	活動式連接器 ×2
25	十字軸長插銷 ×1	26	2M 十字軸 ×3	27	5M 十字軸 ×1	28	7M 十字軸 ×3
29	9M 十字軸 ×2	30	11M 十字軸 ×1	31	底座 ×2	32	自行準備橡皮筋 ×1

8-2.2 組裝指引

在準備好「SPIKE投籃機器人」所需要的「主機、感應器、鋁合金構件及相關的材料」之後,接下來,請各位讀者依照以下的步驟即可完成組裝:

步驟 1

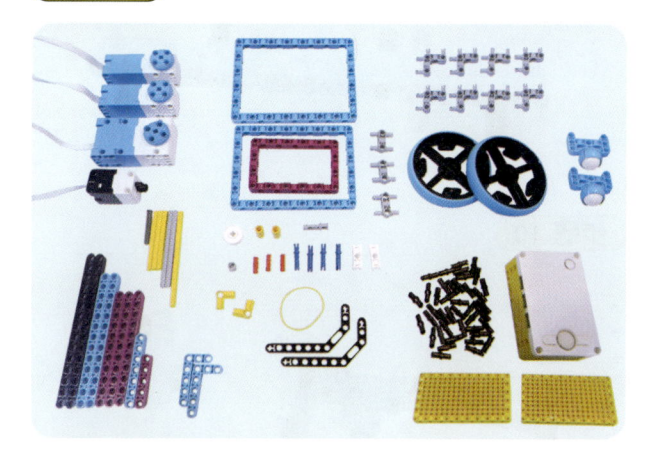

步驟 2

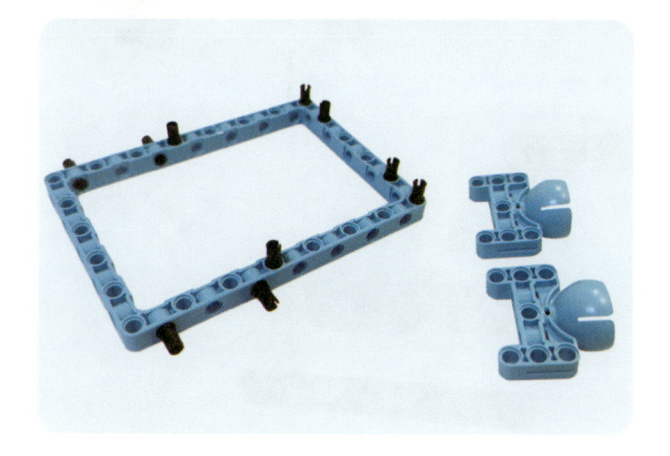

步驟 3

步驟 4

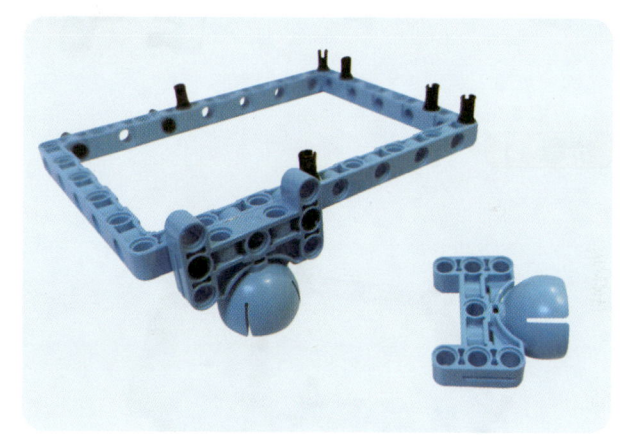

步驟 5

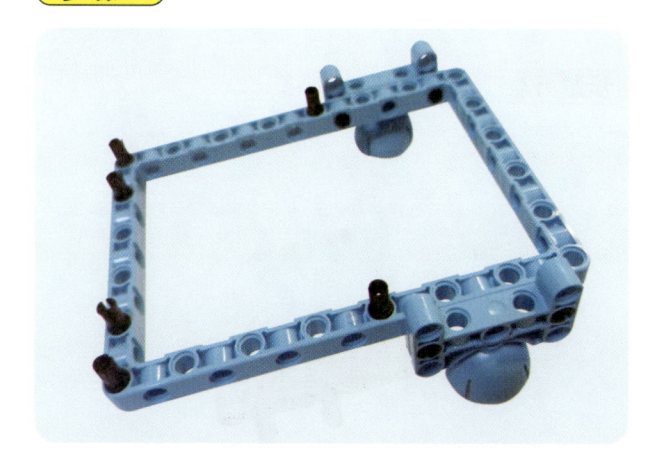

步驟 6

137

樂高 SPIKE 機器人創意專題實作

步驟 7

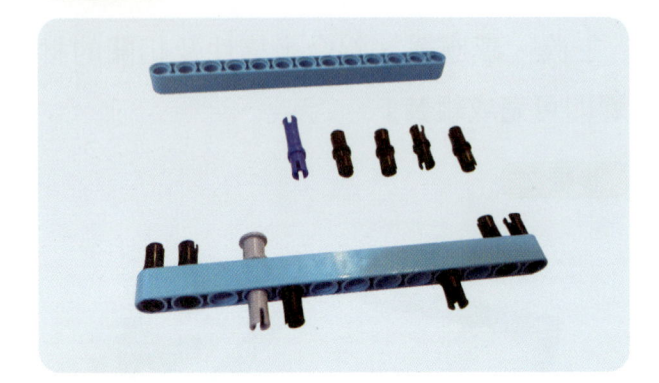

步驟 8

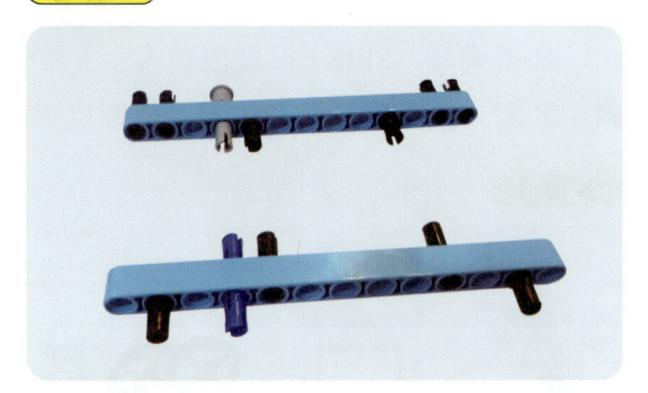

步驟 9

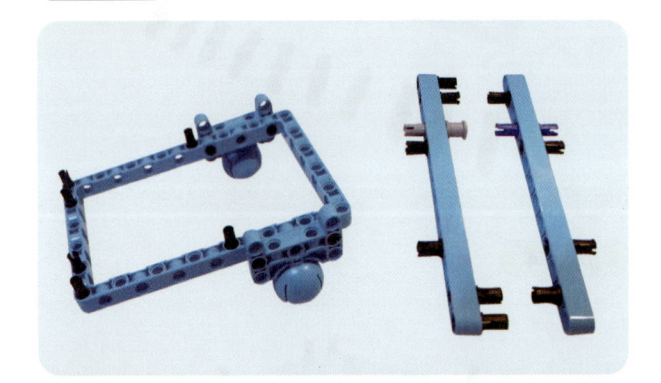

步驟 10

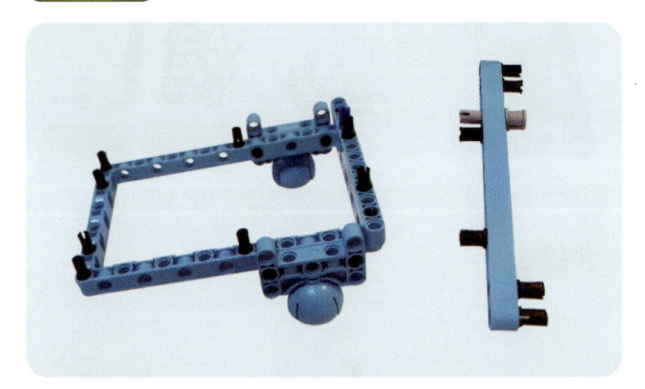

步驟 11

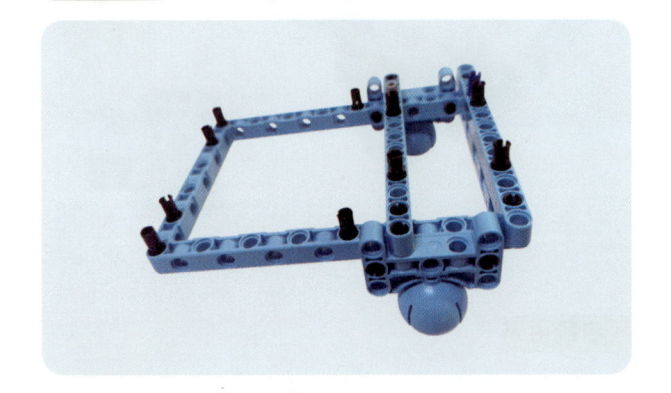

步驟 12

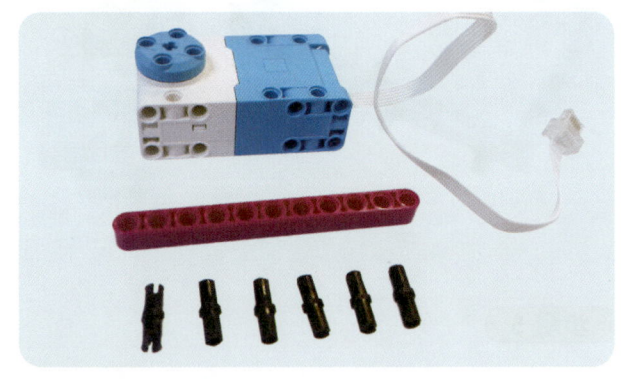

步驟 13

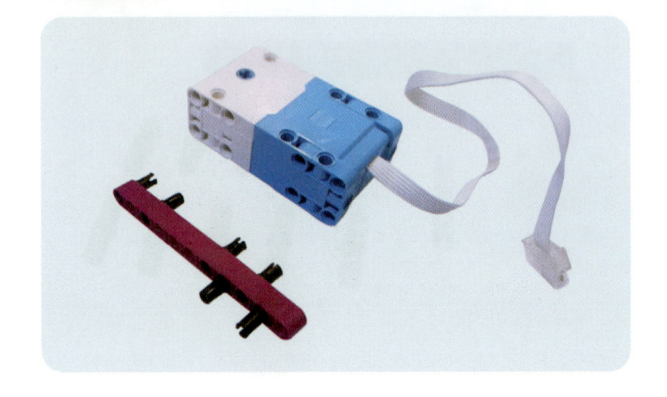

步驟 14

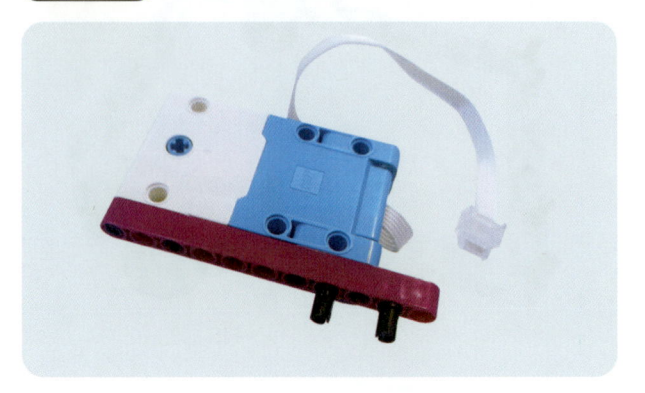

138

Chapter 08　投籃機器人

步驟 15

步驟 16

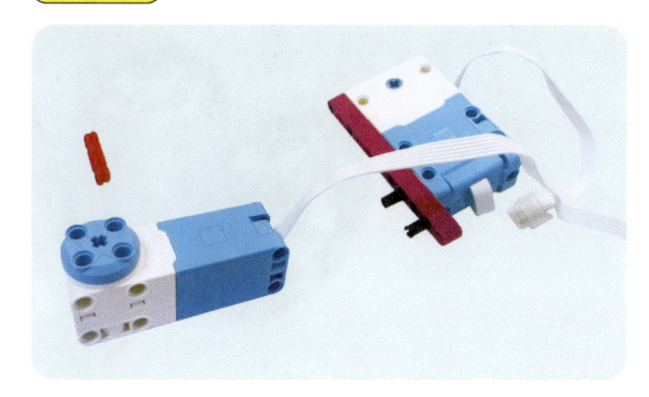

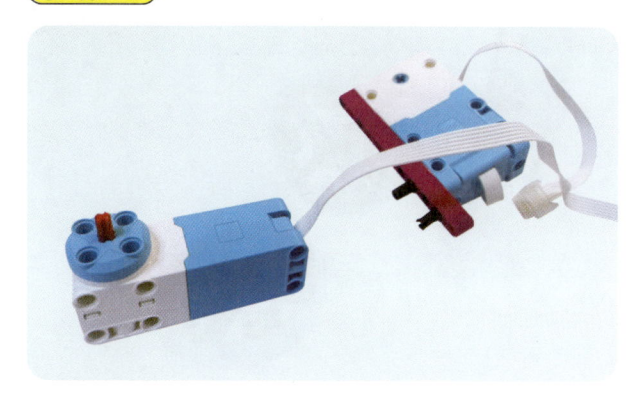

步驟 17

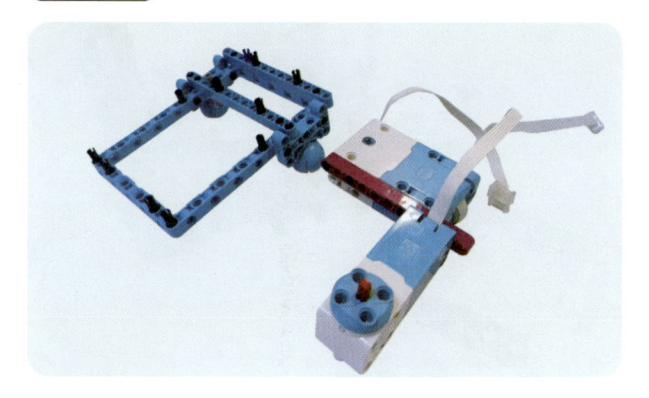

步驟 18

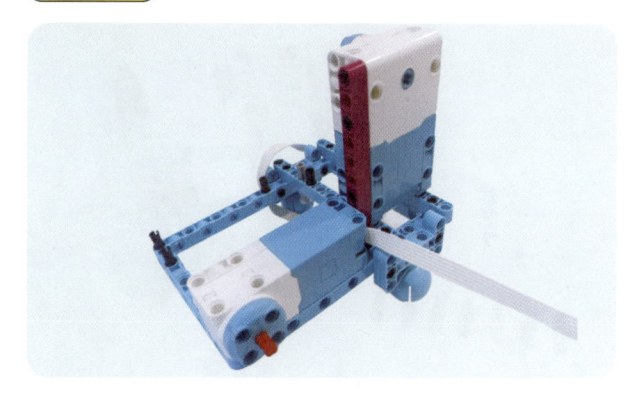

步驟 19

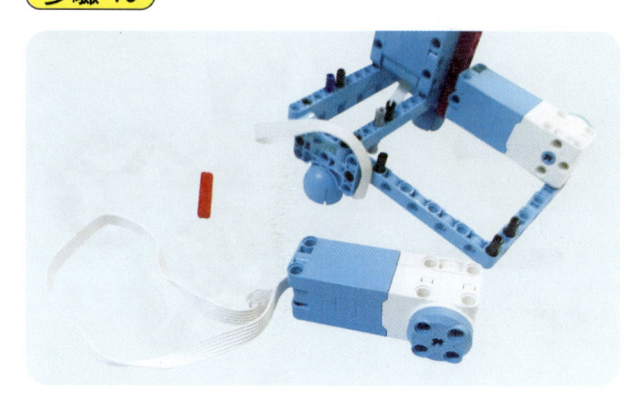

步驟 20

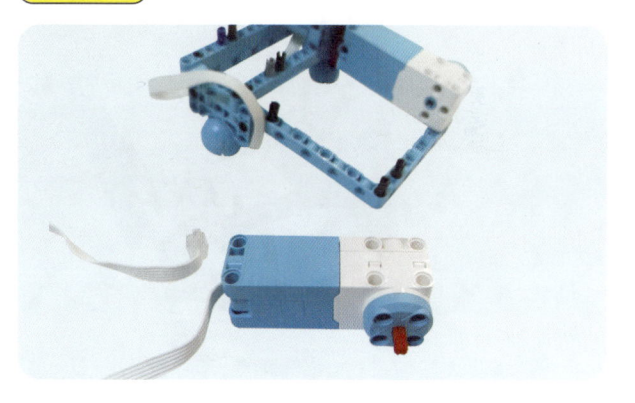

步驟 21

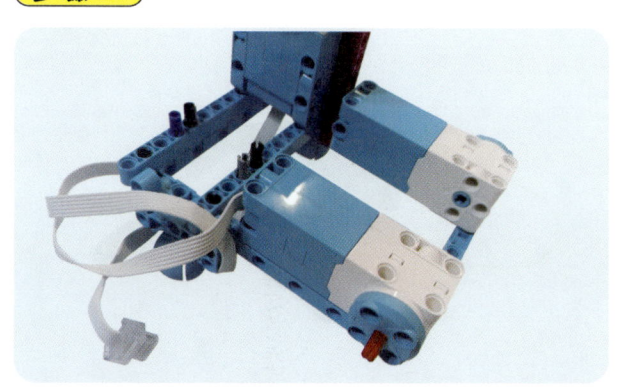

步驟 22

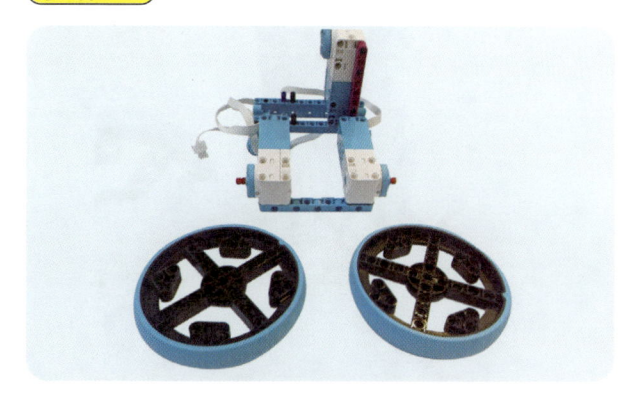

139

樂高 SPIKE 機器人創意專題實作

步驟 23

步驟 24

步驟 25

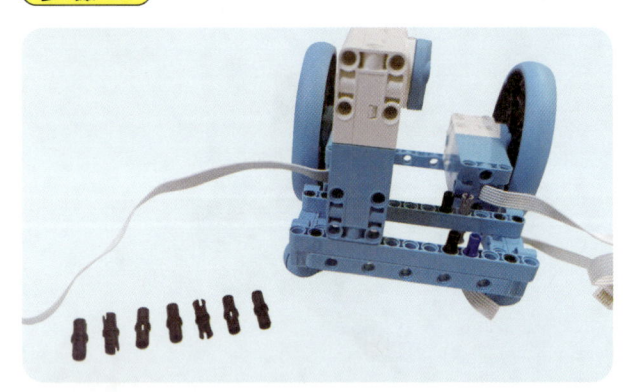

步驟 26

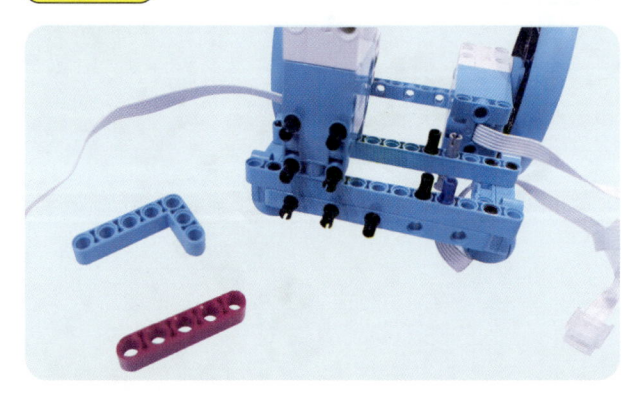

步驟 27

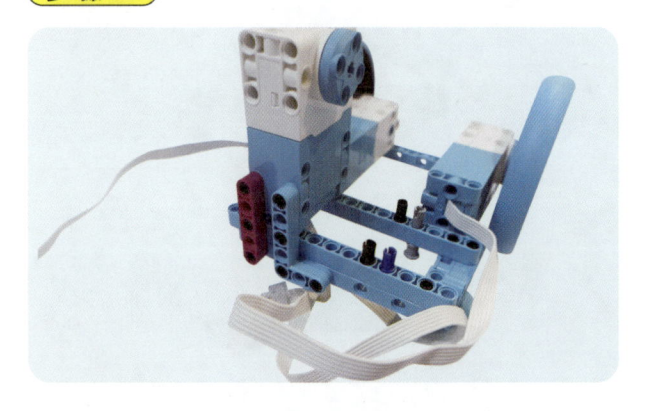

步驟 28

步驟 29

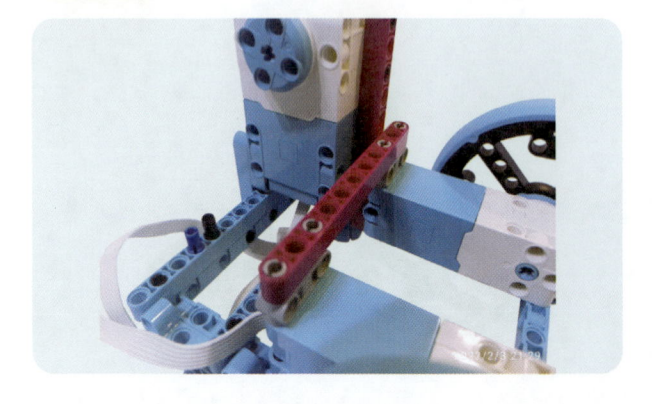

步驟 30

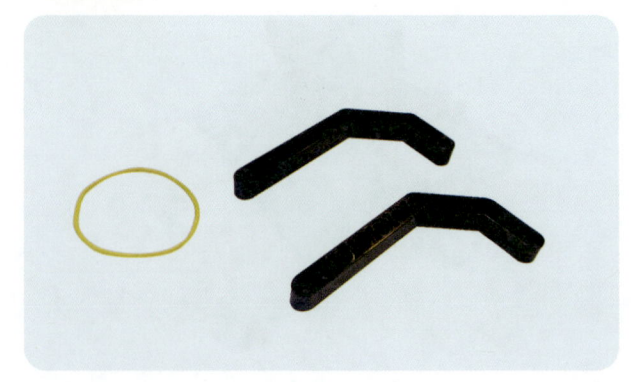

140

Chapter 08　投籃機器人

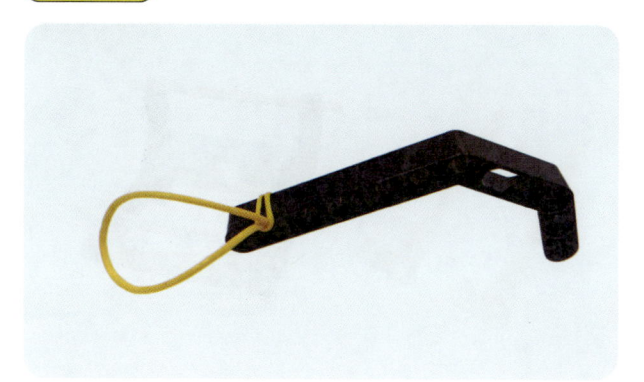

步驟 31

步驟 32

步驟 33

步驟 34

步驟 35

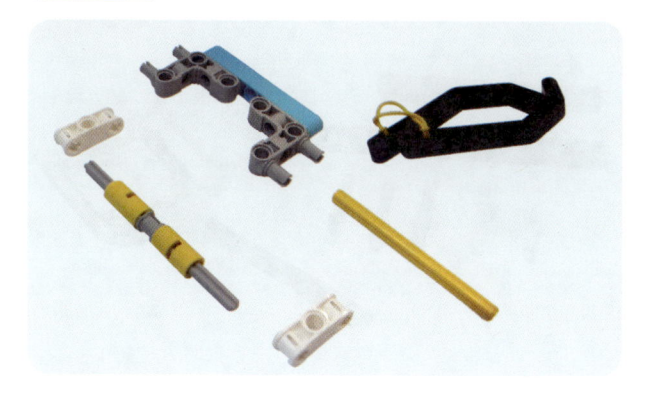

步驟 36

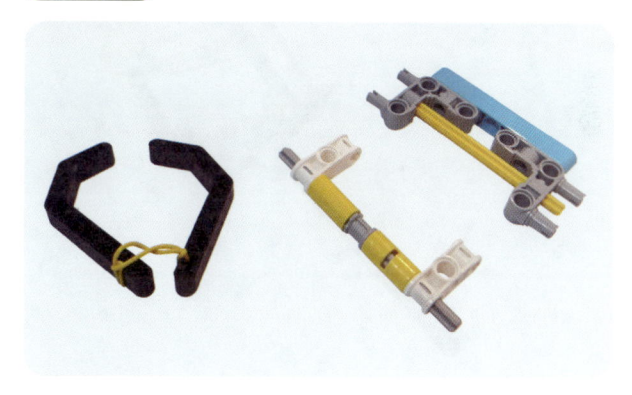

步驟 37

步驟 38

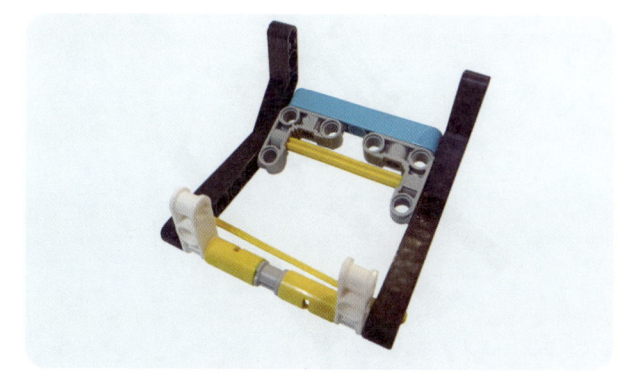

141

樂高 SPIKE 機器人創意專題實作

步驟 39

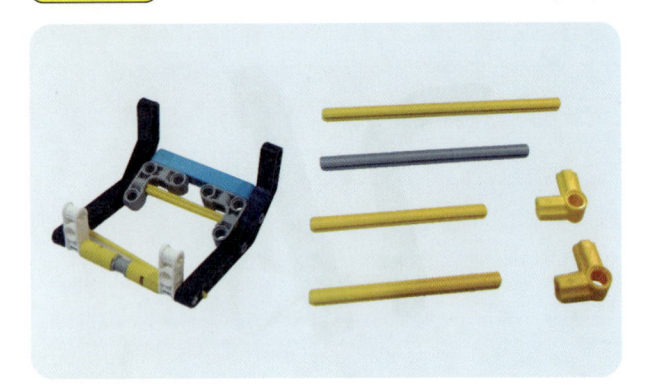

步驟 40

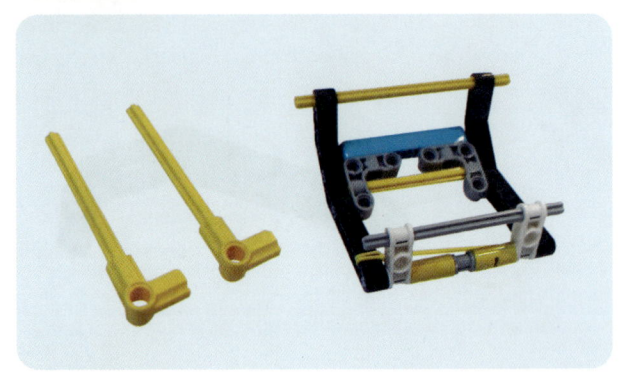

步驟 41

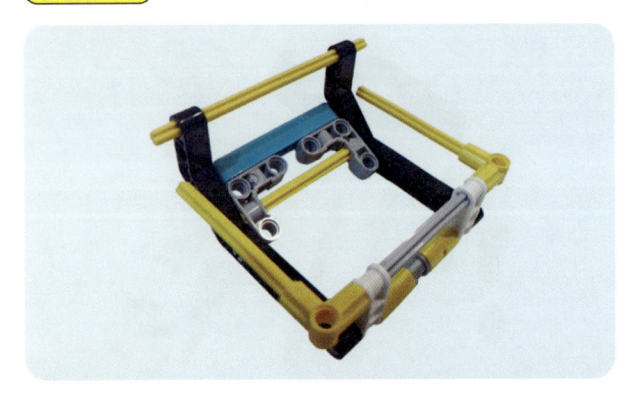

步驟 42

步驟 43

步驟 44

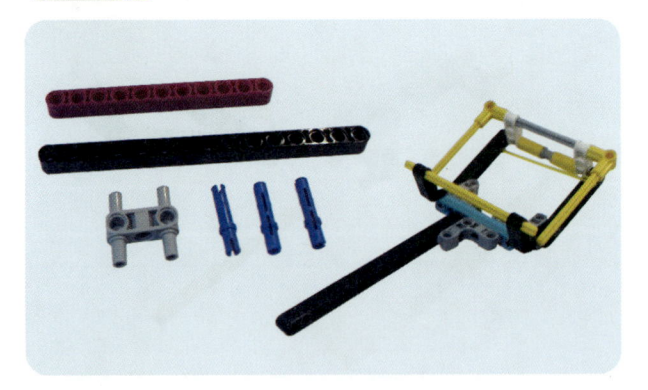

步驟 45

步驟 46

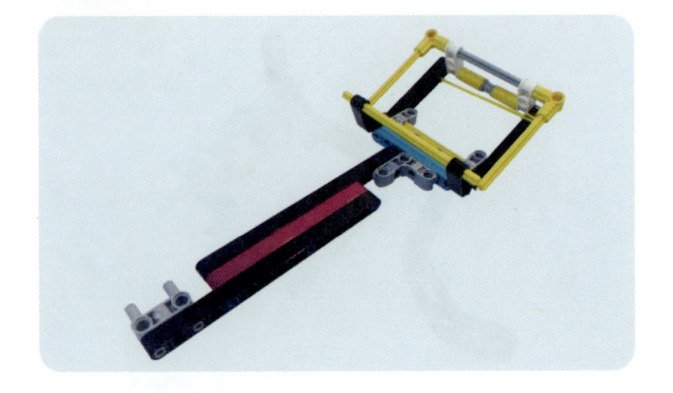

142

Chapter 08　投籃機器人

步驟 47

步驟 48

步驟 49

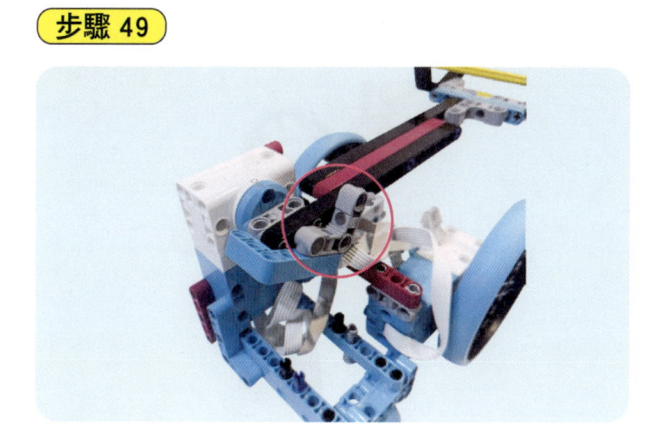

步驟 50

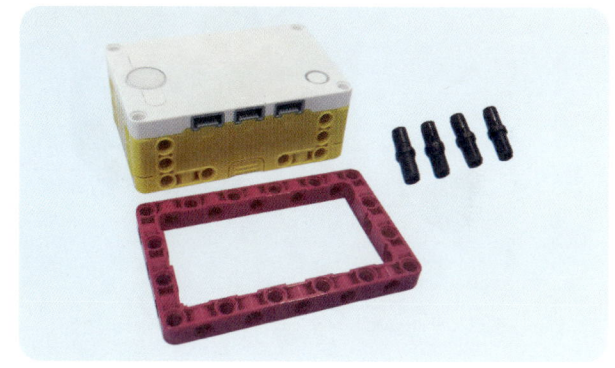

步驟 51

步驟 52

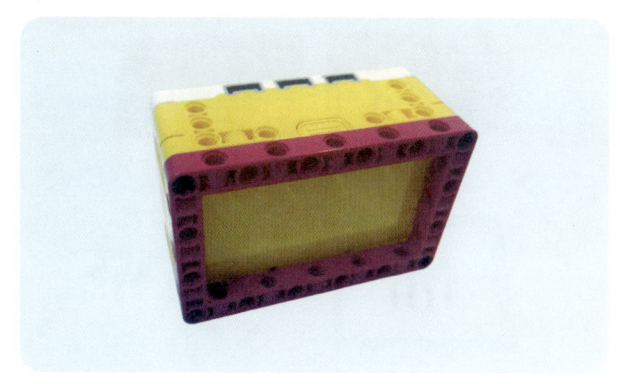

步驟 53

步驟 54

143

步驟 55

步驟 56

步驟 57

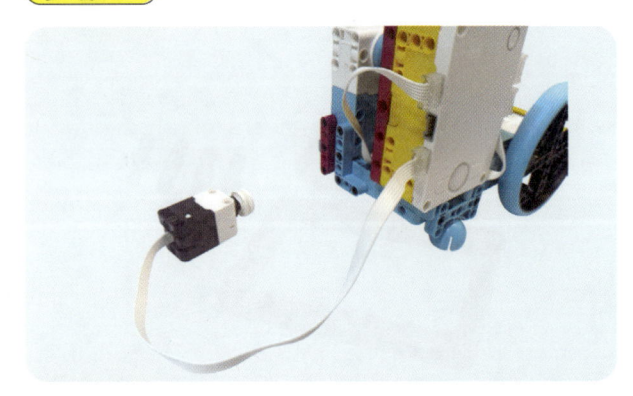

步驟 58

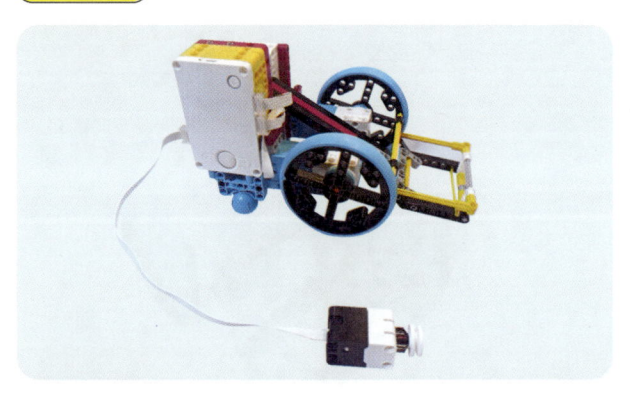

步驟 59

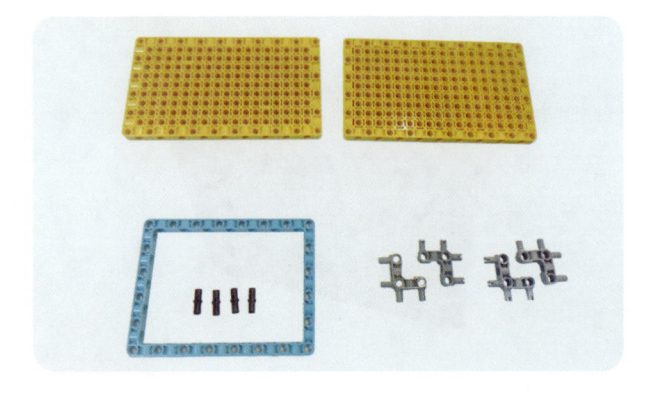

步驟 60

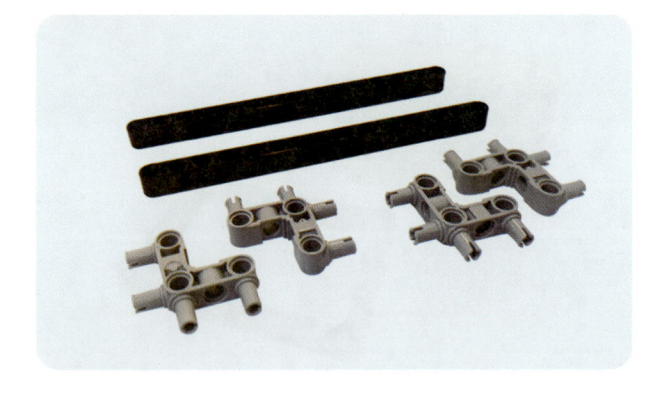

步驟 61

步驟 62

Chapter 08　投籃機器人

步驟 63

步驟 64

步驟 65

完成圖

145

8-3 | 撰寫「SPIKE 投籃機器人」之指引程式

主題 1 投籃機器手臂具有「舉起」與「放下」功能。

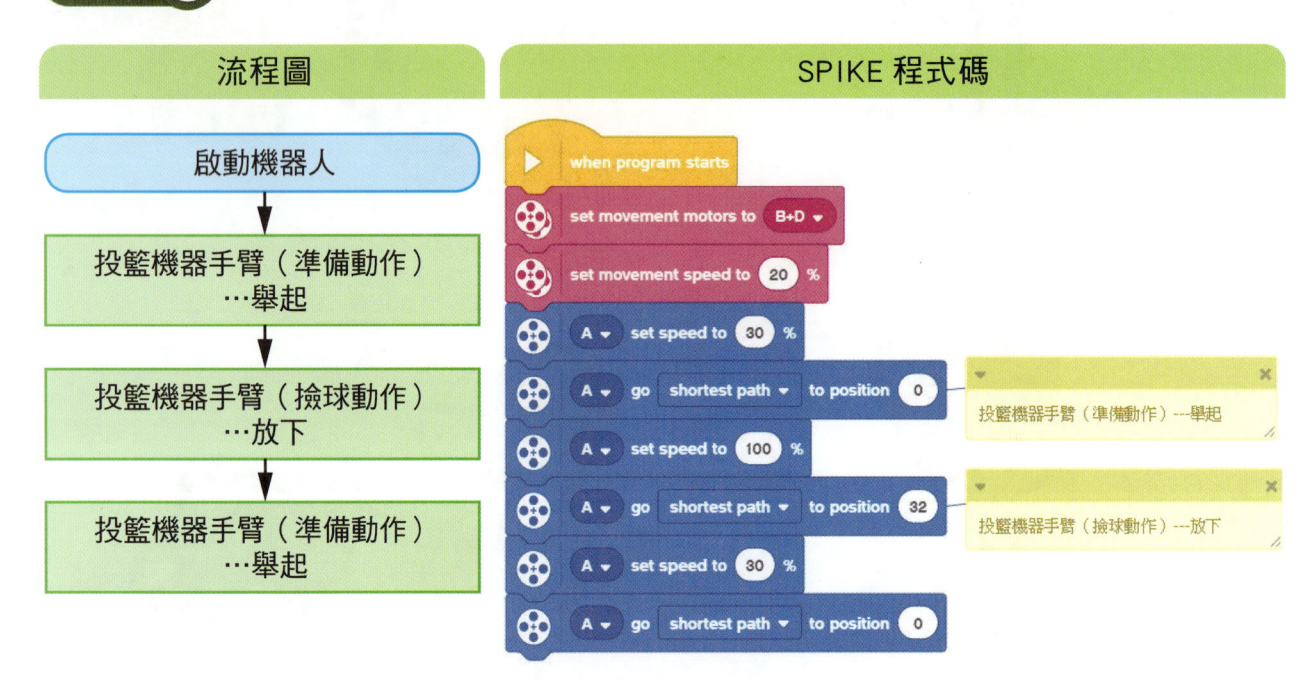

流程圖

啟動機器人
↓
投籃機器手臂（準備動作）…舉起
↓
投籃機器手臂（撿球動作）…放下
↓
投籃機器手臂（準備動作）…舉起

SPIKE 程式碼

- when program starts
- set movement motors to B+D
- set movement speed to 20 %
- A set speed to 30 %
- A go shortest path to position 0 ← 投籃機器手臂（準備動作）---舉起
- A set speed to 100 %
- A go shortest path to position 32 ← 投籃機器手臂（撿球動作）---放下
- A set speed to 30 %
- A go shortest path to position 0

主題 2 投籃機器人，模擬行走後投籃的動作。

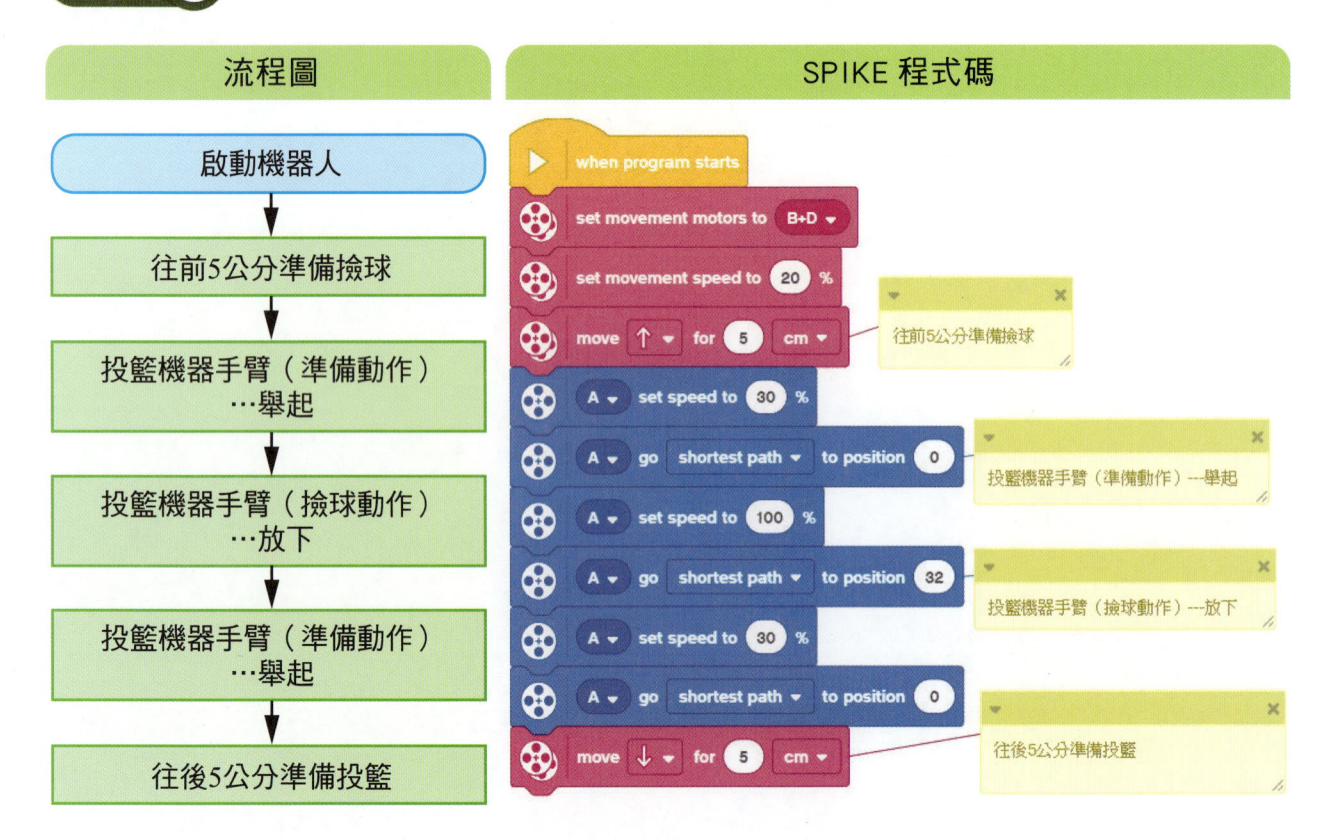

流程圖

啟動機器人
↓
往前5公分準備撿球
↓
投籃機器手臂（準備動作）…舉起
↓
投籃機器手臂（撿球動作）…放下
↓
投籃機器手臂（準備動作）…舉起
↓
往後5公分準備投籃

SPIKE 程式碼

- when program starts
- set movement motors to B+D
- set movement speed to 20 %
- move ↑ for 5 cm ← 往前5公分準備撿球
- A set speed to 30 %
- A go shortest path to position 0 ← 投籃機器手臂（準備動作）---舉起
- A set speed to 100 %
- A go shortest path to position 32 ← 投籃機器手臂（撿球動作）---放下
- A set speed to 30 %
- A go shortest path to position 0
- move ↓ for 5 cm ← 往後5公分準備投籃

主題 3　模擬機器人灌籃動作。

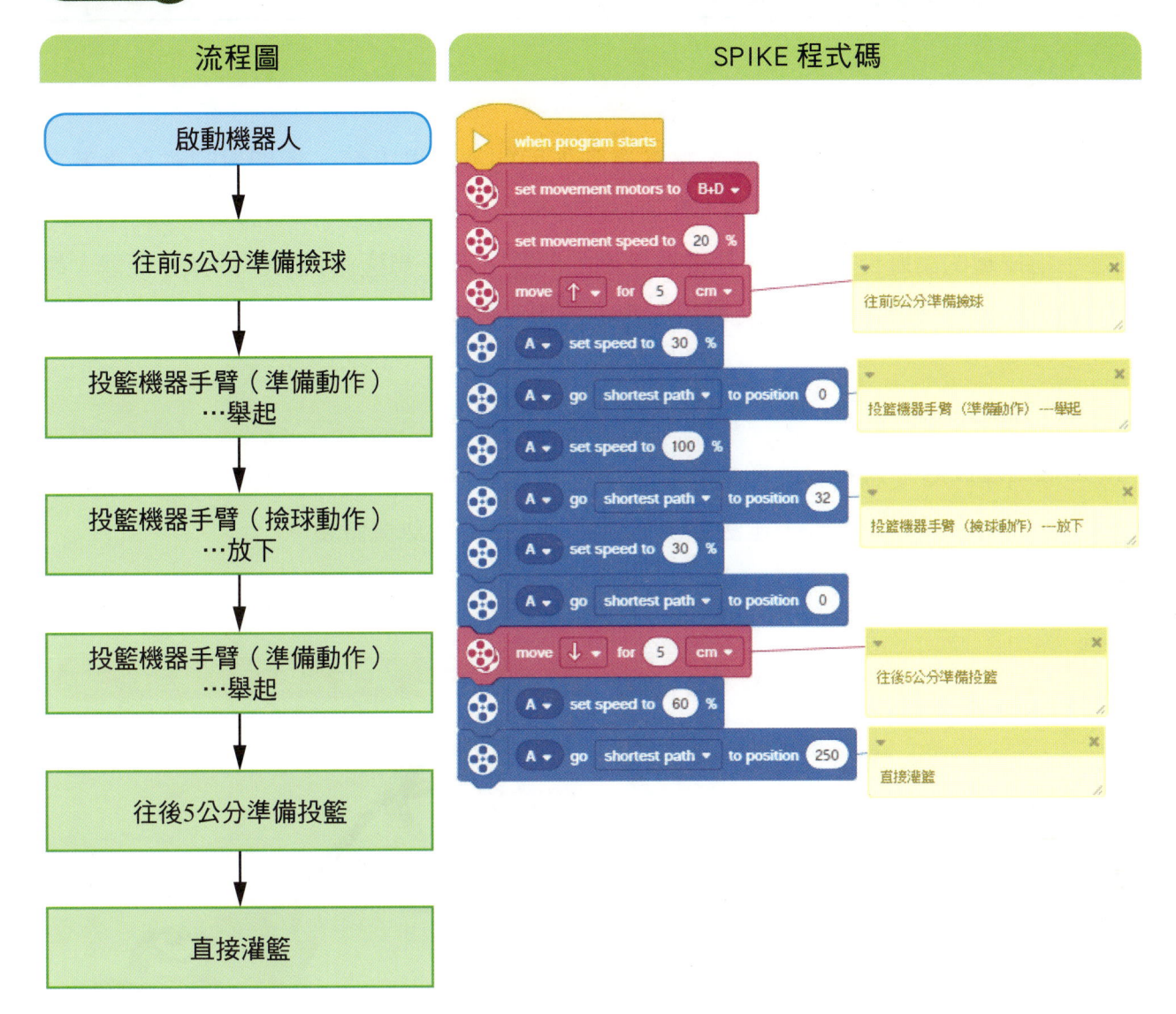

流程圖	SPIKE 程式碼

流程圖：
- 啟動機器人
- 往前5公分準備撿球
- 投籃機器手臂（準備動作）…舉起
- 投籃機器手臂（撿球動作）…放下
- 投籃機器手臂（準備動作）…舉起
- 往後5公分準備投籃
- 直接灌籃

SPIKE 程式碼：
- when program starts
- set movement motors to B+D
- set movement speed to 20 %
- move ↑ for 5 cm　← 往前5公分準備撿球
- A set speed to 30 %
- A go shortest path to position 0　← 投籃機器手臂（準備動作）…舉起
- A set speed to 100 %
- A go shortest path to position 32　← 投籃機器手臂（撿球動作）…放下
- A set speed to 30 %
- A go shortest path to position 0
- move ↓ for 5 cm　← 往後5公分準備投籃
- A set speed to 60 %
- A go shortest path to position 250　← 直接灌籃

8-4 專題實作：樂高投籃機器人

◆ 主題發想

　　許多人都非常熱愛籃球運動，常常會到外面的籃球機投籃，近期看到許多桌遊遊戲，像是砸派機、迷你投籃機等等，都可以與投籃技巧有所關聯，但無論是真正的投籃，或是手指按壓的桌遊投籃遊戲，都會有手痠的問題，因此想透過LEGO SPIKE 機器人教具，設計一套，運用齒輪轉向、機器人行走的迷你自動投籃機器人。

◆ 主題目的

1. 透過創意發想，自行設計桌遊遊戲。
2. 可以解決家長忙於工作，無法帶孩子到戶外打球的籃球機體驗。

◆ 完成圖

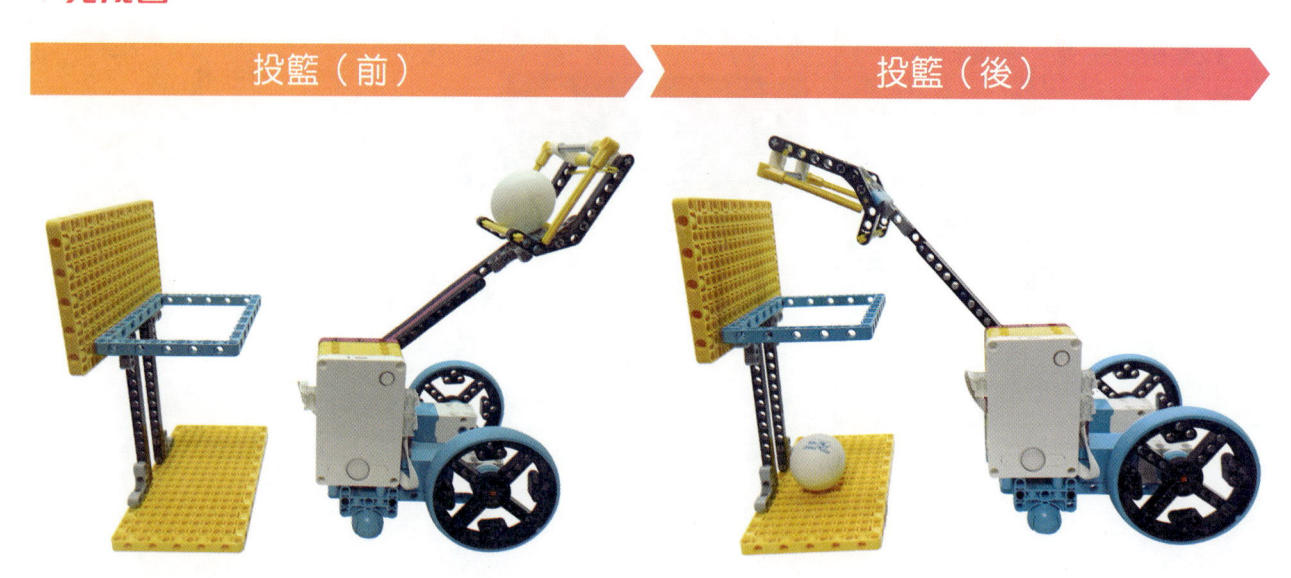

投籃（前）	投籃（後）

◆ 創新性

1. 透過樂高機器套件，來創意組裝自動投籃機器人。
2. 自動投籃機器人可以讓玩家利用橡皮筋來帶動機構，以達投籃的彈力效果。

◆ 應用性

1. 室內互動遊戲。
2. 結合程式設計課程。

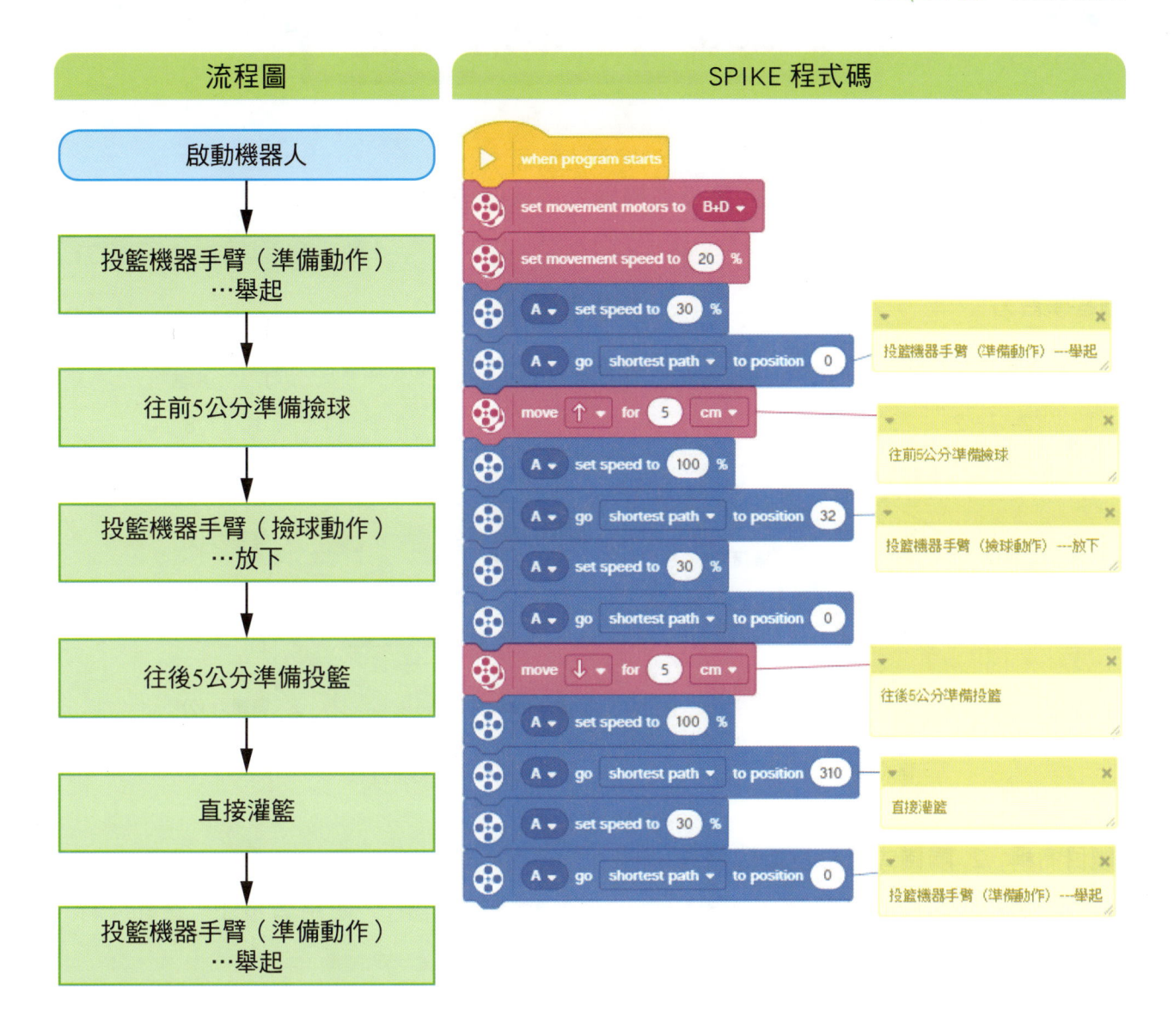

Chapter 08　投籃機器人

流程圖	SPIKE 程式碼
啟動機器人 → 投籃機器手臂（準備動作）…舉起 → 往前5公分準備撿球 → 投籃機器手臂（撿球動作）…放下 → 往後5公分準備投籃 → 直接灌籃 → 投籃機器手臂（準備動作）…舉起	when program starts set movement motors to B+D set movement speed to 20 % A set speed to 30 % A go shortest path to position 0　（投籃機器手臂（準備動作）---舉起） move ↑ for 5 cm　（往前5公分準備撿球） A set speed to 100 % A go shortest path to position 32　（投籃機器手臂（撿球動作）---放下） A set speed to 30 % A go shortest path to position 0 move ↓ for 5 cm　（往後5公分準備投籃） A set speed to 100 % A go shortest path to position 310　（直接灌籃） A set speed to 30 % A go shortest path to position 0　（投籃機器手臂（準備動作）---舉起）

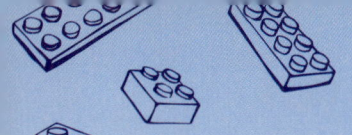

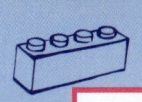

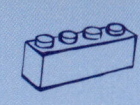

Chapter 08　課後習題

題目名稱 1. 自主投籃機器人

題目說明 承本章的專題實作，讓投籃機器人可以自主投籃二次。

創客題目編號：A038031

創客學習力

外形(專業)	機構	電控	程式	通訊	人工智慧	創客總數
1	2	2	3	0	0	8

綜合素養力

空間力	堅毅力	邏輯力	創新力	整合力	團隊力	素養總數
1	2	2	1	1	1	8

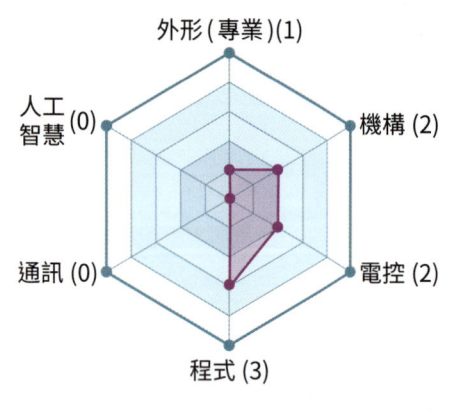

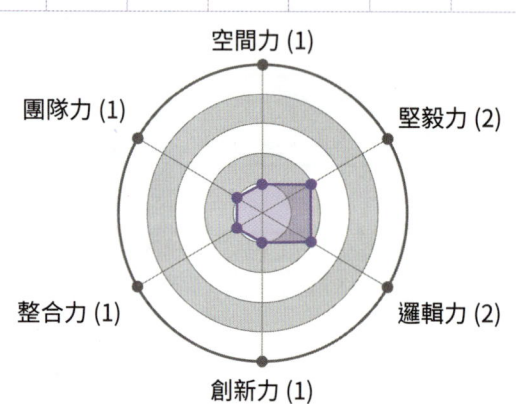

100 mins

題目名稱 2. 觸碰式自主投籃機器人

題目說明 承本章的專題實作，再安裝一個「壓力感應器」，使用者按下「按鈕」時，具有自動投籃的功能。

創客題目編號：A038032

創客學習力

外形(專業)	機構	電控	程式	通訊	人工智慧	創客總數
1	2	3	3	0	0	9

綜合素養力

空間力	堅毅力	邏輯力	創新力	整合力	團隊力	素養總數
1	2	3	1	1	1	9

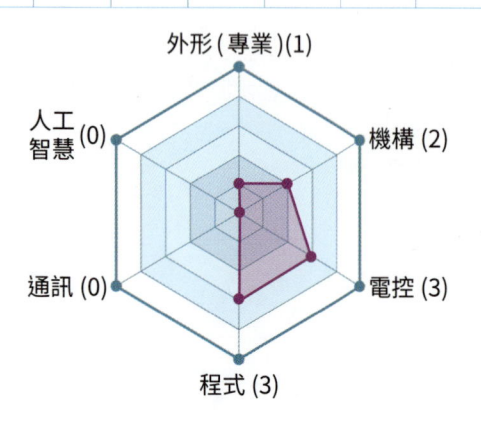

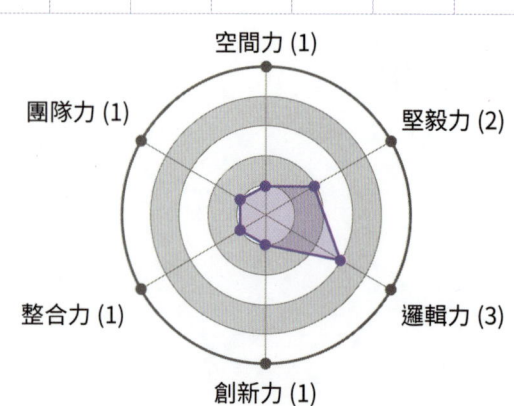

120 mins

150

Chapter 09 | F1 賽車

▍本章學習目標

1. 讓讀者瞭解組裝樂高 F1 賽車及瞭解如何透過 F1 賽車來進行活動。
2. 讓讀者瞭解如何利用 SPIKE 程式來撰寫樂高 F1 賽車程式。

▍本章內容

9-1 F1 賽車

9-2 SPIKE F1 賽車組裝

9-3 撰寫「SPIKE F1 賽車」之指引程式

9-4 專題實作:樂高 F1 賽車

9-1 | F1 賽車

　　其實讀者利用樂高機器人來設計創意作品，有一項非常重要的任務就是試圖設計出具有「創意性、應用性或娛樂性」的作品。但是，如果只使用SPIKE基本車的機構，卻沒有此功能。因此，在SPIKE教育組還必須要再搭配「擴充組」，就可以設計出更具有創意的作品。

[主題] 設計「F1 賽車」。

[目的] 設計出具有「創意性及娛樂性」作品。

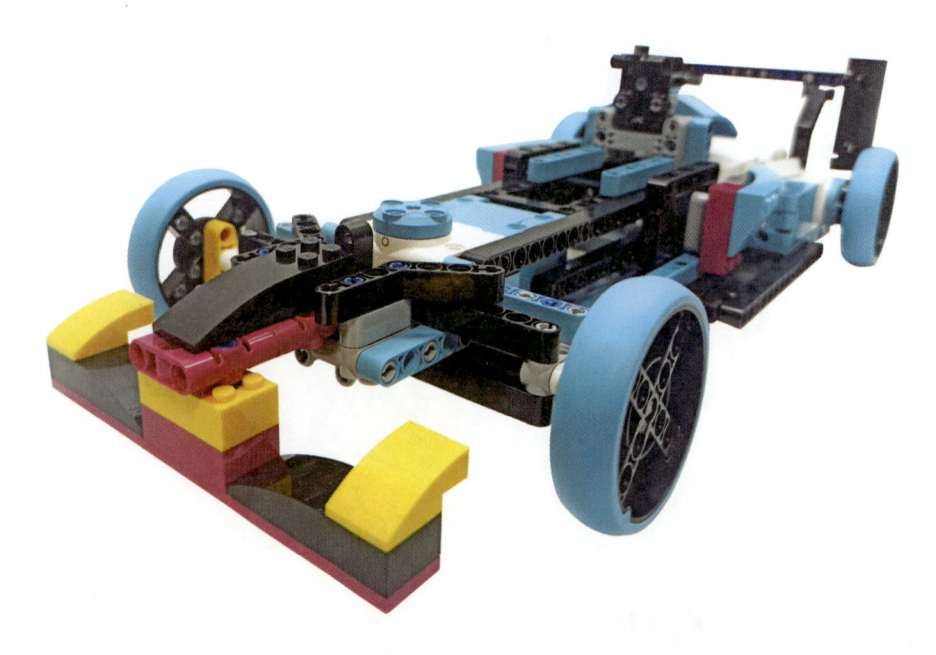

◆ 設計的三部曲

1. 創意組裝 → **2. 寫程式** → **3. 測試**

依照指定「功能及造型」來結合「感應器及相關配件」與「主機」。

依照指定任務來撰寫處理序的動作與順序（程式）。

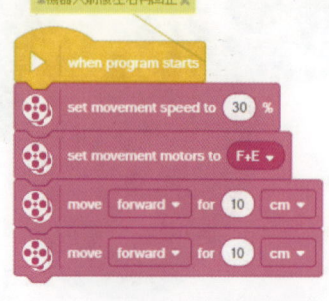

利用 SPIKE 拼圖程式：將程式上傳到「主機」內，並依照指定功能先進行測試。

◆ 流程圖

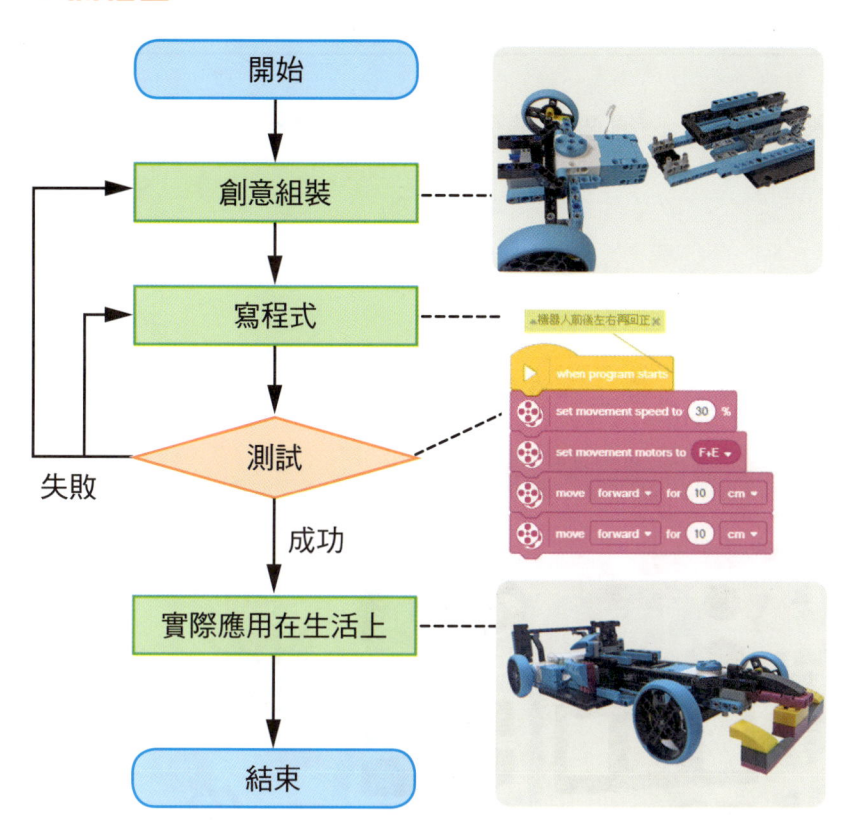

```
開始
  ↓
創意組裝 ←──┐
  ↓         │
寫程式 ←──┐ │
  ↓       │ │
 測試 ──失敗┘─┘
  ↓ 成功
實際應用在生活上
  ↓
結束
```

說明：從左邊的流程圖中，我們可以清楚瞭解「設計機器人程式」必須要經過的三大步驟，並且在進行第三步驟時，如果無法測試成功，除了要修改程式之外，也要檢查組裝是否正確，並且要反覆地進行測試，直到完全成功為止。最後，就可以將創作的智能裝置，應用在我們日常生活中。

9-2 | SPIKE F1 賽車組裝

想要製作一台「SPIKE F1 賽車」時，必須要先準備相關的「主機、馬達、感應器及相關的零件材料」。

9-2.1 零件清單

基本上，要製作一台「SPIKE F1 賽車」時，零件清單如下圖所示：

零件清單

1	主機 ×1	2	中型馬達 ×2	3	大型馬達 ×1	4	輪子 ×4
5	大型方型框 ×1	6	厚片底板 ×2	7	2×16 薄片 ×1	8	圓孔連接器 ×2
9	側板（左、中、右）×1	10	小型方型框 ×3	11	馬型連接器 ×8	12	H 型連接器 ×20
13	15M 橫桿 ×11	14	13M 橫桿 ×8	15	11M 橫桿 ×1	16	9M 橫桿 ×2
17	7M 橫桿 ×4	18	5M 橫桿 ×1	19	3M 橫桿 ×2	20	J 型橫桿 ×2
21	4×4 橫桿 ×2	22	3×5 橫桿 ×8	23	I 型連接器 ×6	24	十字板連接器 ×5
25	2×4 基本磚 ×4	26	小側板 ×2	27	斜側板 ×3	28	T 型連接器 ×4
29	黑色 3×3T 型連接器 ×1	30	黃色 3×3T 型連接器 ×2	31	5M 單邊固定十字軸 ×2	32	藍色短插銷 ×4
33	米色短插銷 ×1	34	藍色長插銷 ×24	35	黑色短插銷 ×97	36	5M 十字軸 ×2
37	3M 十字軸 ×3	38	2M 十字軸 ×2	39	2 孔弧型側板 ×2	40	接連器 ×1
41	套環 ×2	42	小插銷 ×2				

9-2.2 組裝指引

在準備好「SPIKE F1 賽車」所需要的「主機、感應器、鋁合金構件及相關的材料」之後，接下來，請各位讀者依照以下的步驟即可完成組裝：

步驟 1

步驟 2

步驟 3

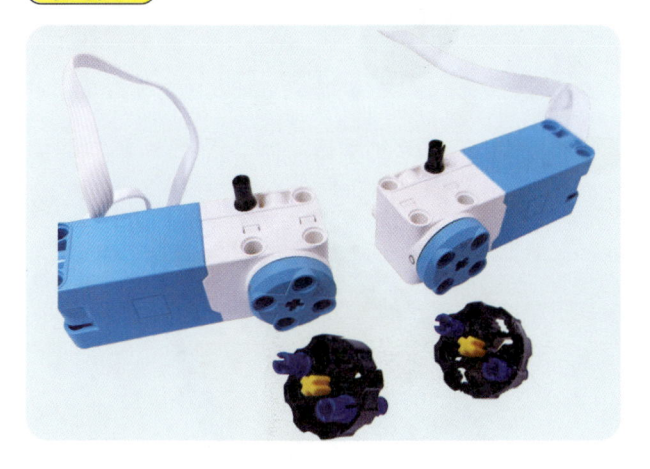

步驟 4

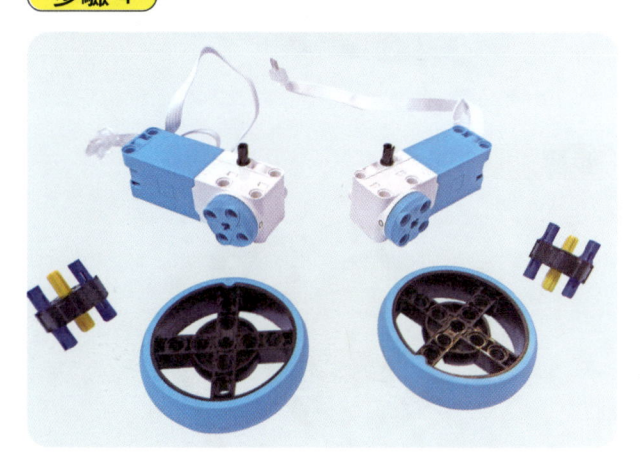

步驟 5

步驟 6

步驟 7

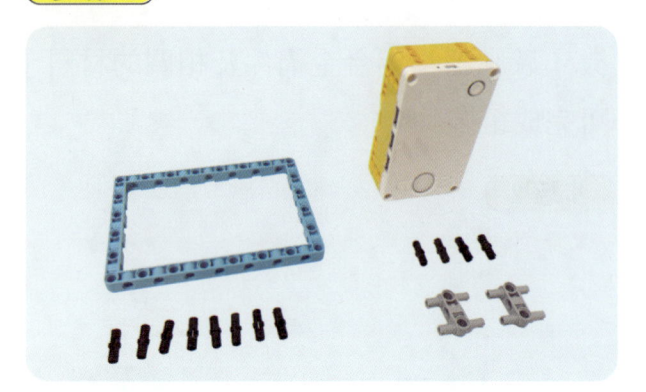

步驟 8

步驟 9

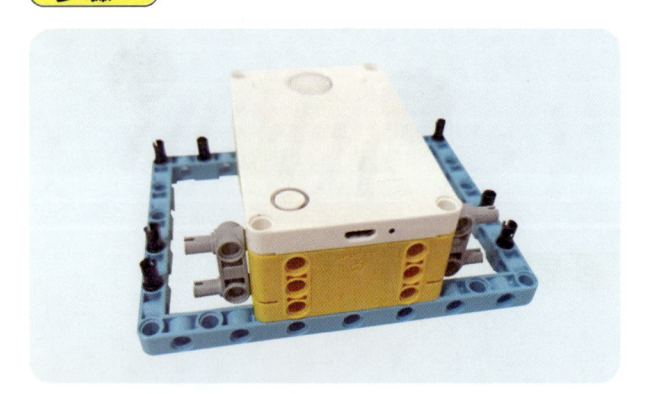

步驟 10

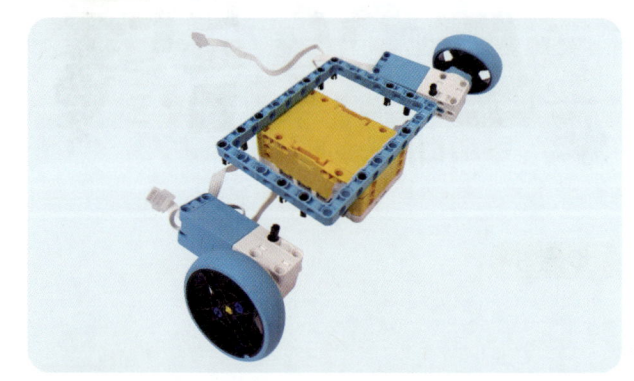

步驟 11

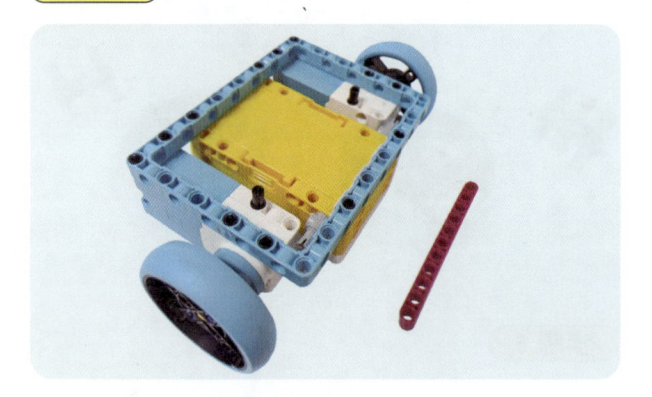

步驟 12

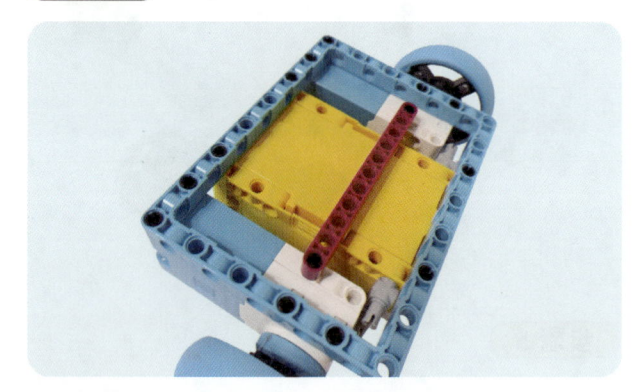

步驟 13

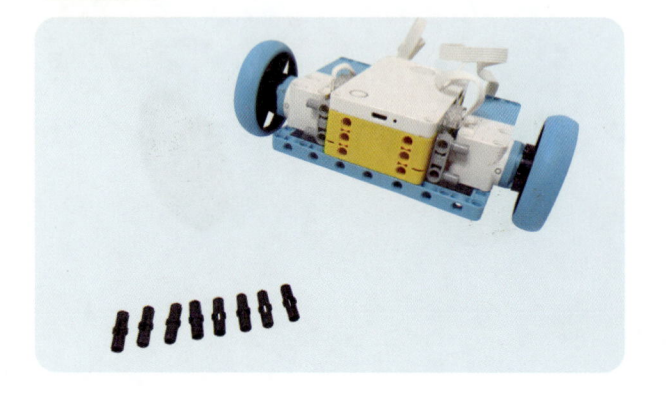

步驟 14

Chapter 09　F1 賽車

步驟 15

步驟 16

步驟 17

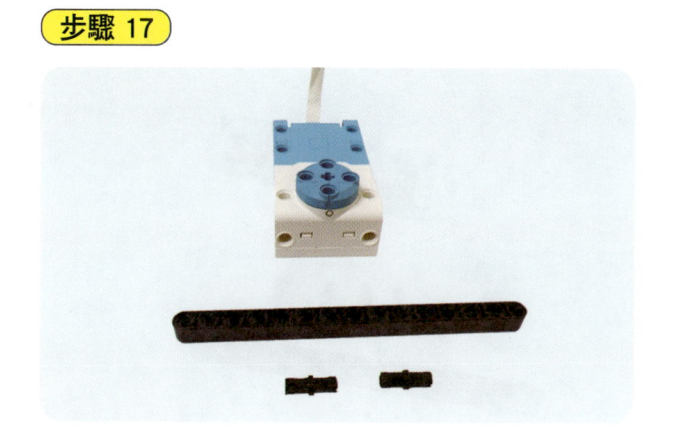

步驟 18

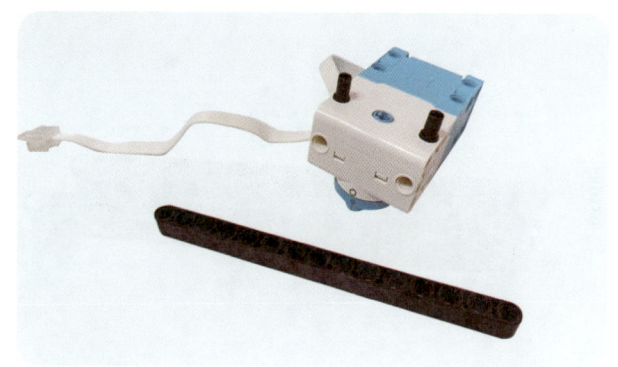

步驟 19

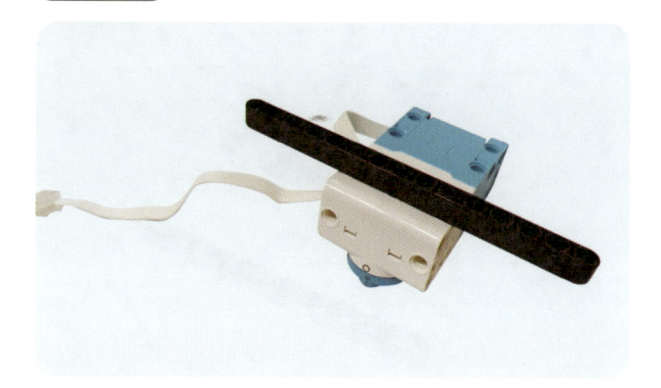

步驟 20

41

步驟 21

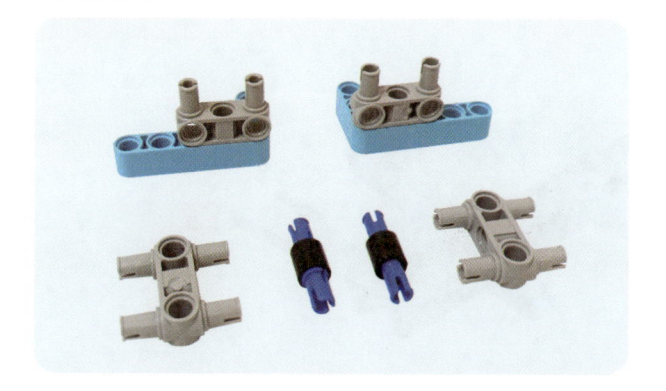

步驟 22

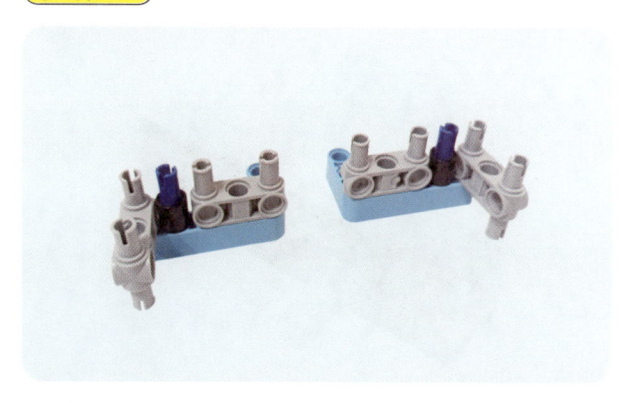

157

樂高 SPIKE 機器人創意專題實作

步驟 23

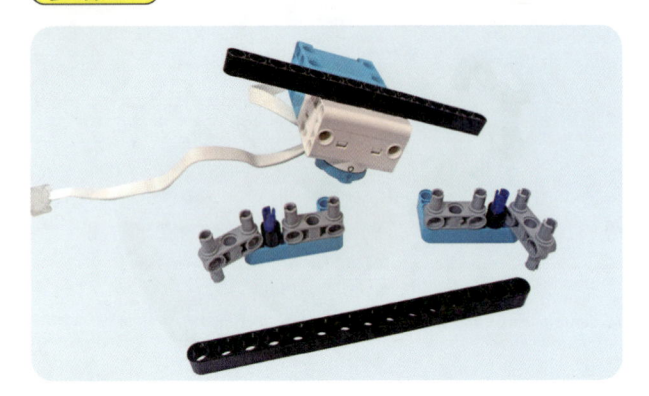

步驟 24

步驟 25

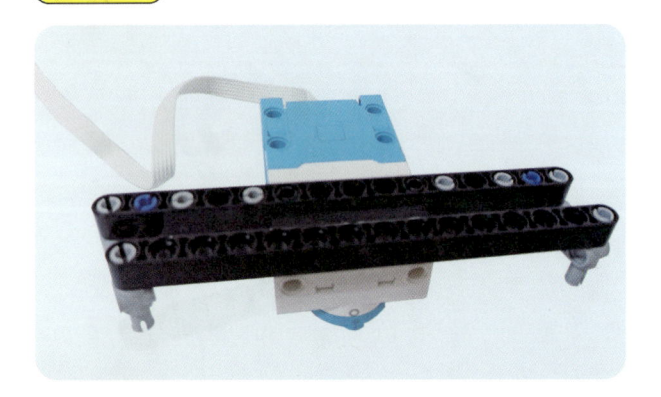

步驟 26

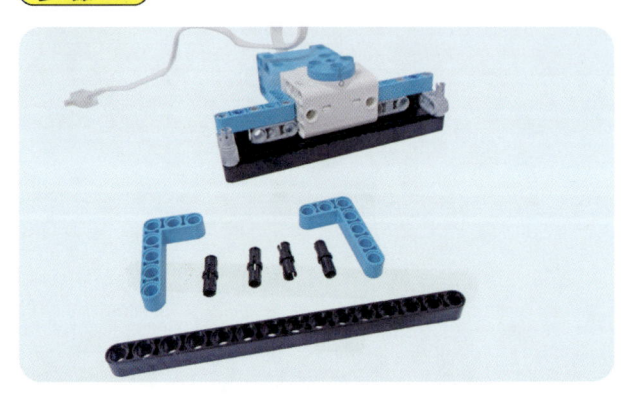

步驟 27

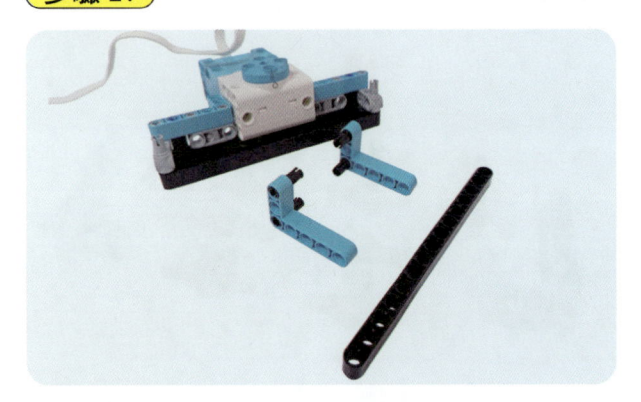

步驟 28

步驟 29

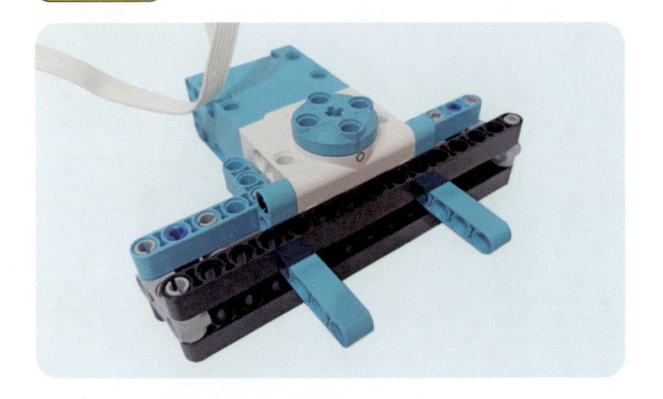

步驟 30

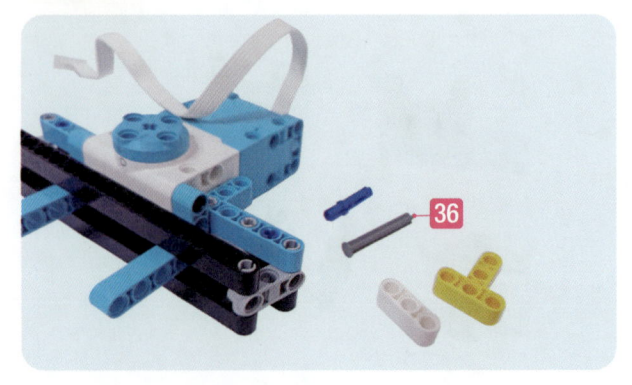

36

158

Chapter 09　F1 賽車

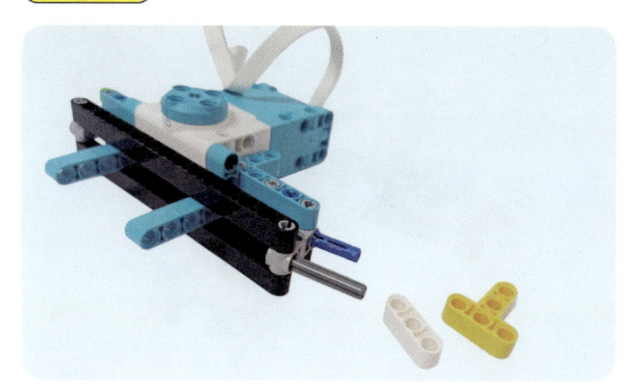

步驟 31

步驟 32

步驟 33

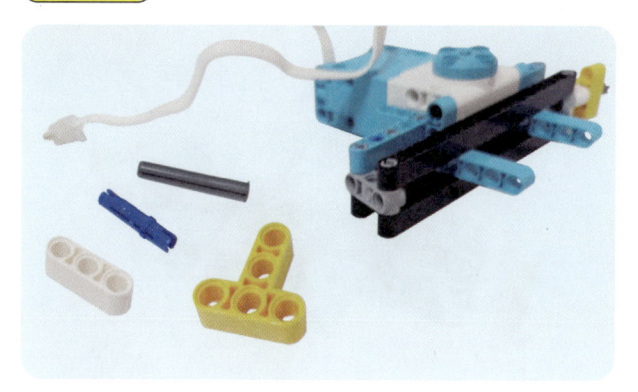

步驟 34

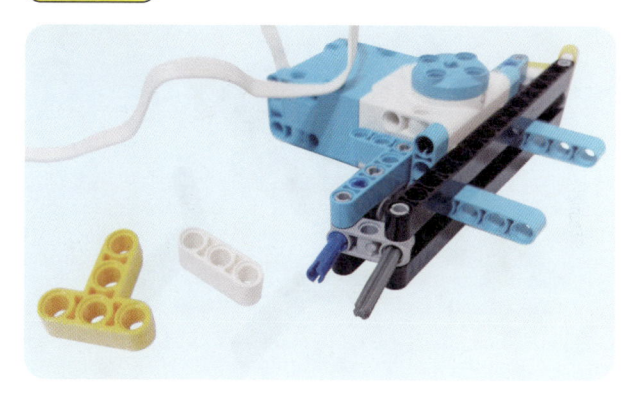

步驟 35

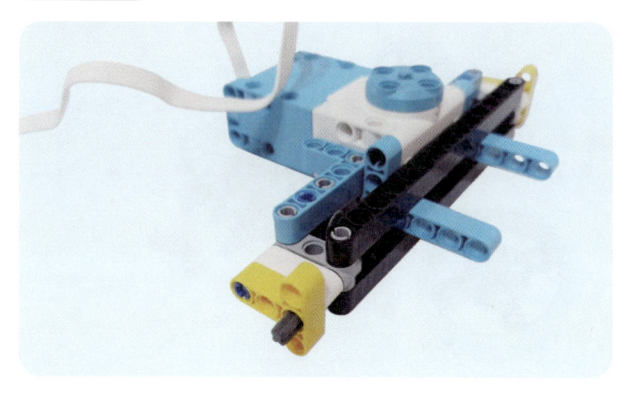

步驟 36

步驟 37

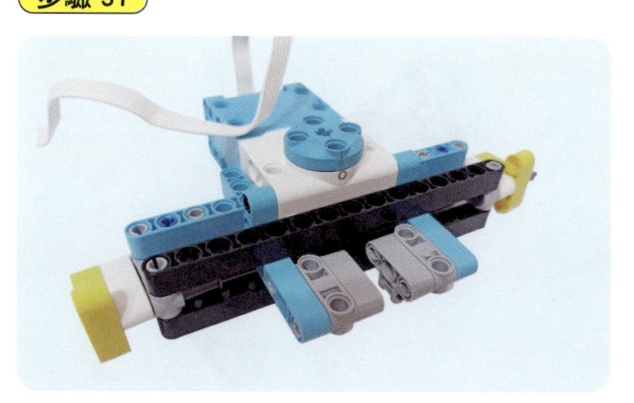

步驟 38

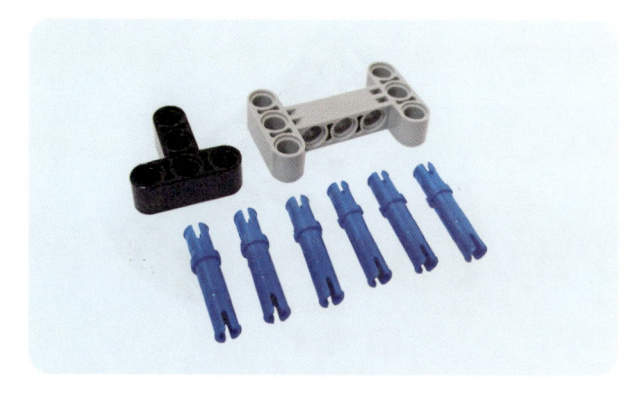

159

樂高 SPIKE 機器人創意專題實作

步驟 39

步驟 40

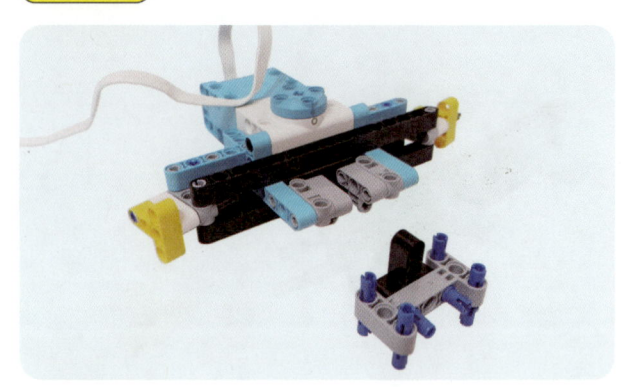

步驟 41

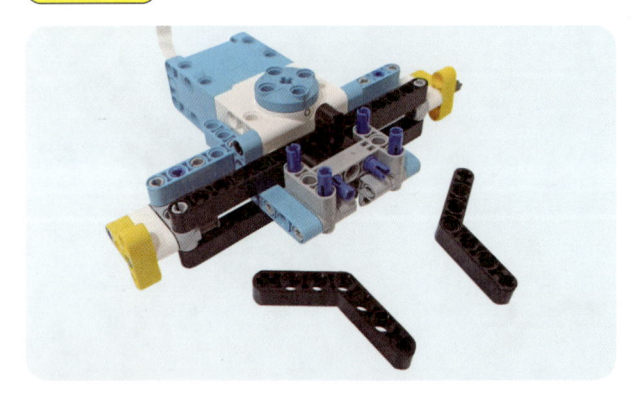

步驟 42

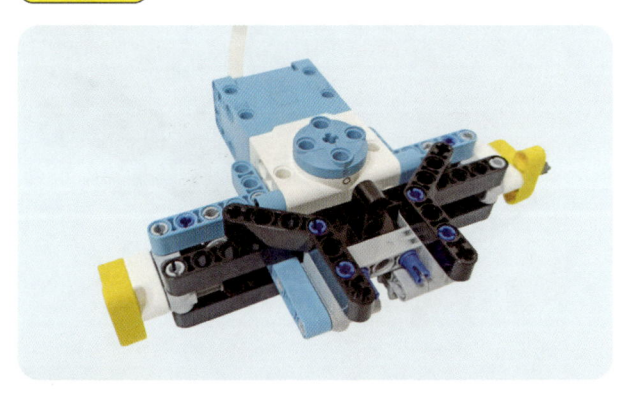

步驟 43

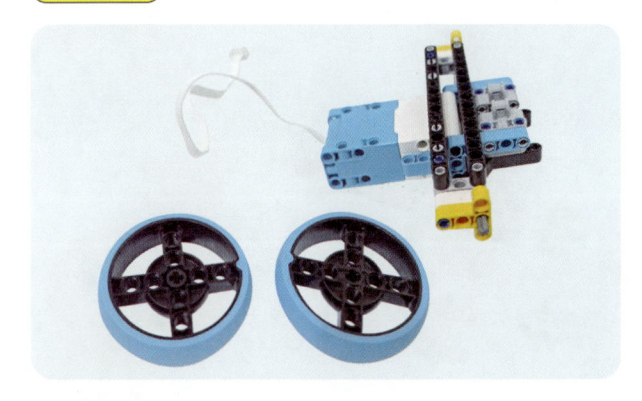

步驟 44

步驟 45

步驟 46

40

160

Chapter 09　F1 賽車

步驟 47

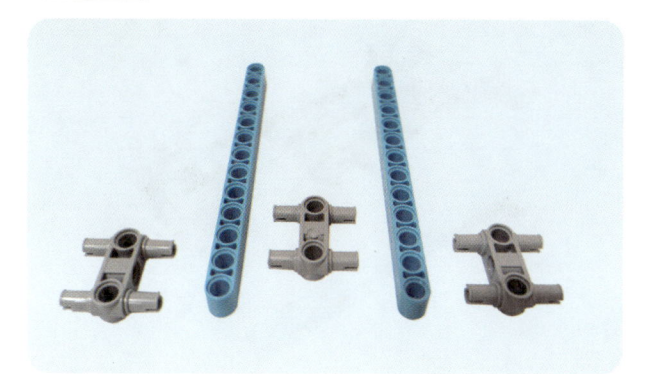

步驟 48

步驟 49

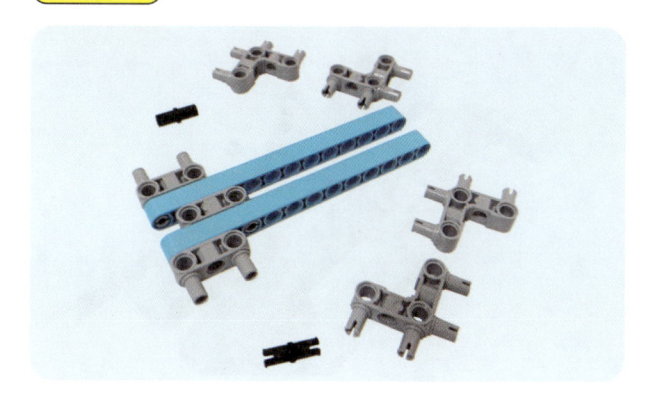

步驟 50

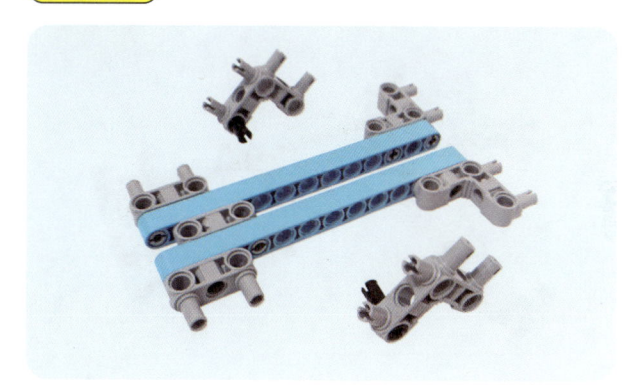

步驟 51

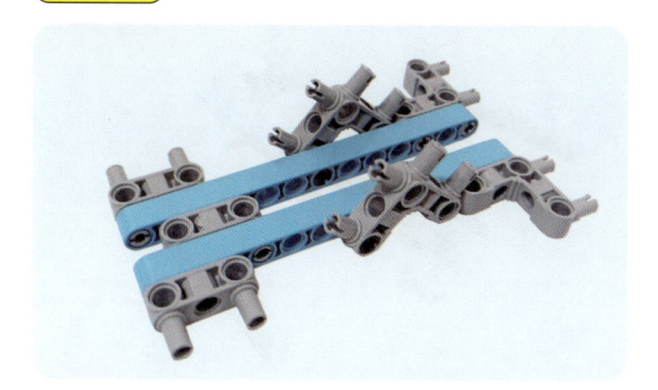

步驟 52

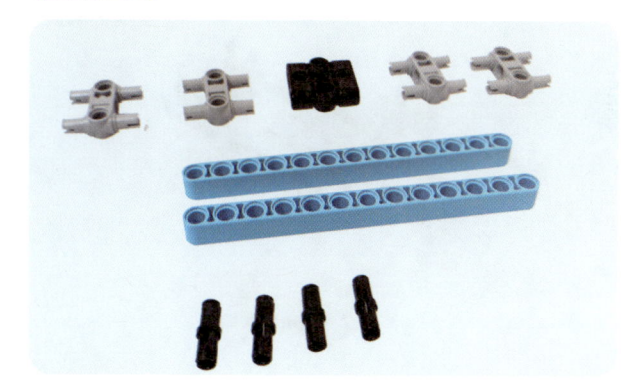

步驟 53

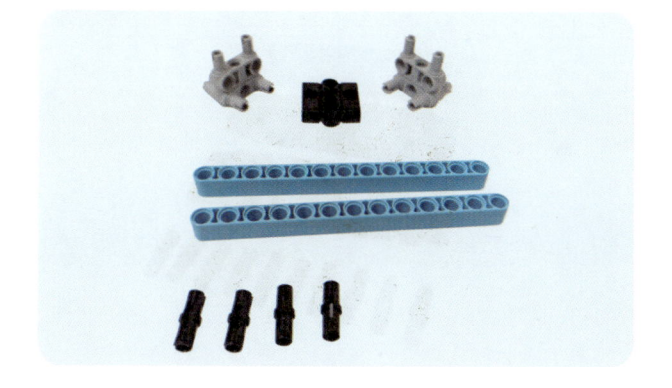

步驟 54

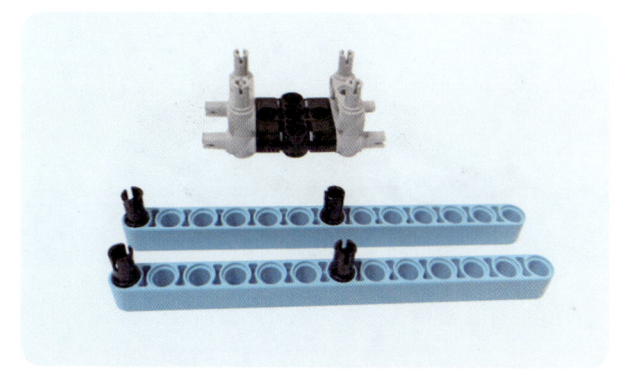

161

步驟 55

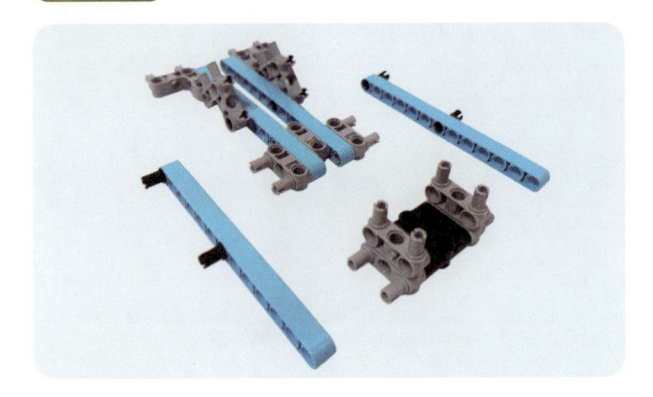

步驟 56

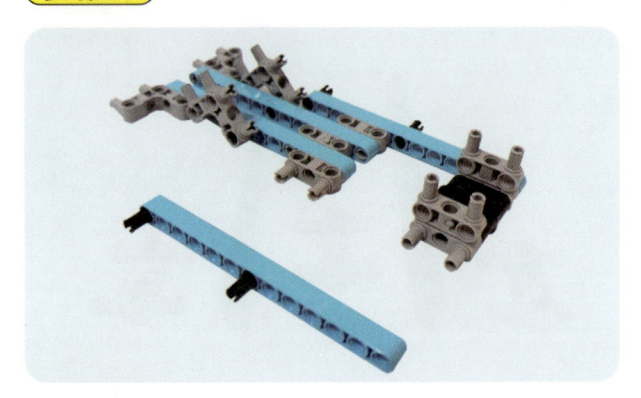

步驟 57

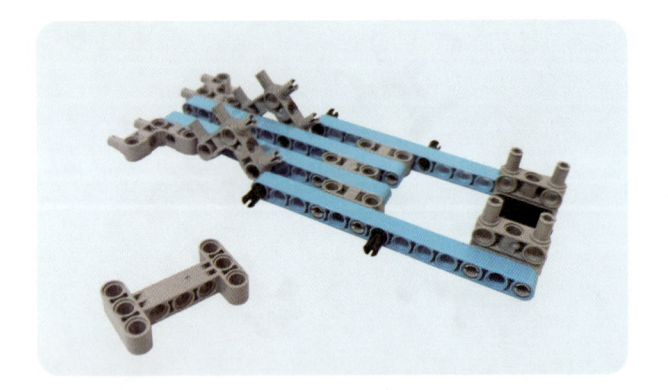

步驟 58

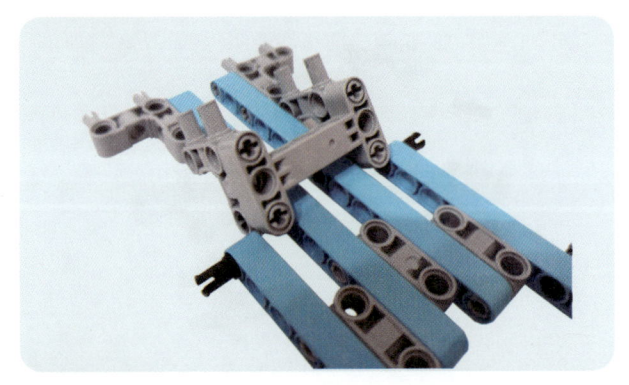

步驟 59

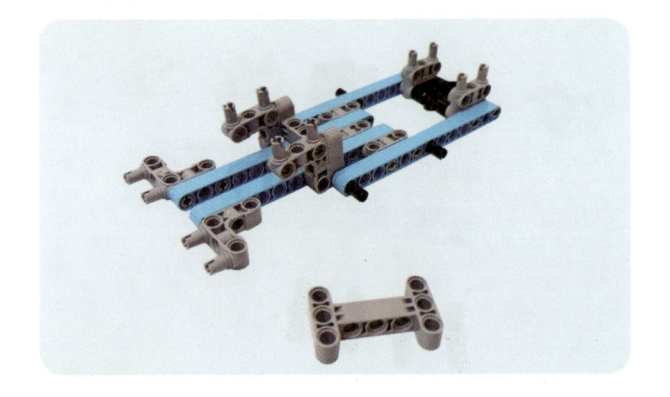

步驟 60

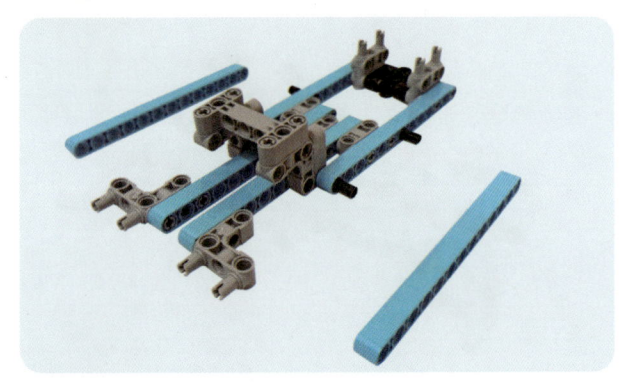

步驟 61

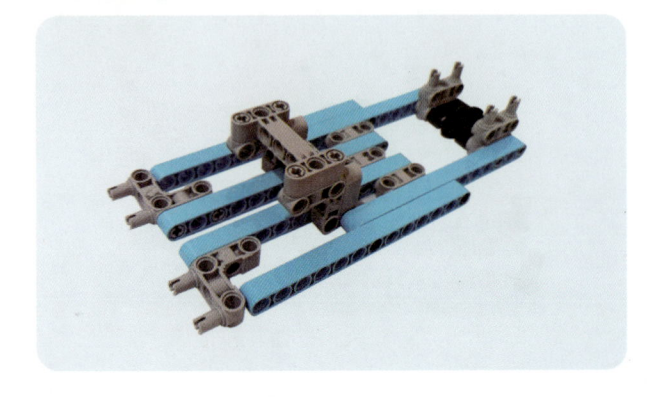

步驟 62

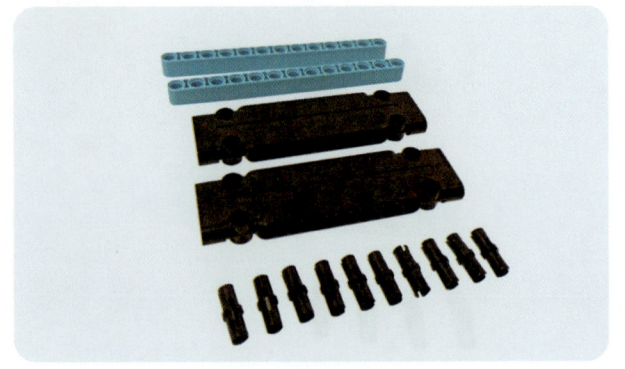

Chapter 09　F1 賽車

步驟 63

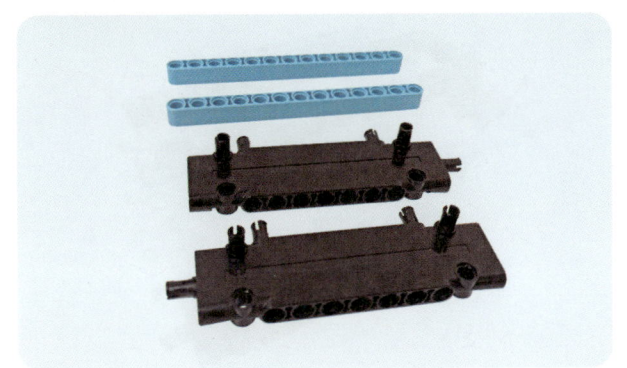

步驟 64

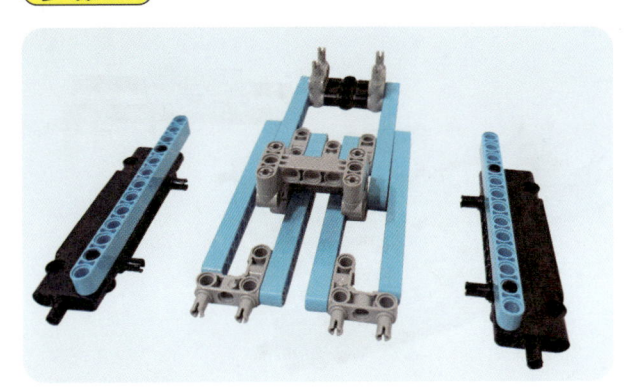

步驟 65

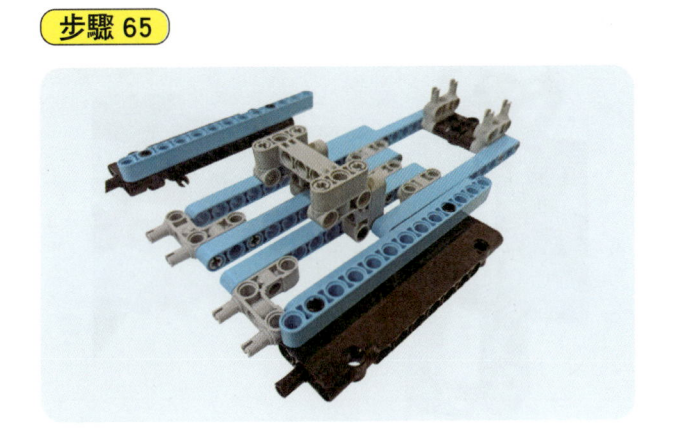

步驟 66

步驟 67

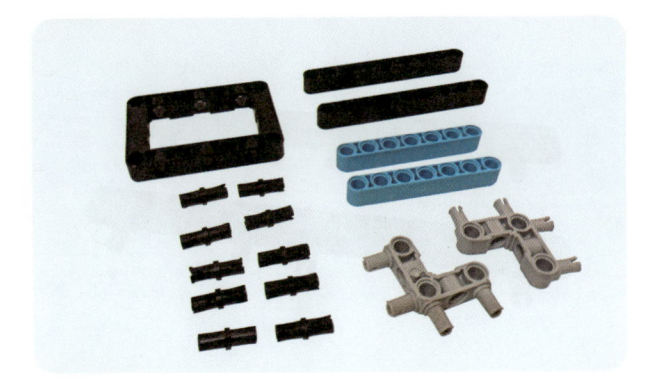

步驟 68

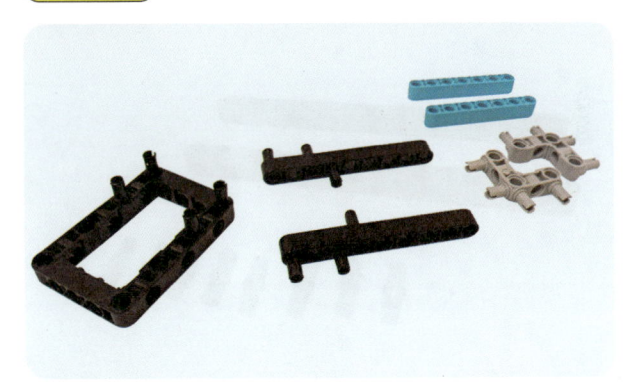

步驟 69

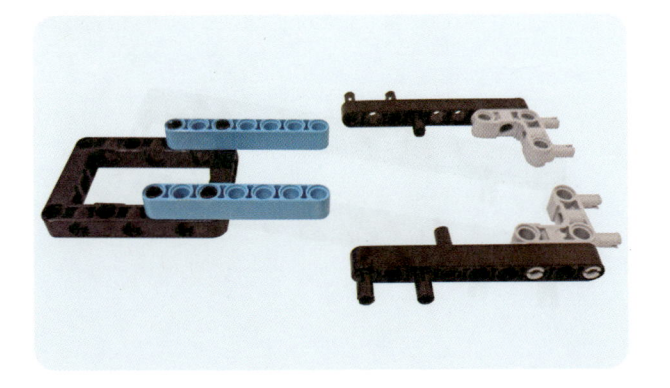

步驟 70

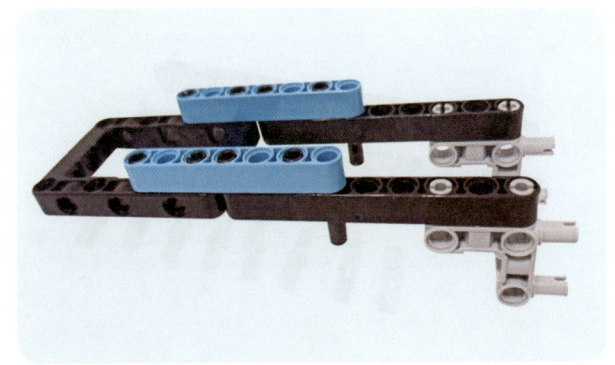

163

樂高 SPIKE 機器人創意專題實作

步驟 71

步驟 72

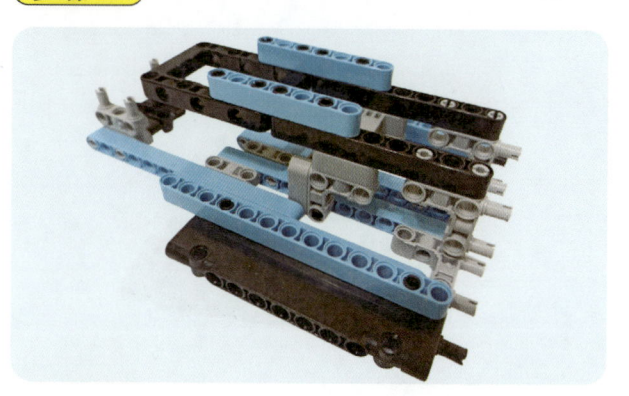

步驟 73

步驟 74

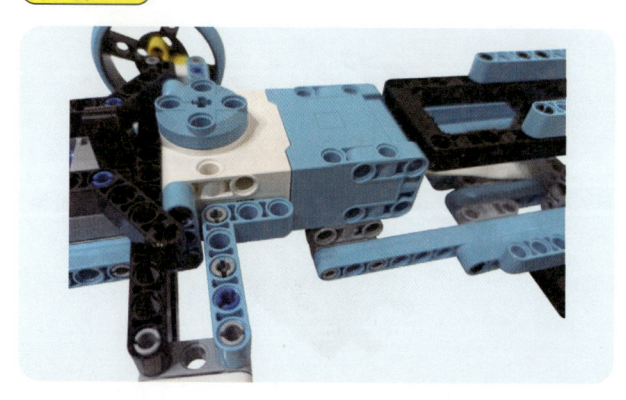

步驟 75

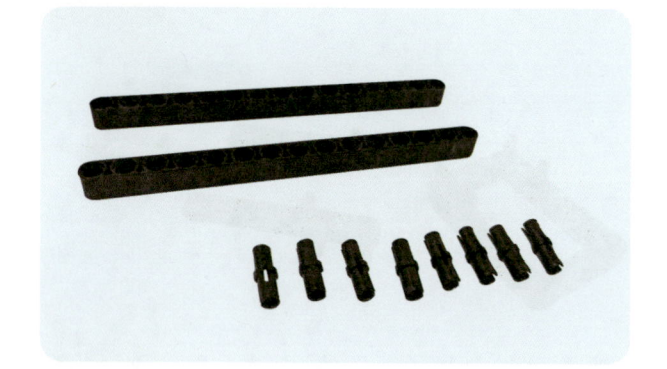

步驟 76

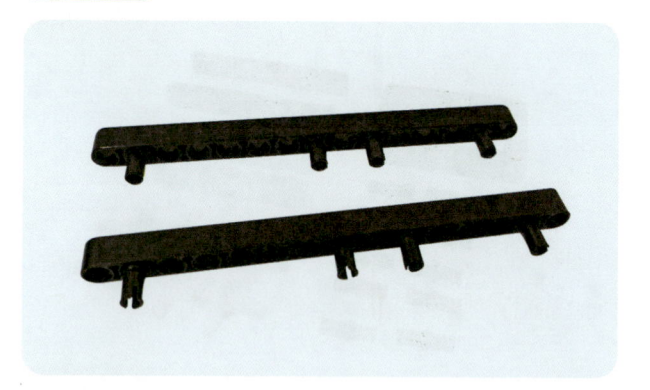

步驟 77

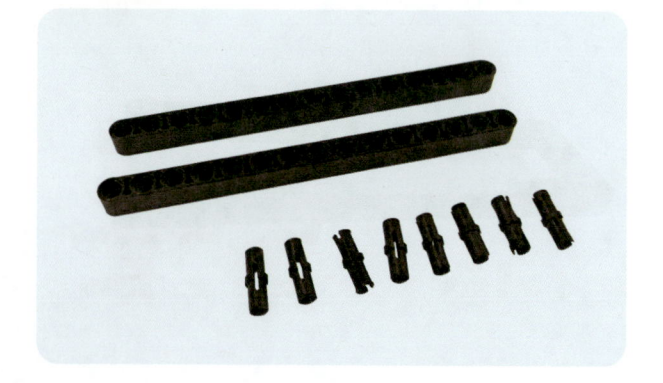

步驟 78

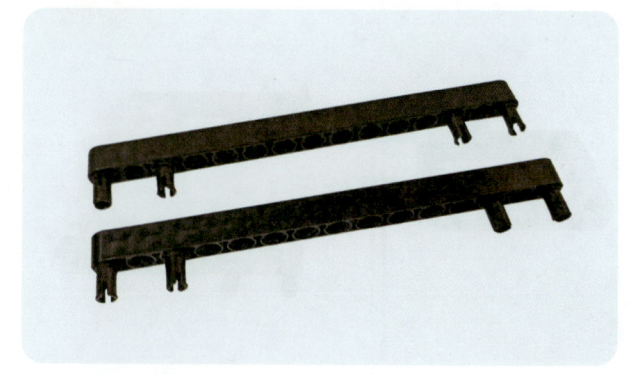

Chapter 09　F1 賽車

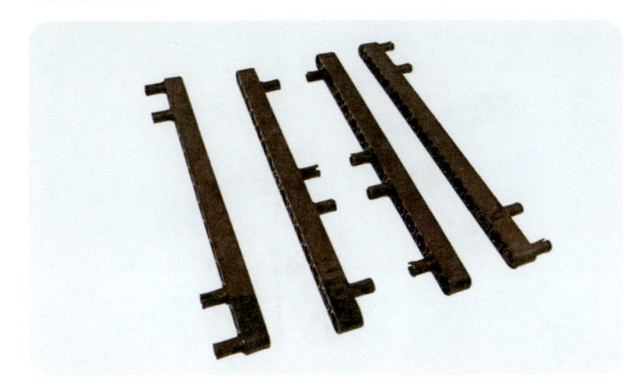

步驟 79

步驟 80

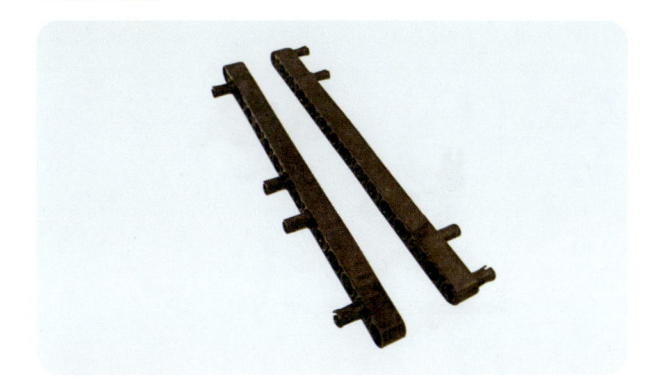

步驟 81

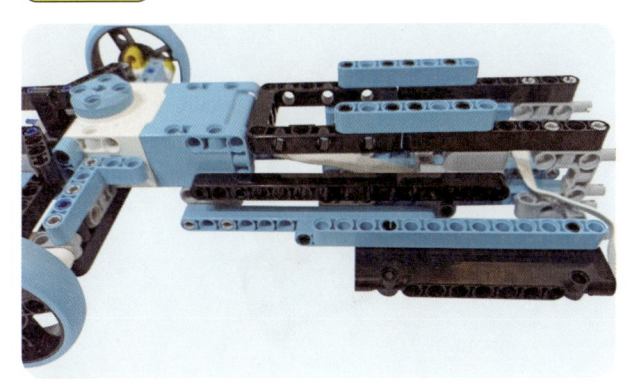

步驟 82

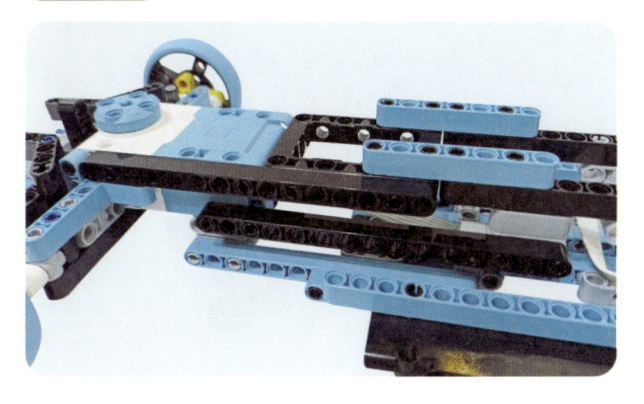

步驟 83

步驟 84

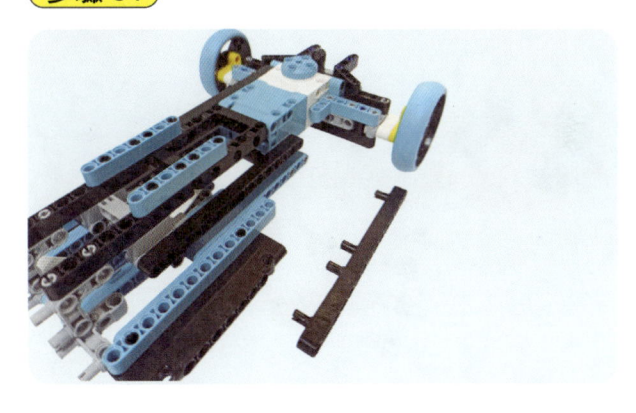

步驟 85

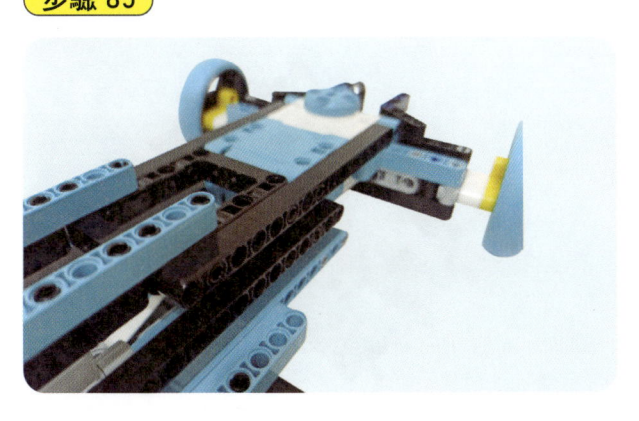

步驟 86

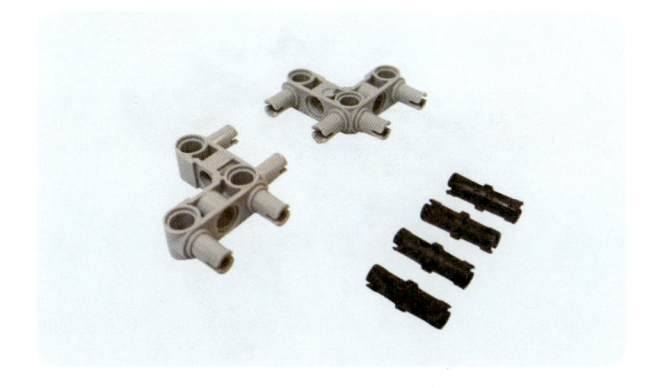

165

樂高 SPIKE 機器人創意專題實作

步驟 87

步驟 88

步驟 89

步驟 90

步驟 91

步驟 92

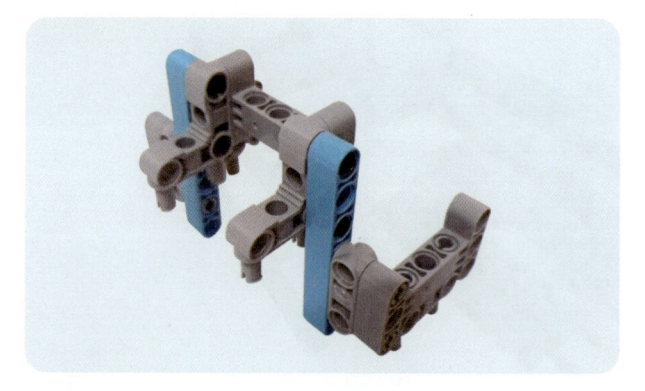

步驟 93

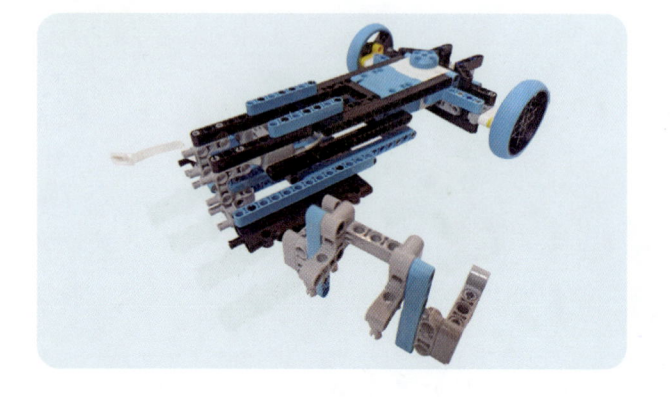

步驟 94

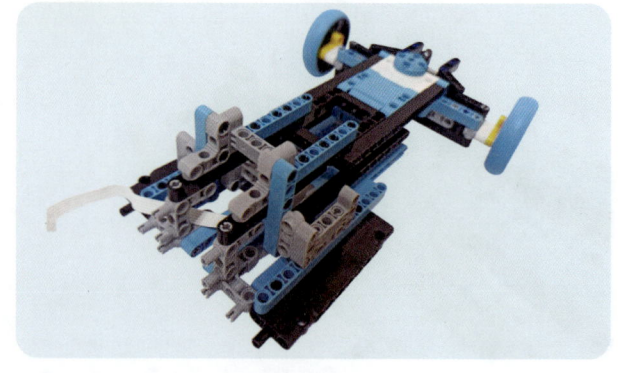

166

Chapter 09　F1 賽車

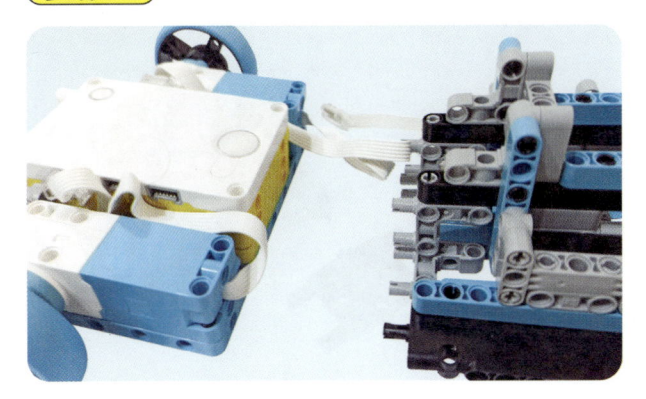

步驟 95

步驟 96

步驟 97

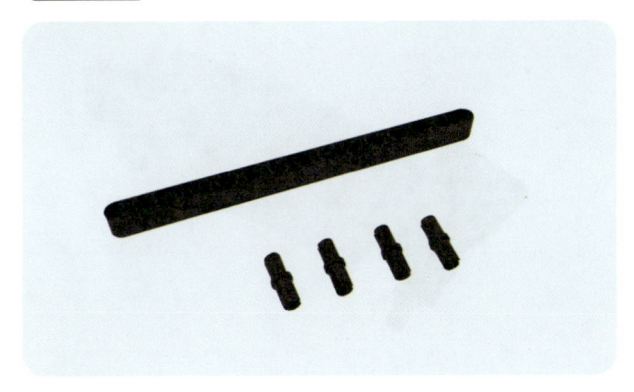

步驟 98

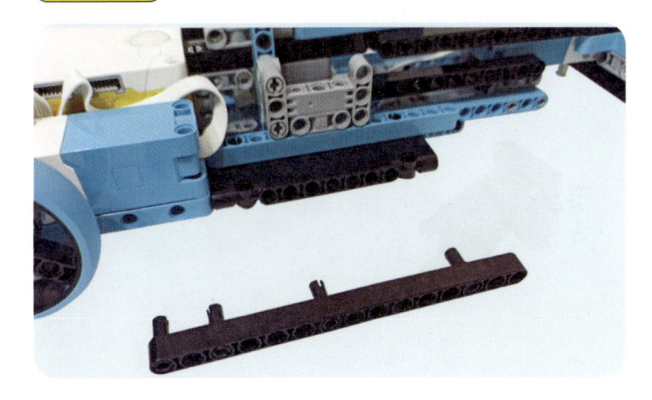

步驟 99

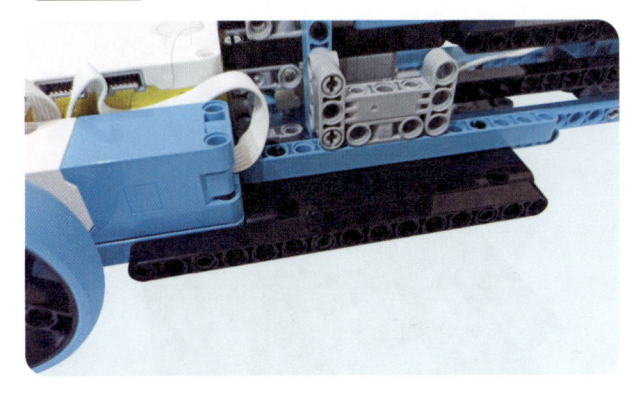

步驟 100

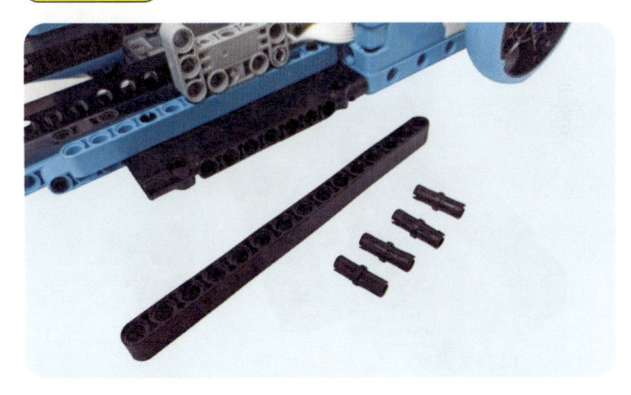

步驟 101

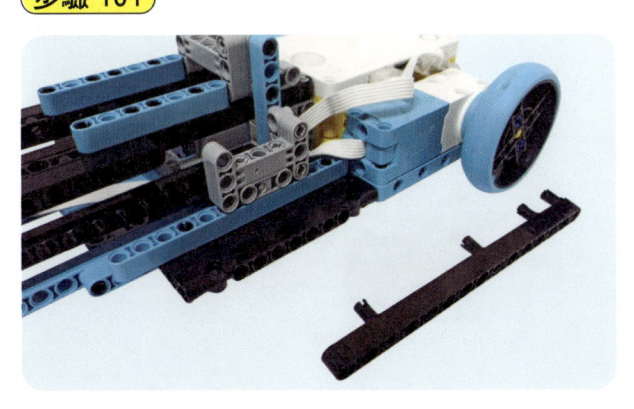

步驟 102

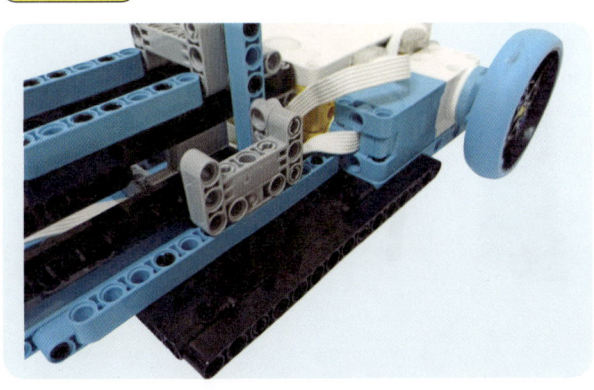

167

步驟 103

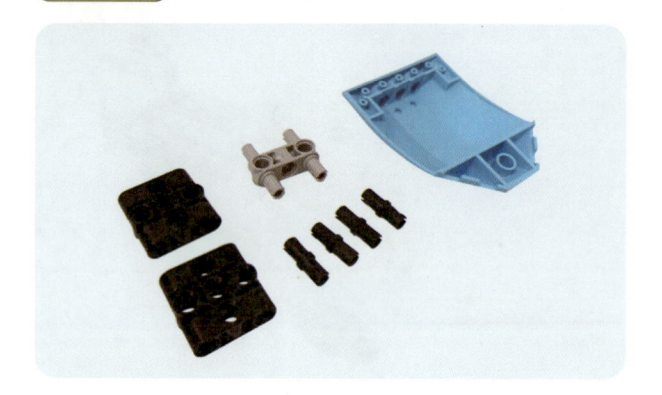

步驟 104

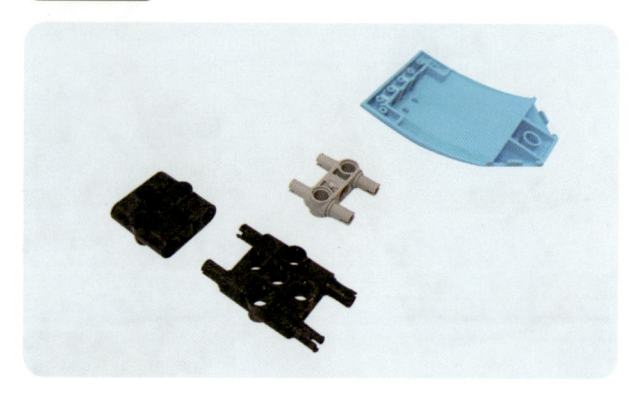

步驟 105

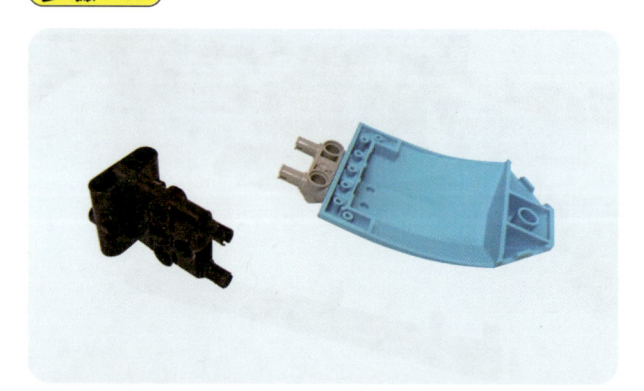

步驟 106

步驟 107

步驟 108

步驟 109

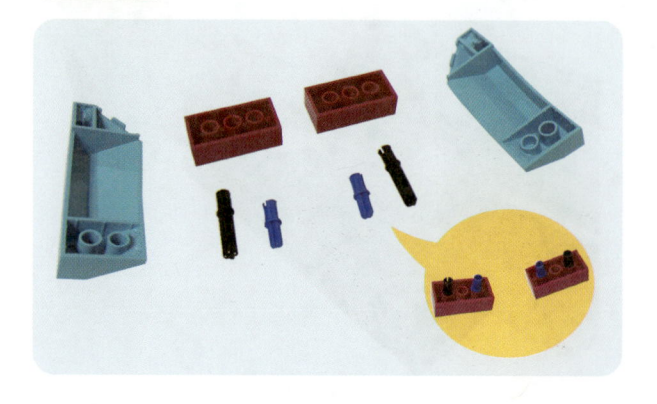

步驟 110

Chapter 09　F1 賽車

步驟 111

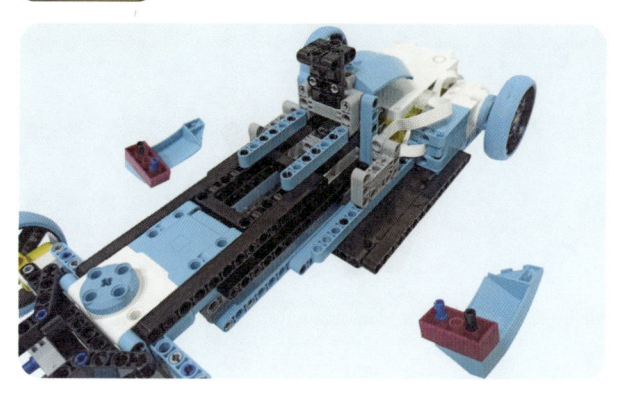

步驟 112

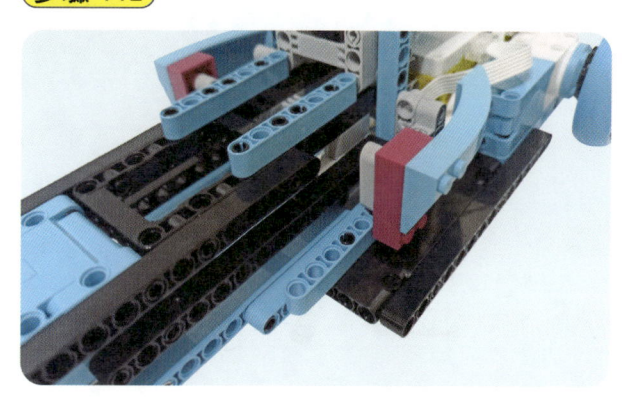

步驟 113

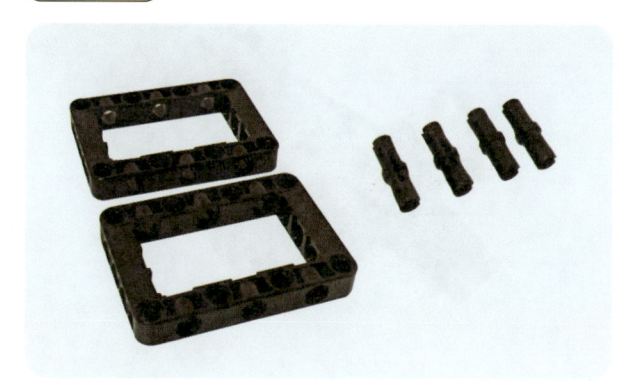

步驟 114

步驟 115

步驟 116

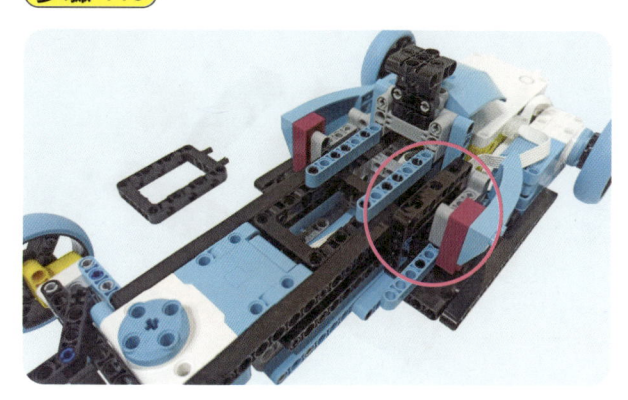

步驟 117

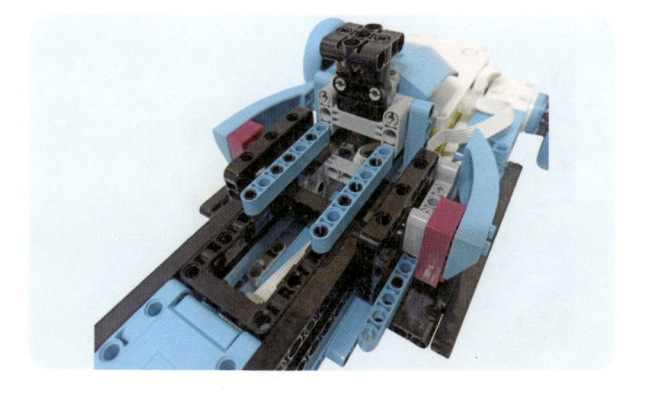

步驟 118

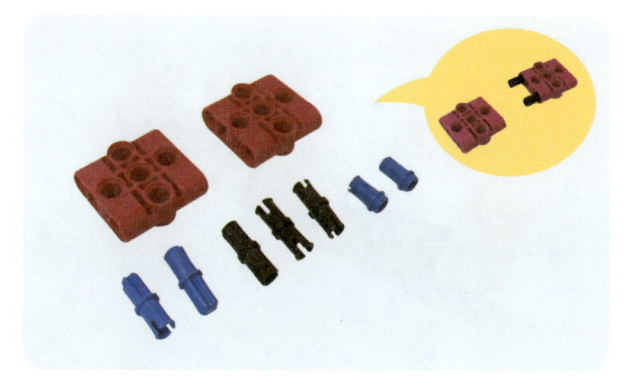

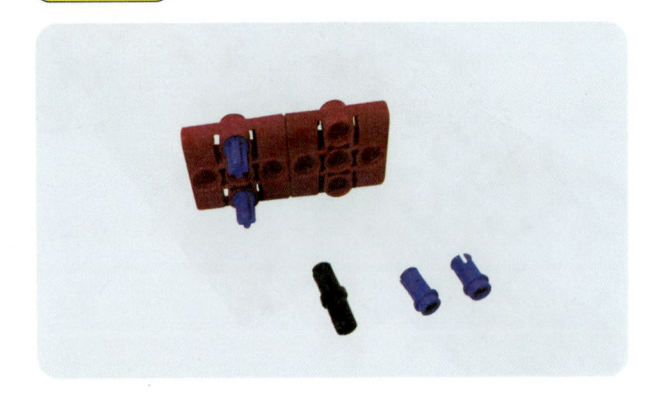

樂高 SPIKE 機器人創意專題實作

步驟 119

步驟 120

步驟 121

步驟 122

步驟 123

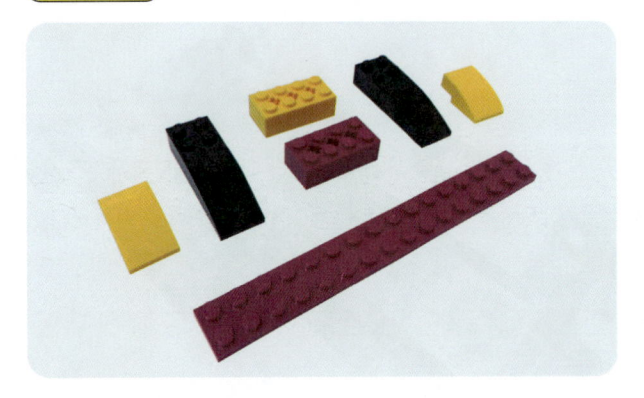

步驟 124

步驟 125

步驟 126

170

Chapter 09　F1 賽車

步驟 127

步驟 128

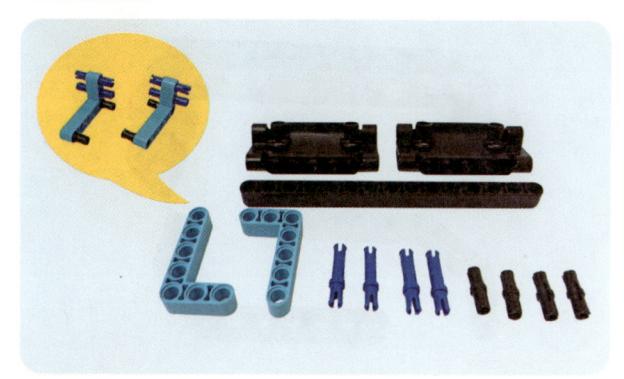

步驟 129

步驟 130

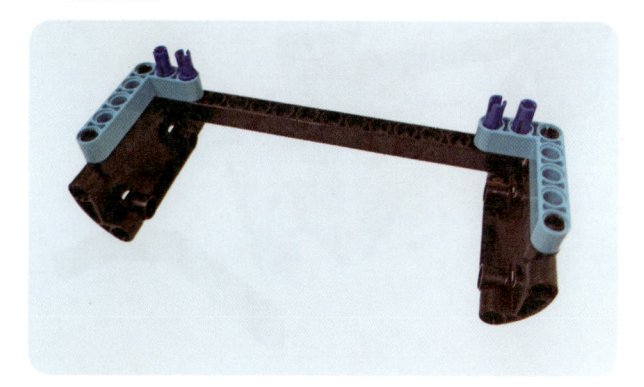

步驟 131

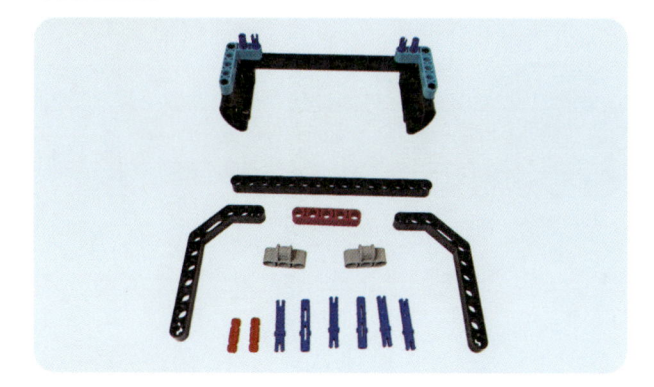

步驟 132

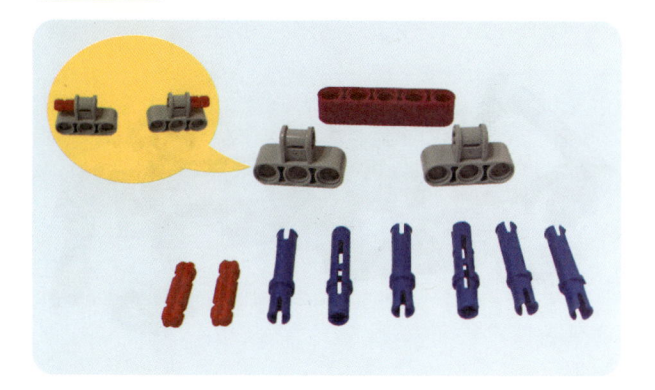

步驟 133

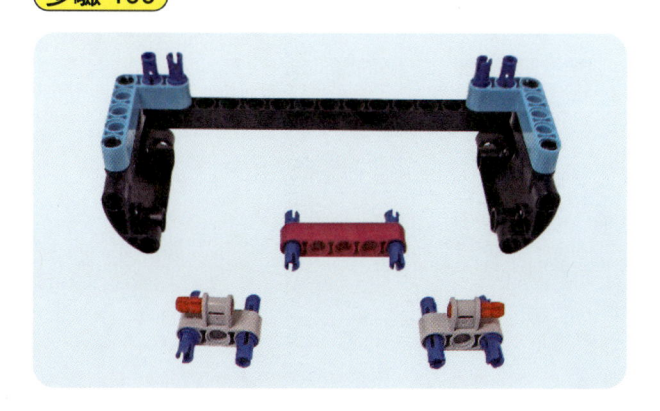

步驟 134

171

步驟 135

步驟 136

步驟 137

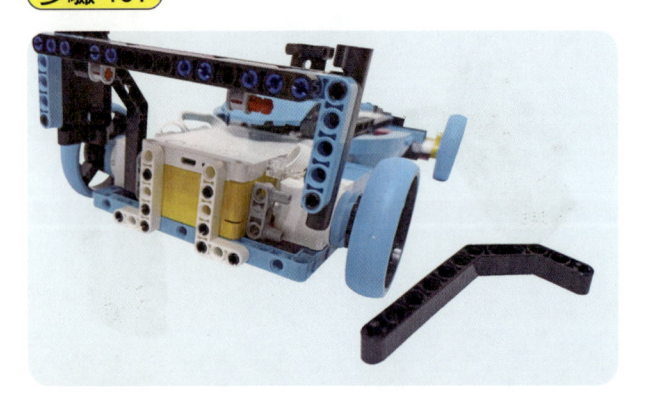

步驟 138

完成圖

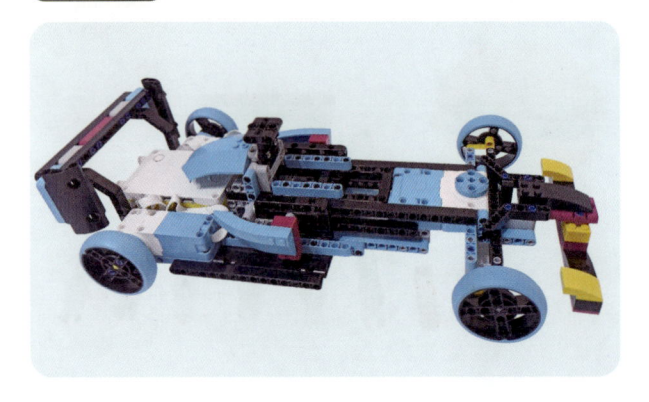

9-3 撰寫「SPIKE F1 賽車」之指引程式

由於設計「F1 賽車」程式，必須要先學會伺服馬達的控制方法：

一 大型伺服馬達的「角度控制」模式

1. 方向盤往左。 2. 方向盤往右。

二 中型伺服馬達的「3 種控制」模式

1. 圈數。 2. 角度。 3. 秒數。

電控元件 大型伺服馬達

說明
1. 設計機器手臂之用（例如：堆高機、夾娃娃機）。
2. 設計方向盤轉向之用（例如：車子的轉向器）。
3. 設計仿生機器人（例如：嘴巴張開）。
4. 設計停車場（例如：閘門開關）。
5. 設計智慧型垃圾筒（例如：蓋子自動開關）。

主題 ① F1 賽車方向盤回正，前後行駛及左轉測試。

流程圖	SPIKE 程式碼
啟動機器人 → 方向盤回正 → 前進15公分 → 後退15公分 → 左轉 → 前進15公分	when program starts set movement motors to A+B set movement speed to 50 % F set speed to 50 % F go shortest path to position 0 ……方向盤回正 wait 0.25 seconds move ↓ for 15 cm ……前進15公分 move ↑ for 15 cm ……後退15公分 F go counterclockwise to position 20 ……左轉 move ↓ for 15 cm

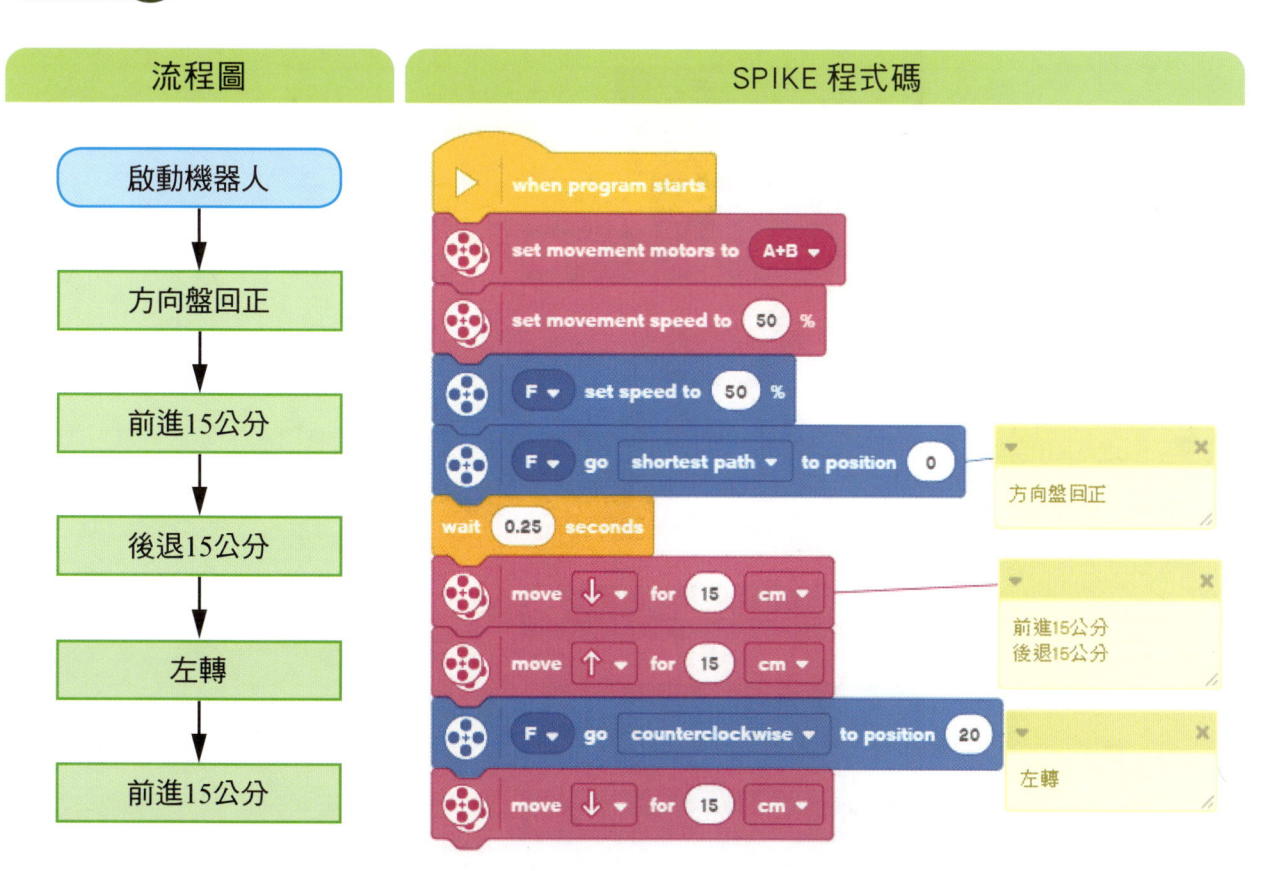

樂高 SPIKE 機器人創意專題實作

主題 ❷ F1 賽車方向盤回正，前後行駛及左轉測試，最後再回正。

流程圖

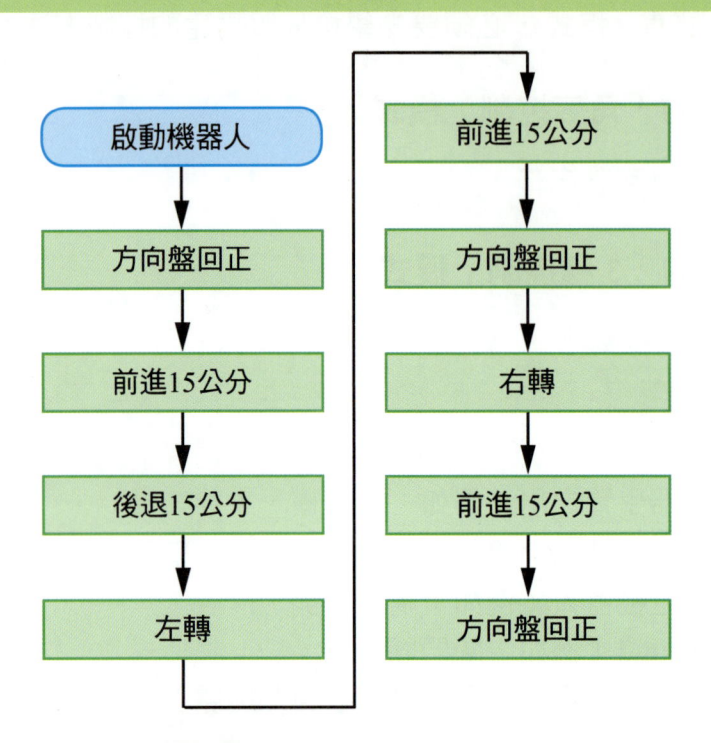

啟動機器人 → 方向盤回正 → 前進15公分 → 後退15公分 → 左轉 → 前進15公分 → 方向盤回正 → 右轉 → 前進15公分 → 方向盤回正

SPIKE 程式碼

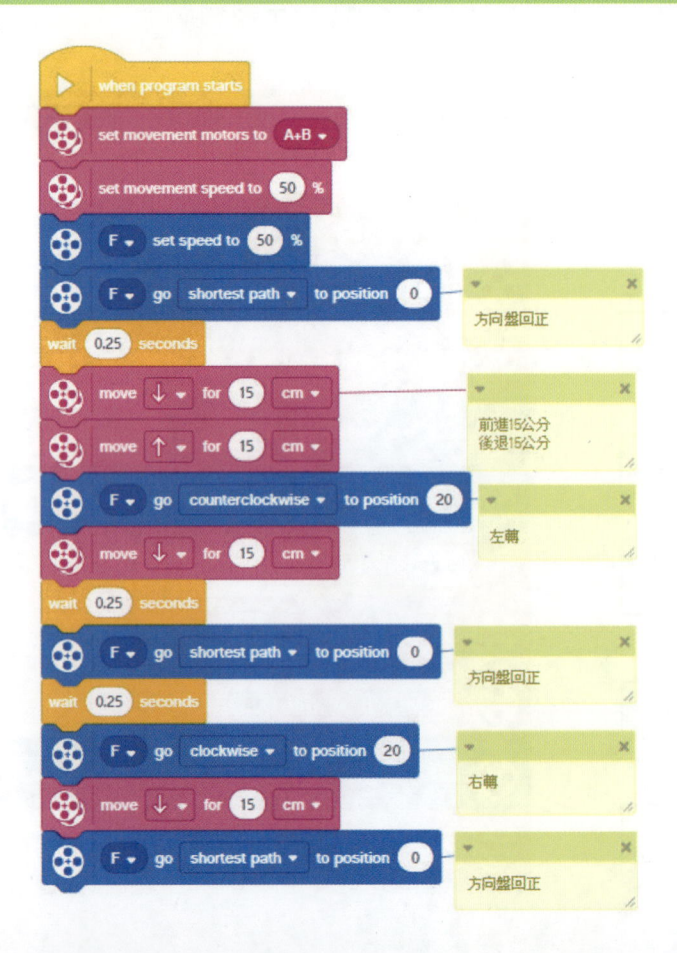

```
when program starts
set movement motors to A+B
set movement speed to 50 %
F set speed to 50 %
F go shortest path to position 0        // 方向盤回正
wait 0.25 seconds
move ↓ for 15 cm                         // 前進15公分
move ↑ for 15 cm                         // 後退15公分
F go counterclockwise to position 20     // 左轉
move ↓ for 15 cm
wait 0.25 seconds
F go shortest path to position 0         // 方向盤回正
wait 0.25 seconds
F go clockwise to position 20            // 右轉
move ↓ for 15 cm
F go shortest path to position 0         // 方向盤回正
```

174

主題 ❸ F1賽車方向盤回正，前後行駛及左右轉後，方向盤回正，並回到原出發點。

流程圖

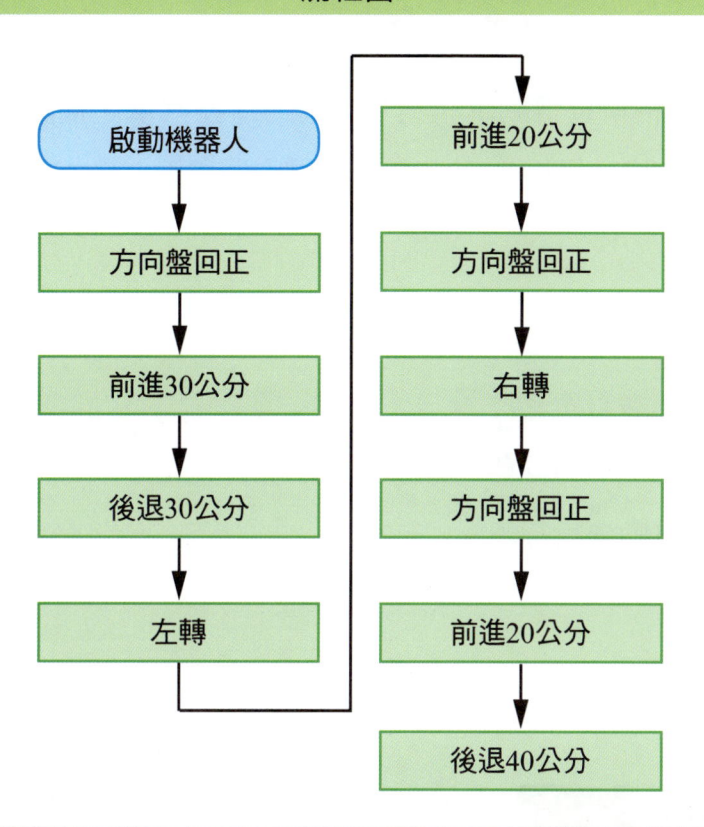

啟動機器人 → 方向盤回正 → 前進30公分 → 後退30公分 → 左轉 → 前進20公分 → 方向盤回正 → 右轉 → 方向盤回正 → 前進20公分 → 後退40公分

SPIKE 程式碼

- when program starts
- set movement motors to A+B
- set movement speed to 75 %
- F set speed to 75 %
- F go shortest path to position 0 ← 方向盤回正
- wait 0.25 seconds
- move ↓ for 30 cm ← 前進30公分
- move ↑ for 30 cm ← 後退30公分
- F go counterclockwise to position 30 ← 左轉
- move ↓ for 20 cm
- F go shortest path to position 0 ← 方向盤回正
- F go clockwise to position 30
- move ↓ for 20 cm ← 右轉
- F go shortest path to position 0 ← 方向盤回正
- move ↑ for 40 cm ← 後退40公分

9-4 | 專題實作：樂高 F1 賽車

◆ 主題發想

　　無論是實體車—特斯拉電動車，或是玩具的遙控汽車，都隨著科技不斷地演進，日漸進步，我們也能利用 LEGO 創造一台獨一無二的機器人車，發揮創意做出不同風格的外觀創作。

◆ 主題目的

1. 一顆馬達控制前、後行走。
2. 另一顆馬達控制左、右方向盤。
3. 超跑機器人可以自動避障行駛。

◆ 完成圖

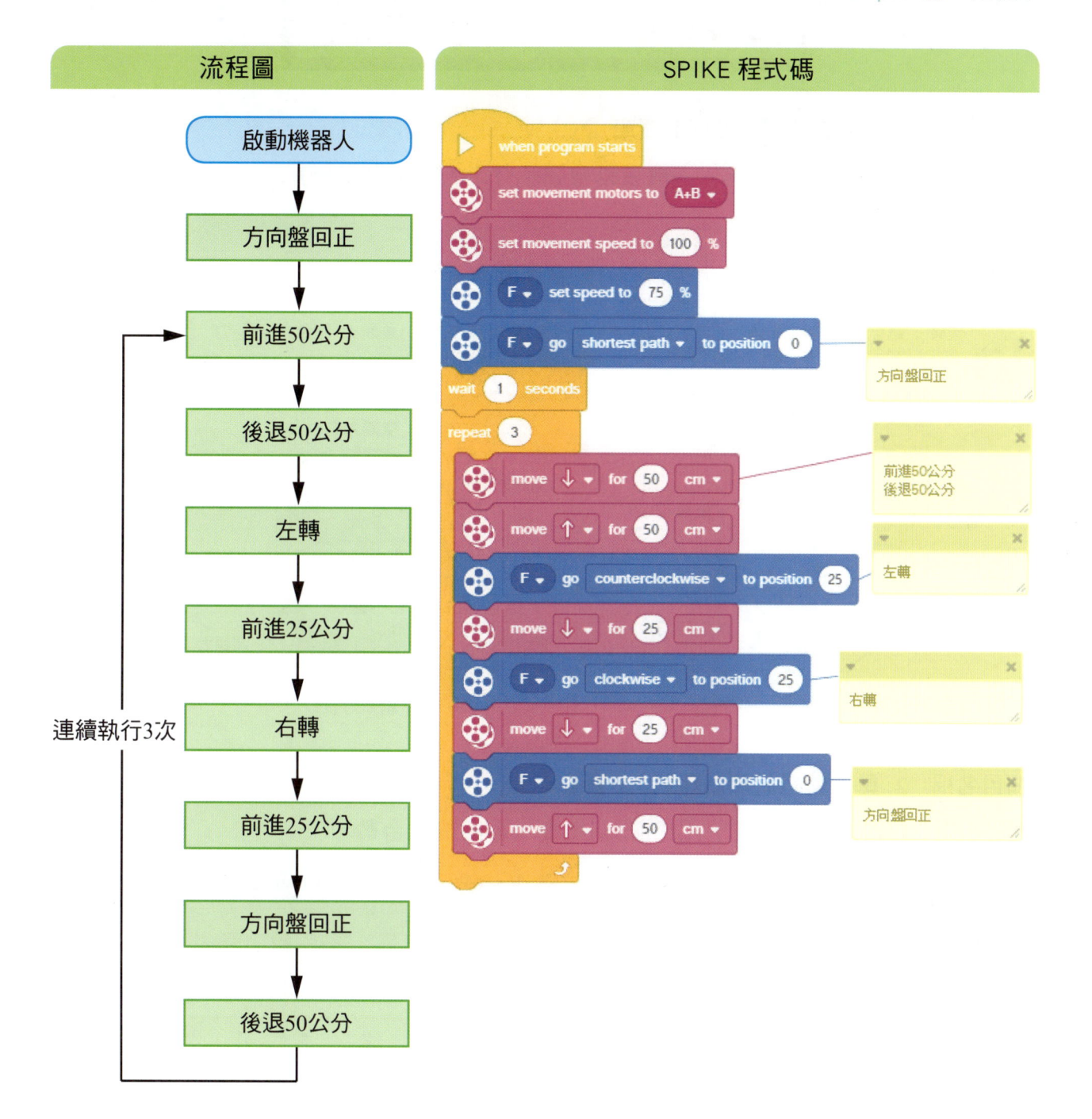

Chapter 09　F1 賽車

流程圖

- 啟動機器人
- 方向盤回正
- 前進50公分
- 後退50公分
- 左轉
- 前進25公分
- 右轉
- 前進25公分
- 方向盤回正
- 後退50公分

連續執行3次

SPIKE 程式碼

```
when program starts
set movement motors to A+B
set movement speed to 100 %
F set speed to 75 %
F go shortest path to position 0     → 方向盤回正
wait 1 seconds
repeat 3
    move ↓ for 50 cm                  ┐
    move ↑ for 50 cm                  ┘ 前進50公分 後退50公分
    F go counterclockwise to position 25   → 左轉
    move ↓ for 25 cm
    F go clockwise to position 25     → 右轉
    move ↓ for 25 cm
    F go shortest path to position 0  → 方向盤回正
    move ↑ for 50 cm
```

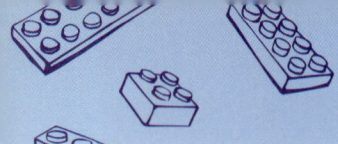

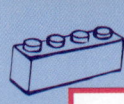

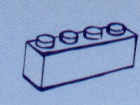

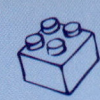

Chapter 09 課後習題

題目名稱 1. 具有方向圖示的 F1 賽車

題目說明 F1 賽車在行車時，主機螢幕會顯示行走方向的號誌圖示。

創客題目編號：A038033

創客學習力

外形(專業)	機構	電控	程式	通訊	人工智慧	創客總數
1	2	3	3	0	0	9

綜合素養力

空間力	堅毅力	邏輯力	創新力	整合力	團隊力	素養總數
1	2	3	1	1	1	9

100 mins

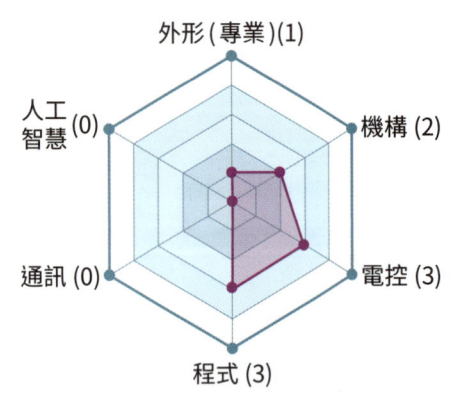

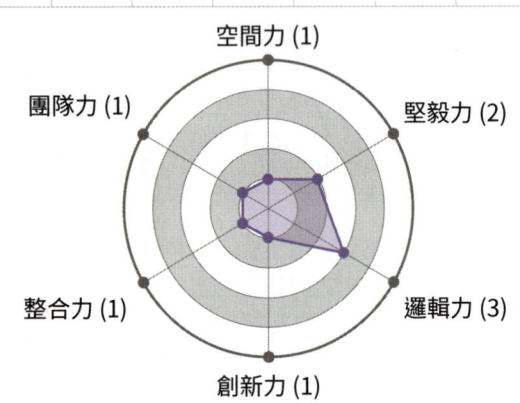

題目名稱 2. 具有動態記錄狀態的 F1 賽車

題目說明 請設計一支程式，用來記錄 F1 賽車繞圈的回合數。

創客題目編號：A038034

創客學習力

外形(專業)	機構	電控	程式	通訊	人工智慧	創客總數
1	2	3	3	0	0	9

綜合素養力

空間力	堅毅力	邏輯力	創新力	整合力	團隊力	素養總數
1	2	3	2	1	1	10

120 mins

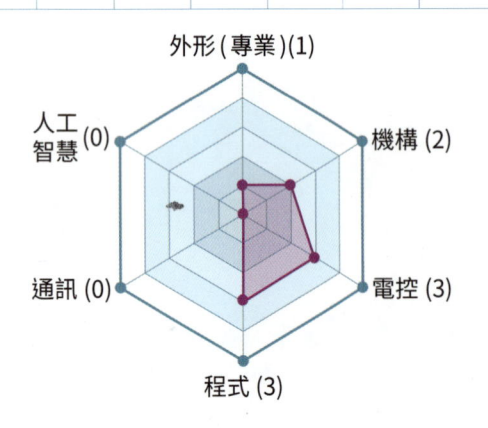

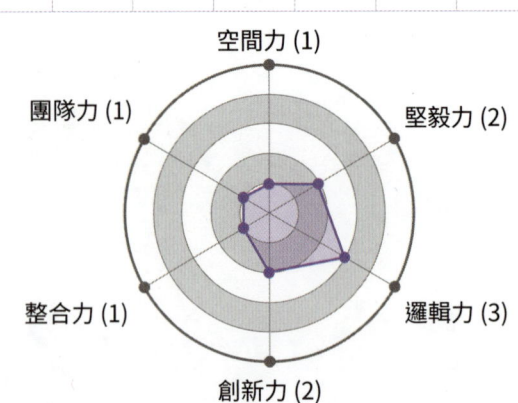

Chapter 10 工程大卡車

本章學習目標
1. 讓讀者瞭解組裝樂高工程大卡車及瞭解如何透過工程大卡車來進行活動。
2. 讓讀者瞭解如何利用 SPIKE 程式來撰寫樂高工程大卡車程式。

本章內容
10-1 工程大卡車

10-2 SPIKE 工程大卡車組裝

10-3 撰寫「SPIKE 工程大卡車」之指引程式

10-4 專題實作：樂高工程大卡車

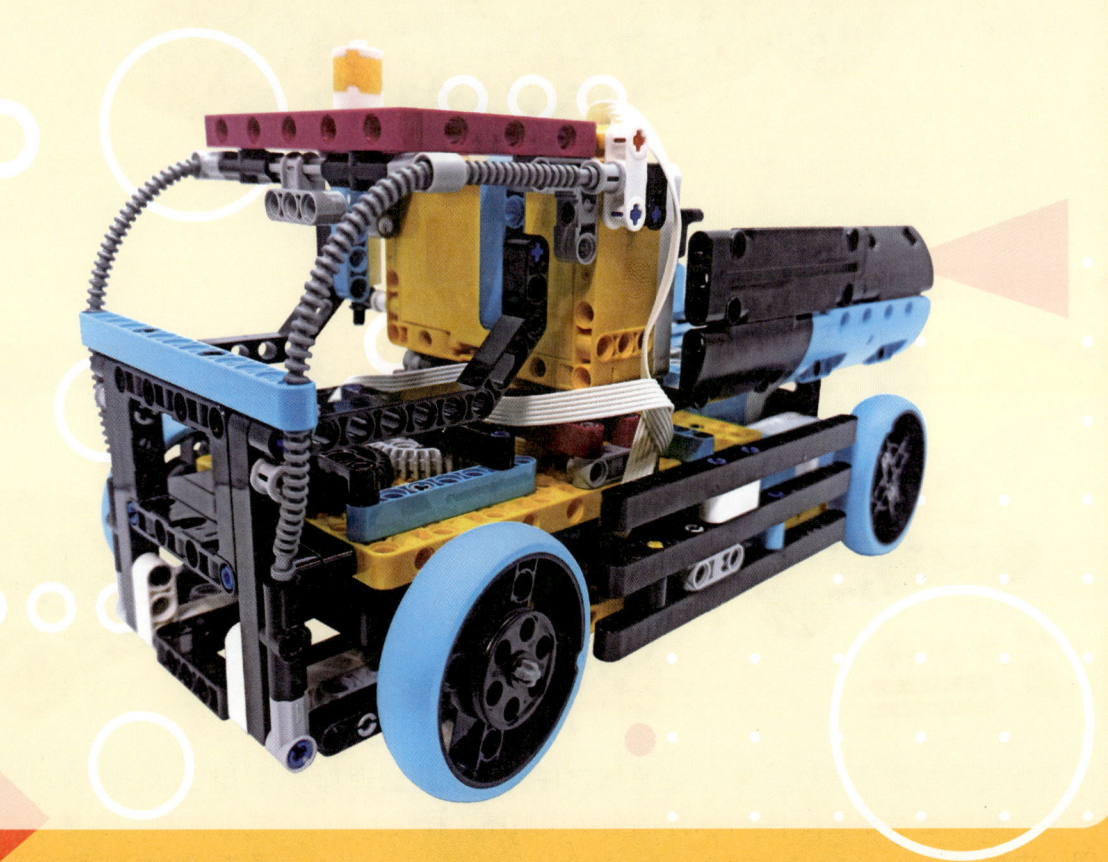

10-1 | 工程大卡車

其實讀者利用樂高機器人來設計創意作品，有一項非常重要的任務就是試圖設計出具有「創意性、應用性或娛樂性」的作品。但是，如果只使用SPIKE基本車的機構，卻沒有此功能。因此，在SPIKE教育組還必須要再搭配「擴充組」，就可以設計出更具有創意的作品。

[主題] 設計「工程大卡車」。

[目的] 設計出具有「創意性及娛樂性」作品。

◆ 設計的三部曲

1. 創意組裝
依照指定「功能及造型」來結合「感應器及相關配件」與「主機」。

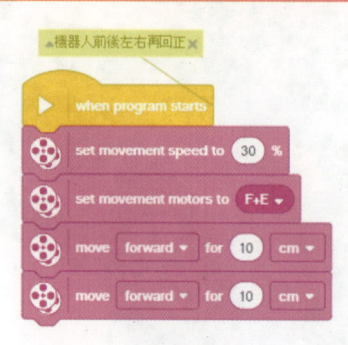

2. 寫程式
依照指定任務來撰寫處理序的動作與順序（程式）。

3. 測試
利用SPIKE拼圖程式：將程式上傳到「主機」內，並依照指定功能先進行測試。

Chapter 10　工程大卡車

◆ 流程圖

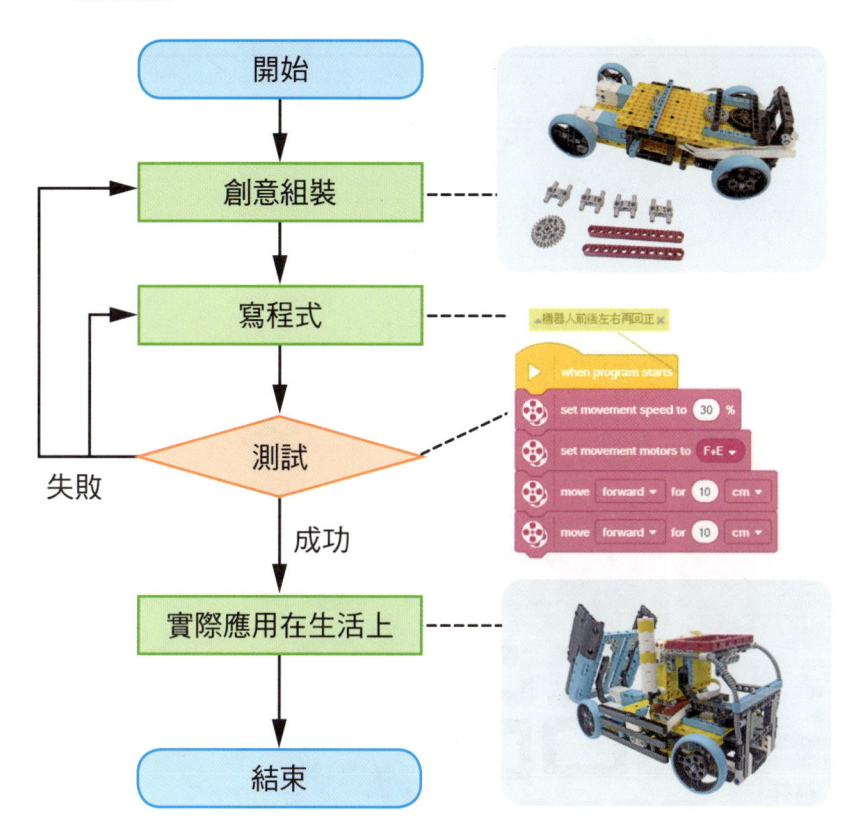

```
開始
 ↓
創意組裝 ────
 ↓
寫程式 ────
 ↓
測試 ────
 ↓成功    ↑失敗
實際應用在生活上
 ↓
結束
```

說明：從左邊的流程圖中，我們可以清楚瞭解「設計機器人程式」必須要經過的三大步驟，並且在進行第三步驟時，如果無法測試成功，除了要修改程式之外，也要檢查組裝是否正確，並且要反覆地進行測試，直到完全成功為止。最後，就可以將創作的智能裝置，應用在我們日常生活中。

181

10-2 | SPIKE 工程大卡車組裝

想要製作一台「SPIKE工程大卡車」時，必須要先準備相關的「主機、馬達、感應器及相關的零件材料」。

10-2.1 零件清單

基本上，要製作一台「SPIKE工程大卡車」時，零件清單如下圖所示：

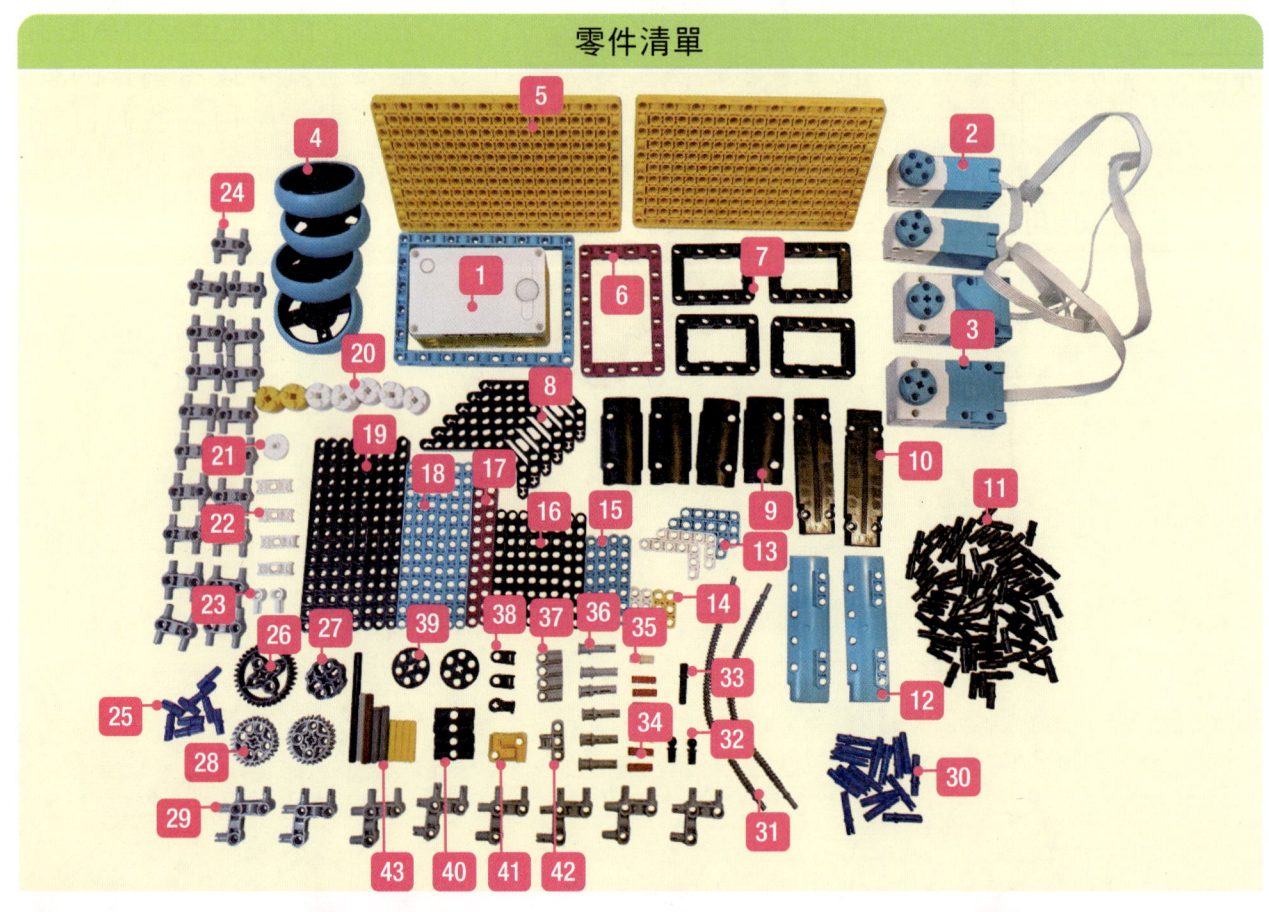

1	主機 ×1	2	中型馬達 ×2	3	大型馬達 ×2	4	輪子 ×4
5	底座 ×2	6	大型與中型方型框各 ×1	7	小型方型框 ×4	8	J型橫桿 ×6
9	2 孔弧型側板 ×4	10	厚片 ×2	11	黑色短插銷 ×80	12	4 孔弧型側板 ×2
13	3×5 橫桿 ×4	14	3M 橫桿 ×4	15	7M 橫桿 ×4	16	9M 橫桿 ×8
17	11M 橫桿 ×2	18	13M 橫桿 ×6	19	15M 橫桿 ×8	20	煙囪零件 ×7
21	蓋子零件 ×1	22	3L 垂直連接器 ×4	23	水平轉垂直連接器 ×2	24	H 型連接器 ×19
25	藍色短插銷 ×9	26	40 齒雙面斜齒輪 ×1	27	圓孔連接器 ×1	28	雙面斜齒輪 ×2
29	馬型連接器 ×8	30	藍色長插銷 ×16	31	軟管 ×2	32	圓頭固定器 ×2
33	5M 十字軸 ×1	34	3M 十字軸 ×7	35	米色短插銷 ×1	36	十字軸長插銷 ×6
37	1 號連結器 ×4	38	垂直水平連接器 ×3	39	滑輪 ×2	40	2 號連結器 ×4
41	L 型連結器 ×2	42	T 型連結器 ×1	43	3M、4M、5M、8M 十字軸（×4、×2、×2、×1）		

10-2.2 組裝指引

在準備好「SPIKE工程大卡車」所需要的「主機、感應器、鋁合金構件及相關的材料」之後，接下來，請各位讀者依照以下的步驟即可完成組裝：

步驟 1

步驟 2

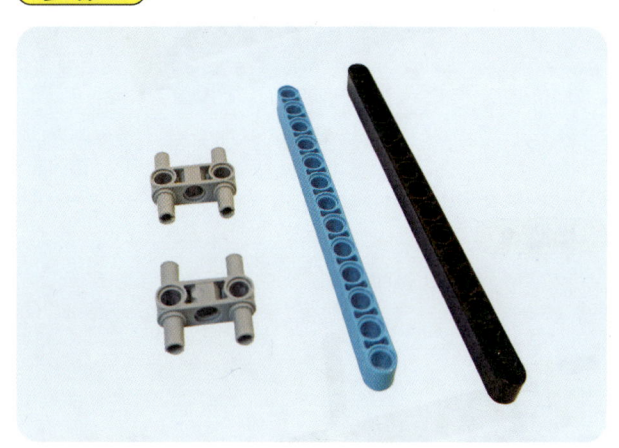

步驟 3

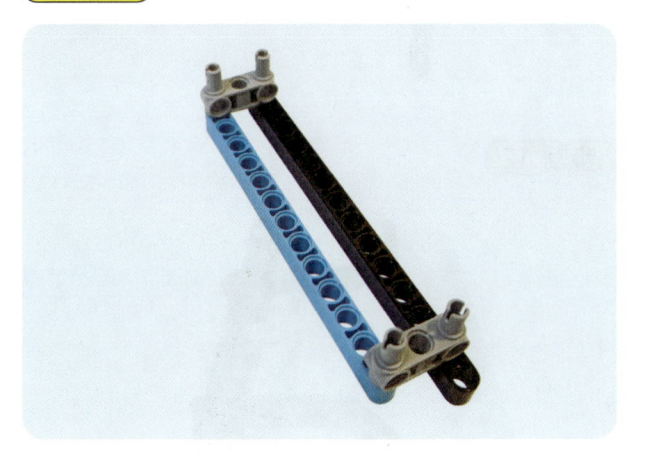

步驟 4

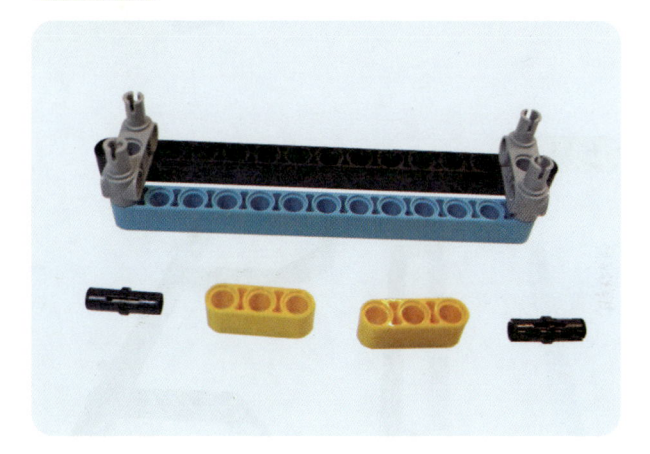

步驟 5

步驟 6

樂高 SPIKE 機器人創意專題實作

步驟 7

步驟 8

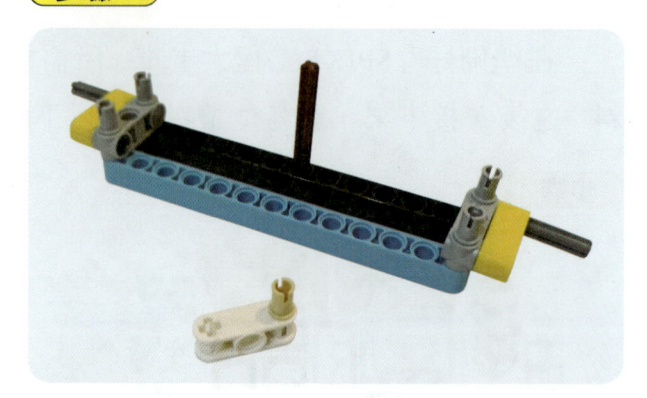

步驟 9

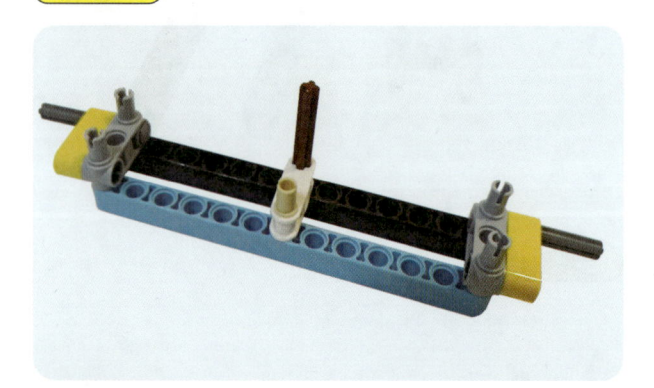

步驟 10

步驟 11

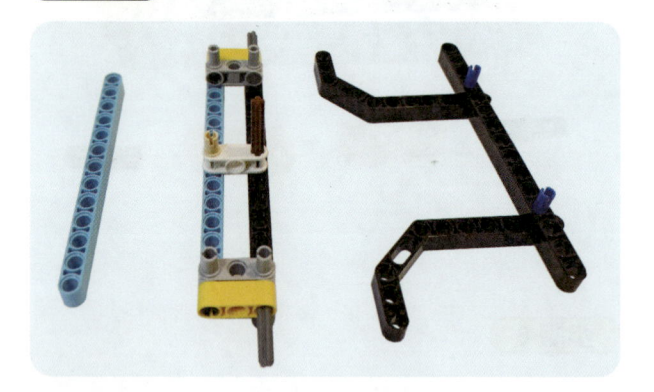

步驟 12

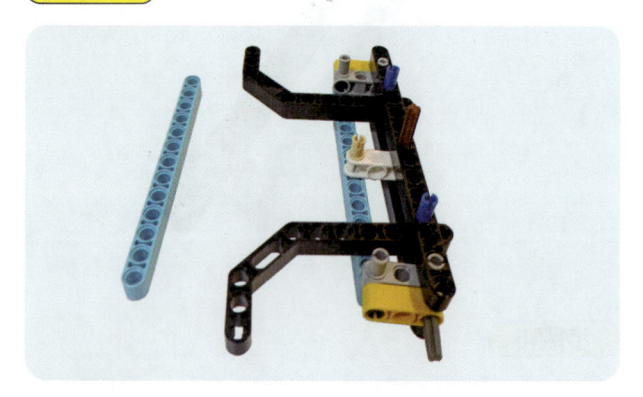

步驟 13

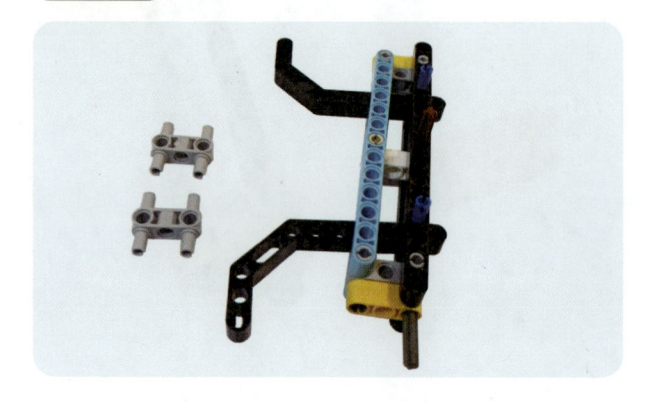

步驟 14

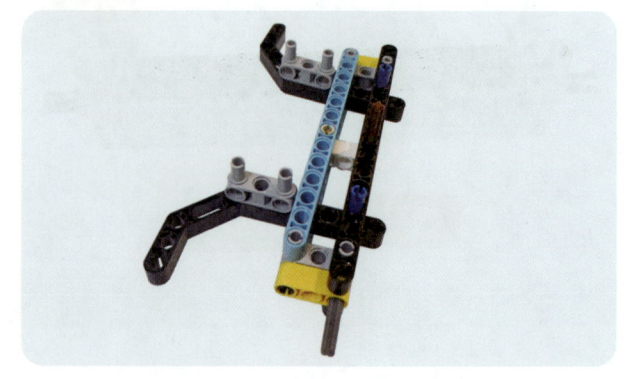

Chapter 10　工程大卡車

步驟 15

步驟 16

步驟 17

步驟 18

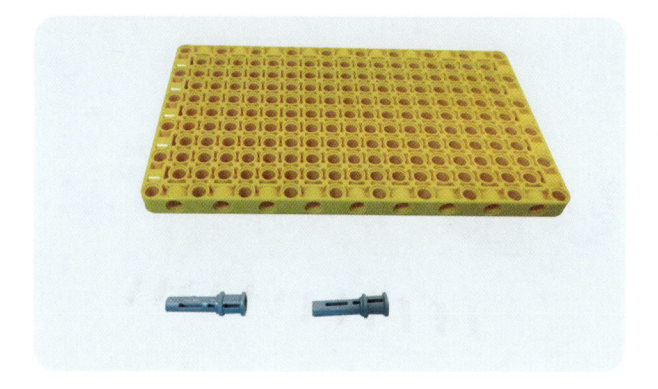

步驟 19

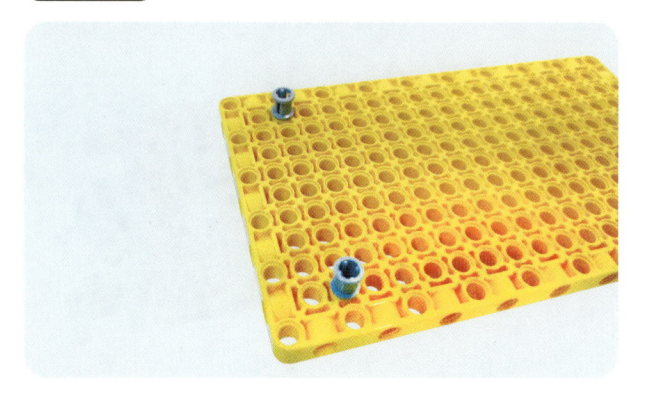

步驟 20

步驟 21

步驟 22

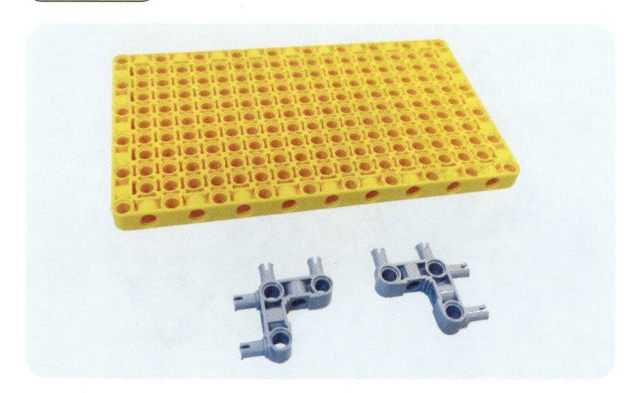

185

樂高 SPIKE 機器人創意專題實作

步驟 23

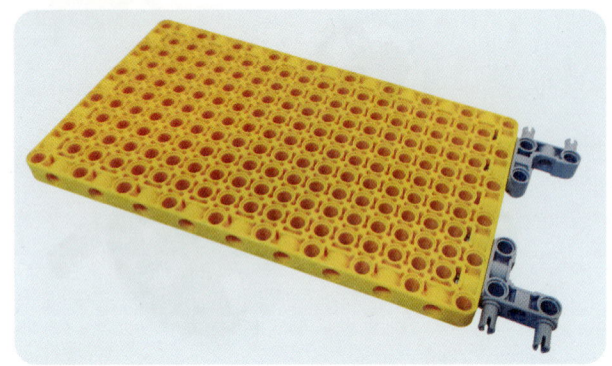

步驟 24

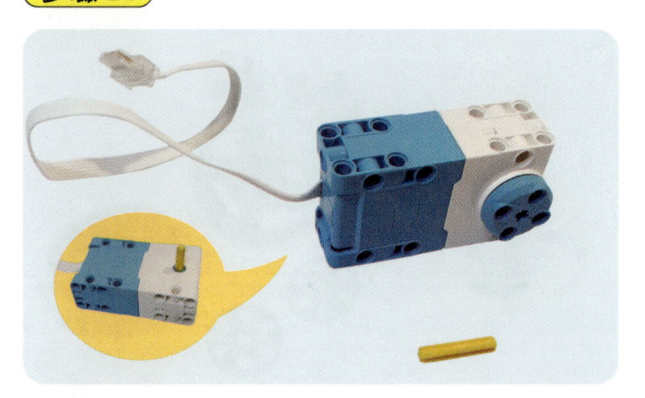

步驟 25

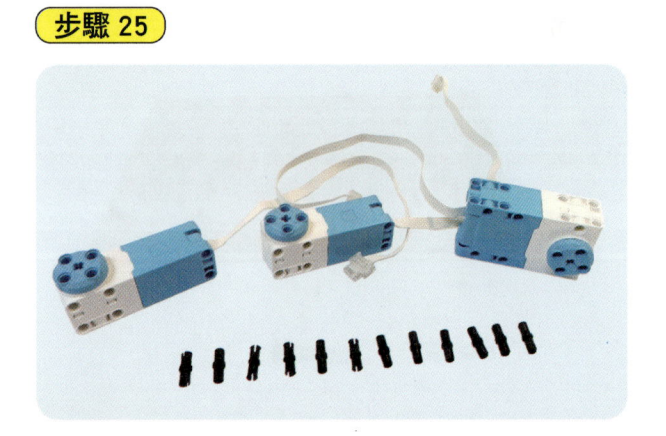

步驟 26

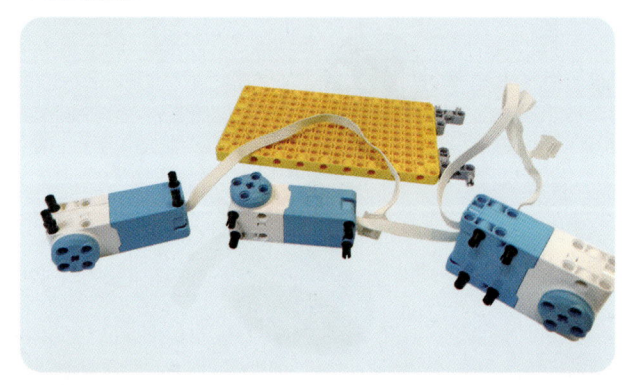

步驟 27

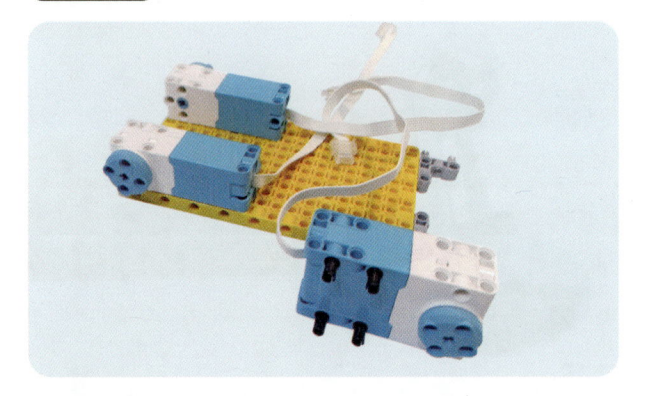

步驟 28

步驟 29

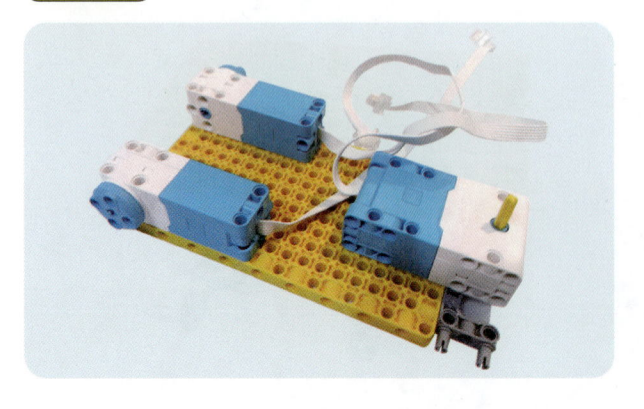

步驟 30

Chapter 10 工程大卡車

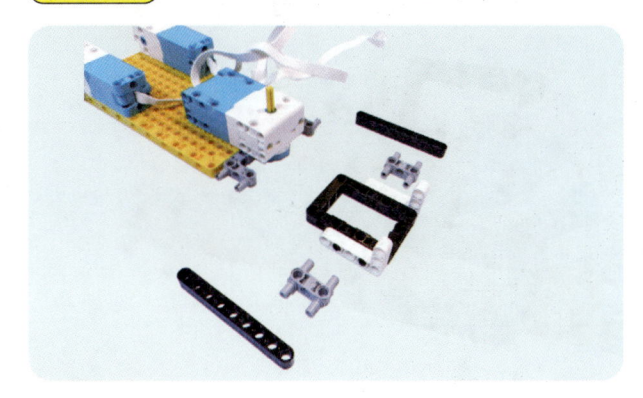

步驟 31

步驟 32

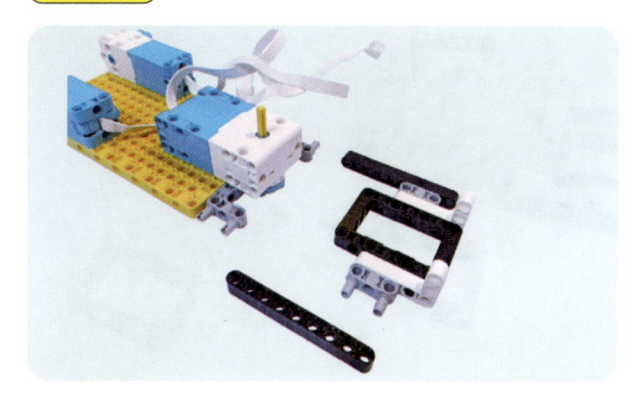

步驟 33

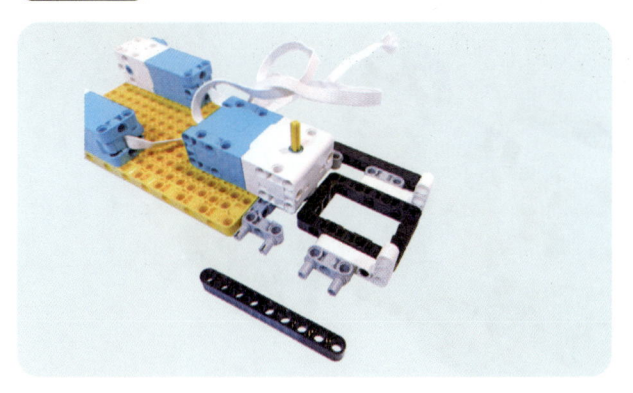

步驟 34

步驟 35

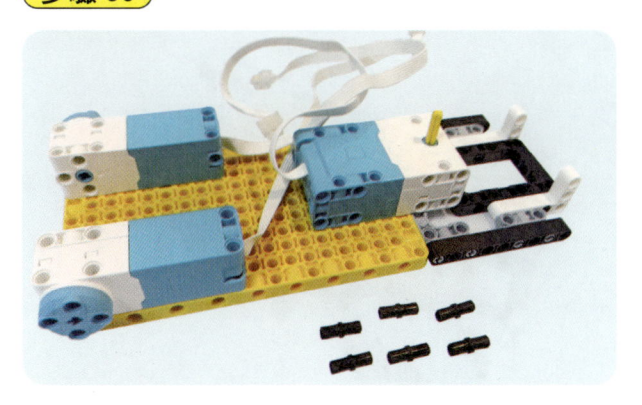

步驟 36

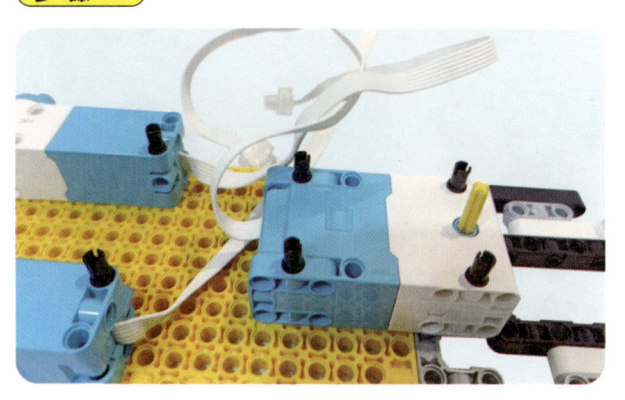

步驟 37

步驟 38

187

樂高 SPIKE 機器人創意專題實作

步驟 39

步驟 40

步驟 41

步驟 42

步驟 43

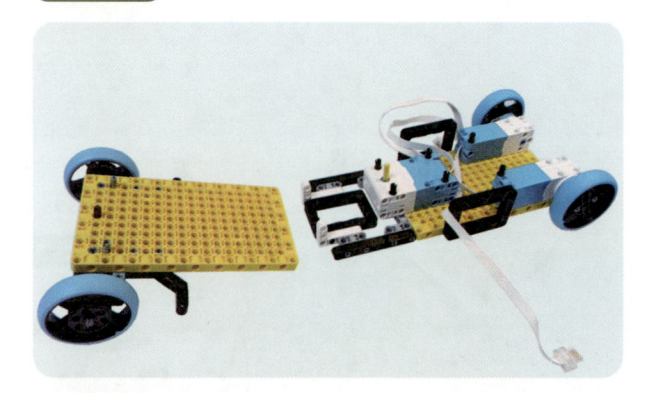

步驟 44

步驟 45

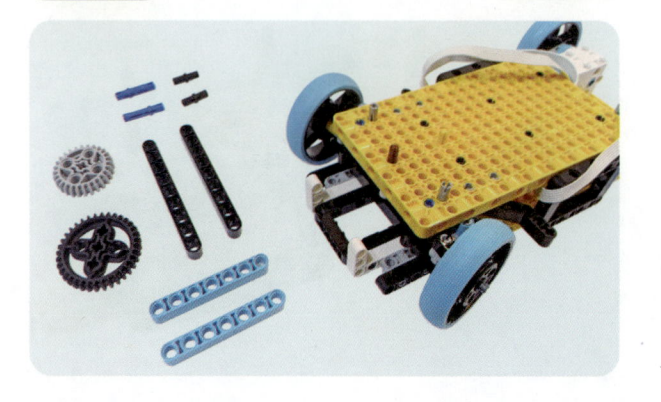

步驟 46

188

Chapter 10 工程大卡車

步驟 47

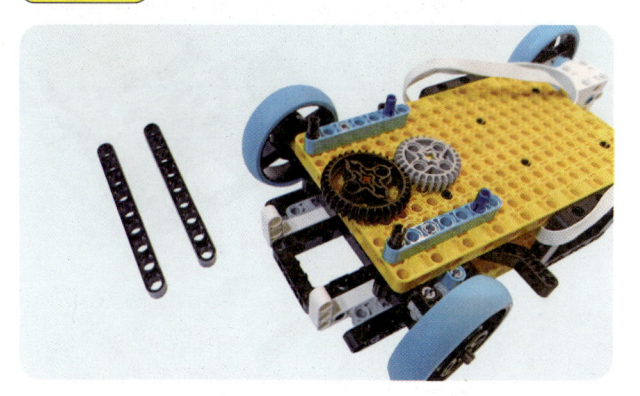

步驟 48

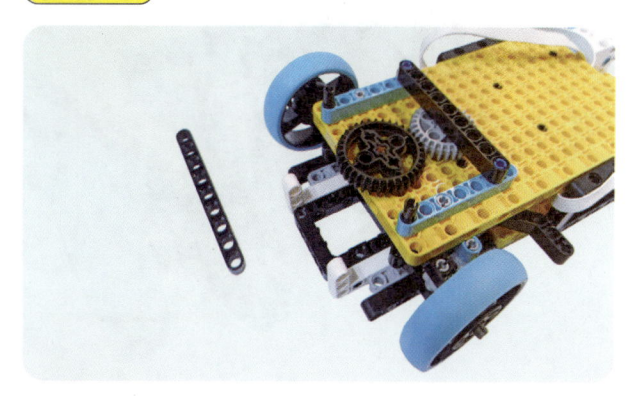

步驟 49

步驟 50

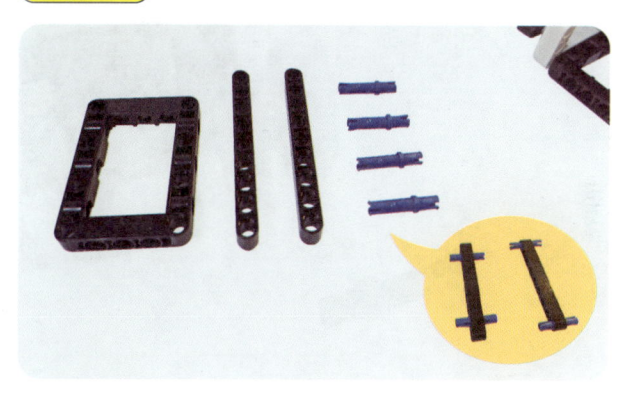

步驟 51

步驟 52

步驟 53

步驟 54

樂高 SPIKE 機器人創意專題實作

步驟 55

步驟 56

步驟 57

步驟 58

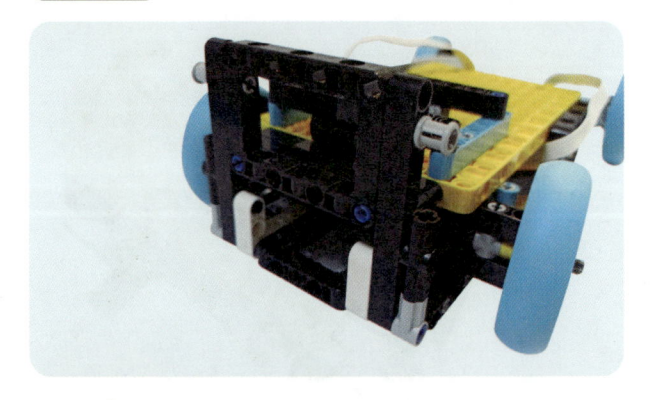

步驟 59

步驟 60

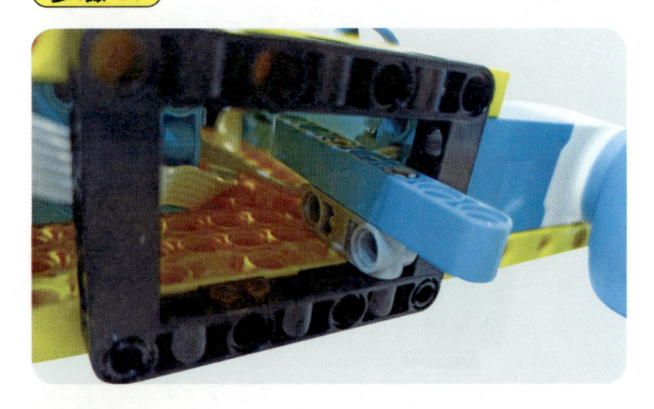

步驟 61

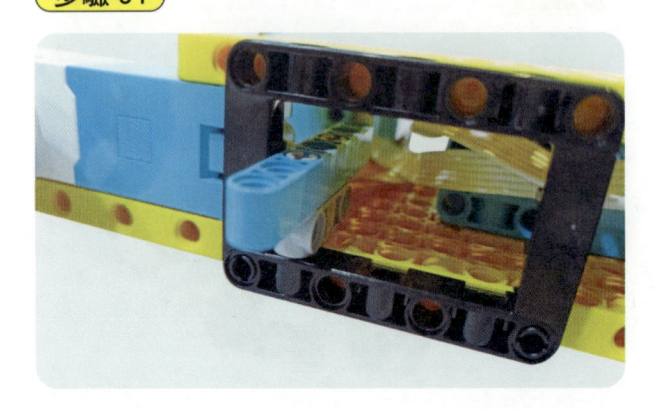

步驟 62

樂高 SPIKE 機器人創意專題實作

190

Chapter 10　工程大卡車

步驟 63

步驟 64

步驟 65

步驟 66

步驟 67

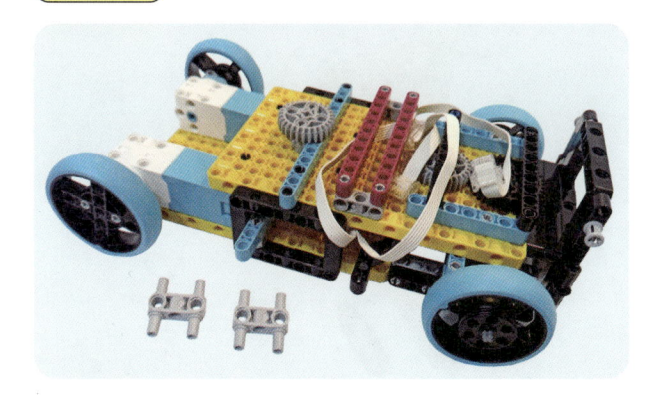

步驟 68

步驟 69

步驟 70

樂高 SPIKE 機器人創意專題實作

步驟 71

步驟 72

步驟 73

步驟 74

步驟 75

步驟 76

步驟 77

步驟 78

Chapter 10　工程大卡車

步驟 79

步驟 80

步驟 81

步驟 82

步驟 83

步驟 84

步驟 85

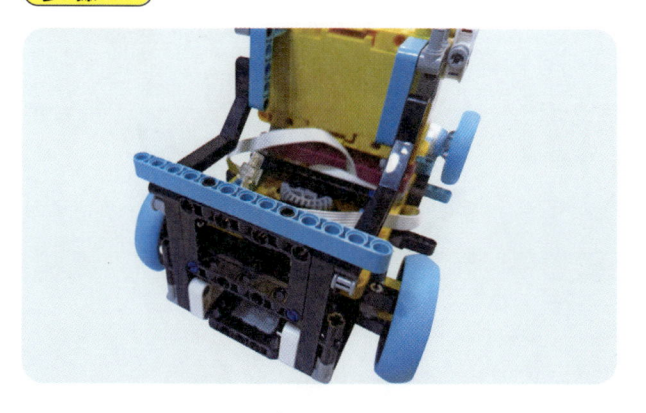

步驟 86

193

樂高 SPIKE 機器人創意專題實作

步驟 87

步驟 88

步驟 89

步驟 90

步驟 91

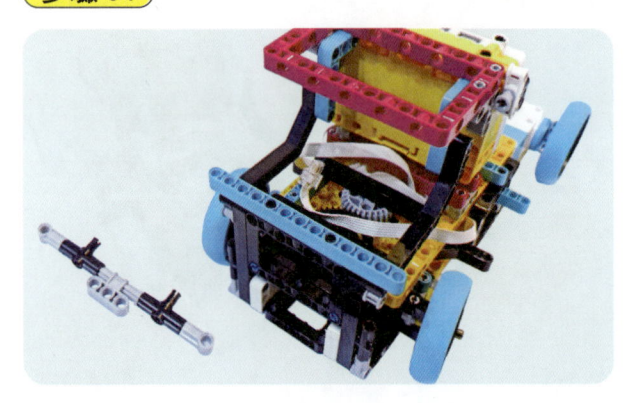

步驟 92

步驟 93

步驟 94

Chapter 10　工程大卡車

步驟 95

步驟 96

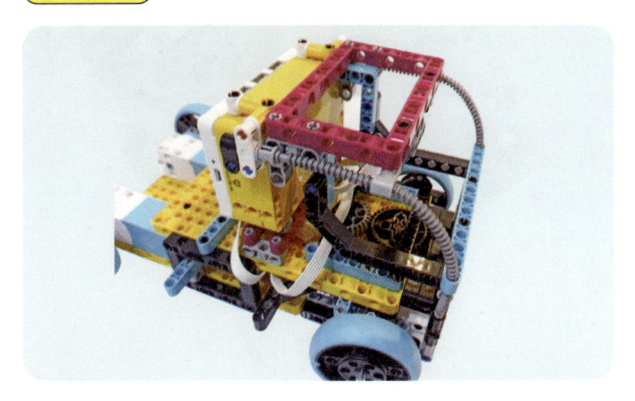

步驟 97

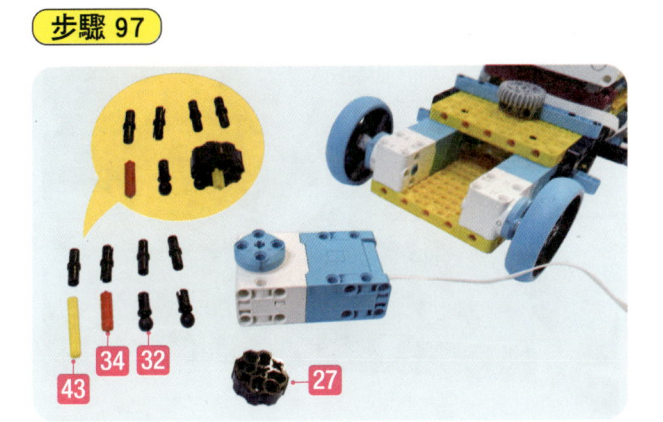

43　34　32　27

步驟 98

步驟 99

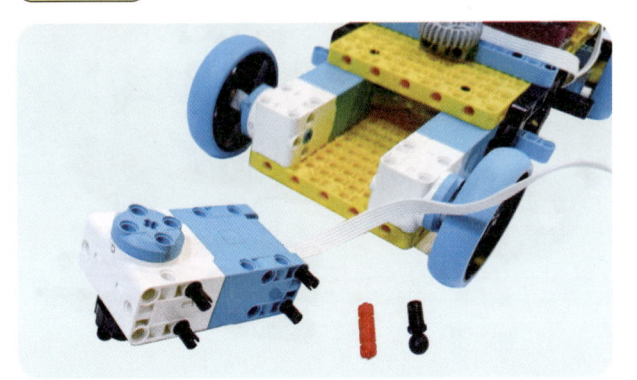

步驟 100

步驟 101

步驟 102

195

樂高 SPIKE 機器人創意專題實作

步驟 103

步驟 104

步驟 105

步驟 106

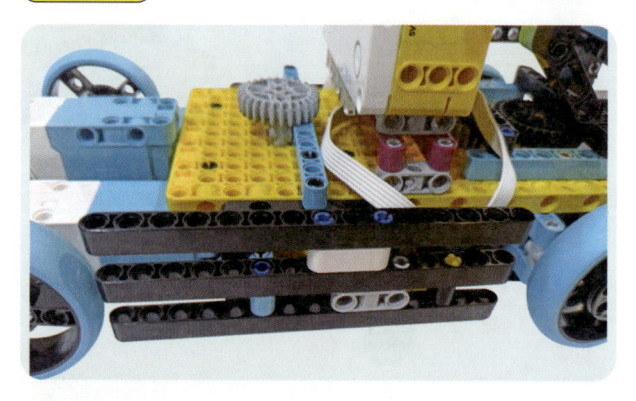

步驟 107

步驟 108

步驟 109

步驟 110

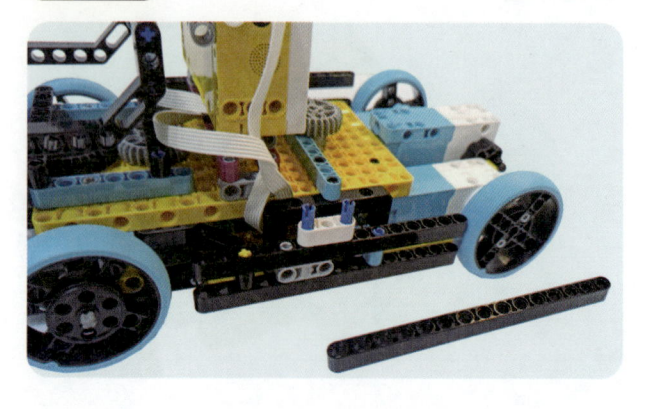

196

Chapter 10　工程大卡車

步驟 111

步驟 112

步驟 113

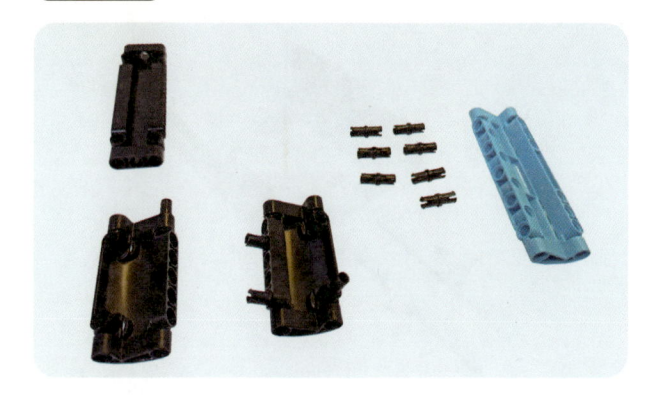

步驟 114

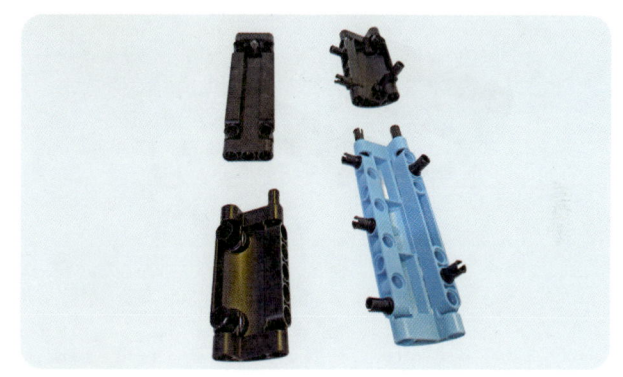

步驟 115

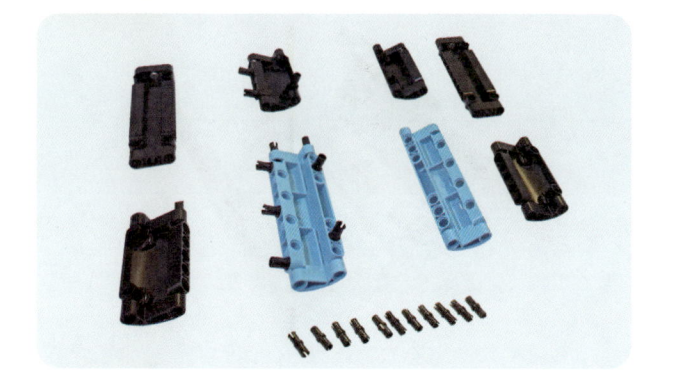

步驟 116

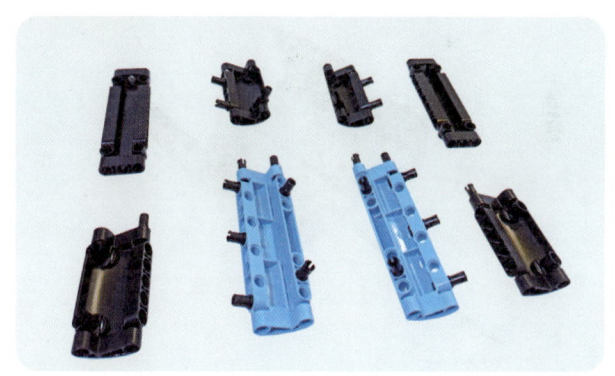

步驟 117

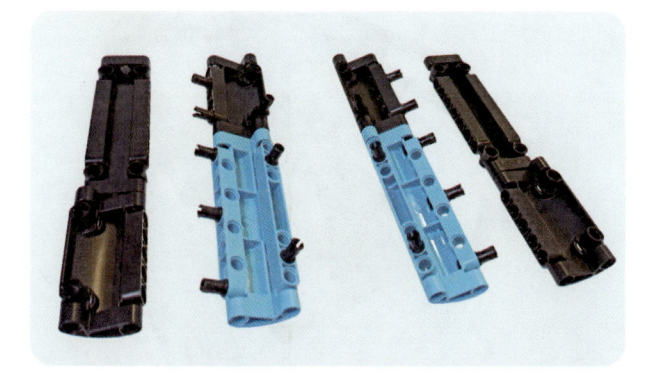

步驟 118

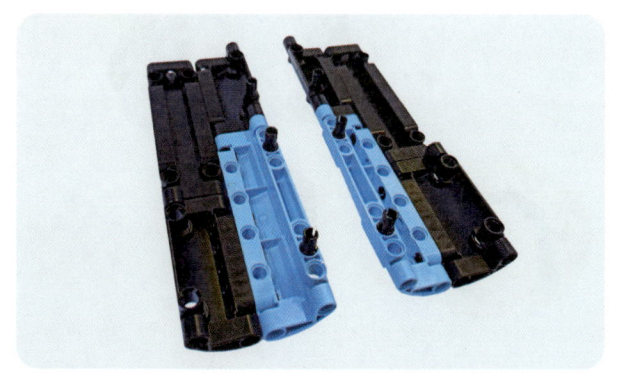

197

樂高 SPIKE 機器人創意專題實作

步驟 119

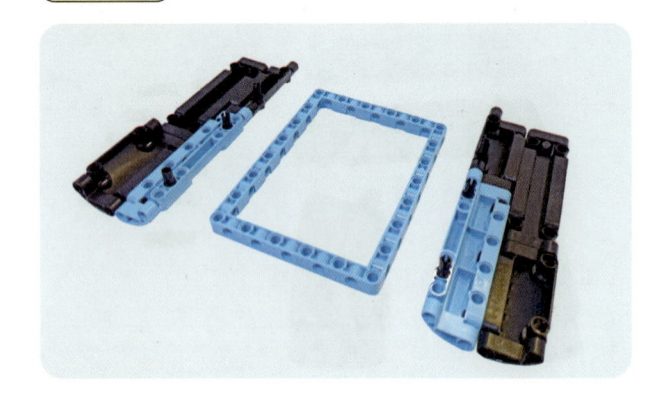

步驟 120

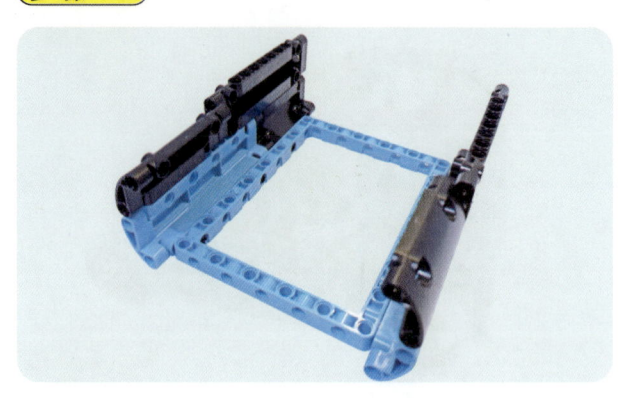

步驟 121

步驟 122

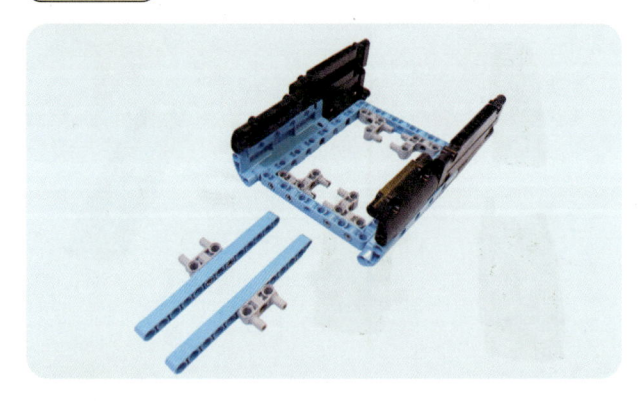

步驟 123

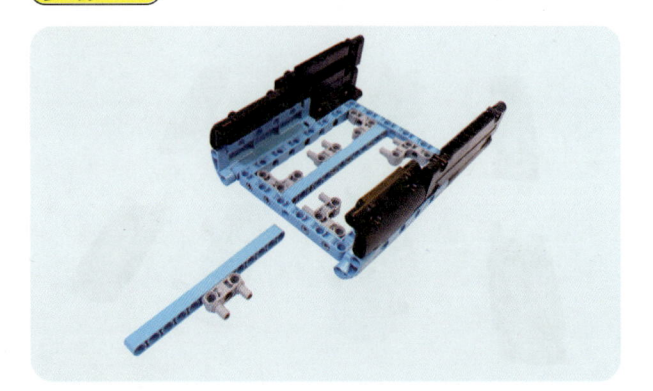

步驟 124

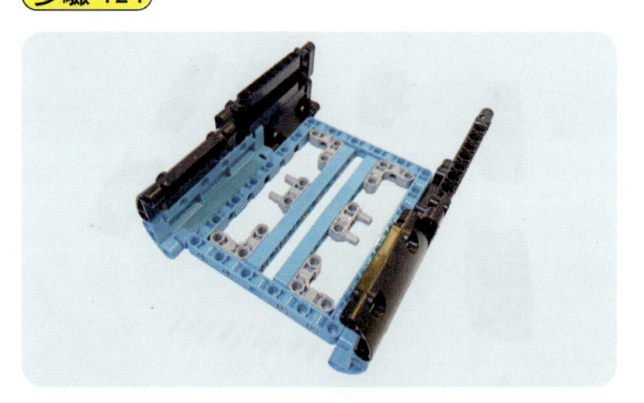

步驟 125

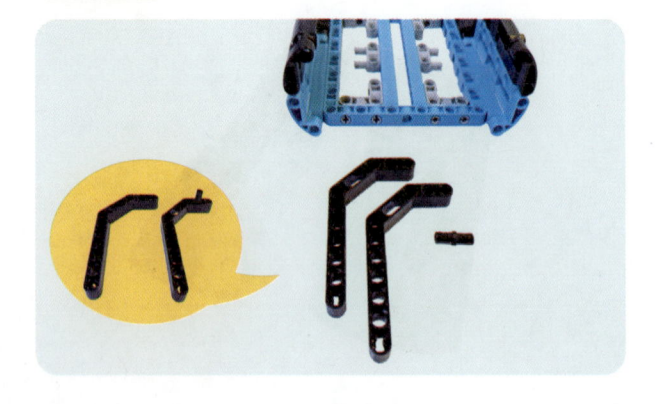

步驟 126

198

Chapter 10　工程大卡車

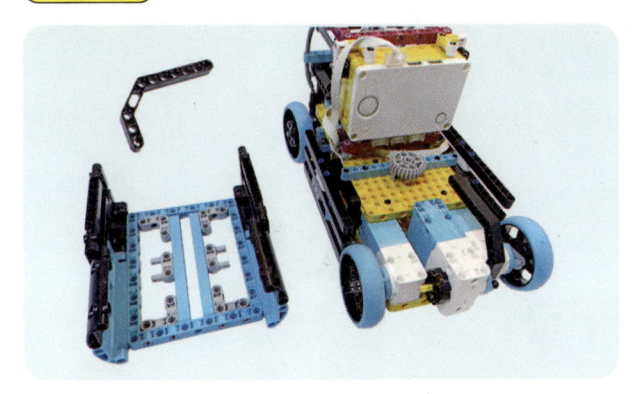

步驟 127

步驟 128

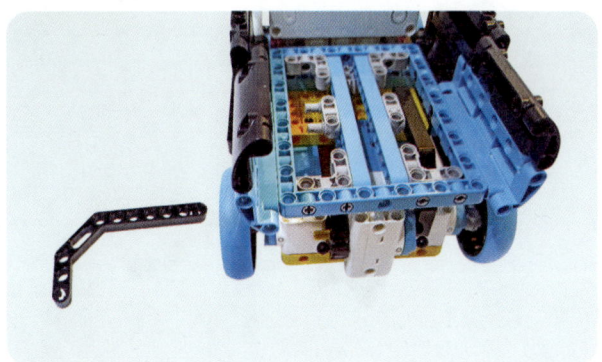

步驟 129

步驟 130

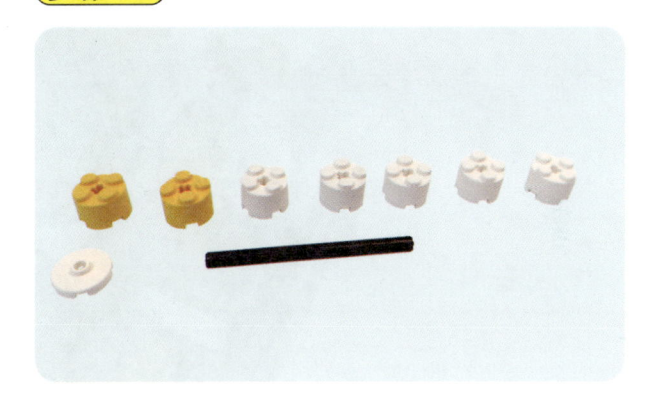

步驟 131

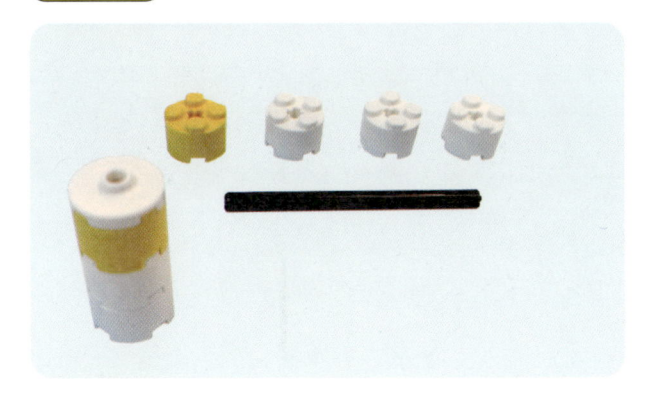

步驟 132

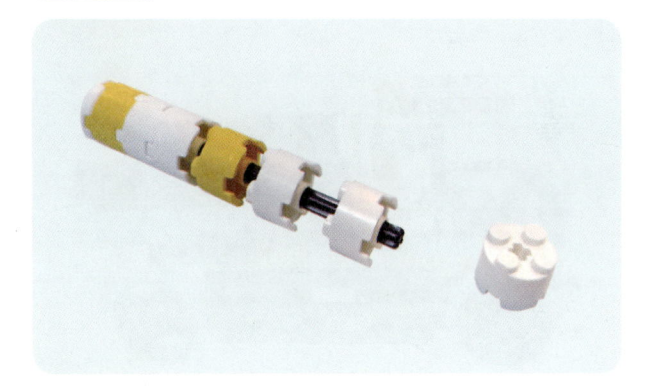

步驟 133

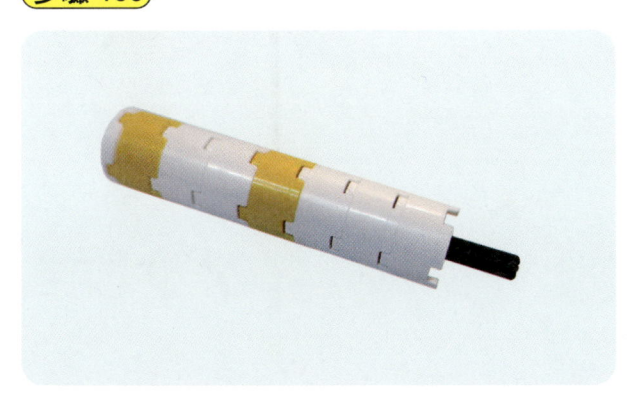

步驟 134

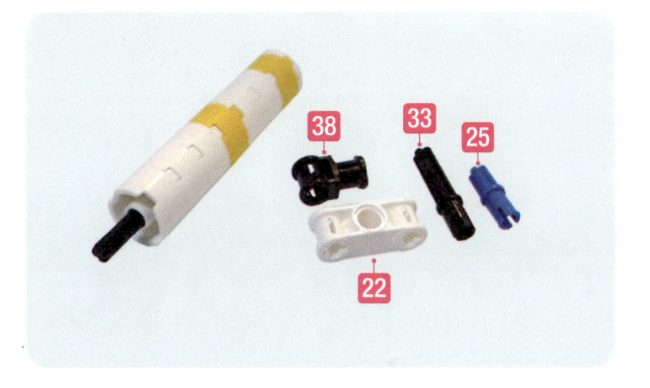

38　33　25　22

199

樂高 SPIKE 機器人創意專題實作

步驟 135

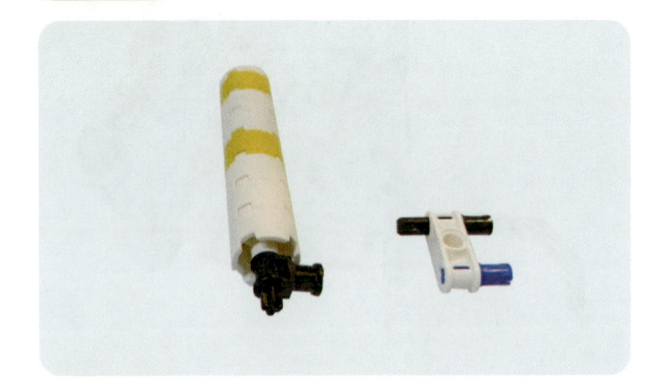

步驟 136

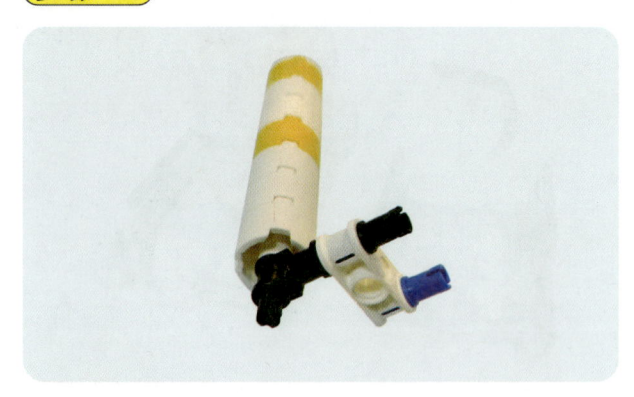

步驟 137

步驟 138

完成圖

10-3 撰寫「SPIKE 工程大卡車」之指引程式

主題 1 工程大卡車，方向盤回正，前後行駛及左轉測試。

流程圖

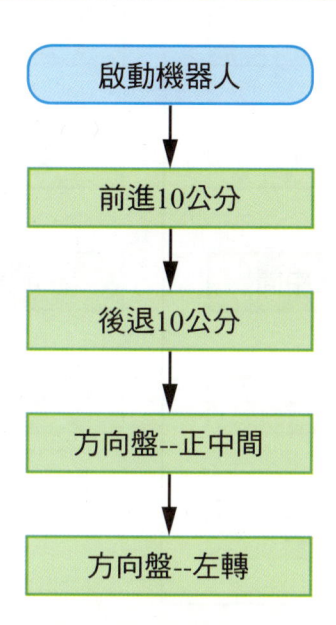

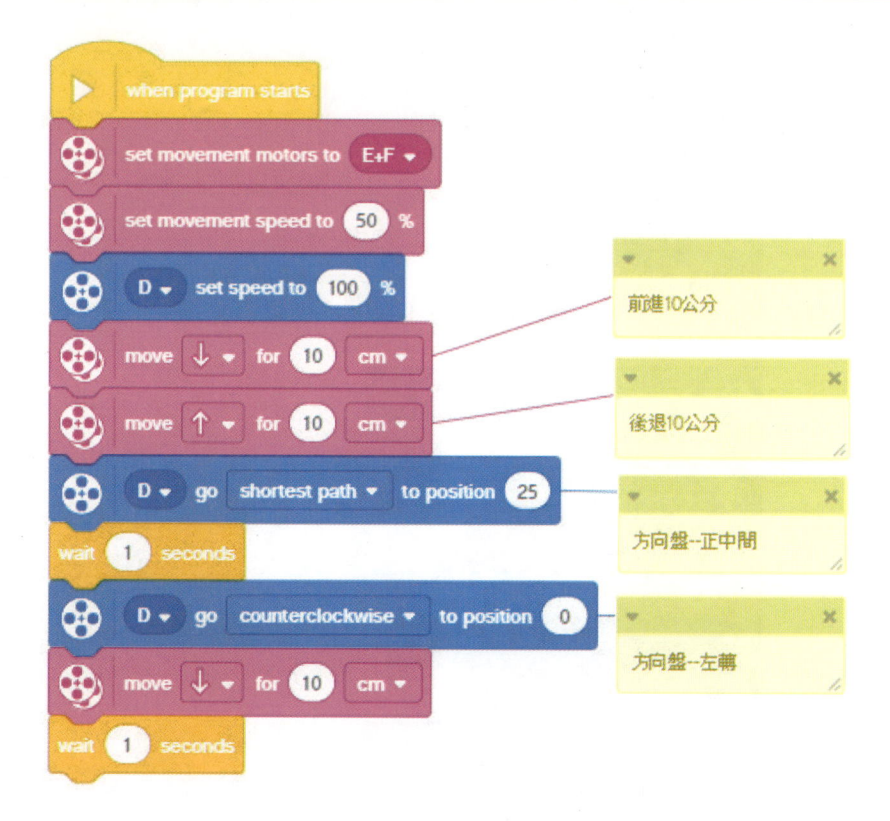

啟動機器人
↓
前進10公分
↓
後退10公分
↓
方向盤--正中間
↓
方向盤--左轉

SPIKE 程式碼

```
when program starts
set movement motors to E+F
set movement speed to 50 %
D set speed to 100 %
move ↓ for 10 cm          — 前進10公分
move ↑ for 10 cm          — 後退10公分
D go shortest path to position 25   — 方向盤--正中間
wait 1 seconds
D go counterclockwise to position 0 — 方向盤--左轉
move ↓ for 10 cm
wait 1 seconds
```

主題 ② 工程大卡車，方向盤回正，前後行駛及左轉測試，最後再回正。

流程圖

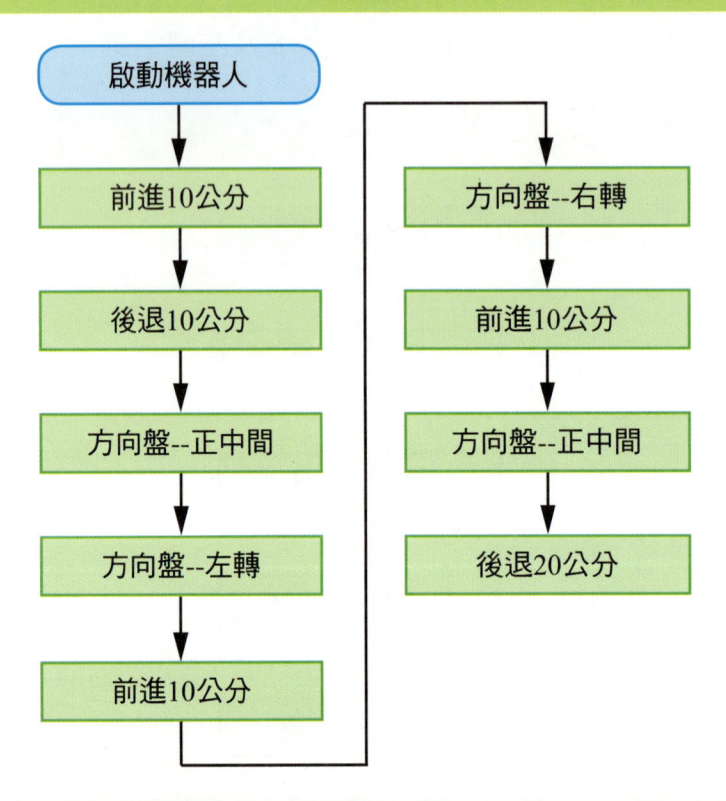

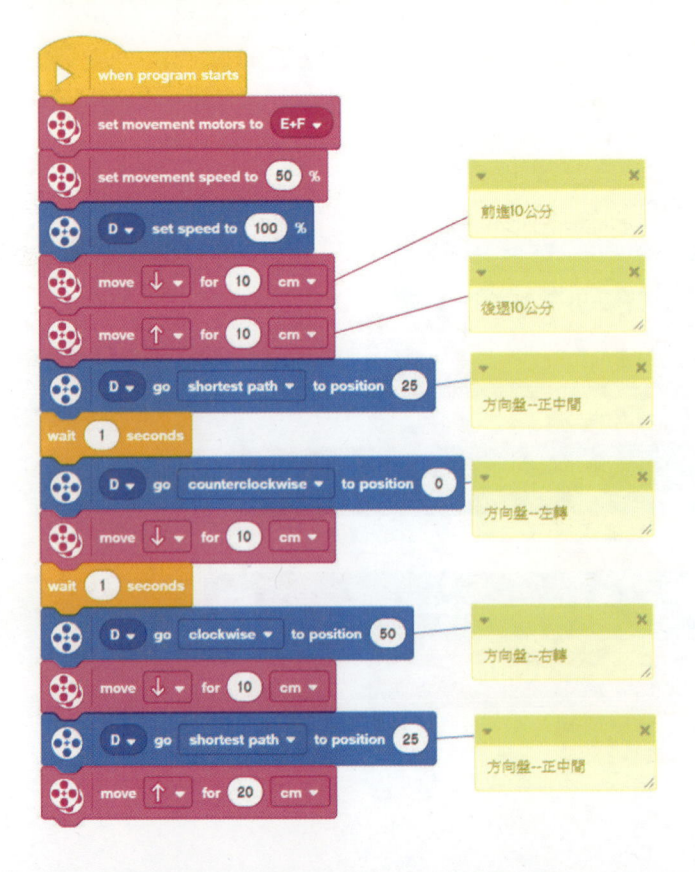

```
啟動機器人
    ↓
前進10公分  →  方向盤--右轉
    ↓              ↓
後退10公分      前進10公分
    ↓              ↓
方向盤--正中間   方向盤--正中間
    ↓              ↓
方向盤--左轉     後退20公分
    ↓
前進10公分
```

SPIKE 程式碼

```
when program starts
set movement motors to E+F
set movement speed to 50 %
D set speed to 100 %
move ↓ for 10 cm          — 前進10公分
move ↑ for 10 cm          — 後退10公分
D go shortest path to position 25   — 方向盤--正中間
wait 1 seconds
D go counterclockwise to position 0  — 方向盤--左轉
move ↓ for 10 cm
wait 1 seconds
D go clockwise to position 50        — 方向盤--右轉
move ↓ for 10 cm
D go shortest path to position 25    — 方向盤--正中間
move ↑ for 20 cm
```

Chapter 10　工程大卡車

主題 ③ 工程大卡車加入「置物箱起降」的功能。

流程圖

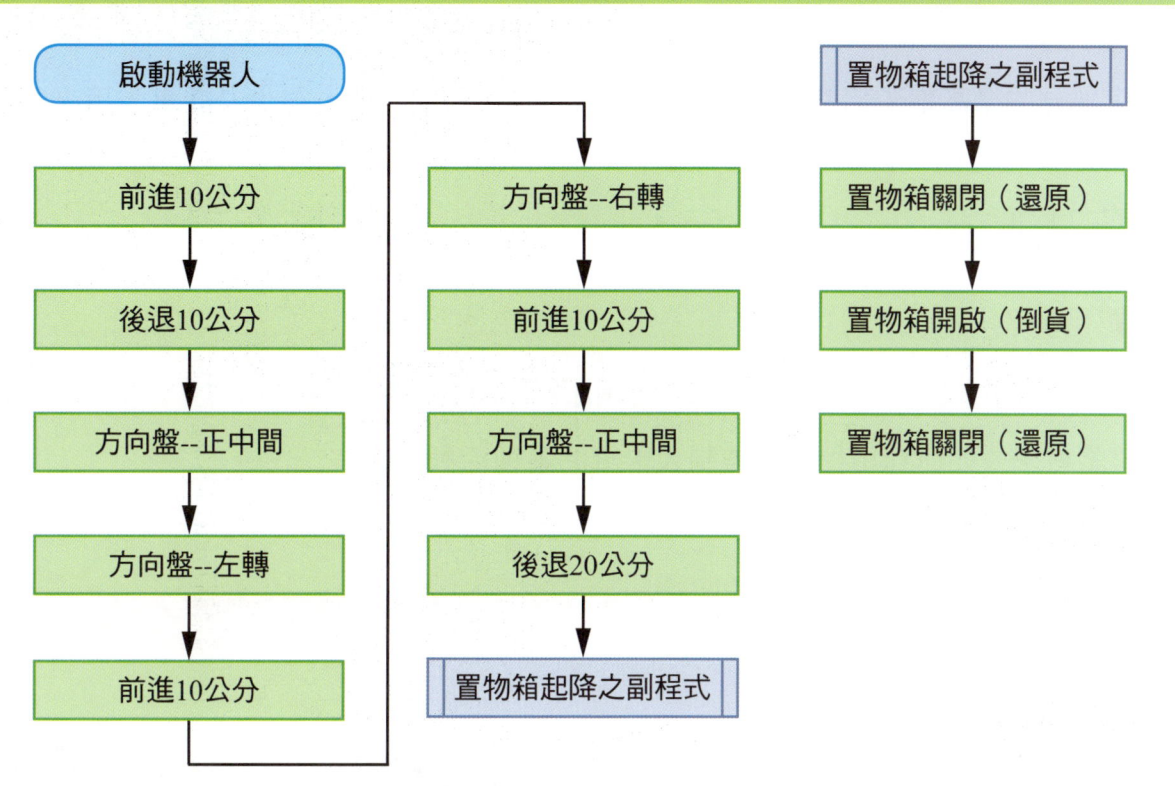

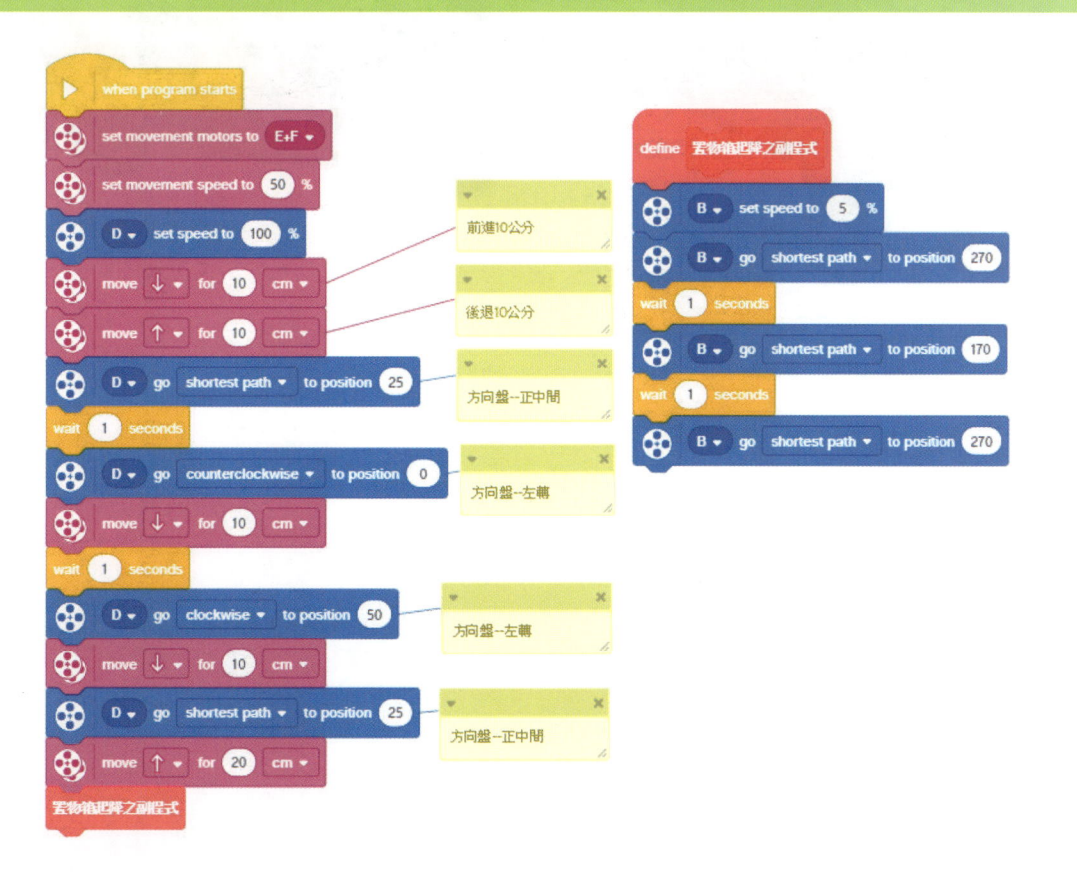

啟動機器人
↓
前進10公分
↓
後退10公分
↓
方向盤--正中間
↓
方向盤--左轉
↓
前進10公分
↓
方向盤--右轉
↓
前進10公分
↓
方向盤--正中間
↓
後退20公分
↓
置物箱起降之副程式

置物箱起降之副程式
↓
置物箱關閉（還原）
↓
置物箱開啟（倒貨）
↓
置物箱關閉（還原）

SPIKE 程式碼

```
when program starts
set movement motors to E+F
set movement speed to 50 %
D set speed to 100 %
move ↓ for 10 cm          — 前進10公分
move ↑ for 10 cm          — 後退10公分
D go shortest path to position 25   — 方向盤--正中間
wait 1 seconds
D go counterclockwise to position 0   — 方向盤--左轉
move ↓ for 10 cm
wait 1 seconds
D go clockwise to position 50    — 方向盤--左轉
move ↓ for 10 cm
D go shortest path to position 25    — 方向盤--正中間
move ↑ for 20 cm
置物箱起降之副程式
```

```
define 置物箱起降之副程式
B set speed to 5 %
B go shortest path to position 270
wait 1 seconds
B go shortest path to position 170
wait 1 seconds
B go shortest path to position 270
```

203

10-4 | 專題實作：樂高工程大卡車

◆ 主題發想

　　大部分的樂高車子都是用來做循線或是障礙使用。但是，很少設計車子用來載重物及自動卸貨的功能。因此，在本單元中，我們將設計一台同時具有「載物」及「卸貨」功能的大卡車。

◆ 主題目的

1. 讓讀者學會如何組裝一台具有「置物箱起降」功能的大卡車。
2. 讓讀者學會如何利用程式來控制大卡車的各種活動。

◆ 完成圖

| 樂高工程大卡車 | 卸貨後（側面） |

Chapter 10　工程大卡車

流程圖

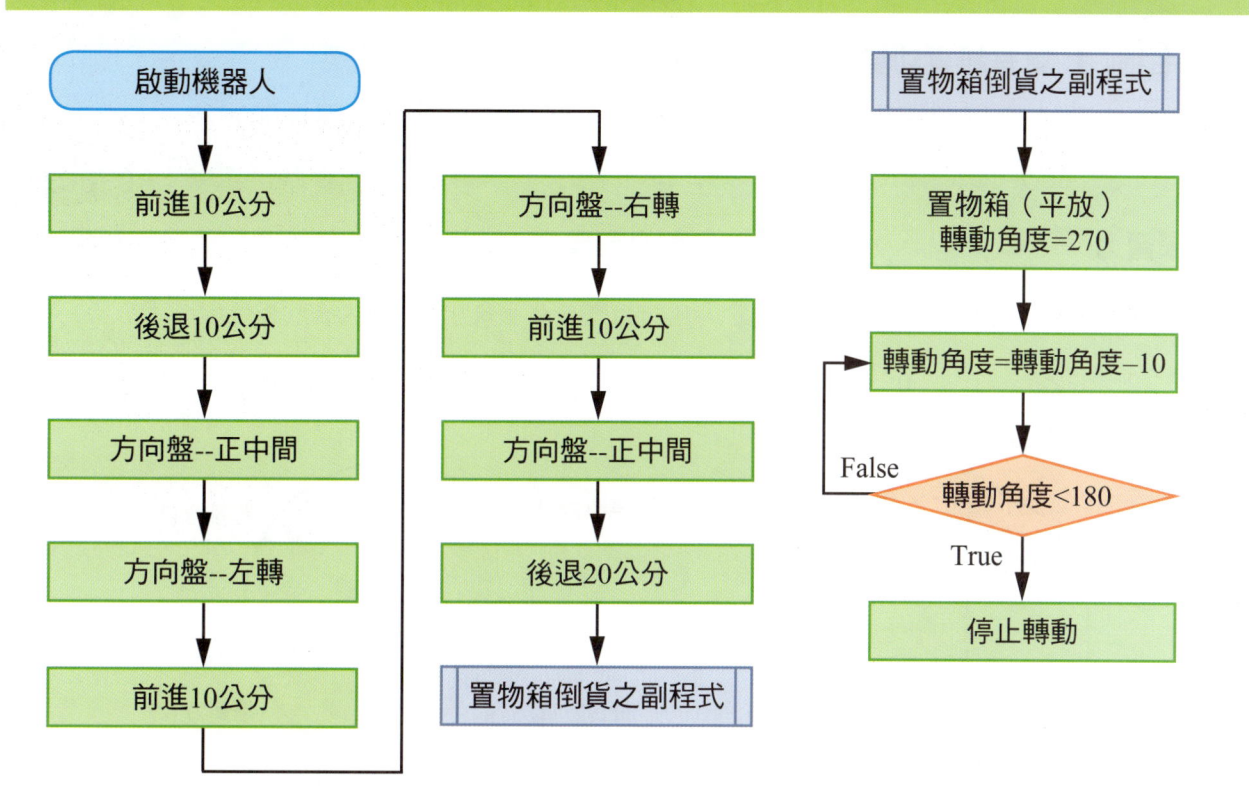

啟動機器人 → 前進10公分 → 後退10公分 → 方向盤--正中間 → 方向盤--左轉 → 前進10公分 → 方向盤--右轉 → 前進10公分 → 方向盤--正中間 → 後退20公分 → 置物箱倒貨之副程式

置物箱倒貨之副程式 → 置物箱（平放）轉動角度＝270 → 轉動角度＝轉動角度−10 → 轉動角度<180？ False 迴圈回轉動角度＝轉動角度−10；True → 停止轉動

SPIKE 程式碼

```
when program starts
set movement motors to E+F
set movement speed to 50 %
D set speed to 100 %
move ↓ for 10 cm         — 前進10公分
move ↑ for 10 cm         — 後退10公分
D go shortest path to position 25   — 方向盤--正中間
wait 1 seconds
D go counterclockwise to position 0  — 方向盤--左轉
move ↓ for 10 cm
wait 1 seconds
D go clockwise to position 50        — 方向盤--左轉
move ↓ for 10 cm
D go shortest path to position 25    — 方向盤--正中間
move ↑ for 20 cm
置物箱倒貨之副程式
```

```
define 置物箱倒貨之副程式
B set speed to 30 %
set 角度 to 270
B go shortest path to position 角度
repeat until 角度 < 180          — 置物箱倒貨
    change 角度 by -10
B go shortest path to position 角度
```

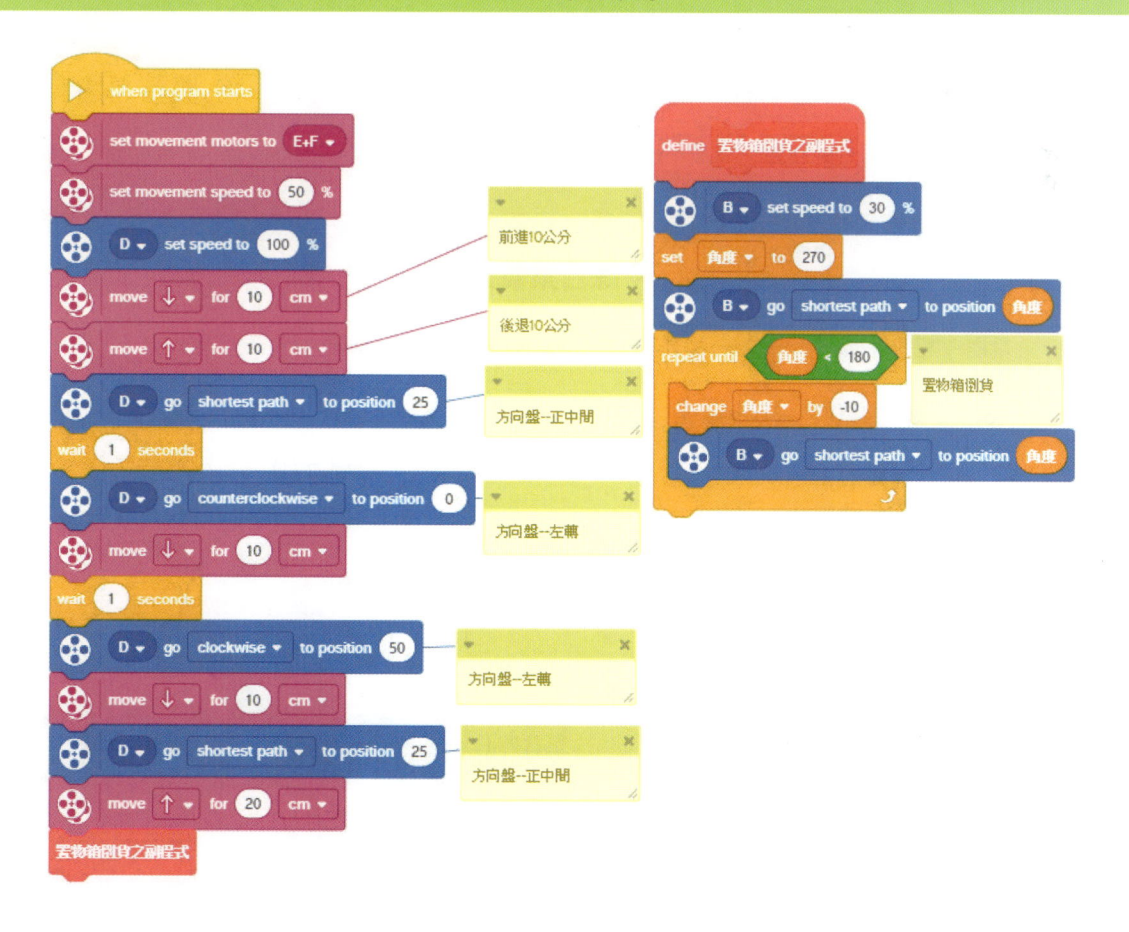

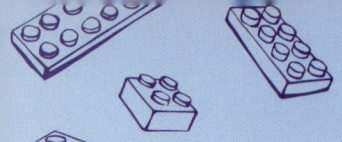

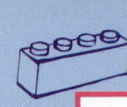

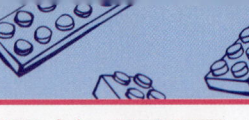

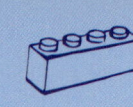

Chapter 10 課後習題

題目名稱 1. 具有卸貨功能的工程大卡車

題目說明 承本章專題實作,再加入「置物箱」倒貨及還原的過程功能。

創客題目編號:A038035

創客學習力

外形(專業)	機構	電控	程式	通訊	人工智慧	創客總數
1	2	2	3	0	0	8

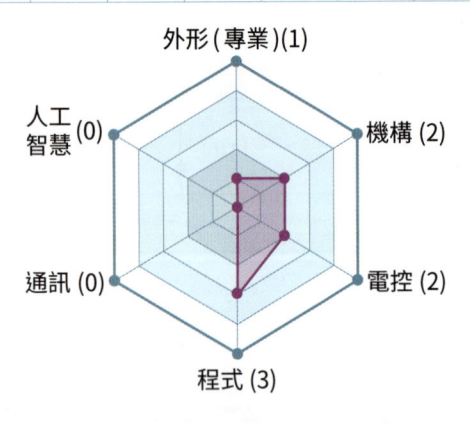

綜合素養力

空間力	堅毅力	邏輯力	創新力	整合力	團隊力	素養總數
1	2	2	1	1	1	8

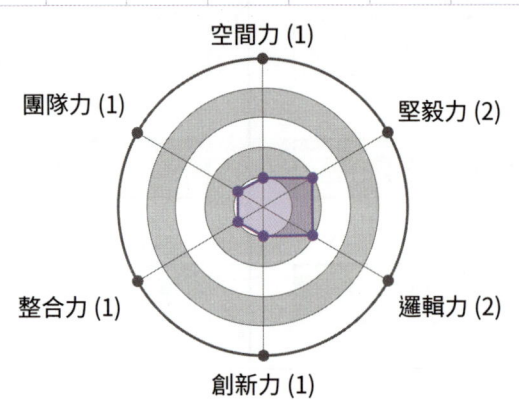

100 mins

題目名稱 2. 具有動態顯示運作狀態的工程大卡車

題目說明 承上一題,工程車在「置物箱」倒貨及還原的過程中,主機螢幕會顯示對應的圖示。

創客題目編號:A038036

創客學習力

外形(專業)	機構	電控	程式	通訊	人工智慧	創客總數
1	2	3	3	0	0	9

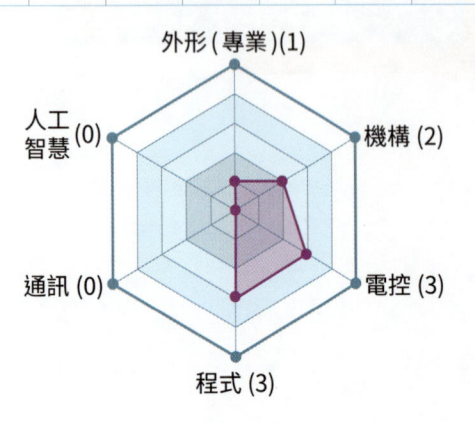

綜合素養力

空間力	堅毅力	邏輯力	創新力	整合力	團隊力	素養總數
1	2	3	1	1	1	9

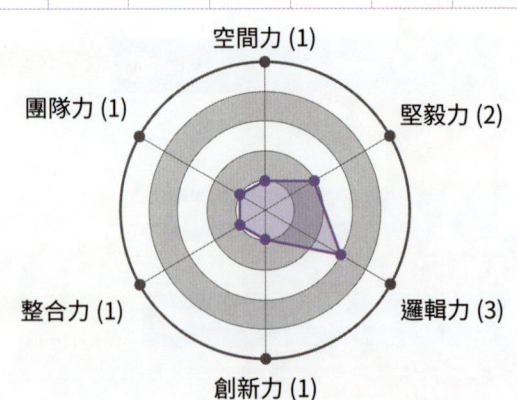

120 mins

Chapter 11 戰車機器人

本章學習目標

1. 讓讀者瞭解組裝樂高戰車機器人及瞭解如何透過戰車機器人來進行活動。
2. 讓讀者瞭解如何利用 SPIKE 程式來撰寫樂高戰車機器人程式。

本章內容

11-1 戰車機器人
11-2 SPIKE 戰車機器人組裝
11-3 撰寫「SPIKE 戰車機器人」之指引程式
11-4 專題實作：樂高戰車機器人

11-1 戰車機器人

其實讀者利用樂高機器人來設計創意作品，有一項非常重要的任務就是試圖設計出具有「創意性、應用性或娛樂性」的作品。但是，如果只使用SPIKE基本車的機構，卻沒有此功能。因此，在SPIKE教育組還必須要再搭配「擴充組」，就可以設計出更具有創意的作品。

主題 設計「戰車機器人」。

目的 設計出具有「創意性及娛樂性」作品。

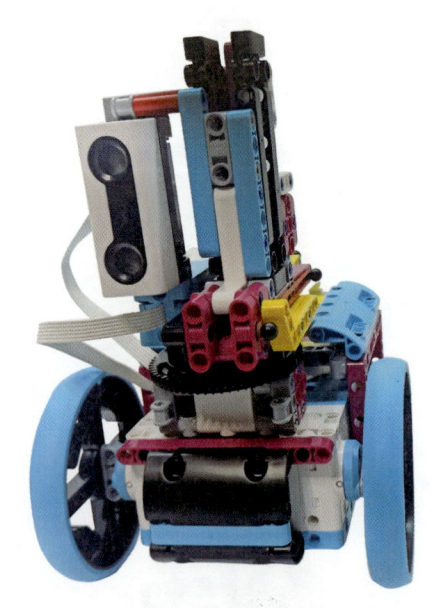

◆ 設計的三部曲

1. 創意組裝
依照指定「功能及造型」來結合「感應器及相關配件」與「主機」。

2. 寫程式
依照指定任務來撰寫處理序的動作與順序（程式）。

3. 測試
利用SPIKE拼圖程式：將程式上傳到「主機」內，並依照指定功能先進行測試。

◆ **流程圖**

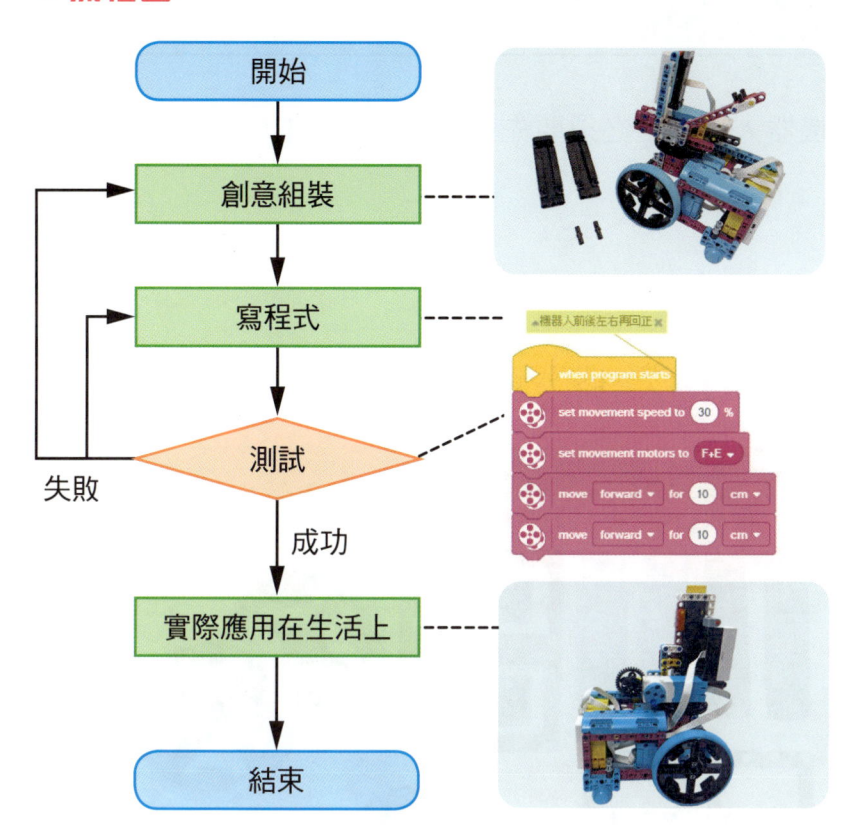

```
開始
 ↓
創意組裝 ┈┈┈
 ↓
寫程式 ┈┈┈
 ↓
測試 ──失敗──→(迴圈回到創意組裝/寫程式)
 ↓ 成功
實際應用在生活上 ┈┈┈
 ↓
結束
```

說明：從左邊的流程圖中，我們可以清楚瞭解「設計機器人程式」必須要經過的三大步驟，並且在進行第三步驟時，如果無法測試成功，除了要修改程式之外，也要檢查組裝是否正確，並且要反覆地進行測試，直到完全成功為止。最後，就可以將創作的智能裝置，應用在我們日常生活中。

11-2 | SPIKE 戰車機器人組裝

想要製作一台「SPIKE戰車機器人」時，必須要先準備相關的「主機、馬達、感應器及相關的零件材料」。

11-2.1 零件清單

基本上，要製作一台「SPIKE戰車機器人」時，零件清單如下圖所示：

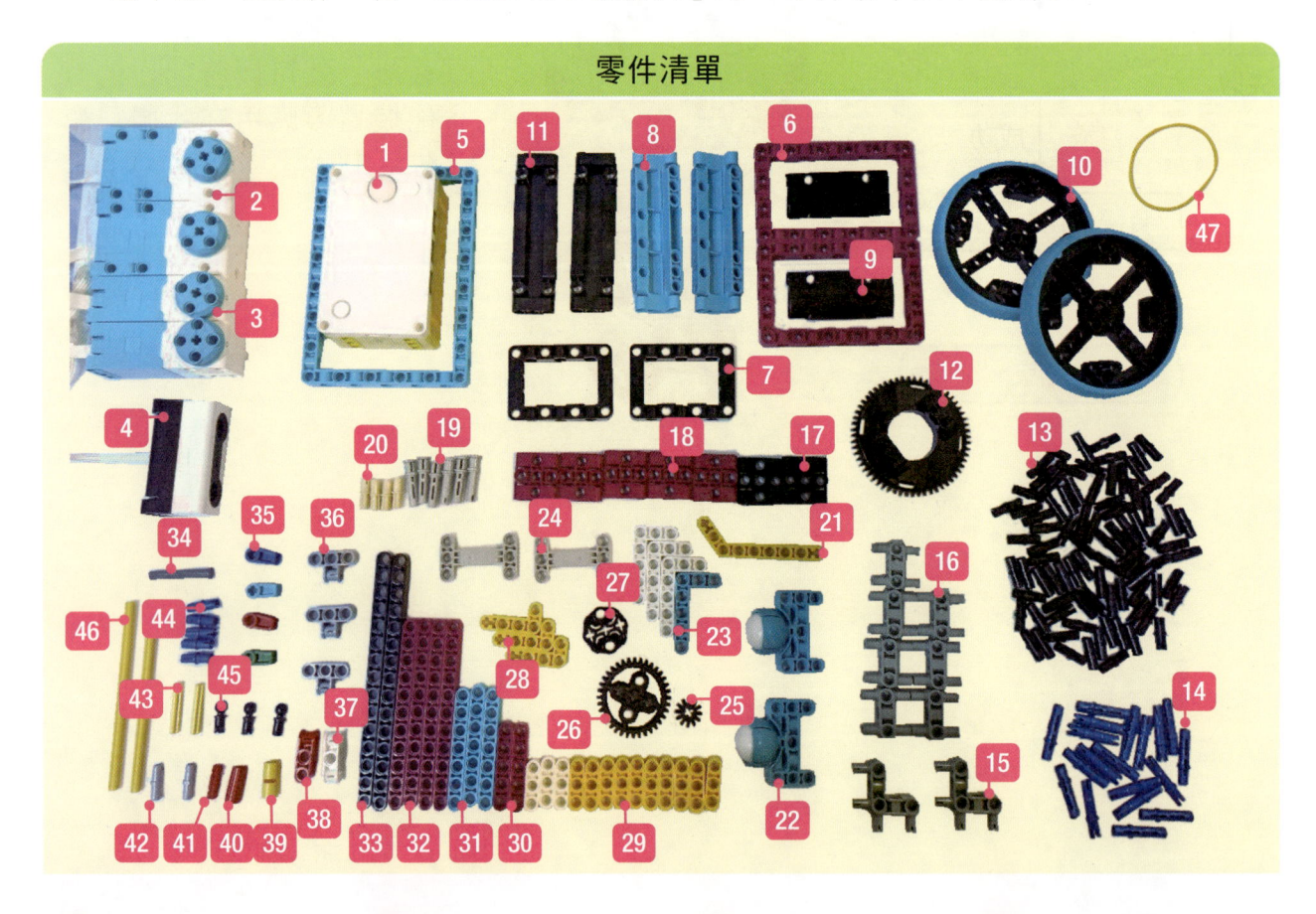

	零件清單						
1	主機 ×1	2	大型馬達 ×2	3	中型馬達 ×2	4	距離感應器 ×1
5	大型方型框 ×1	6	中型方型框 ×2	7	小型方型框 ×2	8	4孔弧型側板 ×2
9	2孔弧型側板 ×2	10	輪子 ×2	11	厚片板 ×2	12	轉向齒輪 ×1
13	黑色短插銷 ×85	14	藍色長插銷 ×19	15	馬型連接器 ×2	16	H型連接器 ×7
17	黑色十字孔連接器 ×2	18	紅色十字孔連接器 ×5	19	十字軸長插銷 ×6	20	米色短插銷 ×4
21	3×7 橫桿 ×1	22	全向輪 ×2	23	3×5 橫桿 ×4	24	I型連接器 ×2
25	12齒雙面斜齒輪 ×1	26	36齒雙面斜齒輪 ×1	27	圓孔連接器 ×1	28	2×4 橫桿 ×3
29	3M 橫桿 ×13	30	5M 橫桿 ×2	31	7M 橫桿 ×3	32	11M 橫桿 ×4
33	15M 橫桿 ×2	34	5M 十字軸 ×1	35	線材固定器 ×4	36	T型連結器 ×3
37	3L 垂直連接器 ×1	38	雙插銷連接器 ×1	39	活動式連接器 ×1	40	固定式連接器 ×1
41	2M 十字軸 ×1	42	活動式插銷 ×2	43	3M 十字軸 ×2	44	藍色短插銷 ×5
45	圓頭連接器 ×3	46	11M 十字軸 ×2	47	自行準備橡皮筋 ×1		

Chapter 11　戰車機器人

11-2.2 組裝指引

在準備好「SPIKE戰車機器人」所需要的「主機、感應器、鋁合金構件及相關的材料」之後，接下來，請各位讀者依照以下的步驟即可完成：

步驟 1

步驟 2

步驟 3

步驟 4

步驟 5

步驟 6

211

樂高 SPIKE 機器人創意專題實作

步驟 7

步驟 8

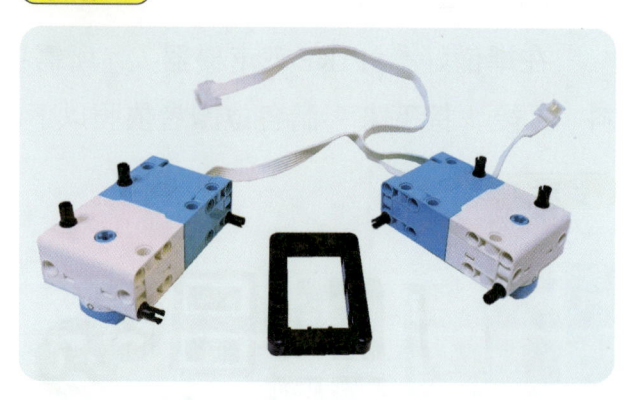

步驟 9

35　20　35

步驟 10

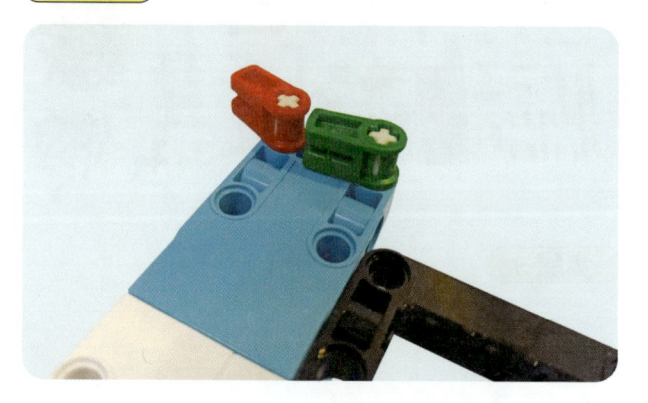

步驟 11

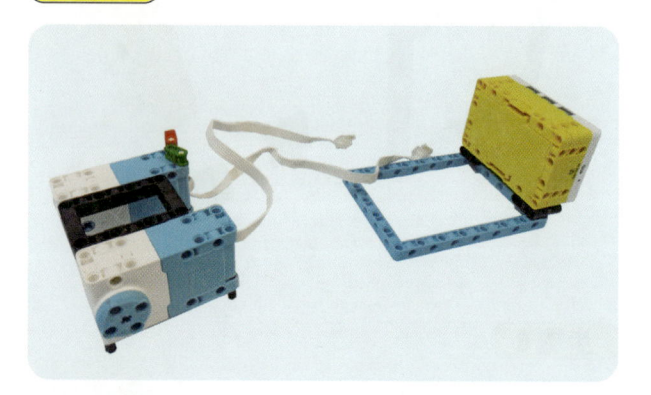

步驟 12

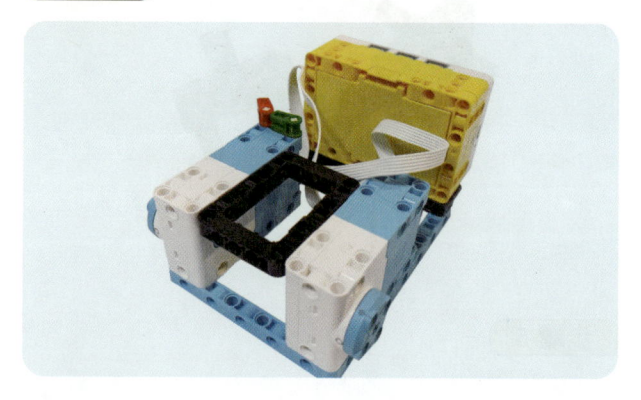

步驟 13

步驟 14

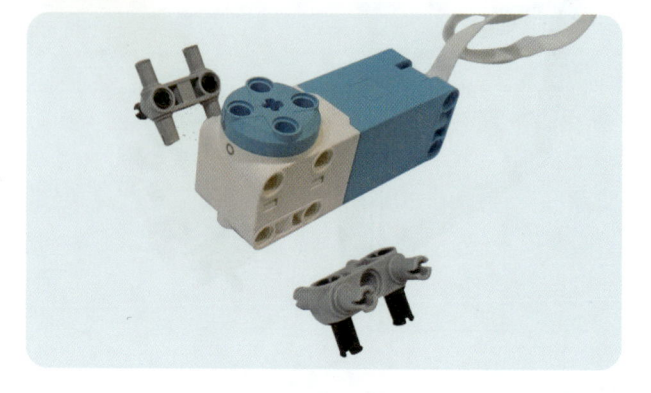

Chapter 11　戰車機器人

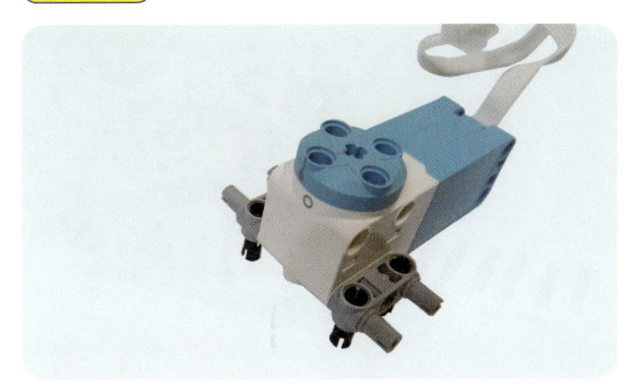

步驟 15

步驟 16

步驟 17

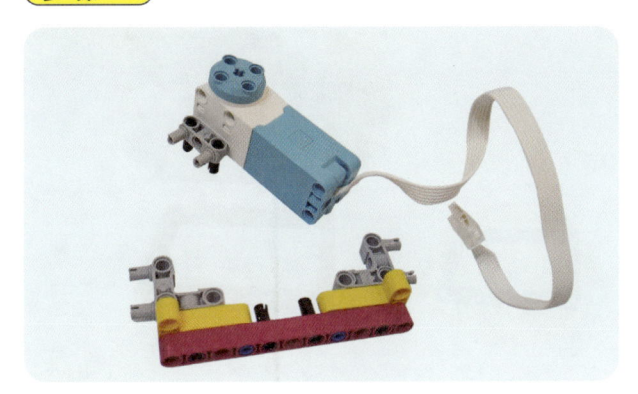

步驟 18

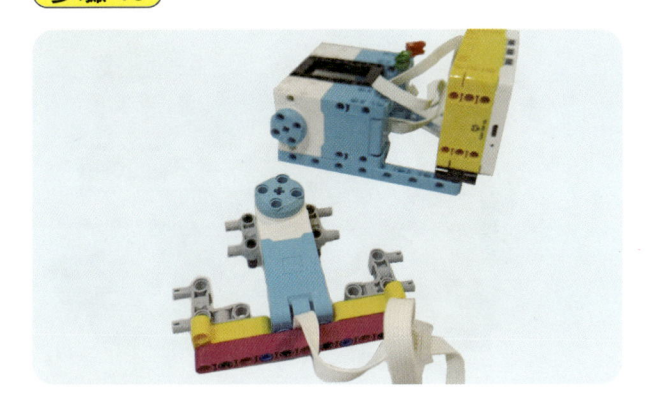

步驟 19

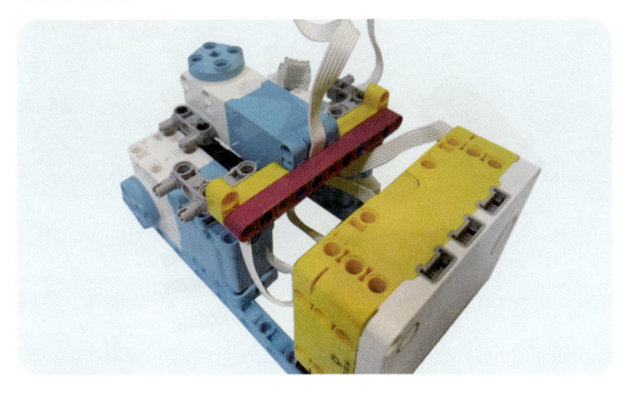

步驟 20

步驟 21

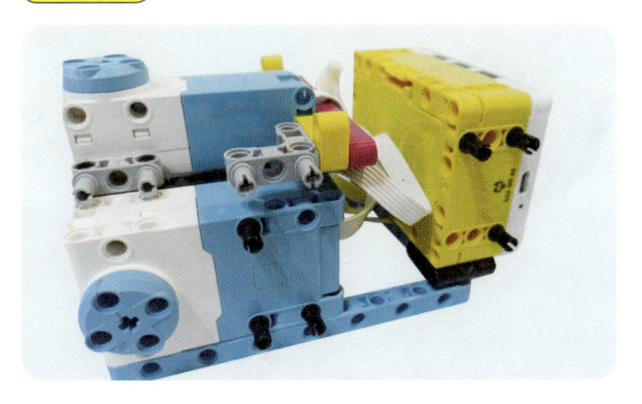

步驟 22

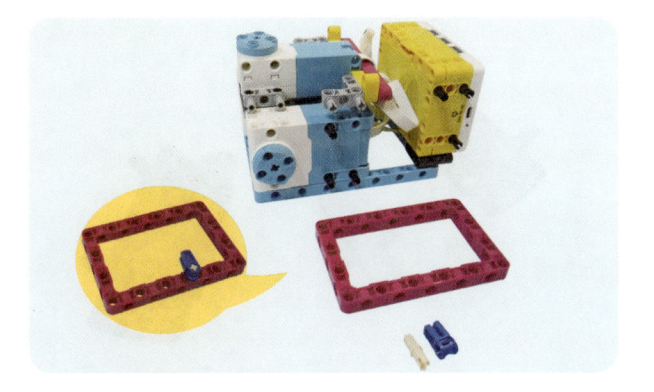

213

步驟 23

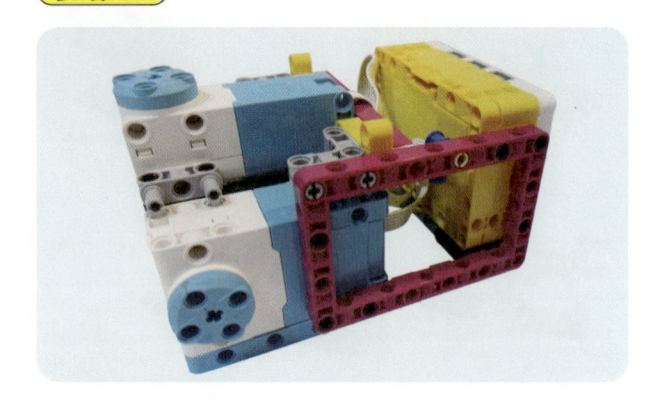

步驟 24

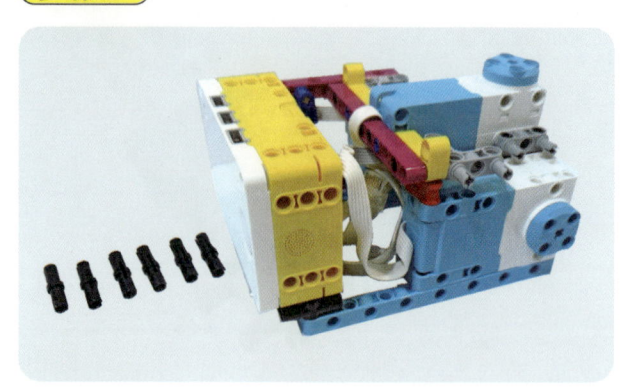

步驟 25

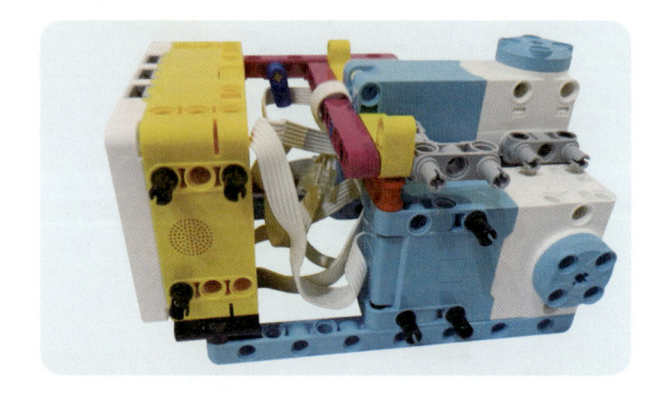

步驟 26

步驟 27

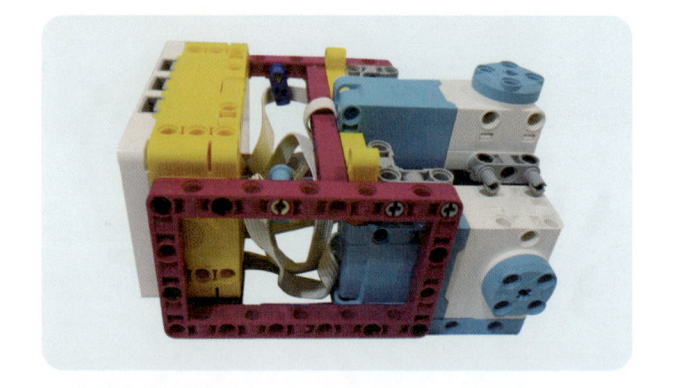

步驟 28

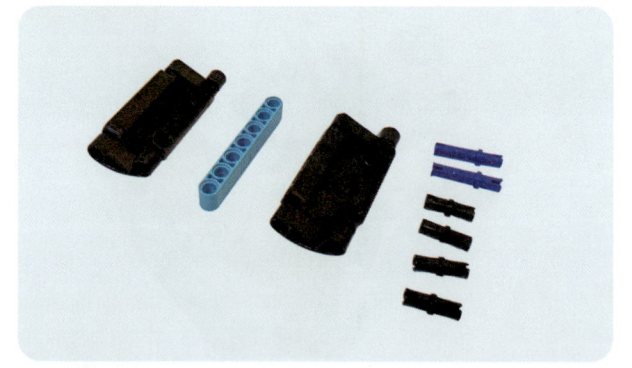

步驟 29

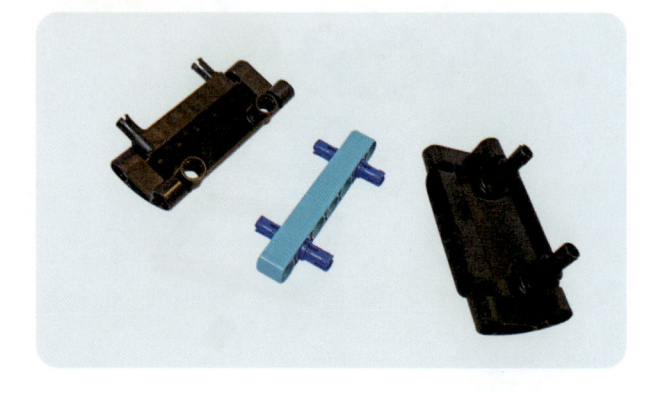

步驟 30

Chapter 11　戰車機器人

步驟 31

步驟 32

步驟 33

步驟 34

步驟 35

步驟 36

步驟 37

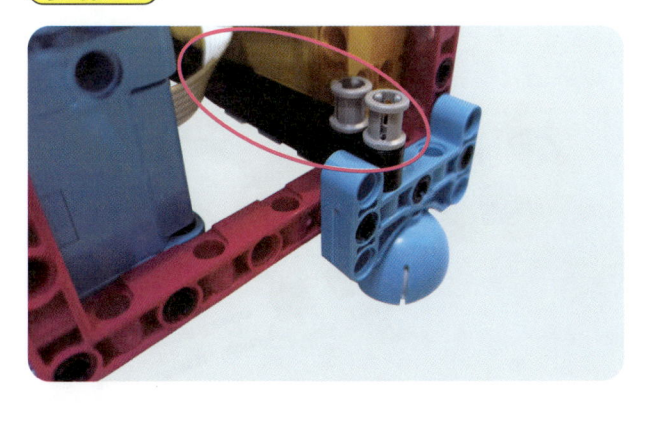

步驟 38

215

樂高 SPIKE 機器人創意專題實作

步驟 39

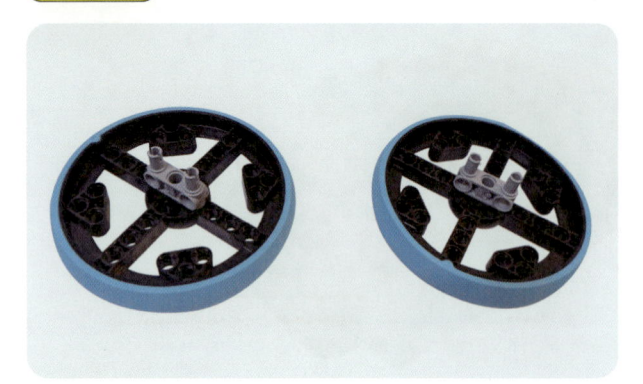

步驟 40

步驟 41

步驟 42

步驟 43

步驟 44

步驟 45

步驟 46

Chapter 11　戰車機器人

步驟 47

步驟 48

步驟 49

步驟 50

步驟 51

步驟 52

步驟 53

步驟 54

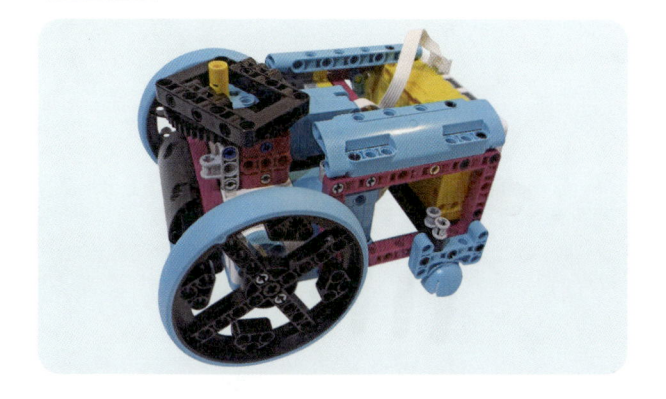

217

樂高 SPIKE 機器人創意專題實作

步驟 55

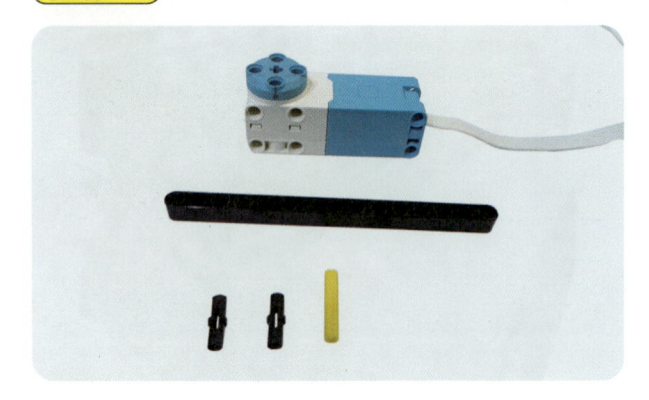

步驟 56

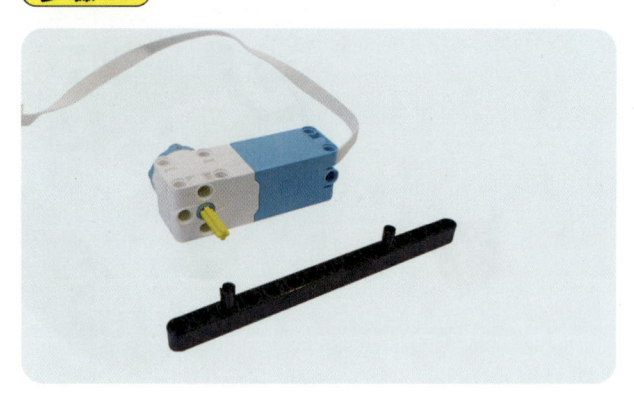

步驟 57

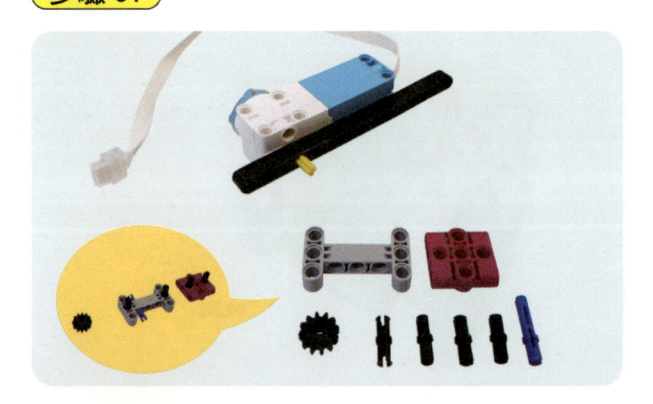

步驟 58

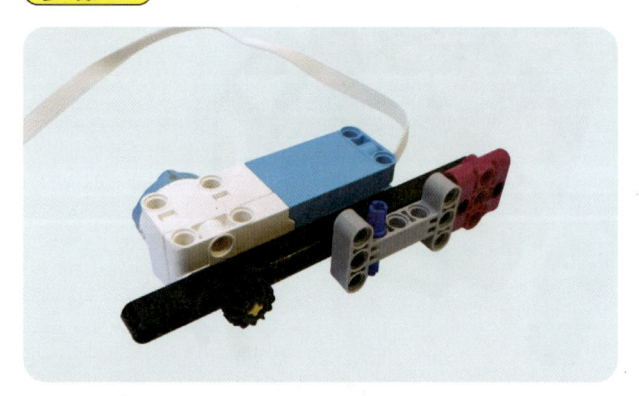

步驟 59

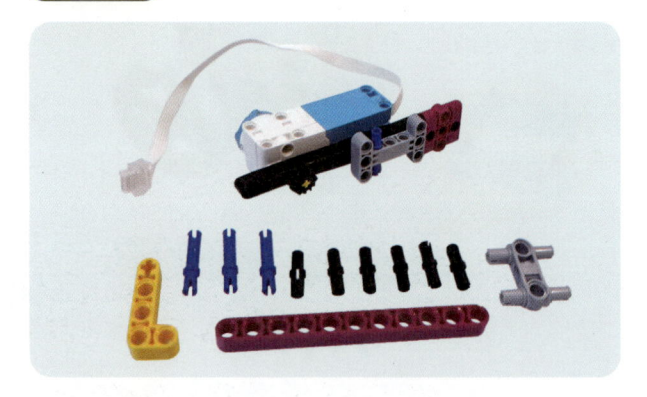

步驟 60

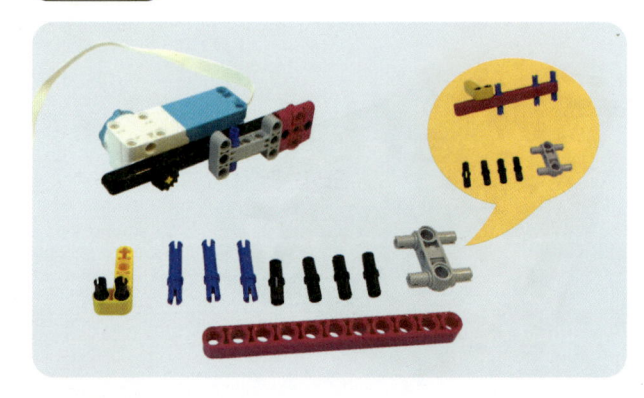

步驟 61

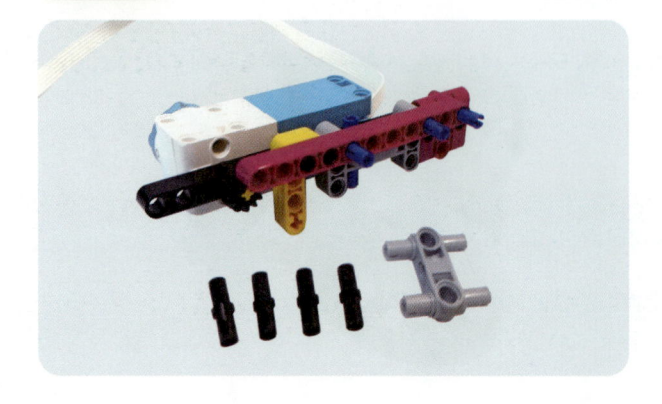

步驟 62

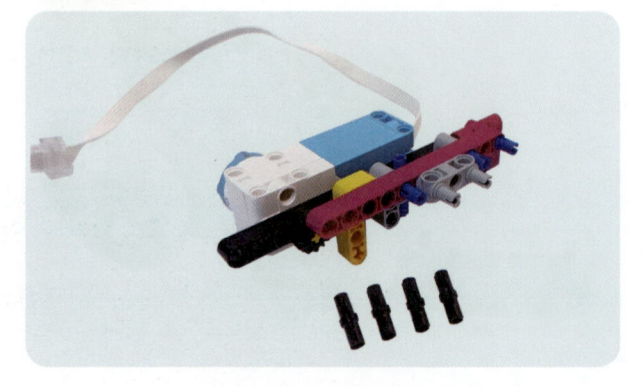

218

Chapter 11　戰車機器人

步驟 63

步驟 64

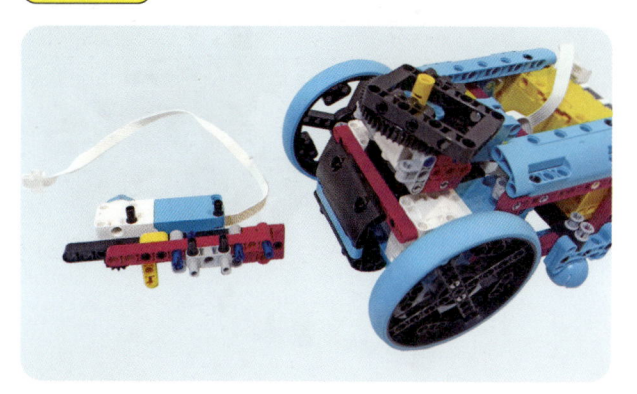

步驟 65

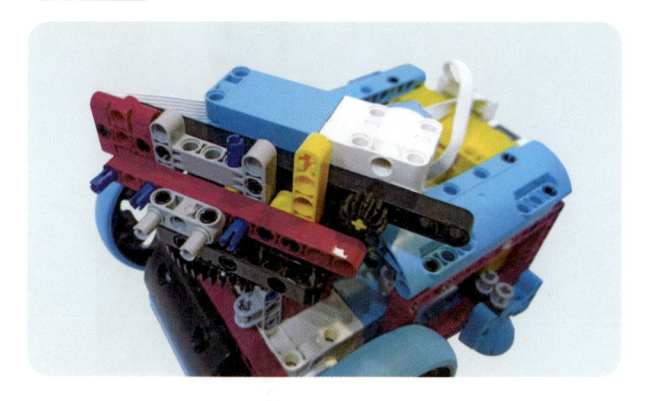

步驟 66

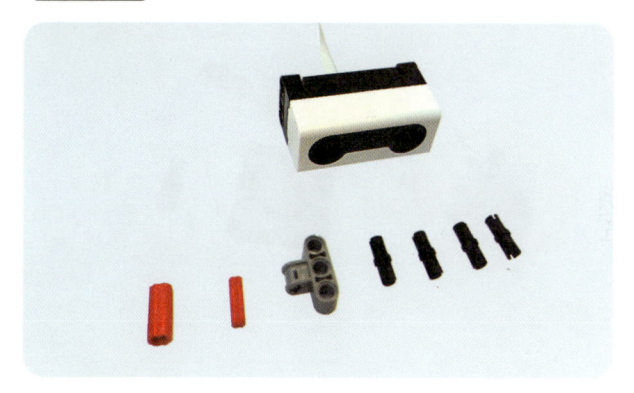

步驟 67

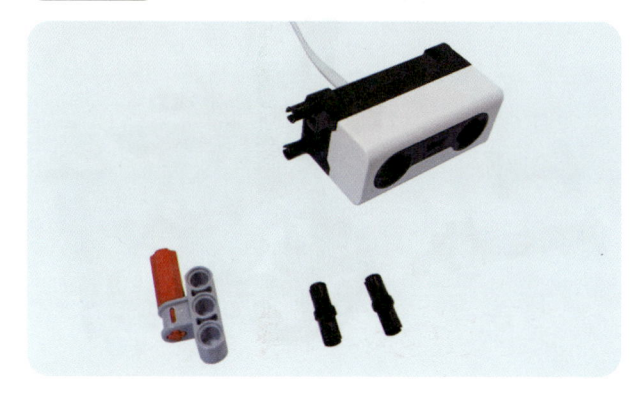

步驟 68

步驟 69

步驟 70

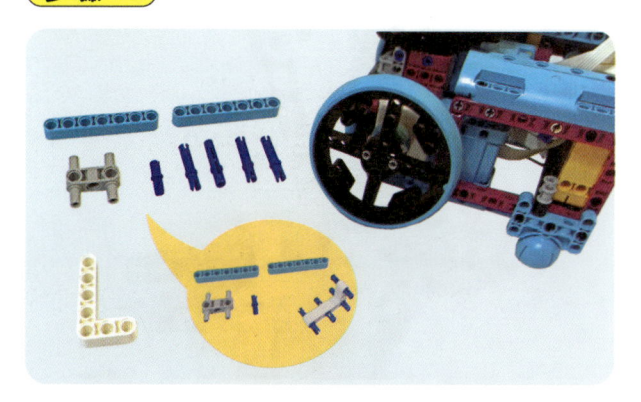

219

步驟 71

步驟 72

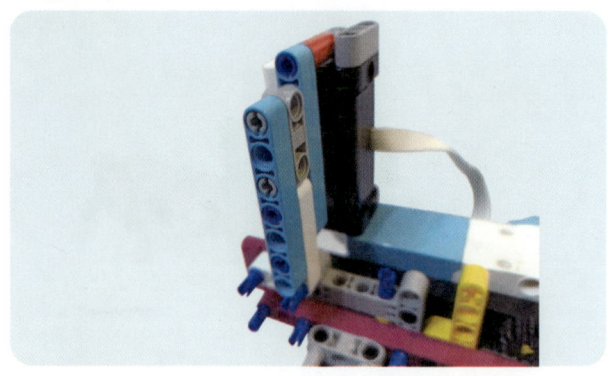

步驟 73

步驟 74

步驟 75

步驟 76

步驟 77

步驟 78

Chapter 11　戰車機器人

步驟 79

步驟 80

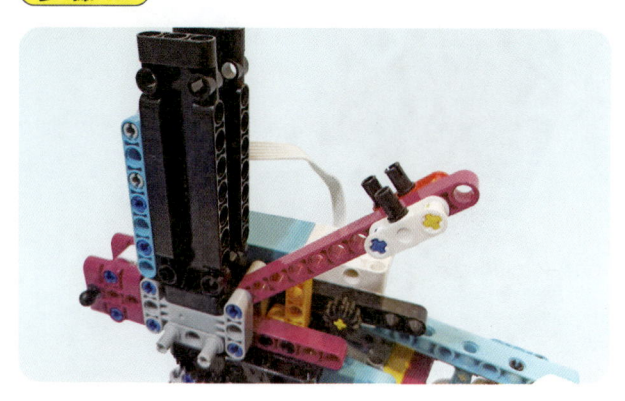

步驟 81

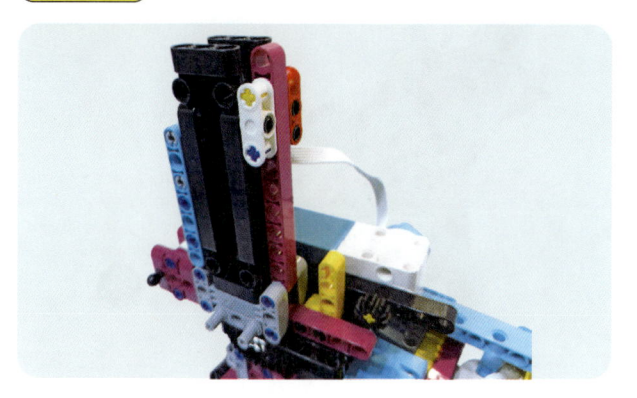

步驟 82

步驟 83

步驟 84

步驟 85

步驟 86

221

樂高 SPIKE 機器人創意專題實作

步驟 87

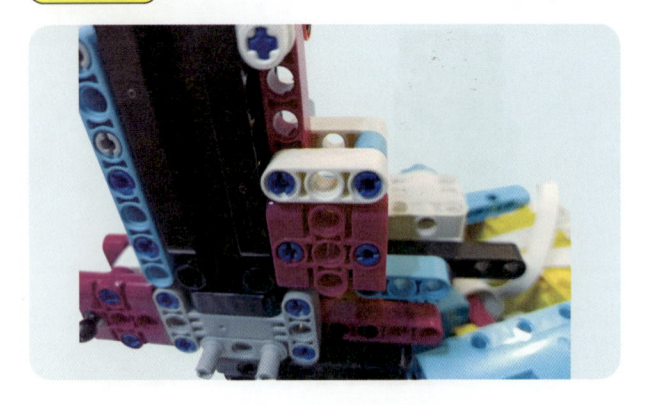

步驟 88

步驟 89

步驟 90

步驟 91

步驟 92

步驟 93

步驟 94

222

Chapter 11 戰車機器人

步驟 95

步驟 96

步驟 97

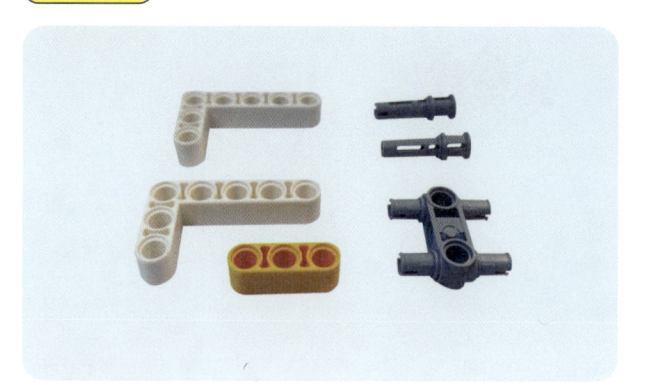

步驟 98

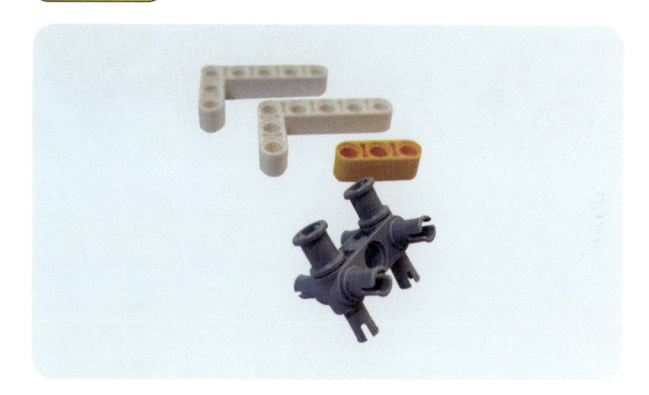

步驟 99

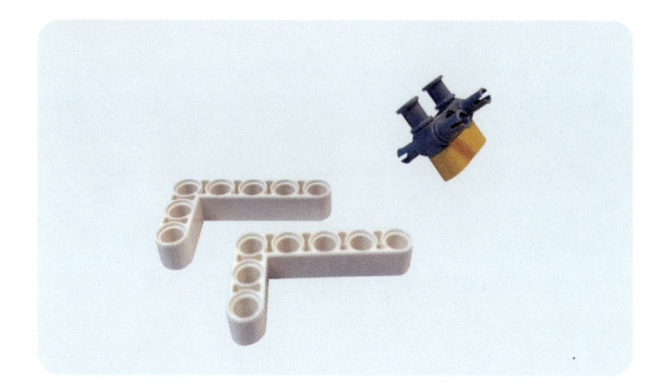

步驟 100

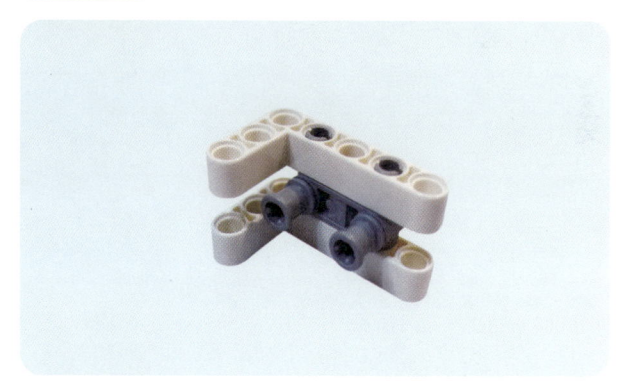

步驟 101

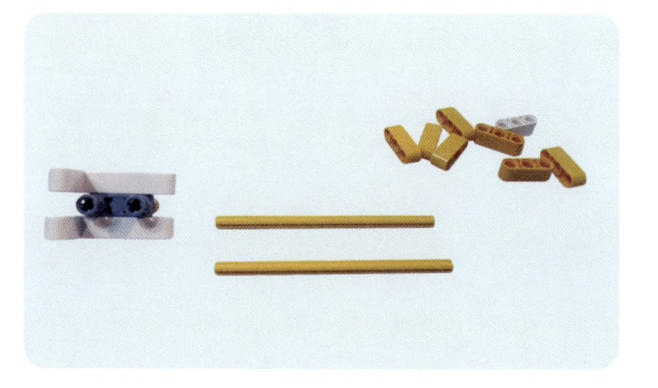

步驟 102

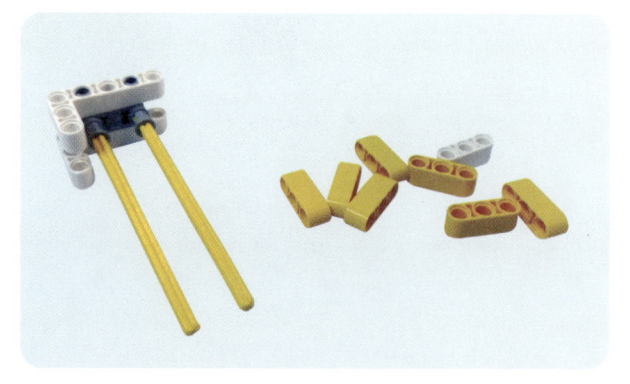

步驟 103

完成圖

11-3 撰寫「SPIKE 戰車機器人」之指引程式

主題 ① 讓戰車機器人的炮台由右至左偵測敵人（單次）。

流程圖

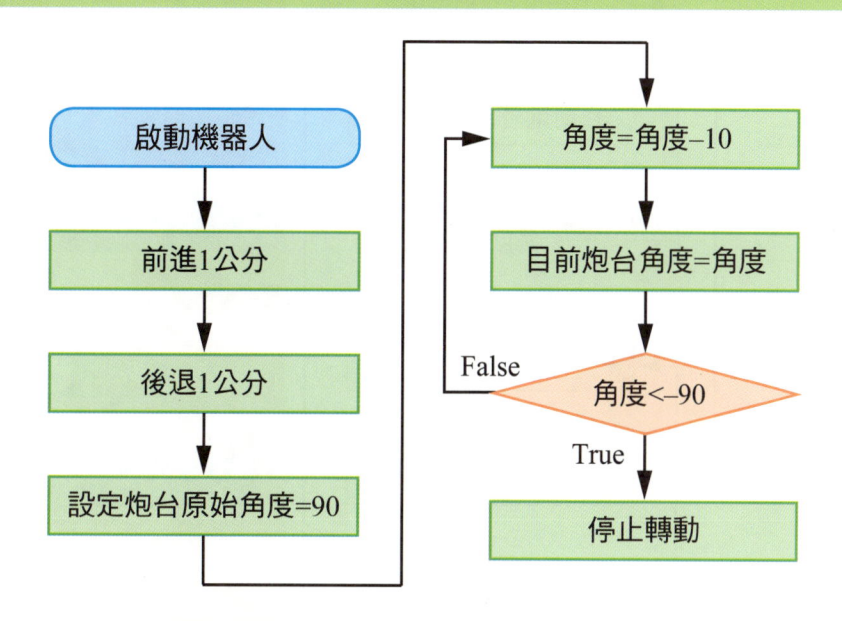

- 啟動機器人
- 前進1公分
- 後退1公分
- 設定炮台原始角度=90
- 角度=角度-10
- 目前炮台角度=角度
- 角度<-90？
  - False → 回到「角度=角度-10」
  - True → 停止轉動

SPIKE 程式碼

```
when program starts
set movement motors to C+E
set movement speed to 50 %
move ↓ for 1 cm
move ↑ for 1 cm
F go shortest path to position 90
forever
    set 角度 to 90
    repeat until 角度 < -90      // 由右至左偵測敵人
        change 角度 by -10
        F go shortest path to position 角度
```

225

主題 ❷ 讓戰車機器人的炮台「由右至左」及「由左至右」偵測敵人（來回多次）。

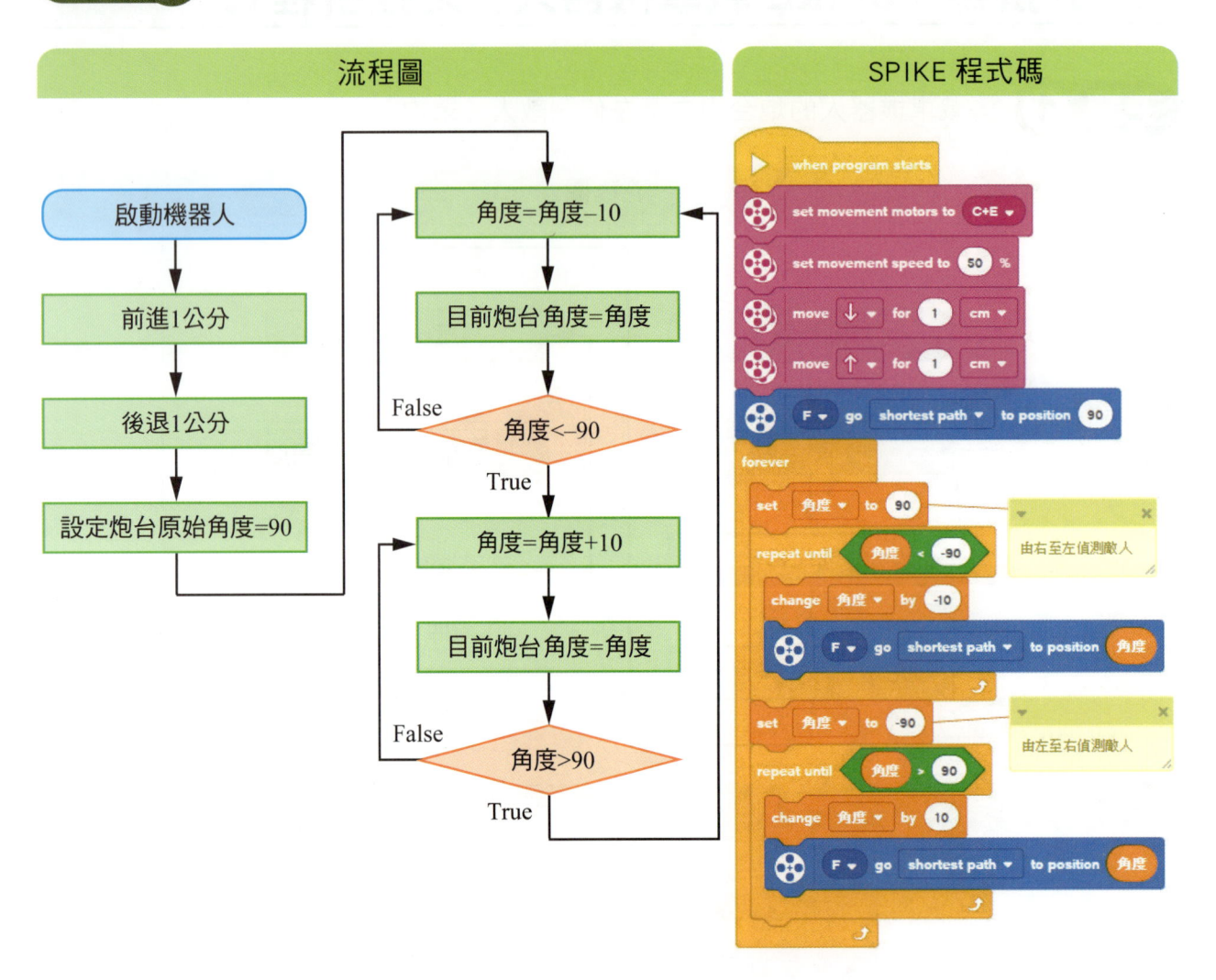

流程圖

啟動機器人
↓
前進1公分
↓
後退1公分
↓
設定炮台原始角度=90
↓
角度=角度−10 ←┐
↓   │
目前炮台角度=角度│
↓   │
角度<−90 ──False┘
↓ True
角度=角度+10 ←┐
↓   │
目前炮台角度=角度│
↓   │
角度>90 ──False┘
↓ True
（回到上方）

SPIKE 程式碼

when program starts
set movement motors to C+E
set movement speed to 50 %
move ↓ for 1 cm
move ↑ for 1 cm
F go shortest path to position 90

forever
　set 角度 to 90　　← 由右至左偵測敵人
　repeat until 角度 < −90
　　change 角度 by −10
　　F go shortest path to position 角度

　set 角度 to −90　　← 由左至右偵測敵人
　repeat until 角度 > 90
　　change 角度 by 10
　　F go shortest path to position 角度

Chapter 11　戰車機器人

主題 ③　承上一題，再增加偵測到敵人發出聲音的功能。

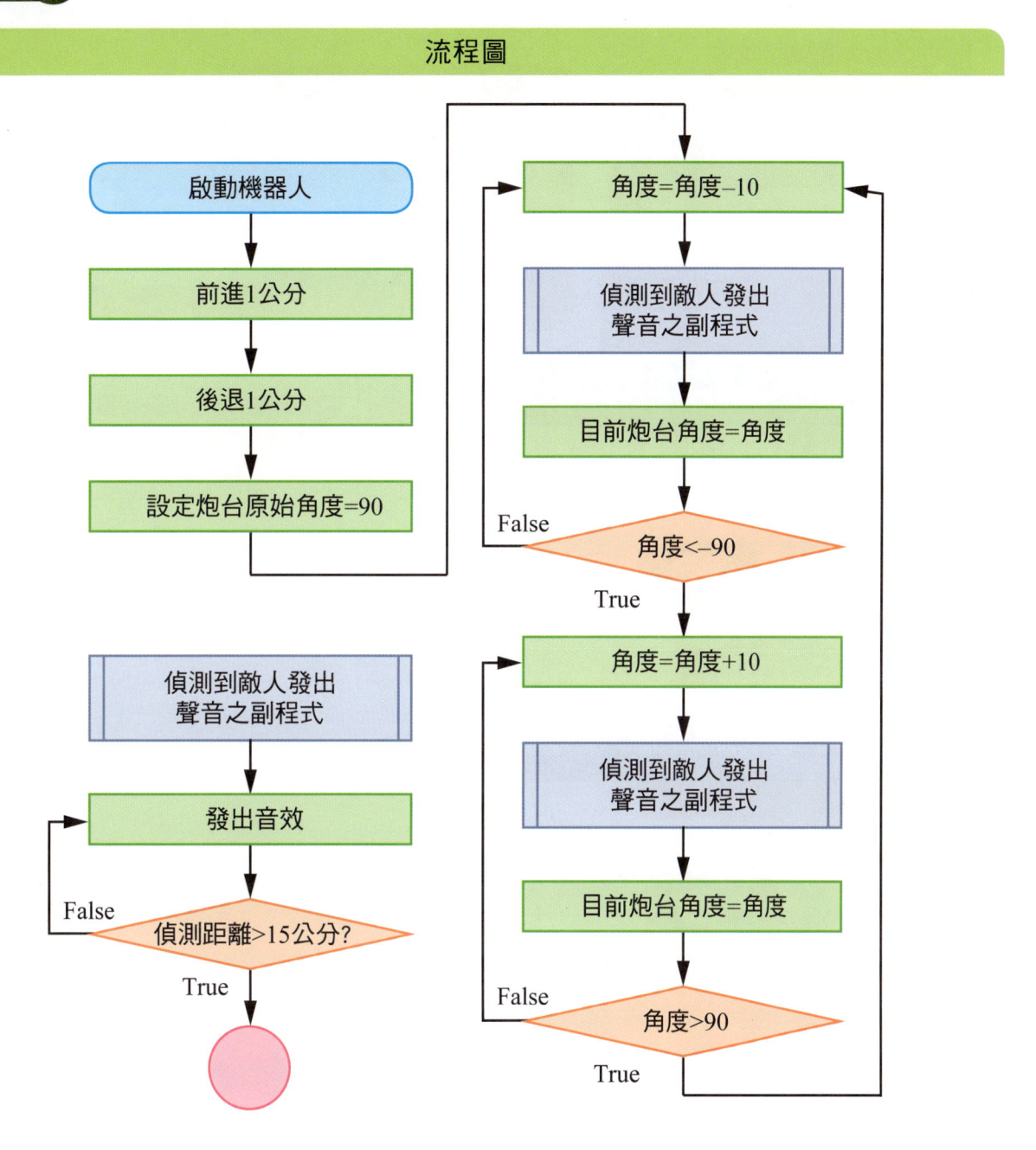

流程圖

- 啟動機器人
- 前進1公分
- 後退1公分
- 設定炮台原始角度=90

- 角度=角度−10
- 偵測到敵人發出聲音之副程式
- 目前炮台角度=角度
- 角度<−90？
  - False → 回到「角度=角度−10」
  - True ↓
- 角度=角度+10
- 偵測到敵人發出聲音之副程式
- 目前炮台角度=角度
- 角度>90？
  - False → 回到「角度=角度+10」
  - True → 回到「角度=角度−10」

偵測到敵人發出聲音之副程式
- 發出音效
- 偵測距離>15公分？
  - False → 回到「發出音效」
  - True → 結束

227

SPIKE 程式碼

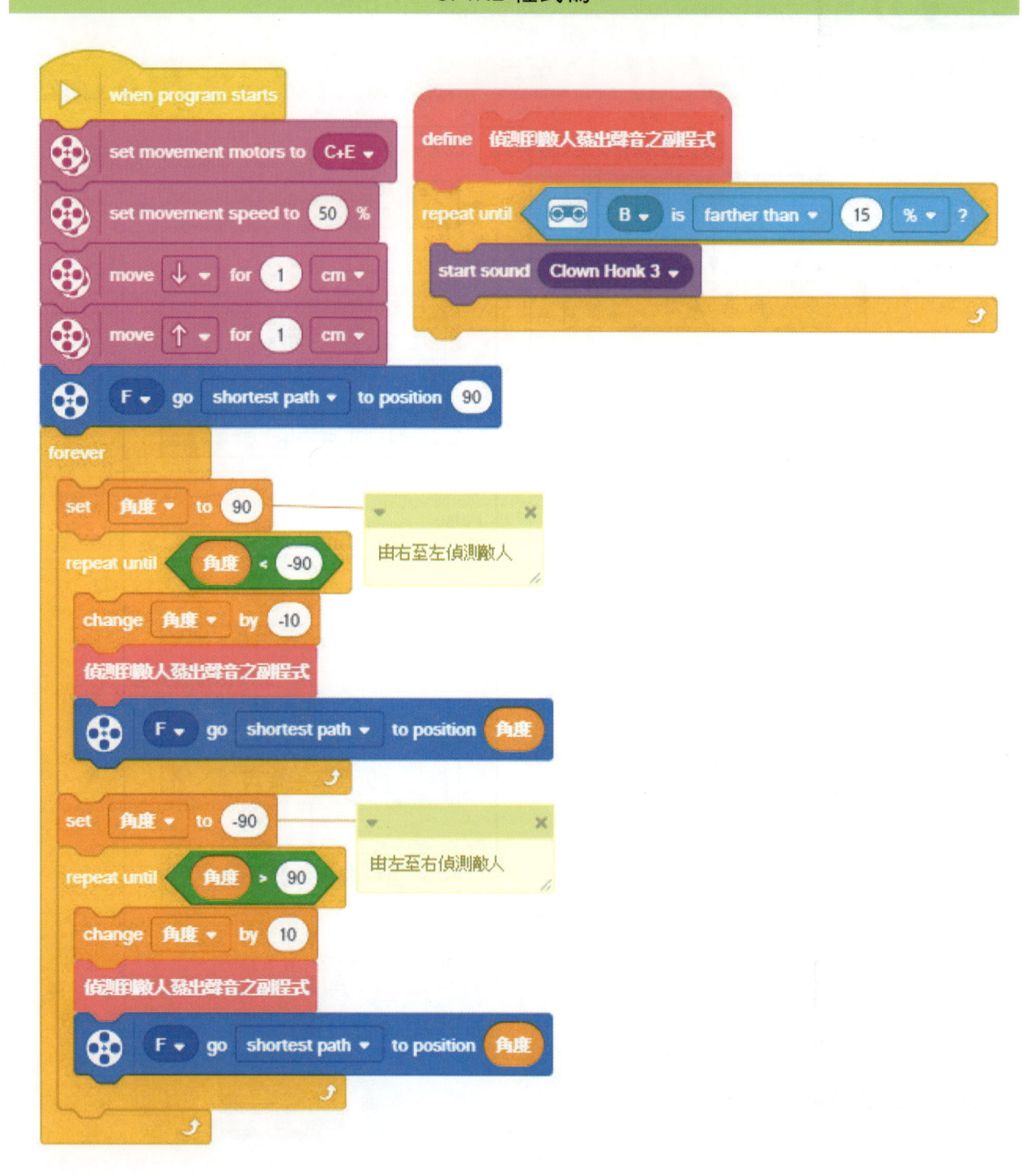

when program starts
- set movement motors to C+E
- set movement speed to 50 %
- move ↓ for 1 cm
- move ↑ for 1 cm
- F go shortest path to position 90
- forever:
  - set 角度 to 90 ← 由右至左偵測敵人
  - repeat until 角度 < -90:
    - change 角度 by -10
    - 偵測距離敵人發出聲音之副程式
    - F go shortest path to position 角度
  - set 角度 to -90 ← 由左至右偵測敵人
  - repeat until 角度 > 90:
    - change 角度 by 10
    - 偵測距離敵人發出聲音之副程式
    - F go shortest path to position 角度

define 偵測距離敵人發出聲音之副程式
- repeat until B is farther than 15 % ?
  - start sound Clown Honk 3

11-4 專題實作：樂高戰車機器人

◆ 主題發想

射擊遊戲是現在學生的最愛，不過，要如何透過機器人的創意組裝，能在機構上更加穩固，又可以控制發射的拋物線。因此，我們想運用LEGO的伺服馬達，來作為發射機構的動力來源。

◆ 主題目的

運用距離感應器，模擬設計出一部無人作戰車，當距離靠近時，便可以執行所設定之動作。

可以應用於家中的保全系統，當有危險人物靠近時，做出適當的保護機制。

◆ 完成圖

| 準備填入樂高子彈 | 樂高戰車機器人 |

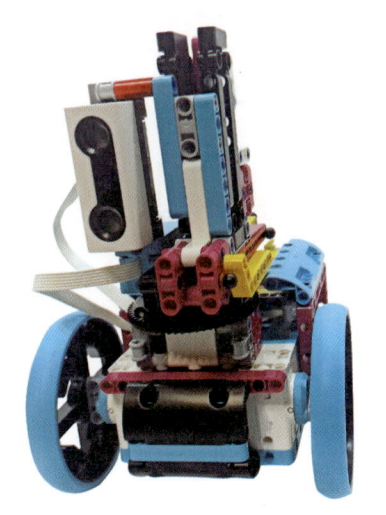

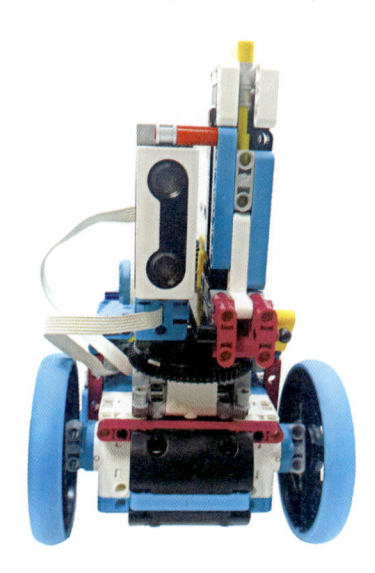

流程圖

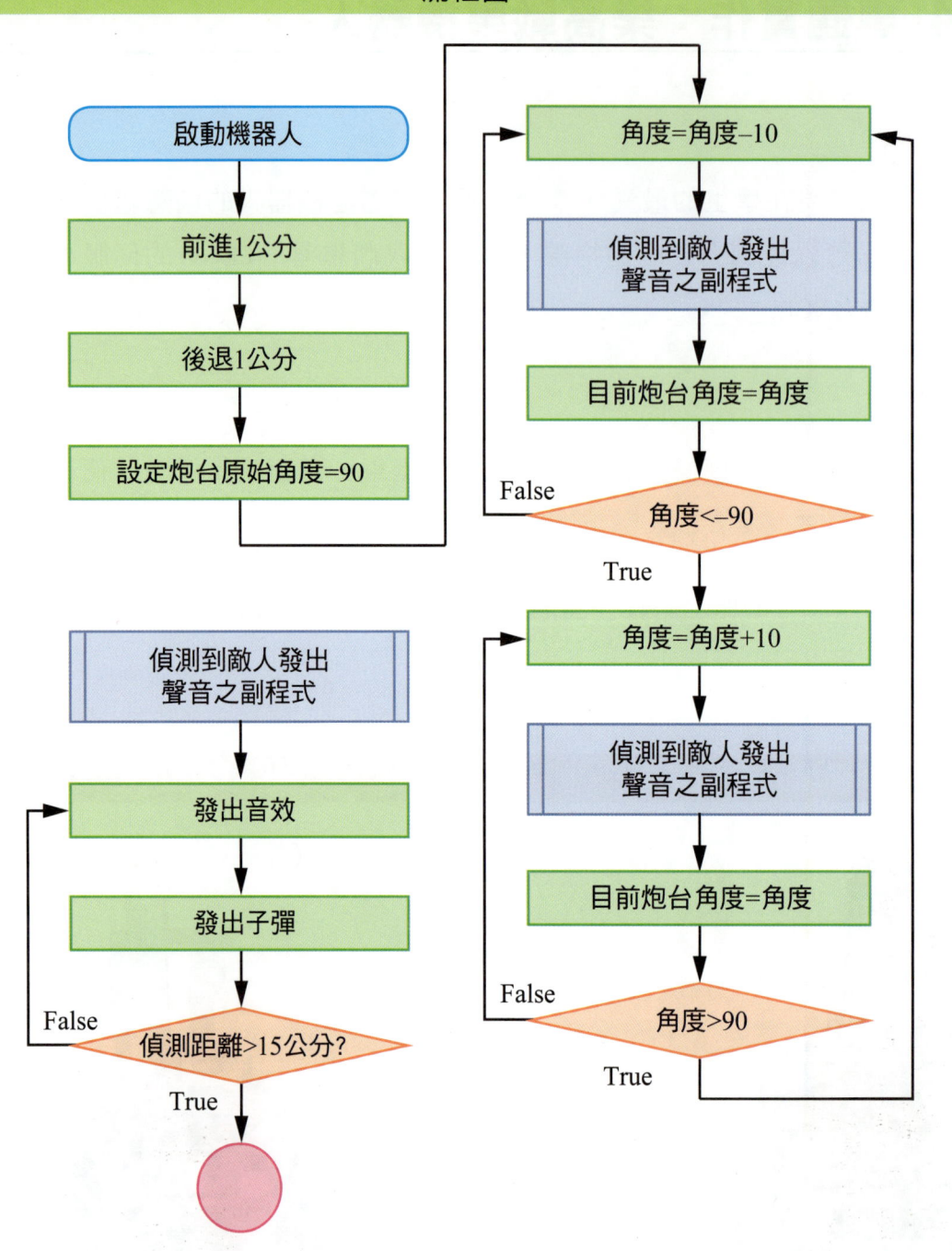

```
啟動機器人
    ↓
前進1公分
    ↓
後退1公分
    ↓
設定炮台原始角度=90
    ↓
    → 角度=角度-10
        ↓
       偵測到敵人發出聲音之副程式
        ↓
       目前炮台角度=角度
        ↓
       角度<-90 ? False→(迴圈回到 角度=角度-10)
        ↓ True
       角度=角度+10
        ↓
       偵測到敵人發出聲音之副程式
        ↓
       目前炮台角度=角度
        ↓
       角度>90 ? False→(迴圈回到 角度=角度+10)
        ↓ True
       (回到 角度=角度-10)

偵測到敵人發出聲音之副程式
    ↓
發出音效
    ↓
發出子彈
    ↓
偵測距離>15公分? False→(回到 發出音效)
    ↓ True
    ●
```

SPIKE 程式碼

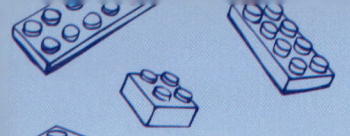

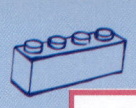

Chapter 11 課後習題

題目名稱 1. 具有燈光效果的戰車機器人

題目說明 請參考本章專題實作，再增加發射子彈時，在主機螢幕上會有「燈光閃爍」的功能。

創客題目編號：A038037

100 mins

創客學習力

外形(專業)	機構	電控	程式	通訊	人工智慧	創客總數
1	2	3	3	0	0	9

綜合素養力

空間力	堅毅力	邏輯力	創新力	整合力	團隊力	素養總數
1	2	3	1	1	1	9

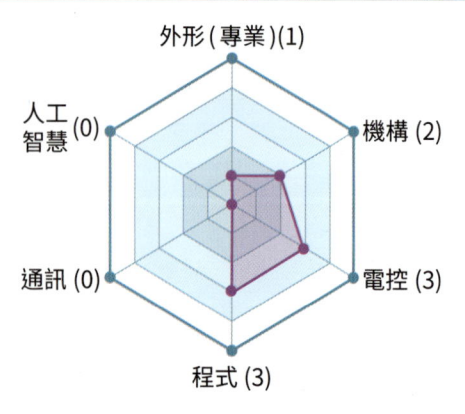

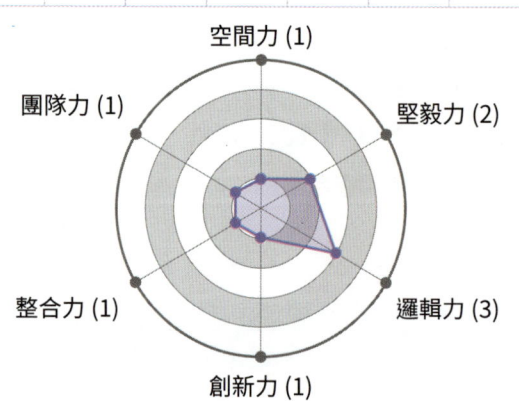

題目名稱 2. 具有巡邏功能的戰車機器人

題目說明 承上一題，再讓戰車機器人可以「正方形行走」巡邏的功能。

創客題目編號：A038038

120 mins

創客學習力

外形(專業)	機構	電控	程式	通訊	人工智慧	創客總數
1	2	2	3	0	0	8

綜合素養力

空間力	堅毅力	邏輯力	創新力	整合力	團隊力	素養總數
1	2	2	1	1	1	8

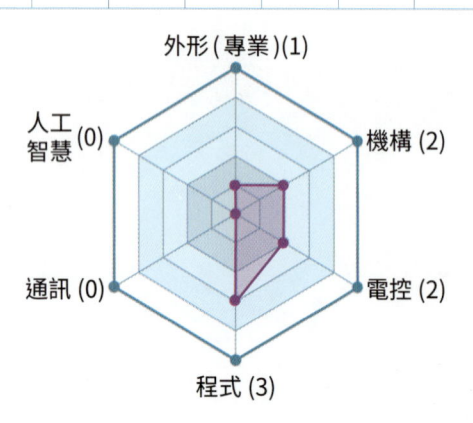

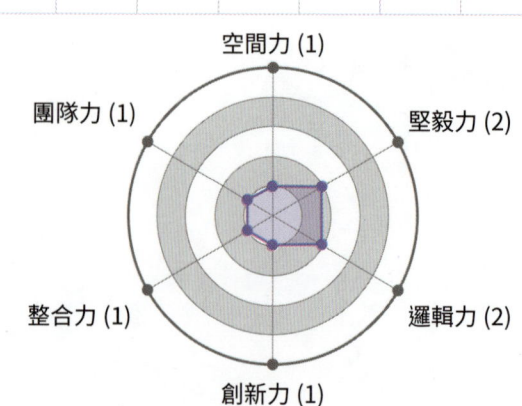

Chapter 12 直升機機器人

本章學習目標

1. 讓讀者瞭解組裝樂高直升機機器人及瞭解如何透過直升機機器人來進行活動。
2. 讓讀者瞭解如何利用 SPIKE 程式來撰寫樂高直升機機器人程式。

本章內容

12-1 直升機機器人

12-2 SPIKE 直升機機器人組裝

12-3 撰寫「SPIKE 直升機機器人」之指引程式

12-4 專題實作:樂高直升機機器人

樂高 SPIKE 機器人創意專題實作

12-1 直升機機器人

其實讀者利用樂高機器人來設計創意作品，有一項非常重要的任務就是試圖設計出具有「創意性、應用性或娛樂性」的作品。但是，如果只使用 SPIKE 基本車的機構，卻沒有此功能。因此，在 SPIKE 教育組還必須要再搭配「擴充組」，就可以設計出更具有創意的作品。

主題 設計「直升機機器人」。

目的 設計出具有「創意性及娛樂性」作品。

◆ 設計的三部曲

1. 創意組裝 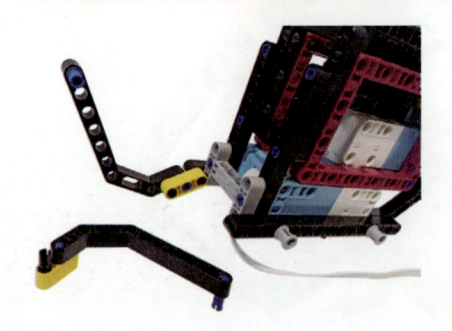
依照指定「功能及造型」來結合「感應器及相關配件」與「主機」。

2. 寫程式 
依照指定任務來撰寫處理程序的動作與順序（程式）。

3. 測試 
利用 SPIKE 拼圖程式：將程式上傳到「主機」內，並依照指定功能先進行測試。

Chapter 12　直升機機器人

◆ 流程圖

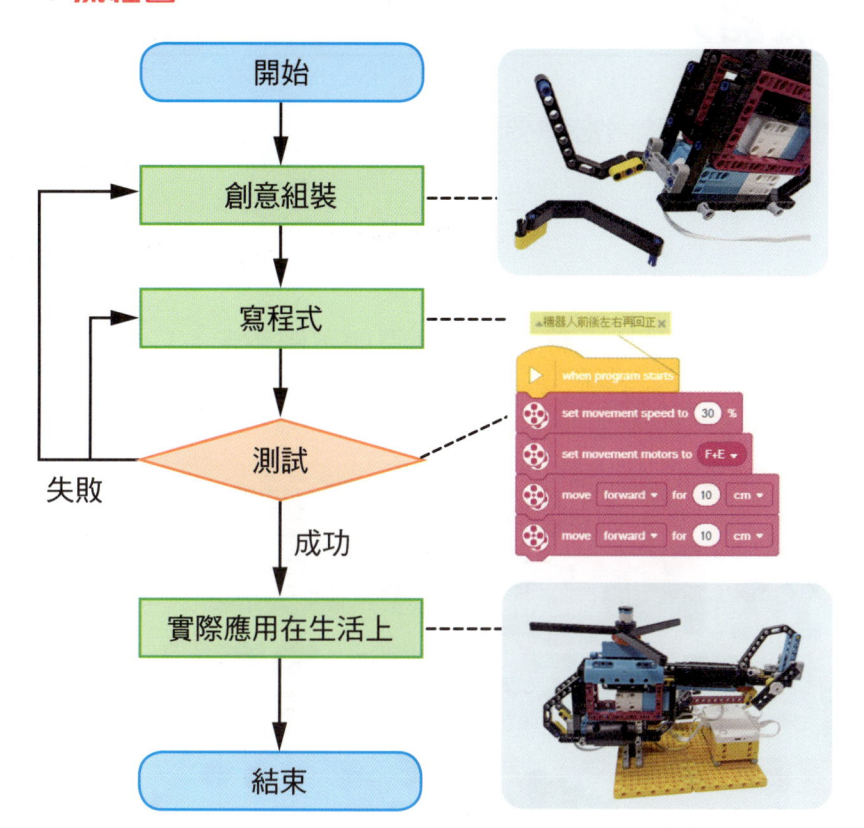

```
開始
  ↓
創意組裝 ←┐
  ↓      │
寫程式 ←─┤
  ↓      │
測試 ─失敗┘
  ↓ 成功
實際應用在生活上
  ↓
結束
```

說明：從左邊的流程圖中，我們可以清楚瞭解「設計機器人程式」必須要經過的三大步驟，並且在進行第三步驟時，如果無法測試成功，除了要修改程式之外，也要檢查組裝是否正確，並且要反覆地進行測試，直到完全成功為止。最後，就可以將創作的智能裝置，應用在我們日常生活中。

235

12-2 | SPIKE 直升機機器人組裝

想要製作一台「SPIKE直升機機器人」時，必須要先準備相關的「主機、馬達、感應器及相關的零件材料」。

12-2.1 零件清單

基本上，要製作一台「SPIKE直升機機器人」時，零件清單如下圖所示：

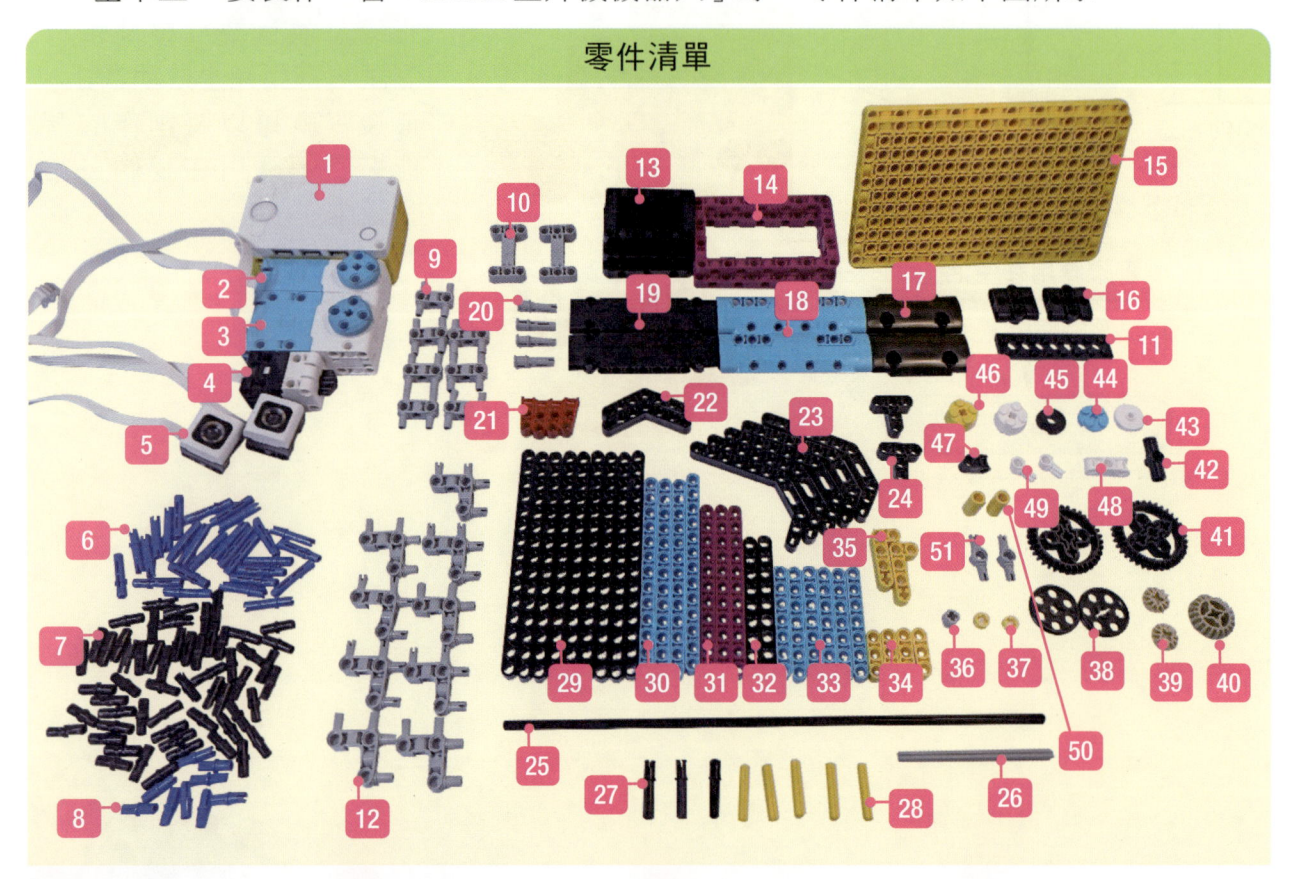

零件清單

1	主機 ×1	2	中型馬達 ×1	3	大型馬達 ×1	4	壓力感應器 ×1
5	顏色感應器 ×2	6	藍色長插銷 ×26	7	黑色短插銷 ×58	8	藍色短插銷 ×9
9	H型連接器 ×7	10	I型連接器 ×2	11	薄片 ×1	12	馬型連接器 ×9
13	小型方型框 ×3	14	中型方型框 ×2	15	底座 ×2	16	十字連接器 ×2
17	2孔弧型側板 ×2	18	4孔弧型側板 ×2	19	厚片 ×2	20	十字軸長插銷 ×4
21	雙插銷連接器 ×4	22	4×4 橫桿 ×2	23	J型橫桿 ×5	24	T型橫桿 ×2
25	長條十字軸 ×1	26	9M 十字軸 ×1	27	單邊固定十字軸 ×3	28	3M 十字軸 ×5
29	15M 橫桿 ×9	30	13M 橫桿 ×4	31	11M 橫桿 ×3	32	9M 橫桿 ×2
33	7M 橫桿 ×6	34	3M 橫桿 ×4	35	2×4 橫桿 ×2	36	全套筒 ×1
37	半套筒 ×2	38	滑輪 ×2	39	斜狀齒輪 ×2	40	20齒雙面斜齒輪 ×1
41	36齒雙面斜齒輪 ×2	42	2號連接器 ×1	43	白色尾翼固定器 ×1	44	藍色尾翼固定器 ×1
45	黑色尾翼固定器 ×1	46	前翼固定器 ×2	47	垂直連接器 ×1	48	3L垂直連接器 ×1
49	十字軸連結器 ×2	50	活動式連接器 ×2	51	連接器 ×2		

Chapter 12　直升機機器人

12-2.2 組裝指引

在準備好「SPIKE直升機機器人」所需要的「主機、感應器、鋁合金構件及相關的材料」之後，接下來，請各位讀者依照以下的步驟即可完成組裝：

步驟 1

步驟 2

步驟 3

步驟 4

步驟 5

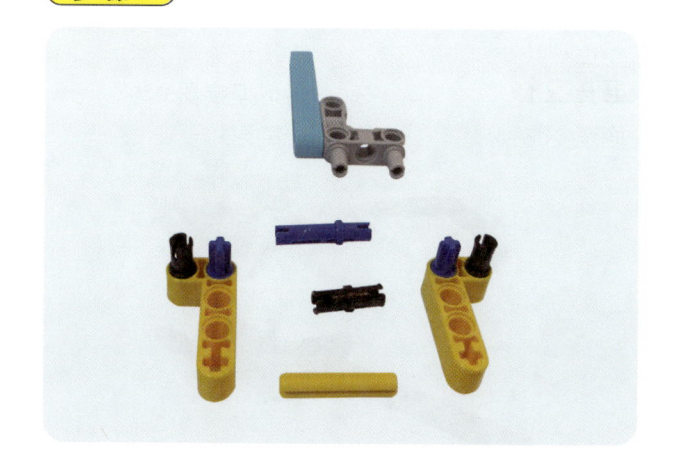

步驟 6

237

樂高 SPIKE 機器人創意專題實作

步驟 7

步驟 8

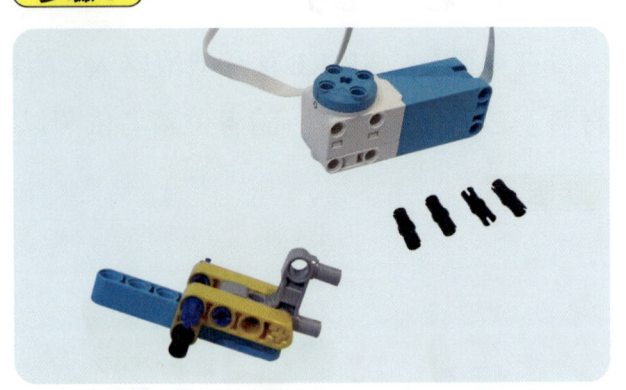

步驟 9

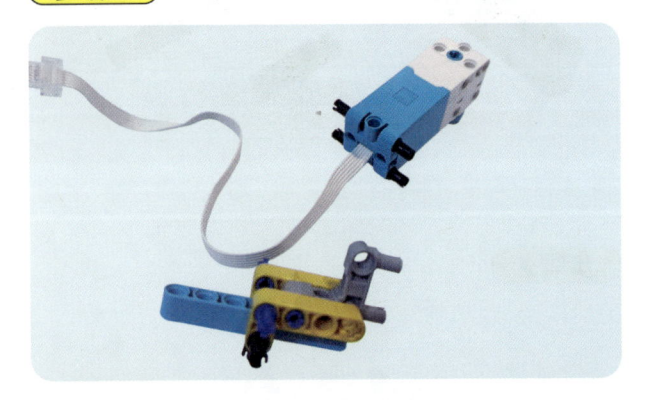

步驟 10

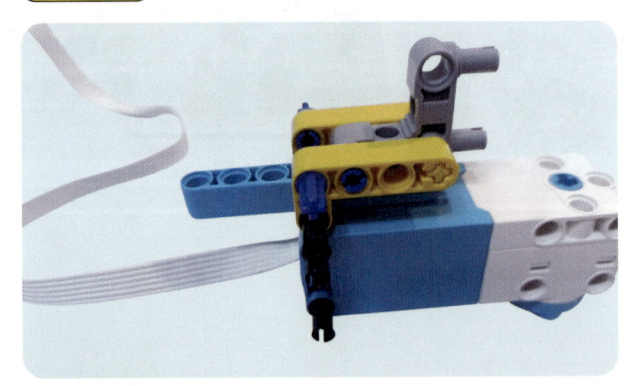

步驟 11

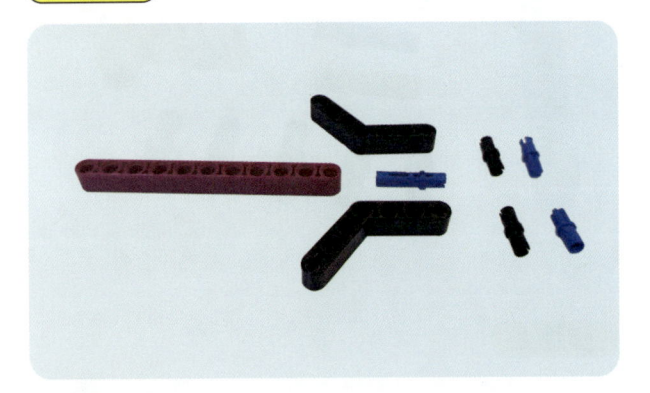

步驟 12

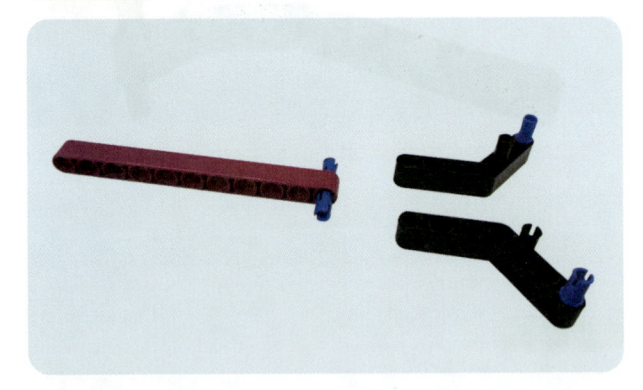

步驟 13

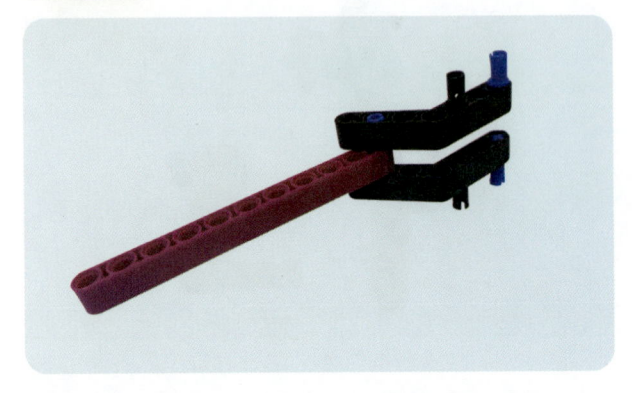

步驟 14

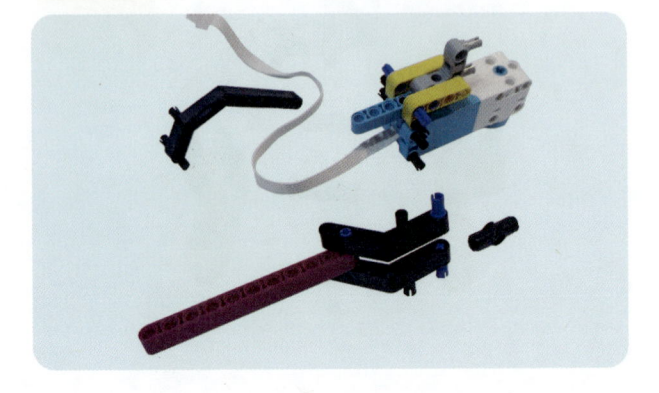

Chapter 12　直升機機器人

步驟 15

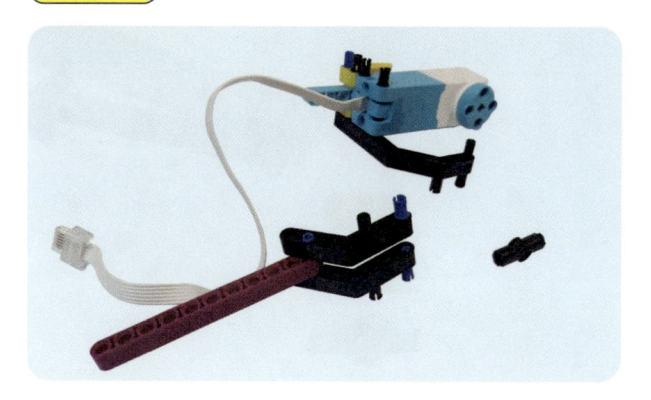

步驟 16

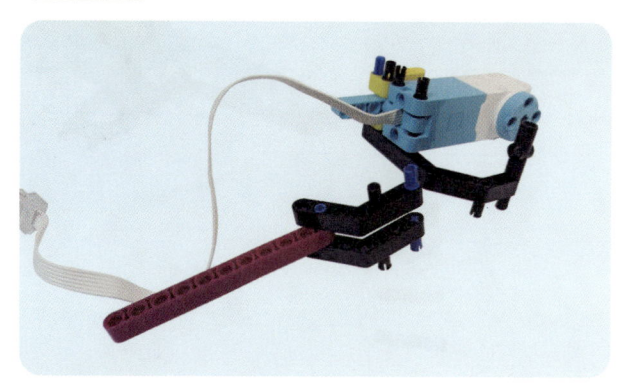

步驟 17

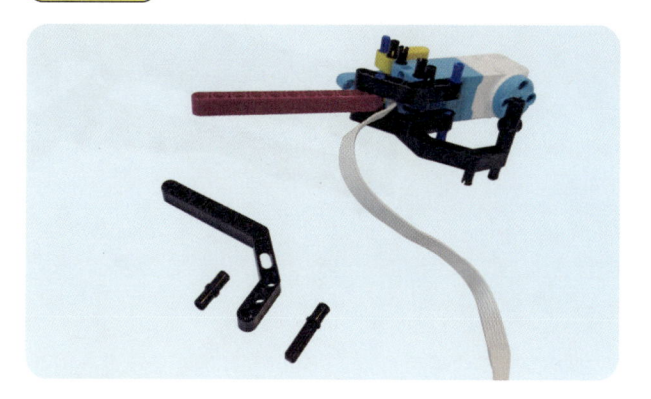

步驟 18

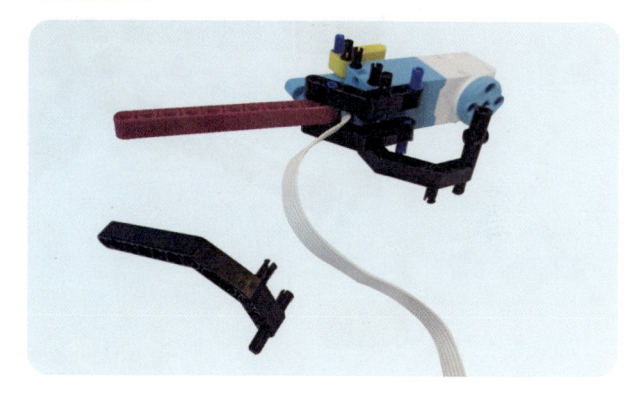

步驟 19

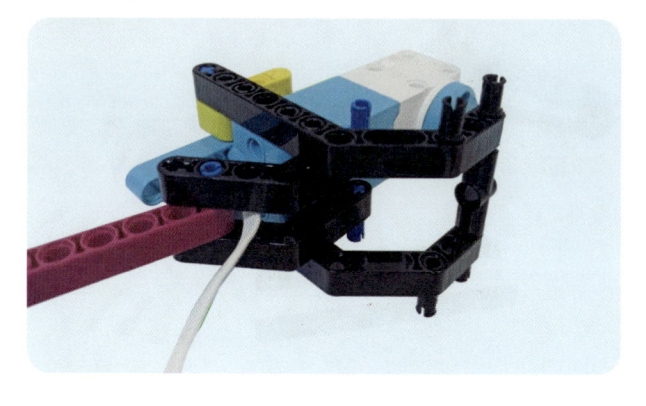

步驟 20

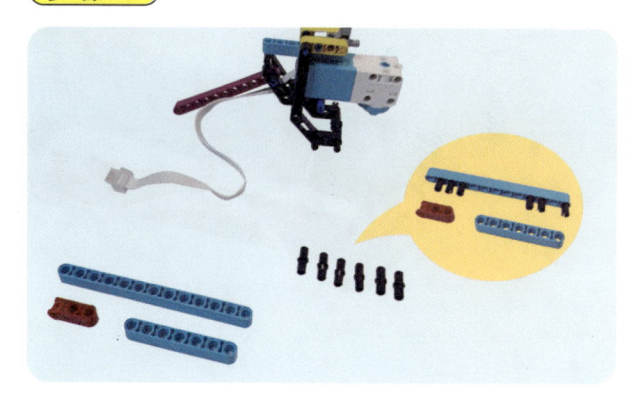

步驟 21

步驟 22

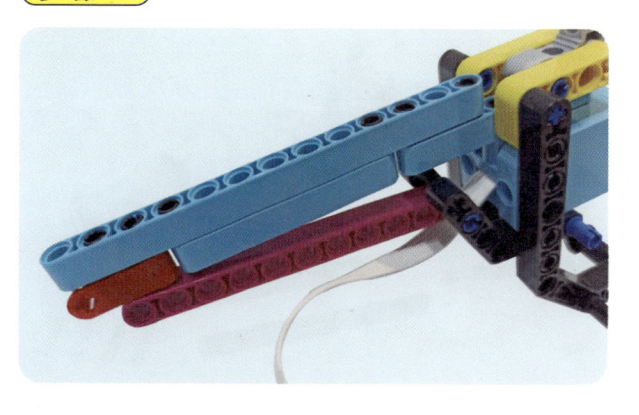

樂高 SPIKE 機器人創意專題實作

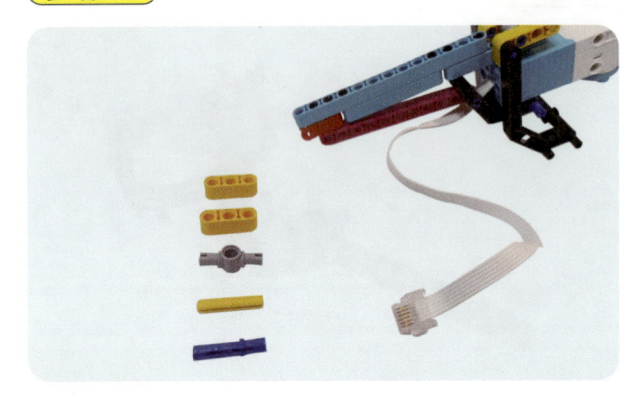

步驟 23

步驟 24

步驟 25

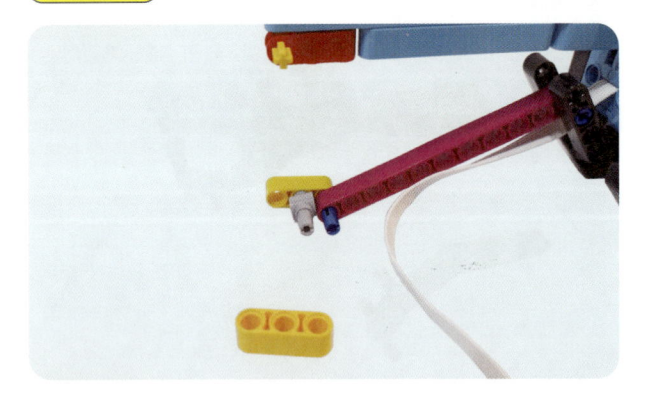

步驟 26

步驟 27

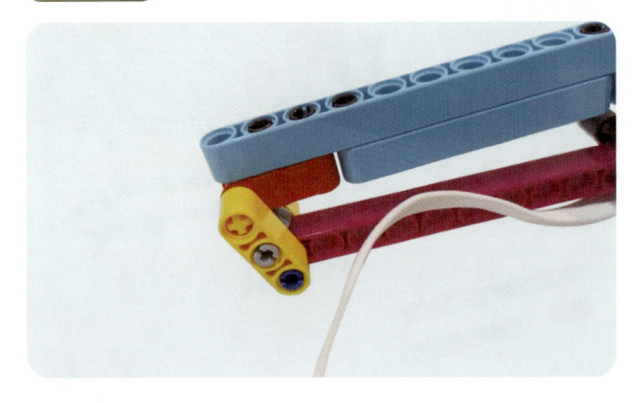

步驟 28

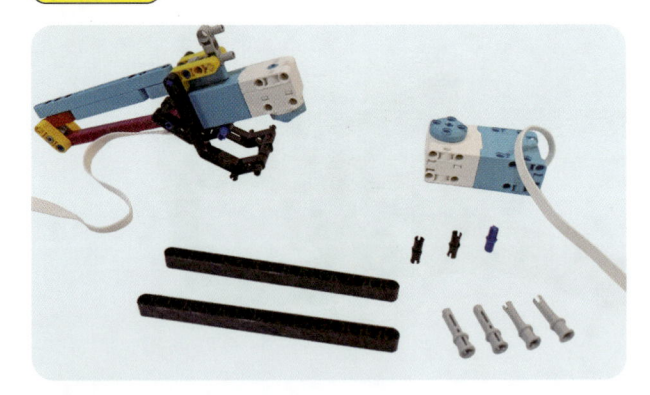

步驟 29

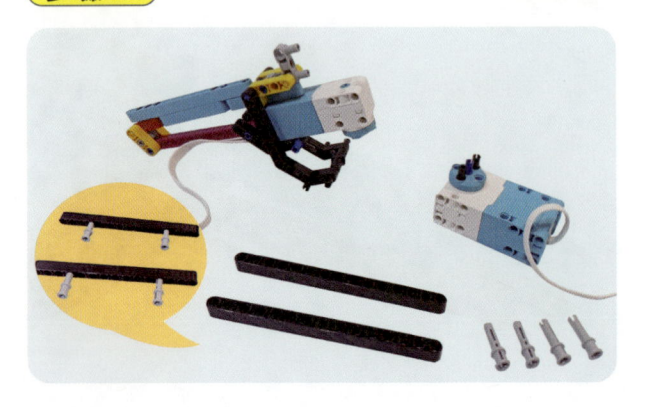

步驟 30

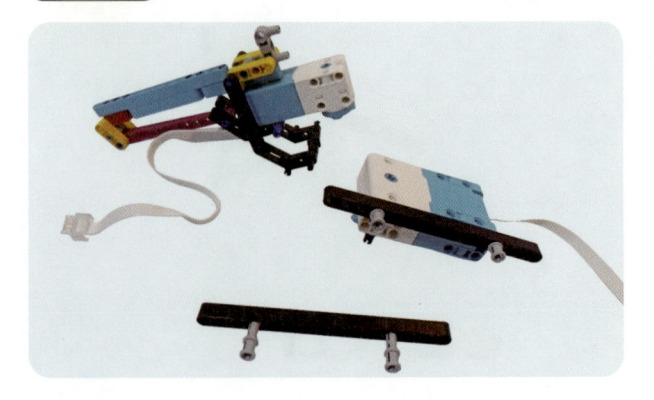

Chapter 12　直升機機器人

步驟 31

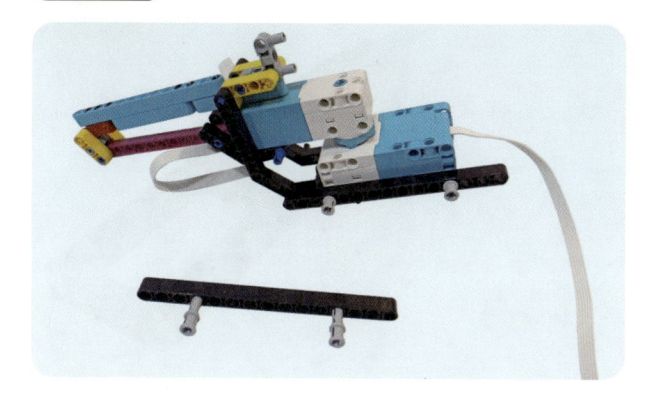

步驟 32

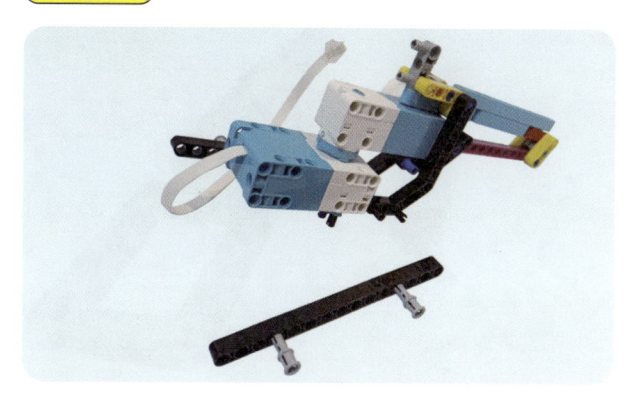

步驟 33

步驟 34

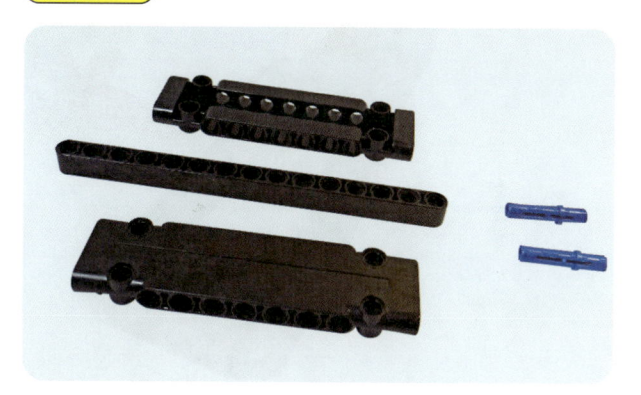

步驟 35

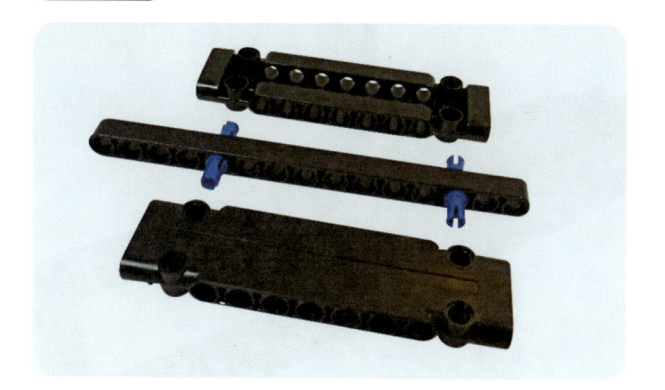

步驟 36

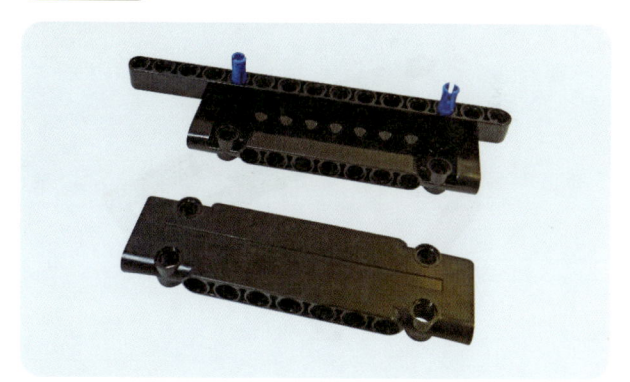

步驟 37

步驟 38

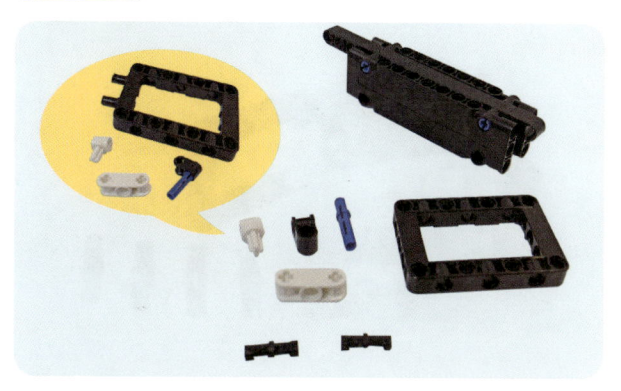

241

樂高 SPIKE 機器人創意專題實作

步驟 39

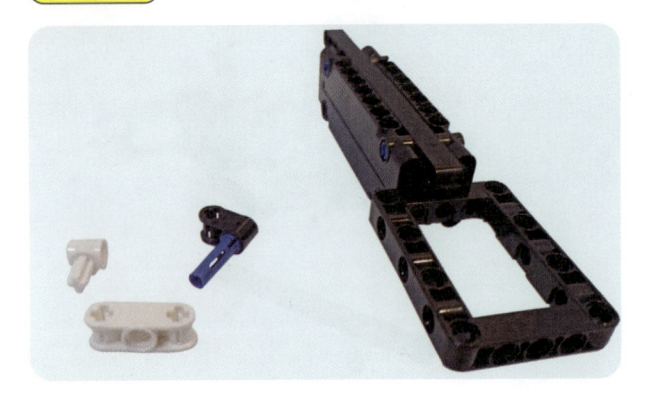

步驟 40

步驟 41

步驟 42

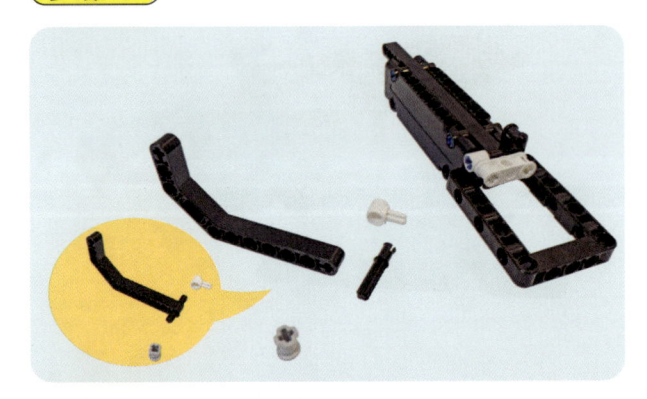

步驟 43

步驟 44

步驟 45

步驟 46

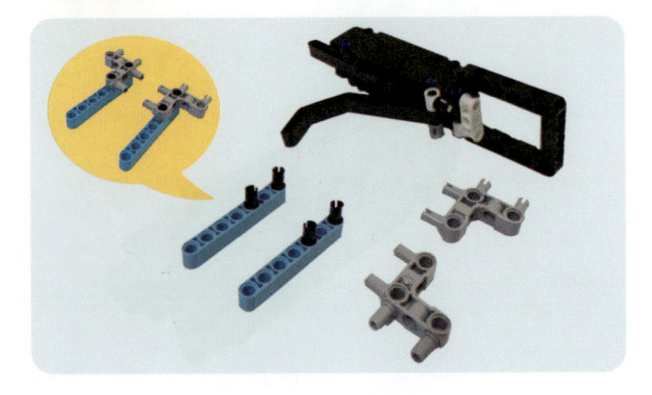

Chapter 12　直升機機器人

步驟 47

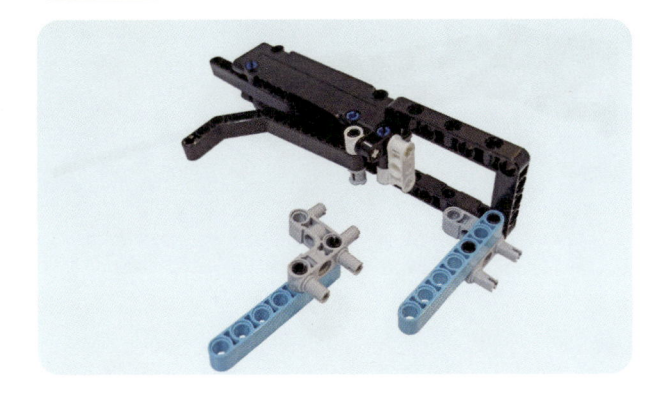

步驟 48

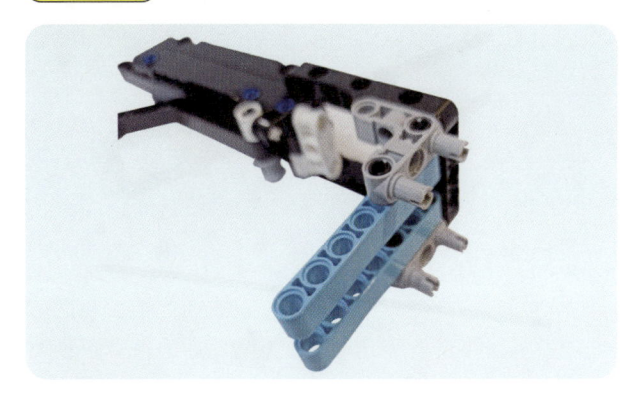

步驟 49

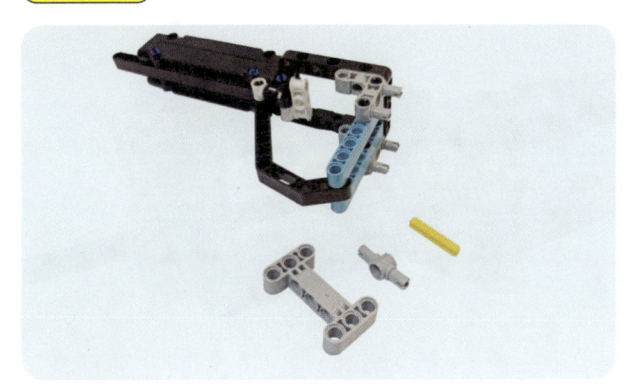

步驟 50

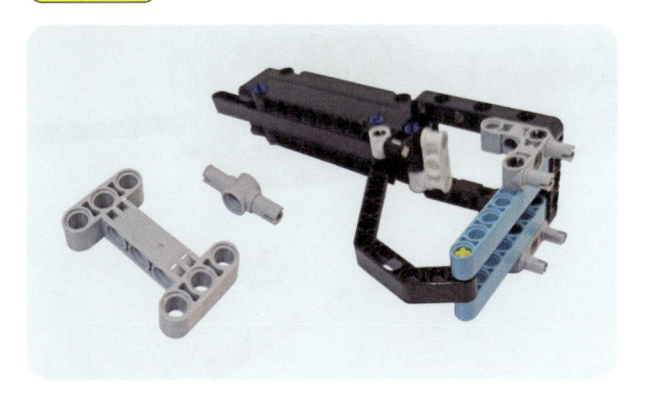

步驟 51

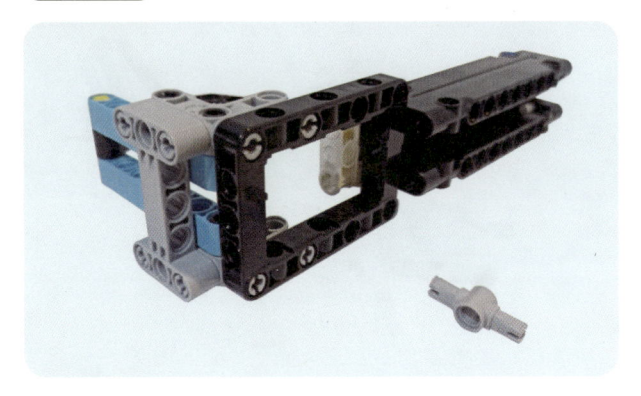

步驟 52

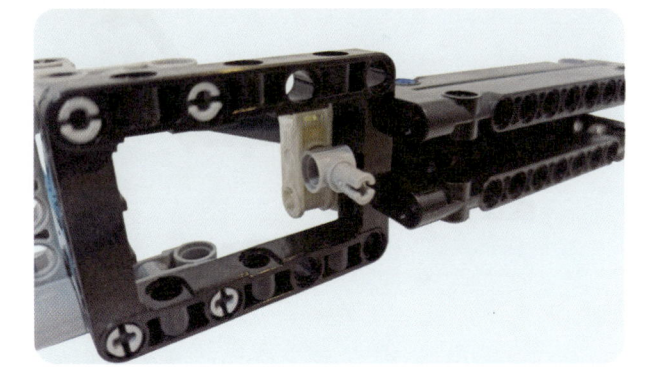

步驟 53

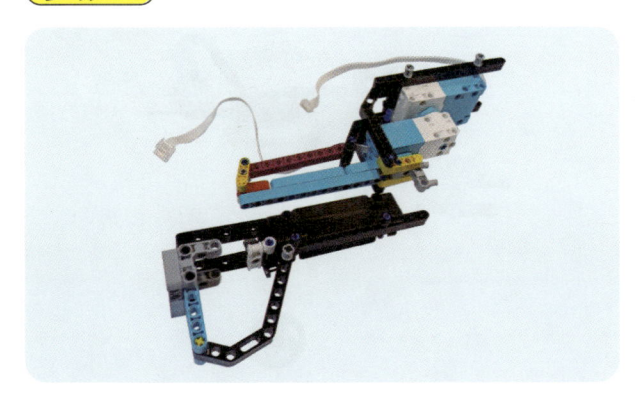

步驟 54

243

樂高 SPIKE 機器人創意專題實作

步驟 55

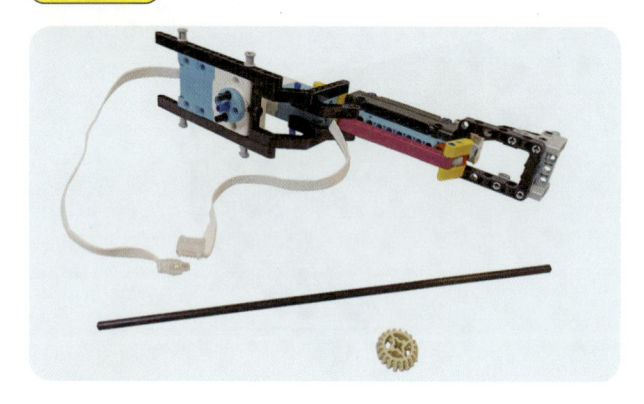

步驟 56

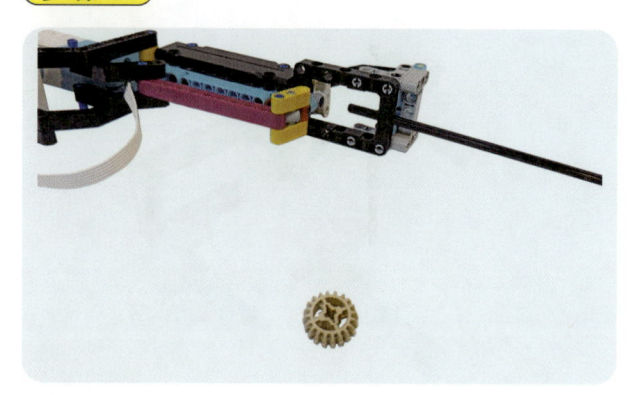

步驟 57

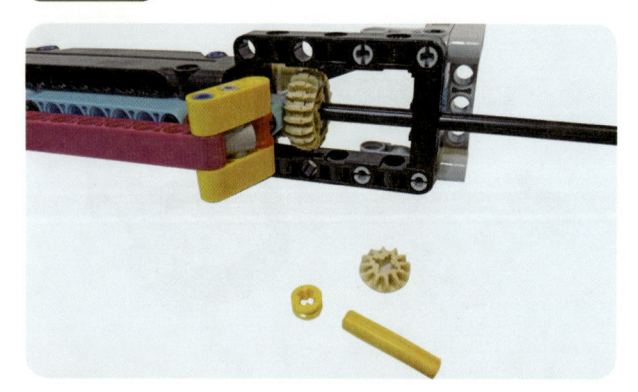

步驟 58

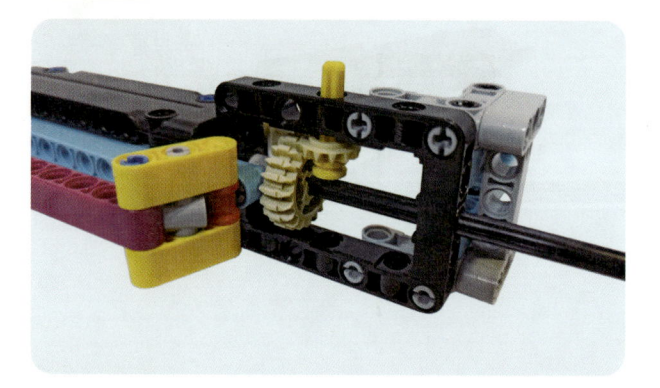

步驟 59

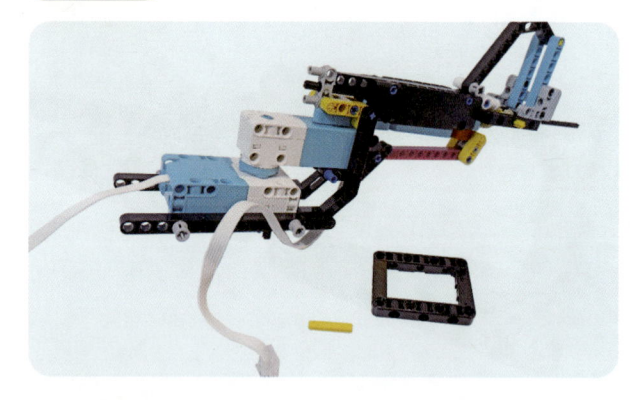

步驟 60

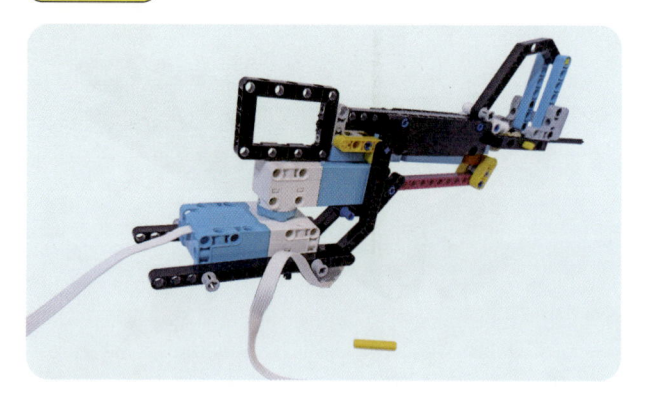

步驟 61

步驟 62

244

Chapter 12　直升機機器人

步驟 63

步驟 64

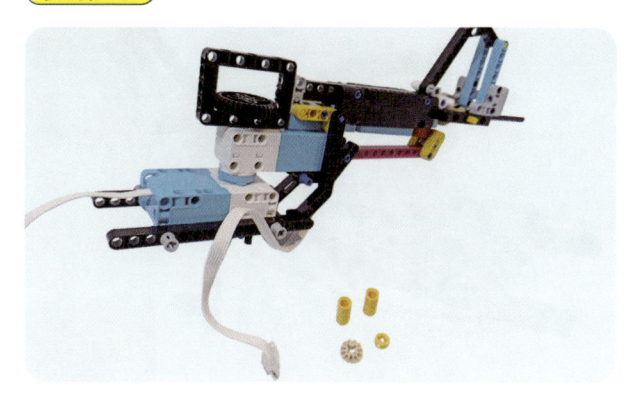

步驟 65

步驟 66

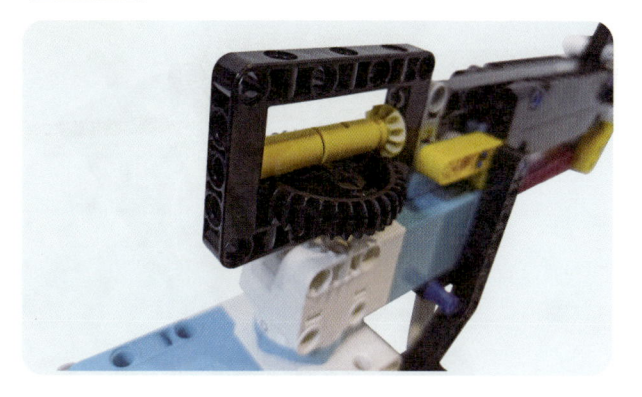

步驟 67

步驟 68

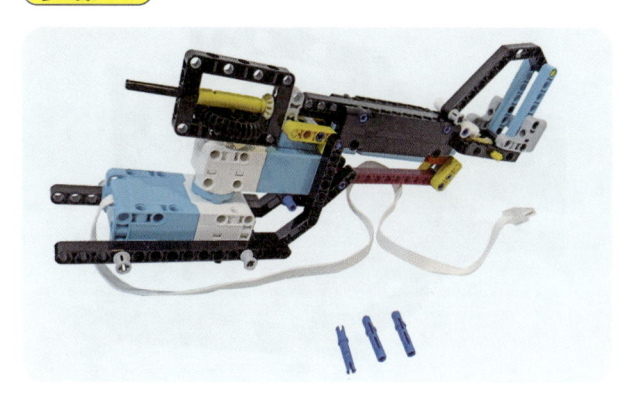

步驟 69

步驟 70

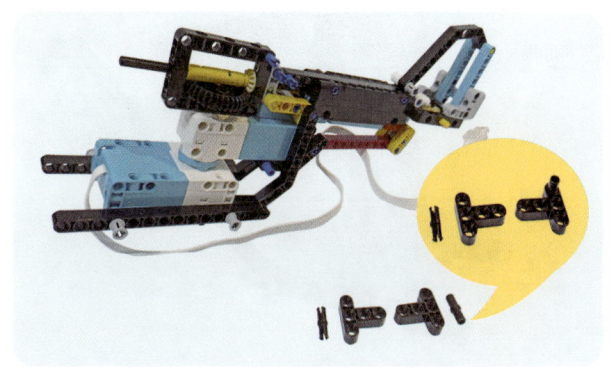

245

樂高 SPIKE 機器人創意專題實作

步驟 71

步驟 72

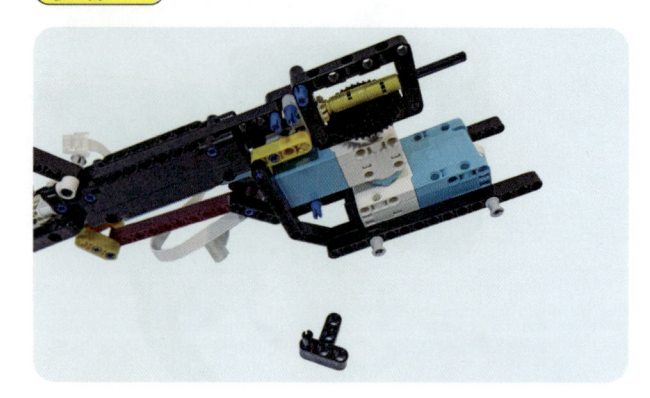

步驟 73

步驟 74

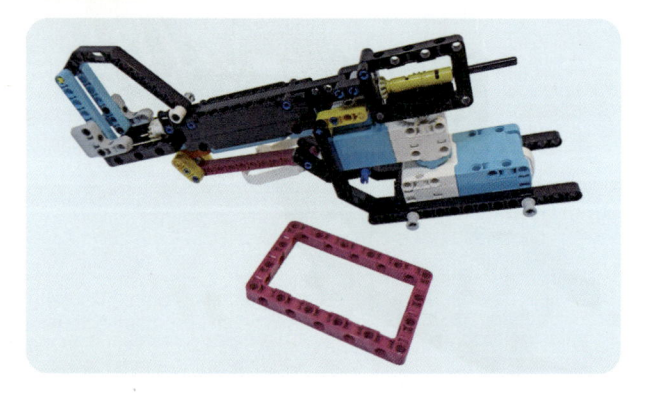

步驟 75

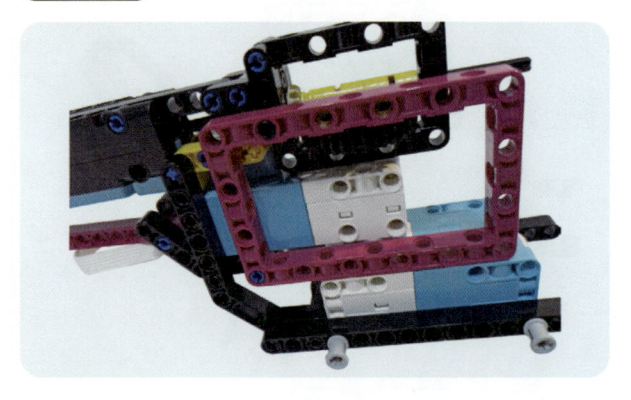

步驟 76

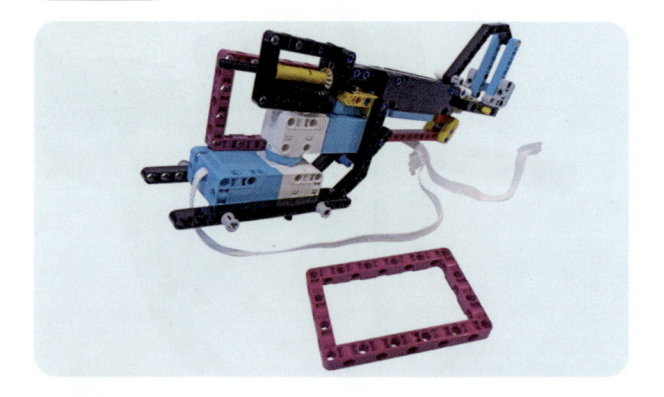

步驟 77

步驟 78

246

Chapter 12　直升機機器人

步驟 79

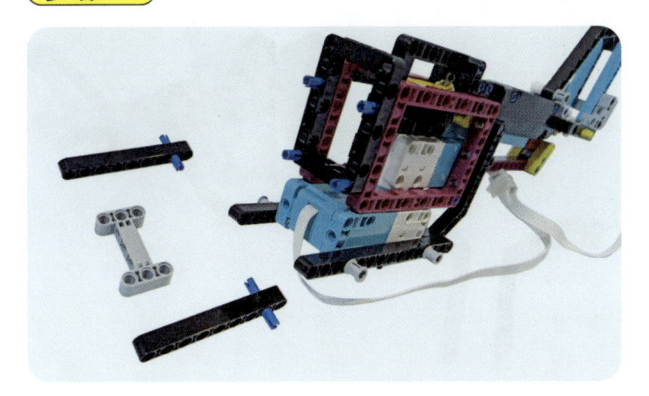

步驟 80

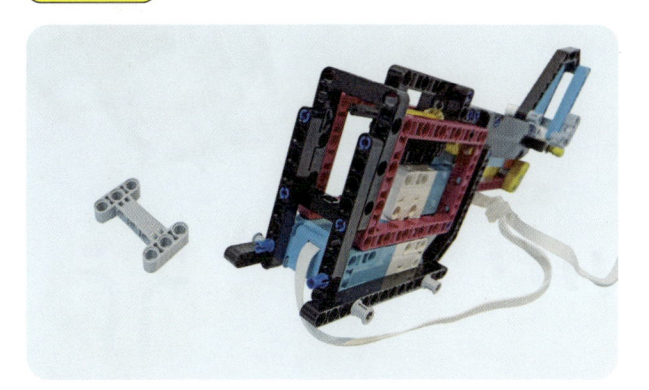

步驟 81

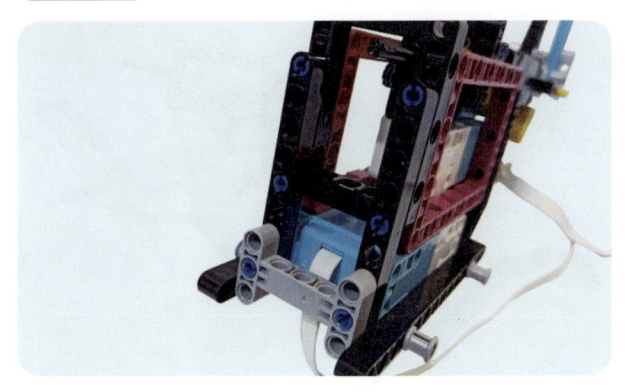

步驟 82

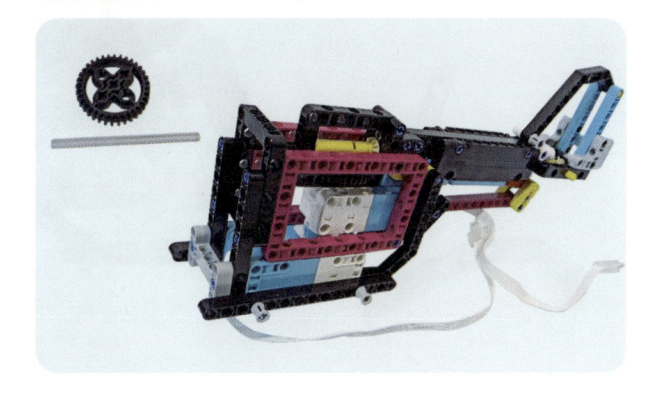

步驟 83

步驟 84

步驟 85

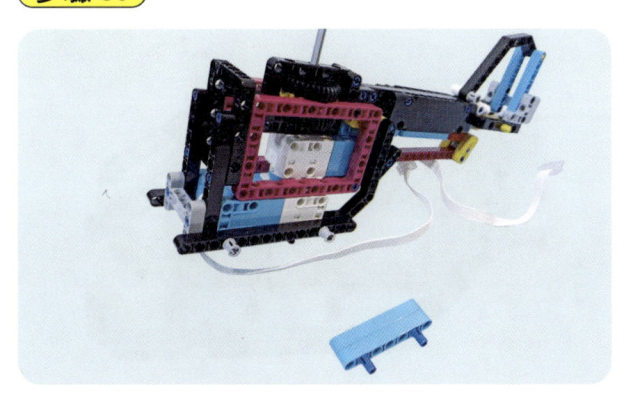

步驟 86

247

樂高 SPIKE 機器人創意專題實作

步驟 87

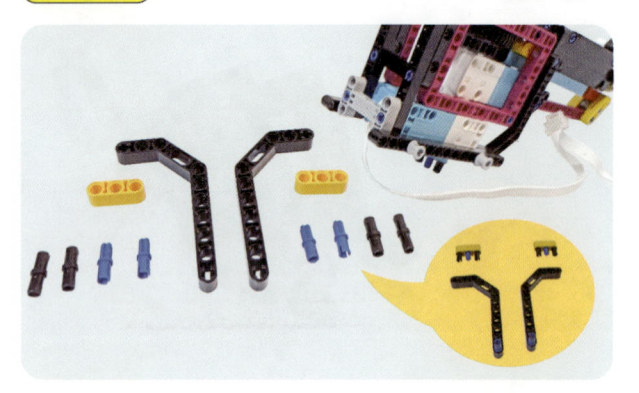

步驟 88

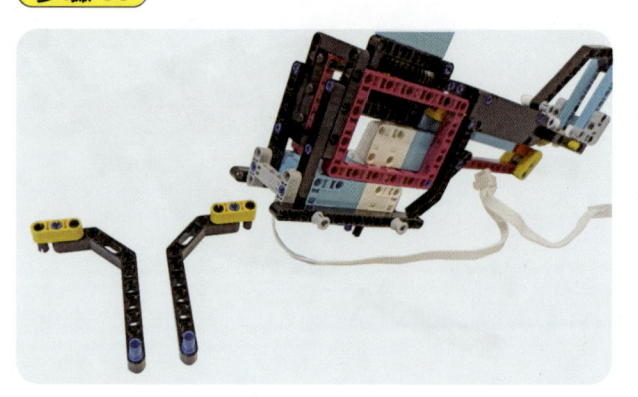

步驟 89

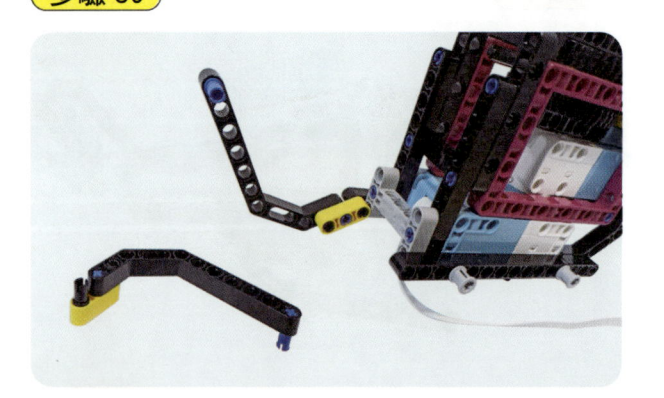

步驟 90

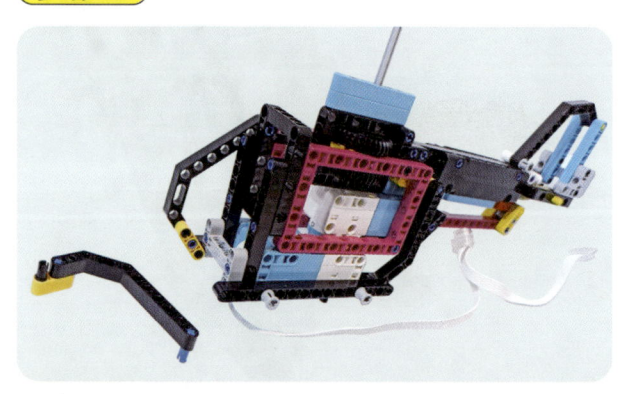

步驟 91

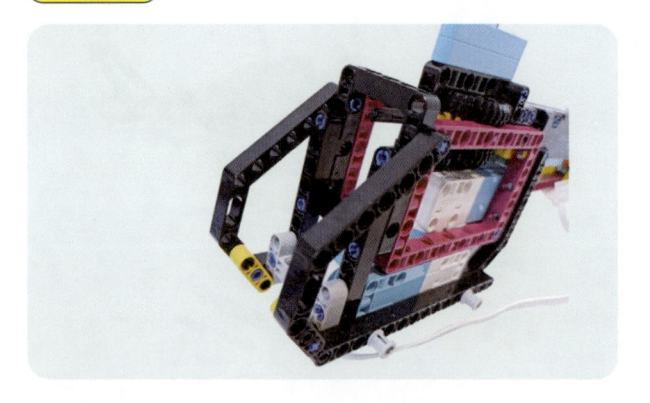

步驟 92

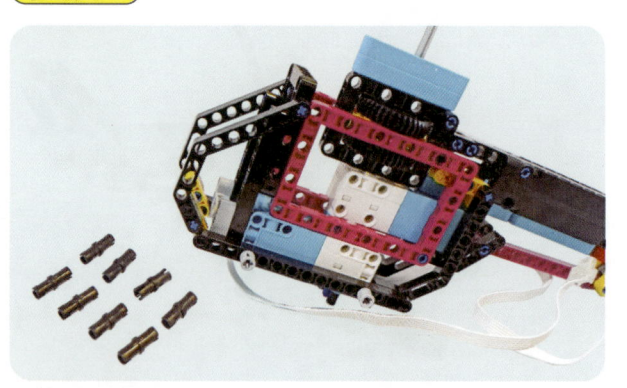

步驟 93

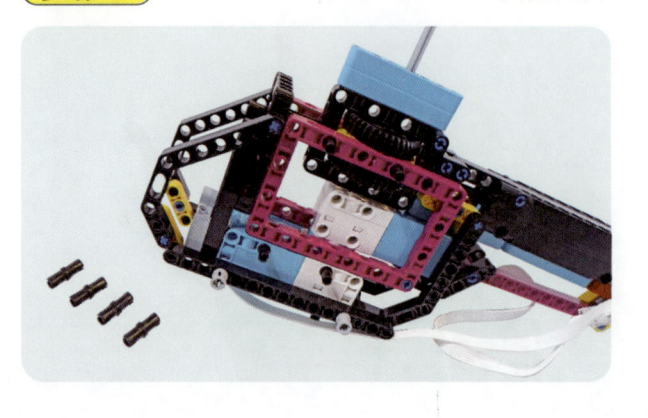

步驟 94

Chapter 12　直升機機器人

步驟 95

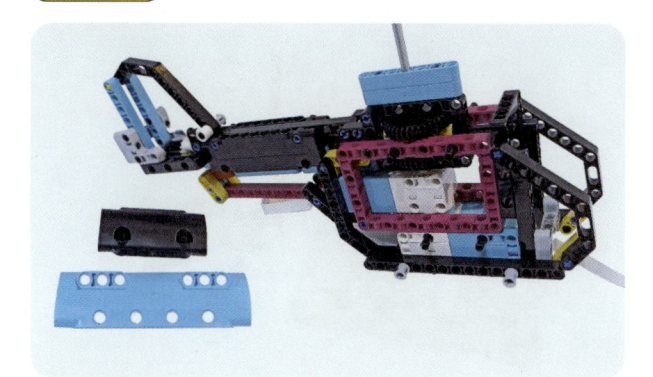

步驟 96

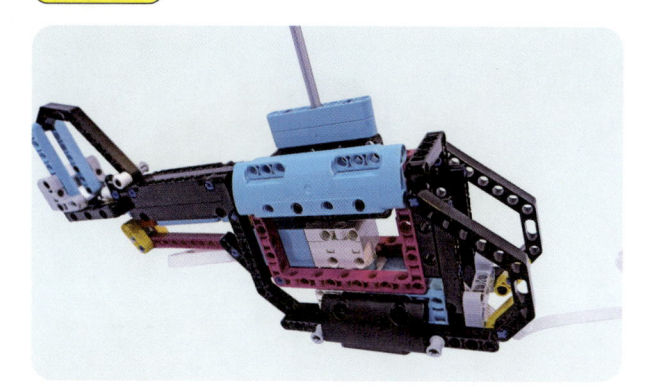

步驟 97

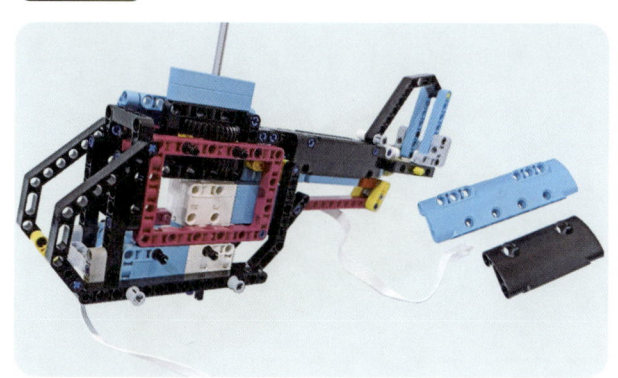

步驟 98

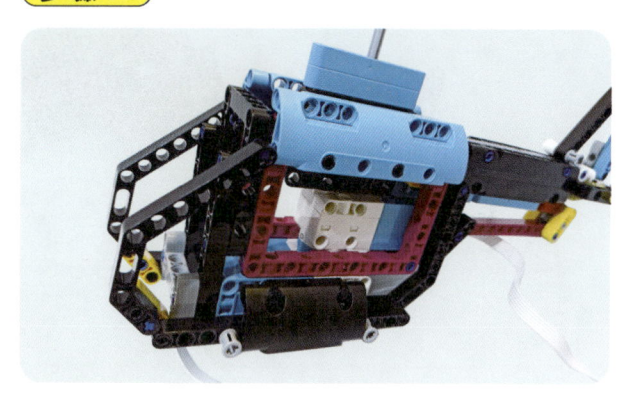

步驟 99

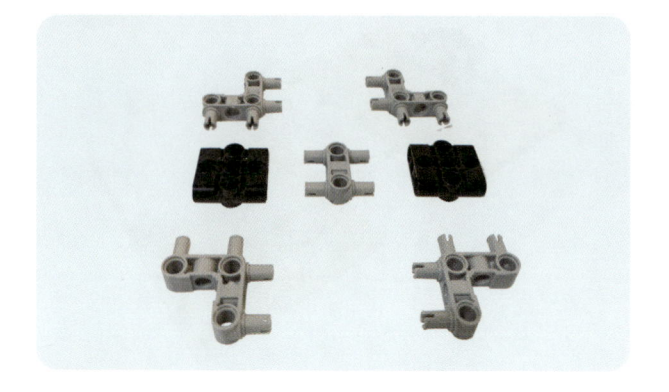

步驟 100

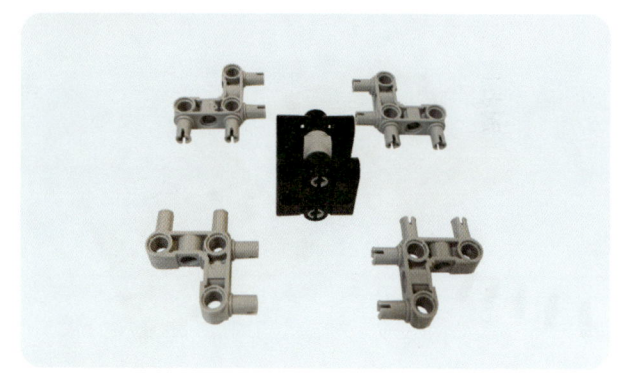

步驟 101

步驟 102

249

樂高 SPIKE 機器人創意專題實作

步驟 103

步驟 104

步驟 105

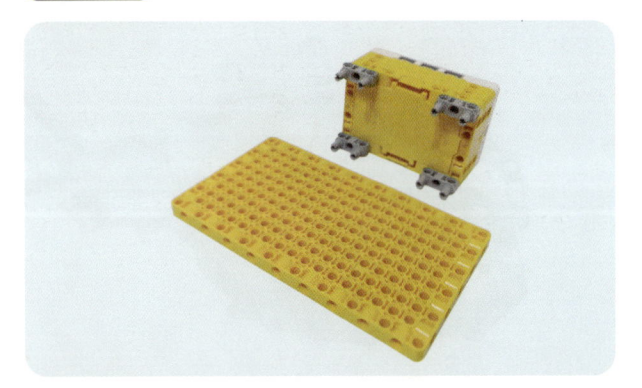

步驟 106

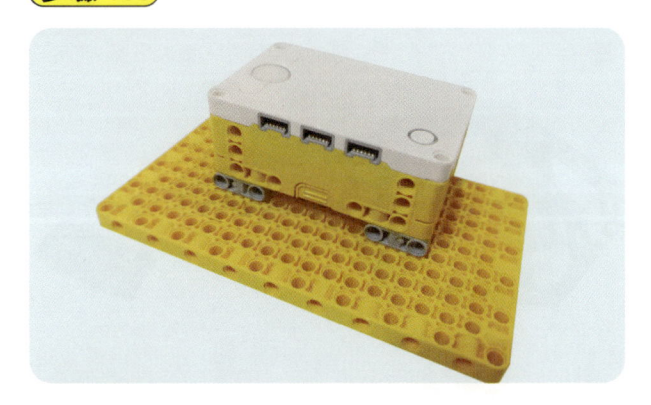

步驟 107

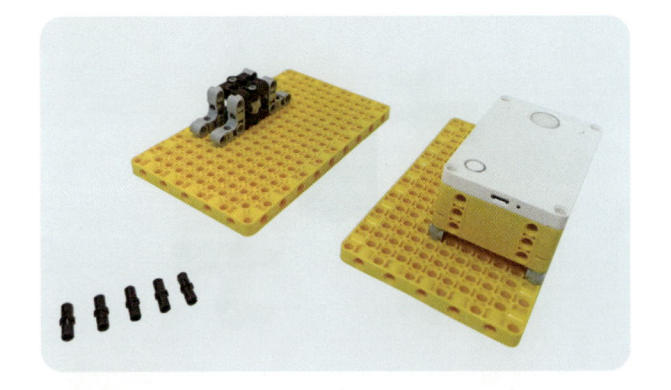

步驟 108

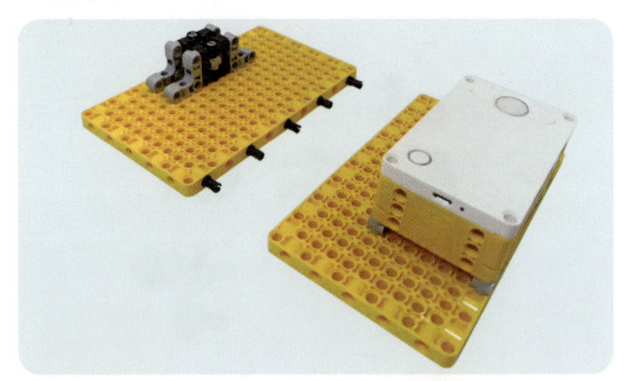

步驟 109

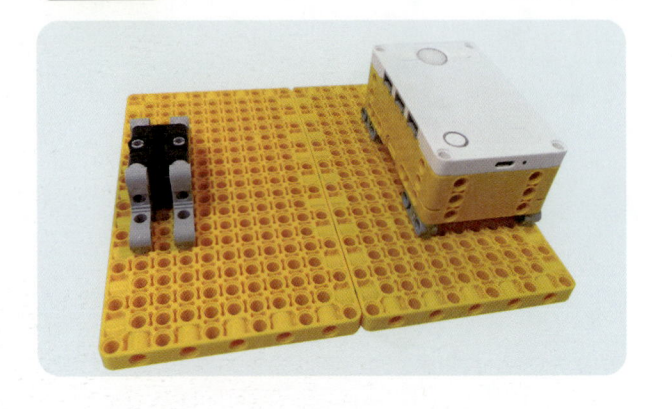

步驟 110

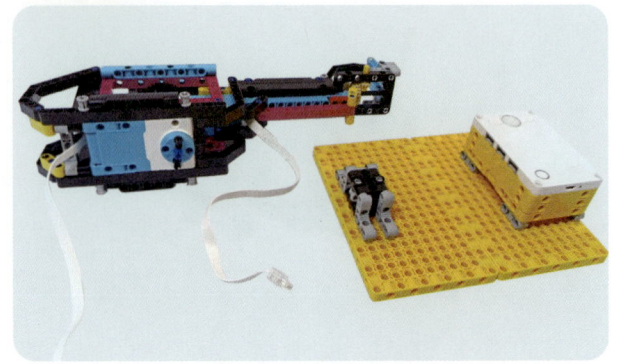

250

Chapter 12　直升機機器人

步驟 111

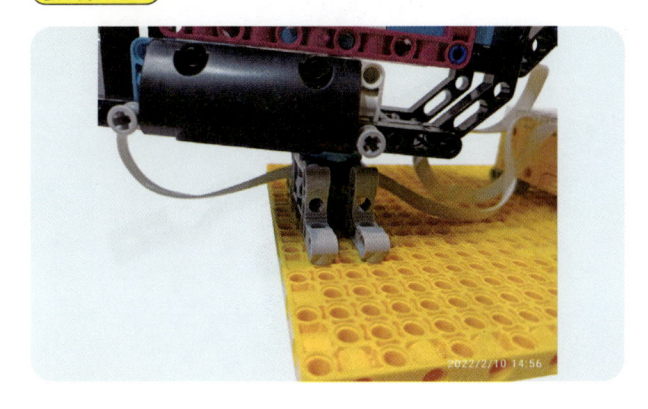

步驟 112

步驟 113

步驟 114

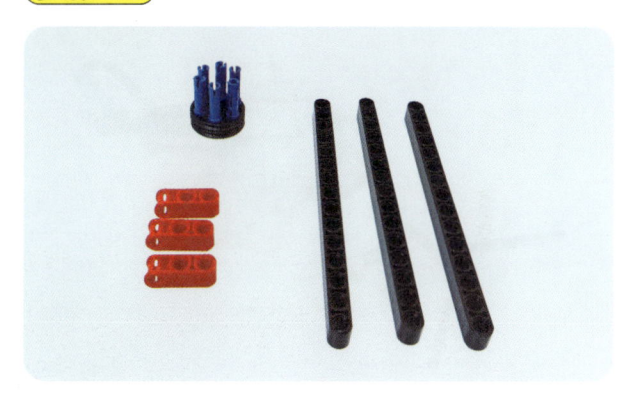

步驟 115

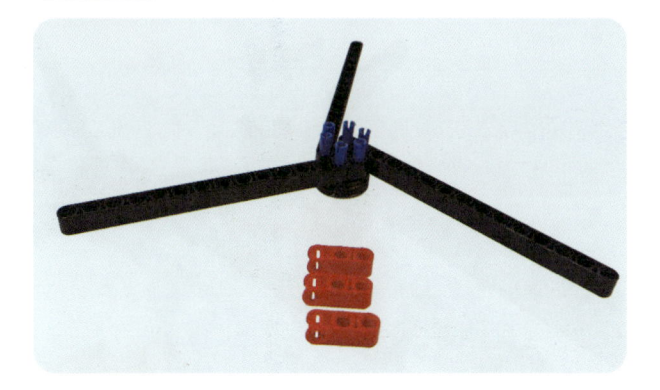

步驟 116

步驟 117

步驟 118

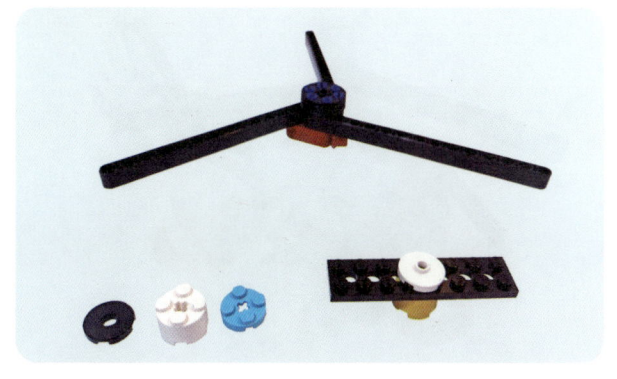

251

樂高 SPIKE 機器人創意專題實作

步驟 119

步驟 120

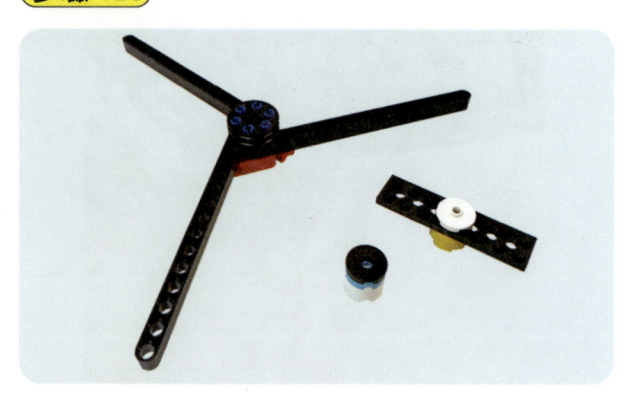

步驟 121

步驟 122

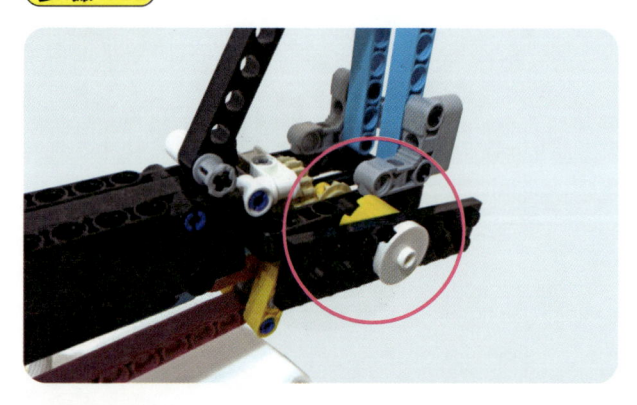

步驟 123

步驟 124

步驟 125

步驟 126

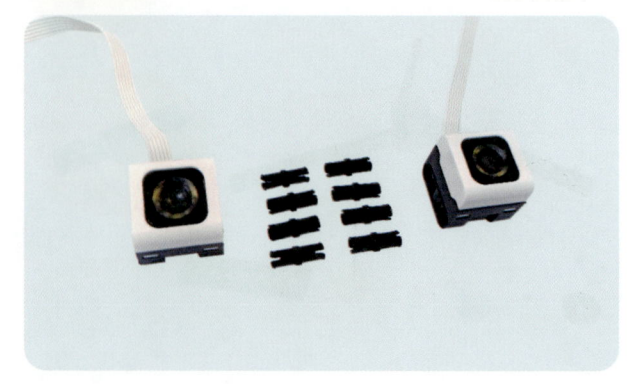

252

Chapter 12　直升機機器人

步驟 127

步驟 128

步驟 129

步驟 130

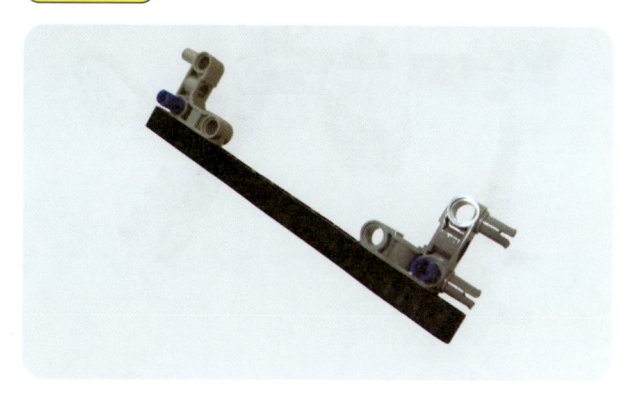

步驟 131

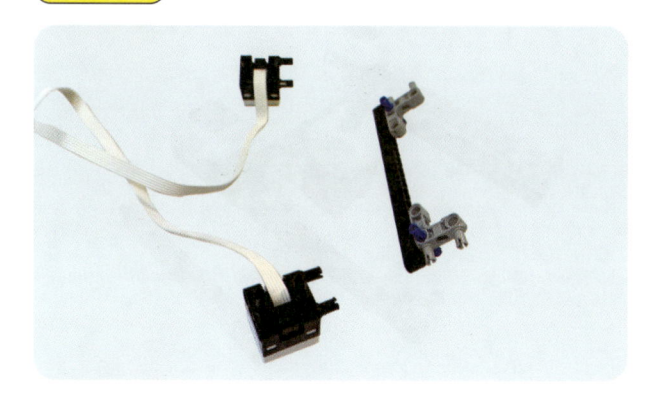

步驟 132

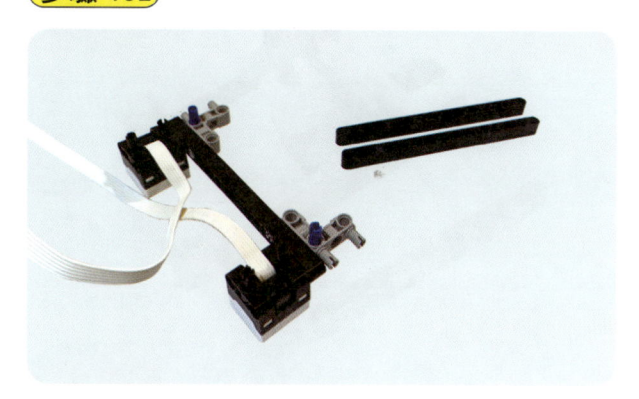

步驟 133

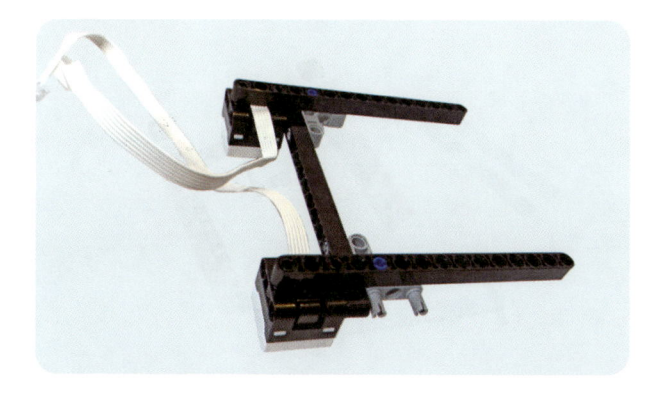

步驟 134

253

樂高 SPIKE 機器人創意專題實作

步驟 135

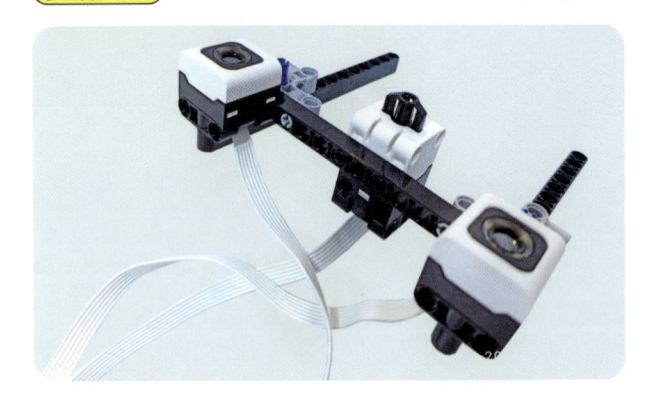

步驟 136

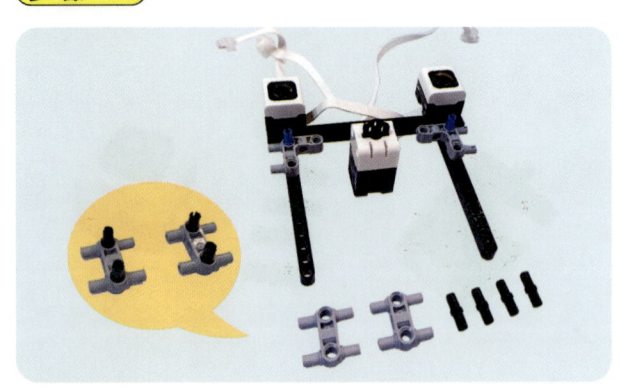

步驟 137

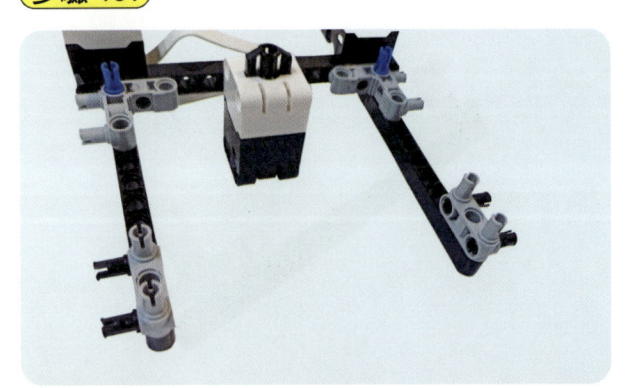

步驟 138

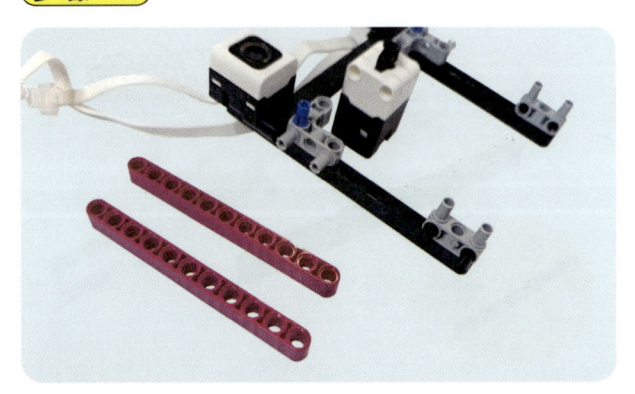

步驟 139

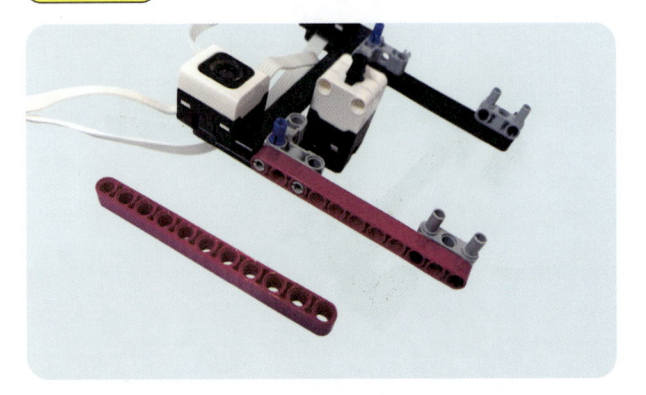

步驟 140

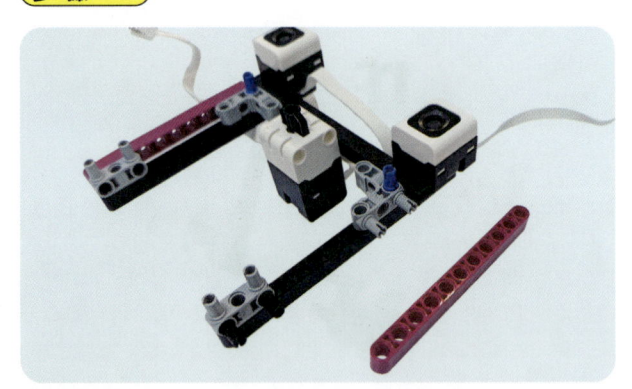

步驟 141

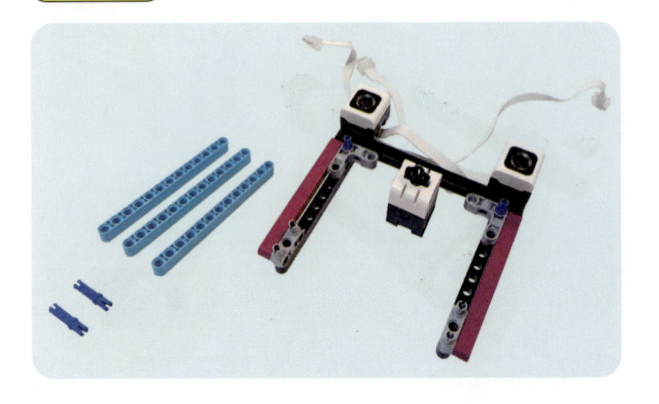

步驟 142

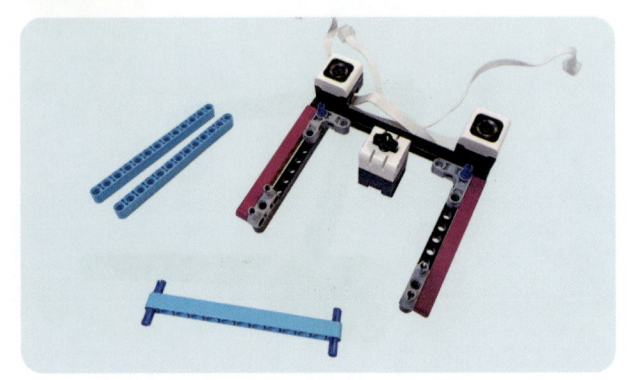

254

Chapter 12　直升機機器人

步驟 143

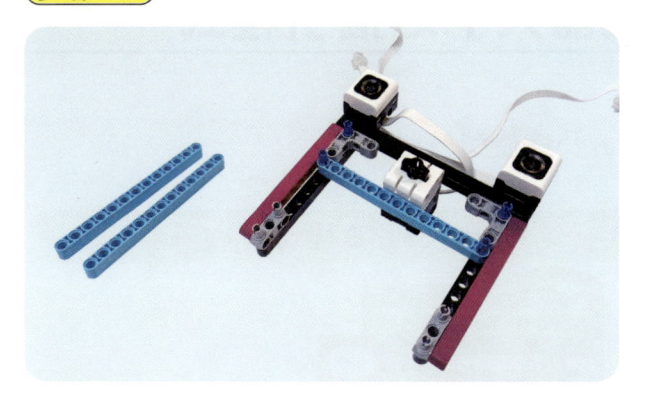

步驟 144

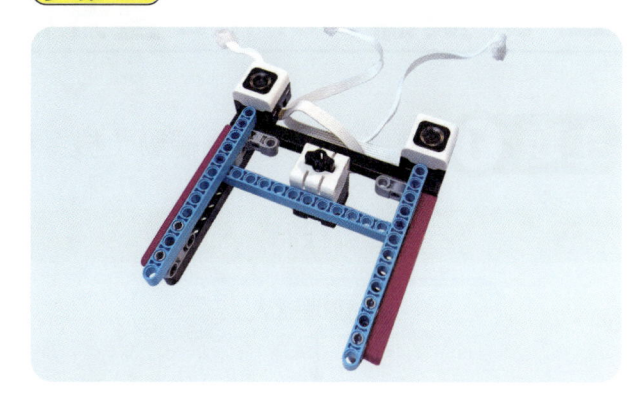

步驟 145

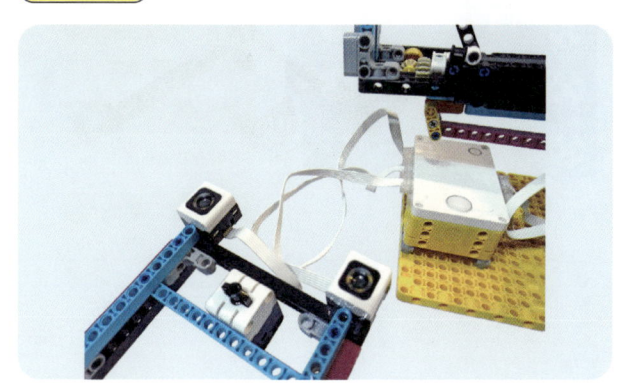

步驟 146

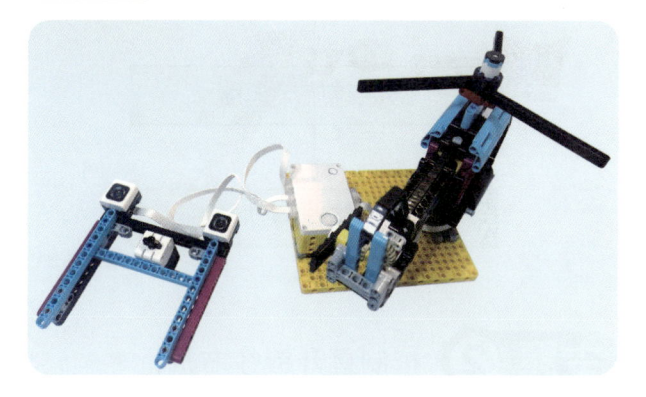

完成圖

255

12-3 撰寫「SPIKE 直升機機器人」之指引程式

主題 ① 控制直升機前後擺動（機身底座）及螺旋槳轉動。

流程圖

啟動機器人
↓
設定左右擺動速度
↓
設定螺旋槳速度
↓
螺旋槳轉動

SPIKE 程式碼

```
when program starts
set 左右擺動角度 to 180
F go shortest path to position 左右擺動角度
F set speed to 40 %        ← 設定左右擺動速度
D set speed to 60 %        ← 設定螺旋槳速度
D start motor              ← 螺旋槳轉動
```

主題 ② 控制直升機往右飛行。

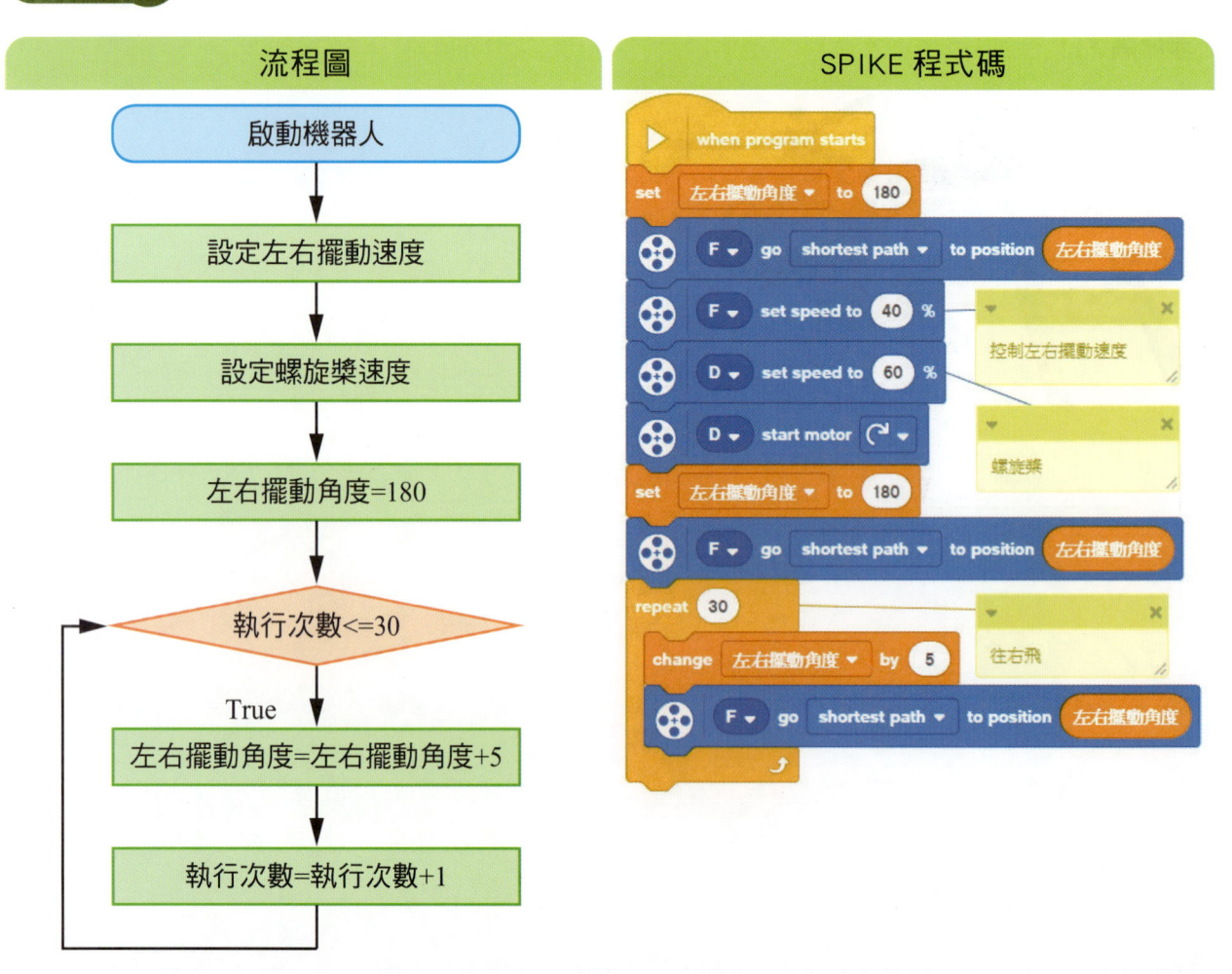

流程圖

啟動機器人
↓
設定左右擺動速度
↓
設定螺旋槳速度
↓
左右擺動角度=180
↓
執行次數<=30
↓ True
左右擺動角度=左右擺動角度+5
↓
執行次數=執行次數+1

SPIKE 程式碼

```
when program starts
set 左右擺動角度 to 180
F go shortest path to position 左右擺動角度
F set speed to 40 %        ← 控制左右擺動速度
D set speed to 60 %
D start motor              ← 螺旋槳
set 左右擺動角度 to 180
F go shortest path to position 左右擺動角度
repeat 30
  change 左右擺動角度 by 5   ← 往右飛
  F go shortest path to position 左右擺動角度
```

Chapter 12　直升機機器人

主題 ③　控制直升機往左及往右飛行。

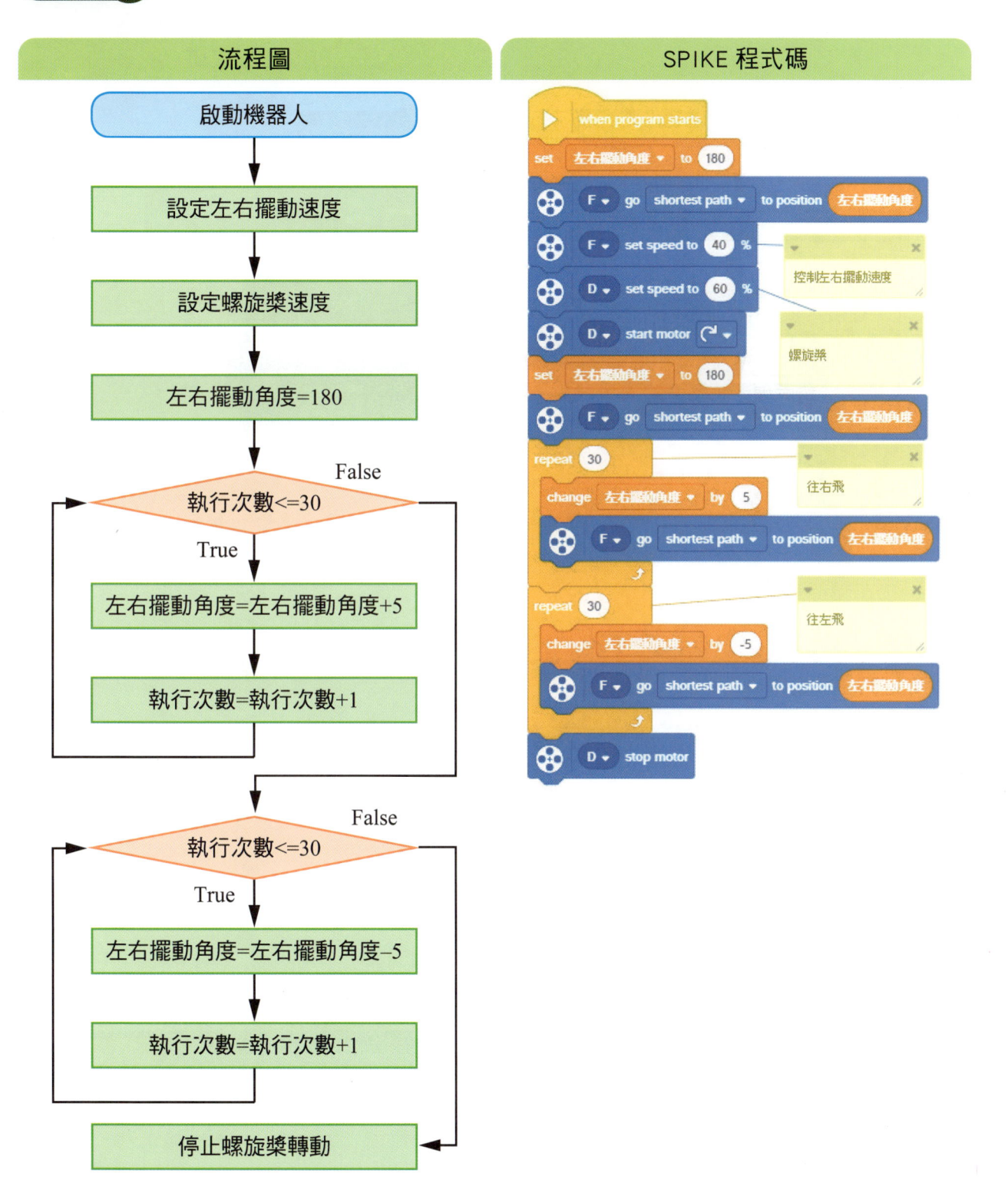

流程圖

- 啟動機器人
- 設定左右擺動速度
- 設定螺旋槳速度
- 左右擺動角度=180
- 執行次數<=30？
  - True：
    - 左右擺動角度=左右擺動角度+5
    - 執行次數=執行次數+1
  - False：繼續
- 執行次數<=30？
  - True：
    - 左右擺動角度=左右擺動角度−5
    - 執行次數=執行次數+1
  - False：繼續
- 停止螺旋槳轉動

SPIKE 程式碼

- when program starts
- set 左右擺動角度 to 180
- F go shortest path to position 左右擺動角度
- F set speed to 40 %　（控制左右擺動速度）
- D set speed to 60 %
- D start motor　（螺旋槳）
- set 左右擺動角度 to 180
- F go shortest path to position 左右擺動角度
- repeat 30　（往右飛）
  - change 左右擺動角度 by 5
  - F go shortest path to position 左右擺動角度
- repeat 30　（往左飛）
  - change 左右擺動角度 by -5
  - F go shortest path to position 左右擺動角度
- D stop motor

257

主題 ④ 利用「壓力感應器（按鈕）」按下的力道大小來控制螺旋槳速度。

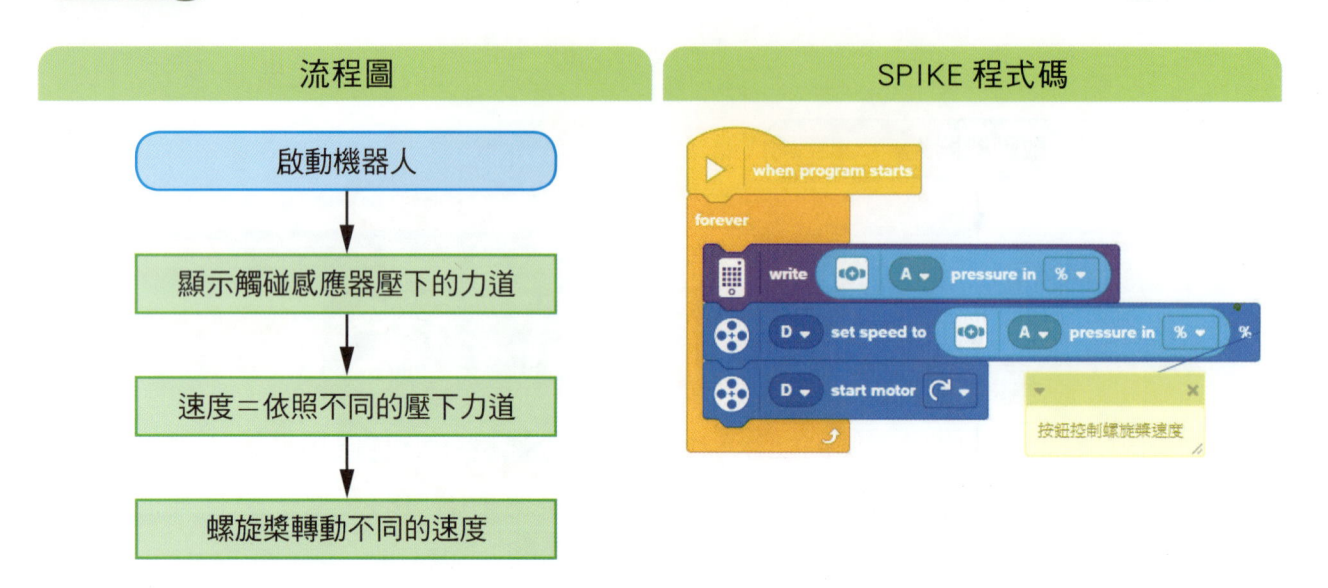

流程圖

啟動機器人
↓
顯示觸碰感應器壓下的力道
↓
速度＝依照不同的壓下力道
↓
螺旋槳轉動不同的速度

SPIKE 程式碼

when program starts
forever
　write　A pressure in %
　D set speed to　A pressure in % %
　D start motor ↻

按鈕控制螺旋槳速度

12-4 | 專題實作：樂高直升機機器人

◆ 主題發想

直升機，是一種以動力裝置驅動的旋翼作為主要升力和推進力的來源，能垂直起落及前後、左右飛行的旋翼航空器。

專題的發想是因為市面上的樂高玩具及機器人大部分都是以人型機器人或是使用輪型來控制的機器人，少有使用螺旋槳的樂高機器人，本作品使用 LEGO® Education SPIKE™ 來組裝而成，使用兩個馬達來控制轉向以及速度，並且使用按鈕控制轉向的速度，希望可以告訴其他人，樂高不是只有人型或是使用輪型的類型，還有其他很多組合的可能性。

◆ 主題目的

讓讀者瞭解直升機主要由機體和升力（含旋翼和尾槳）、動力、傳動三大系統以及機載飛行設備等組成。讓讀者學會如何利用顏色感應器來控制左右飛行及利用壓力感應器來控制螺旋槳轉動的速度。

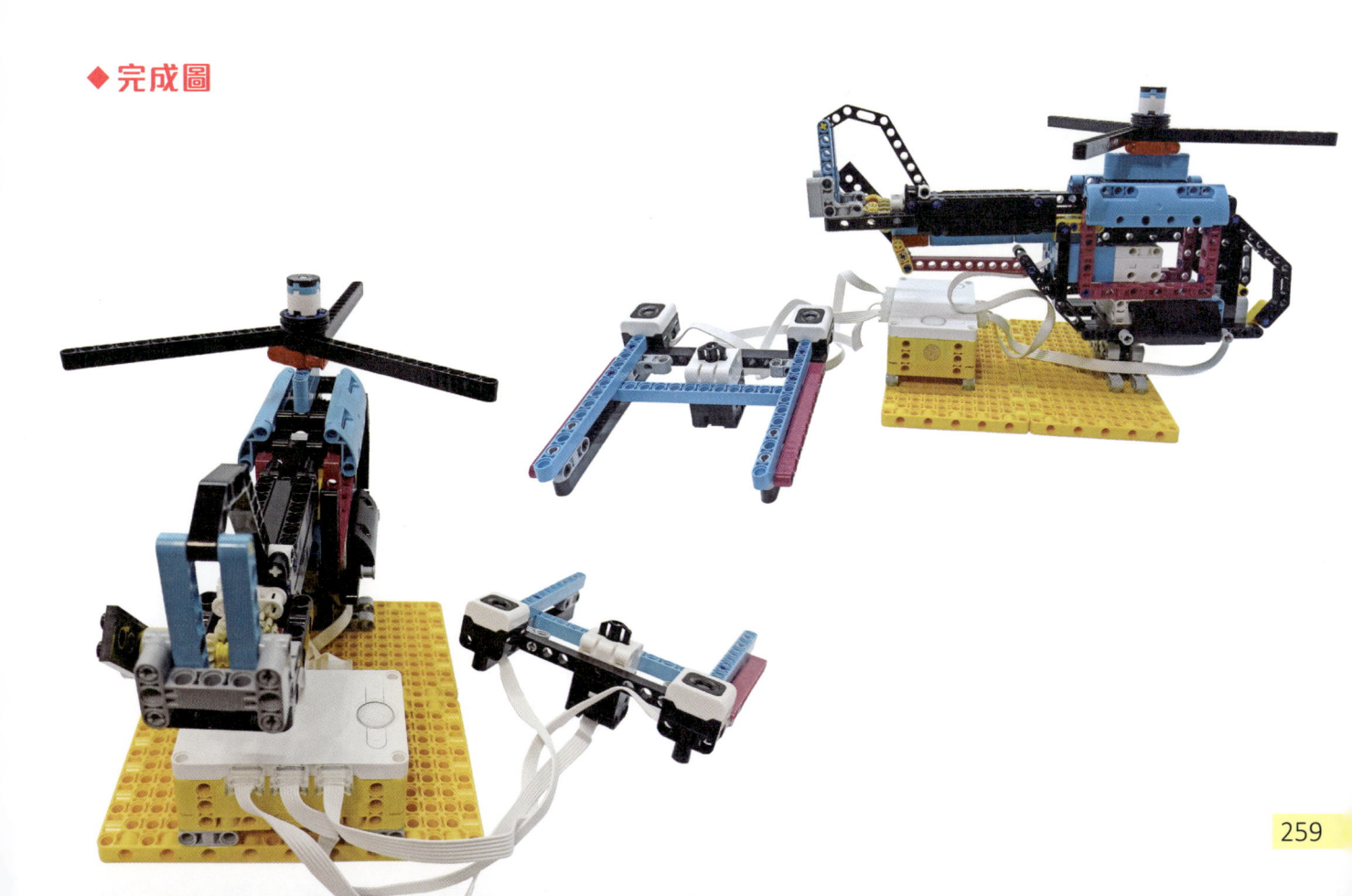

◆ 完成圖

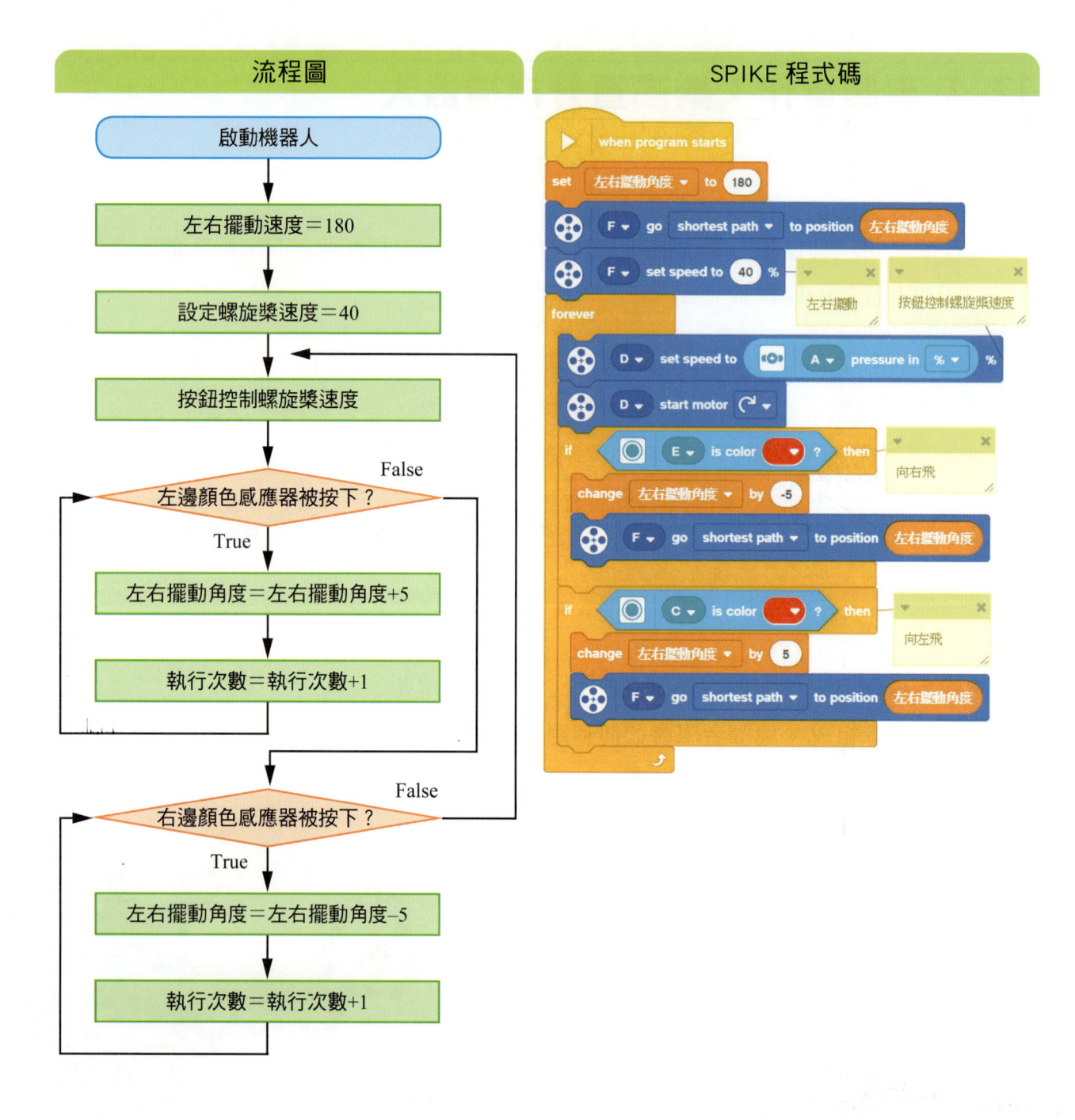

流程圖

- 啟動機器人
- 左右擺動速度＝180
- 設定螺旋槳速度＝40
- 按鈕控制螺旋槳速度
- 左邊顏色感應器被按下？
  - False：回到按鈕控制螺旋槳速度
  - True：
    - 左右擺動角度＝左右擺動角度+5
    - 執行次數＝執行次數+1
- 右邊顏色感應器被按下？
  - False：回到按鈕控制螺旋槳速度
  - True：
    - 左右擺動角度＝左右擺動角度−5
    - 執行次數＝執行次數+1

SPIKE 程式碼

```
when program starts
set 左右擺動角度 to 180
F go shortest path to position 左右擺動角度
F set speed to 40 %       左右擺動   按鈕控制螺旋槳速度
forever
    D set speed to A pressure in %
    D start motor
    if E is color red ? then    向右飛
        change 左右擺動角度 by -5
        F go shortest path to position 左右擺動角度
    if C is color red ? then    向左飛
        change 左右擺動角度 by 5
        F go shortest path to position 左右擺動角度
```

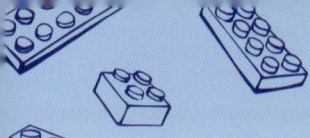

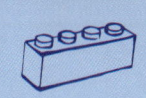

Chapter 12 課後習題

題目名稱 1. 具有操作功能的直升機機器人

題目說明 請參考本章專題實作，利用「多工處理」方式，可以同時控制，直升機「向左或右飛」、「按鈕控制螺旋槳速度」及「控制方向圖示」。

創客題目編號：A038039

100 mins

創客學習力

外形(專業)	機構	電控	程式	通訊	人工智慧	創客總數
1	2	3	4	2	0	12

綜合素養力

空間力	堅毅力	邏輯力	創新力	整合力	團隊力	素養總數
1	2	3	1	1	1	9

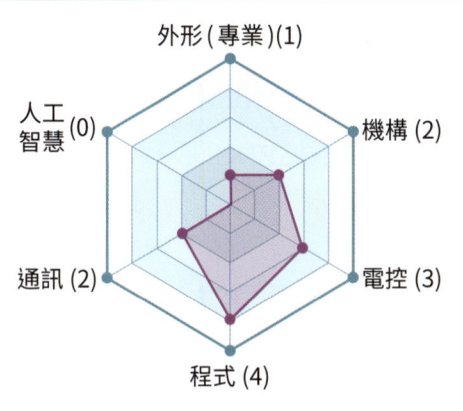

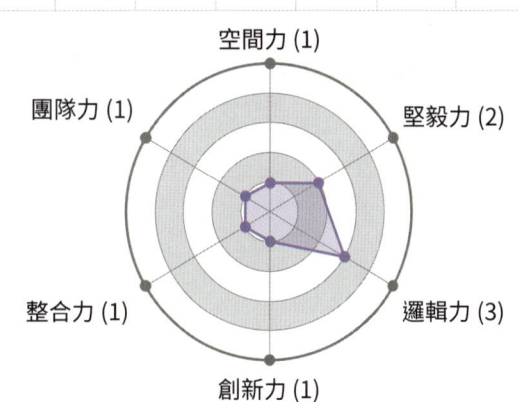

題目名稱 2. 具有動態顯示狀態的直升機機器人

題目說明 承上一題，當我們在控制直升機「向左或右飛」時，主機螢幕會顯示箭頭圖示。

創客題目編號：A038040

120 mins

創客學習力

外形(專業)	機構	電控	程式	通訊	人工智慧	創客總數
1	2	3	3	2	0	11

綜合素養力

空間力	堅毅力	邏輯力	創新力	整合力	團隊力	素養總數
1	2	3	1	1	1	9

261

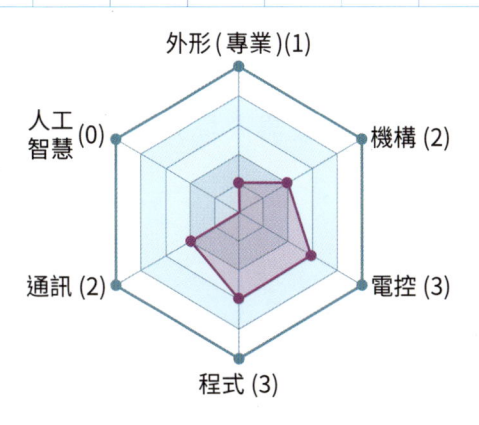

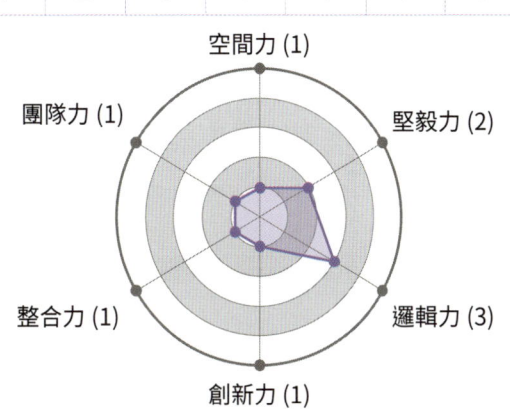

附錄

各章課後習題參考答案

Chapter 1

1. (1) 創意積木：讓小朋友隨著「故事」的情境，發揮自己的想像力，使用 LEGO 積木動手組裝出自己設計的模型。
   (2) 動力機械：讓小朋友使用 LEGO 動力機械組，藉由動手實作以驗證「槓桿」、「齒輪」、「滑輪」、「連桿」、「輪軸」等物理機械原理。
   (3) 樂高機器人：樂高集團所製造可程式化的機器玩具（Mindstorms）。

2. 第一代的RCX目前已經極少家玩在使用了（已成為古董級來收藏）。
   第二代的NXT目前雖然已經停產，但是大部分的教育中心尚在使用。
   第三代的EV3目前市面上的主流機器人，但是即將停產。將由SPIKE取代之。

3. (1) 感應器（輸入）。
   (2) 處理器（處理）。
   (3) 伺服馬達（輸出）。

4. (1) 工業上：焊接用的機械手臂（如：汽車製造廠）或生產線的包裝。
   (2) 軍事上：拆除爆裂物（如：炸彈）。
   (3) 太空上：無人駕駛（如：偵查飛機、探險車）。
   (4) 醫學上：居家看護（如：通報老人的情況）。
   (5) 生活上：自動打掃房子（如：自動吸塵器、掃地機器人）。
   (6) 運動上：自動發球機（如：桌球發球機）。
   (7) 運輸上：無人駕駛車（如：Google 研發的無人駕駛車）。
   (8) 安全測試上：汽車衝撞測試。
   (9) 娛樂上：取代傳統單一功能的玩具。
   (10) 教學上：訓練學生邏輯思考及整合應用能力，其主要目的讓學生學會機器人的機構原理、感應器、主機及伺服馬達的整合應用。進而開發各種機器人程式，以達到實務上的應用。

5. (1) 積木式：WordBlocks 語言（類式 Scratch）。
   (2) 命令式：Python 語言。

Chapter 2

1.
- when program starts
- write `Leech`

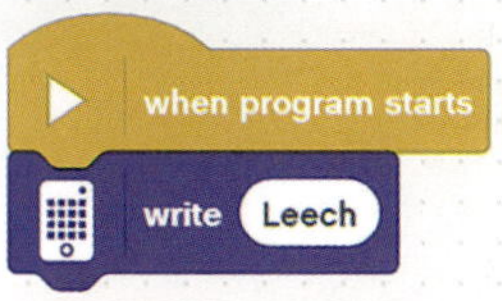

2.
- when program starts
- forever
  - turn on [pattern] for 0.5 seconds
  - turn on [pattern] for 0.5 seconds

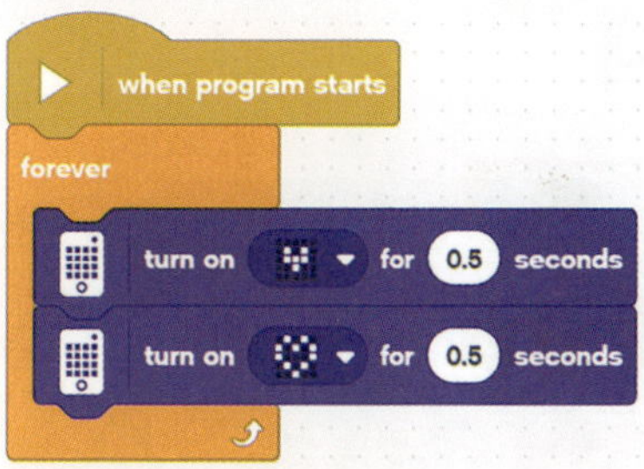

3.
- when program starts
- forever
  - set Center Button light to 🔴
  - wait 1 seconds
  - set Center Button light to 🔵
  - wait 1 seconds
  - set Center Button light to 🟢
  - wait 1 seconds

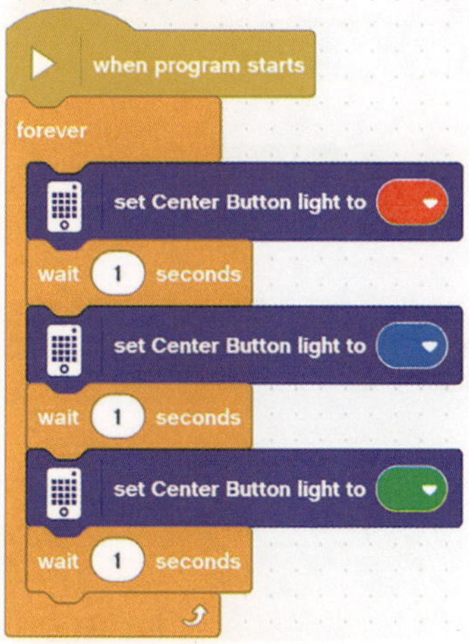

4.
- when program starts
- forever
  - A light up ○○
  - wait 0.2 seconds
  - A light up ○◡
  - wait 0.2 seconds
  - A light up ◡◡
  - wait 0.2 seconds
  - A light up ◡
  - wait 0.2 seconds
  - A light up
  - wait 0.2 seconds

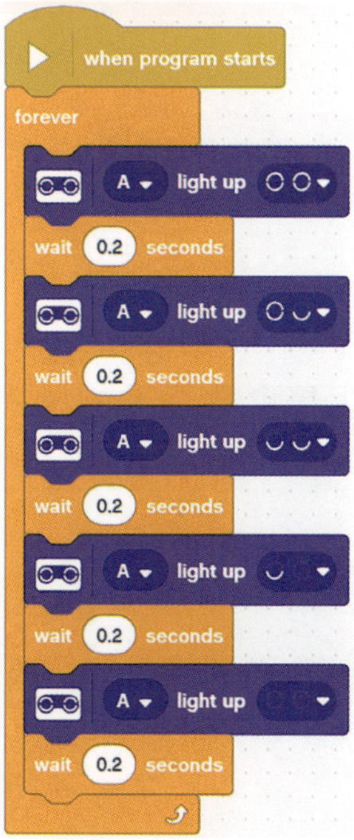

Chapter 3

1.
- when program starts — 鴨子「有規則」跳舞
- D go shortest path to position 235
- set movement speed to 30 %
- set movement motors to F+B
- F+B set speed to 20 %
- repeat 2
  - move ↑ for 2 seconds — 前進二秒
  - move ↓ for 2 seconds — 後退二秒
  - F+B start motor ↻ — 左轉90度
  - wait 1 seconds
  - F+B start motor ↺ — 右轉90度
  - wait 2 seconds
  - F+B start motor ↻ — 左轉180度
  - wait 1 seconds
- stop moving

263

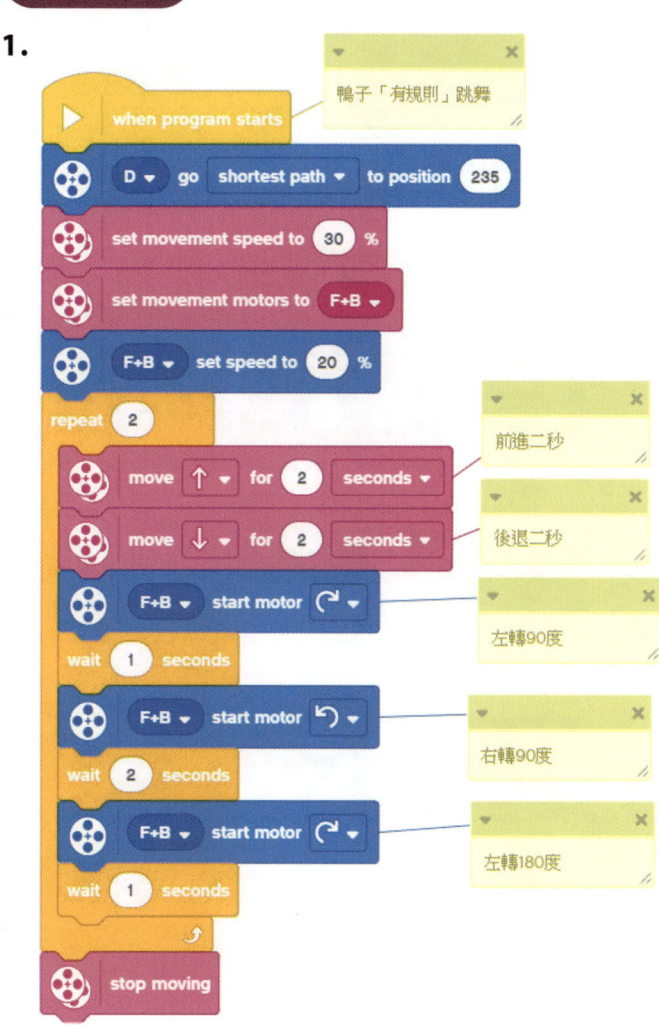

附錄

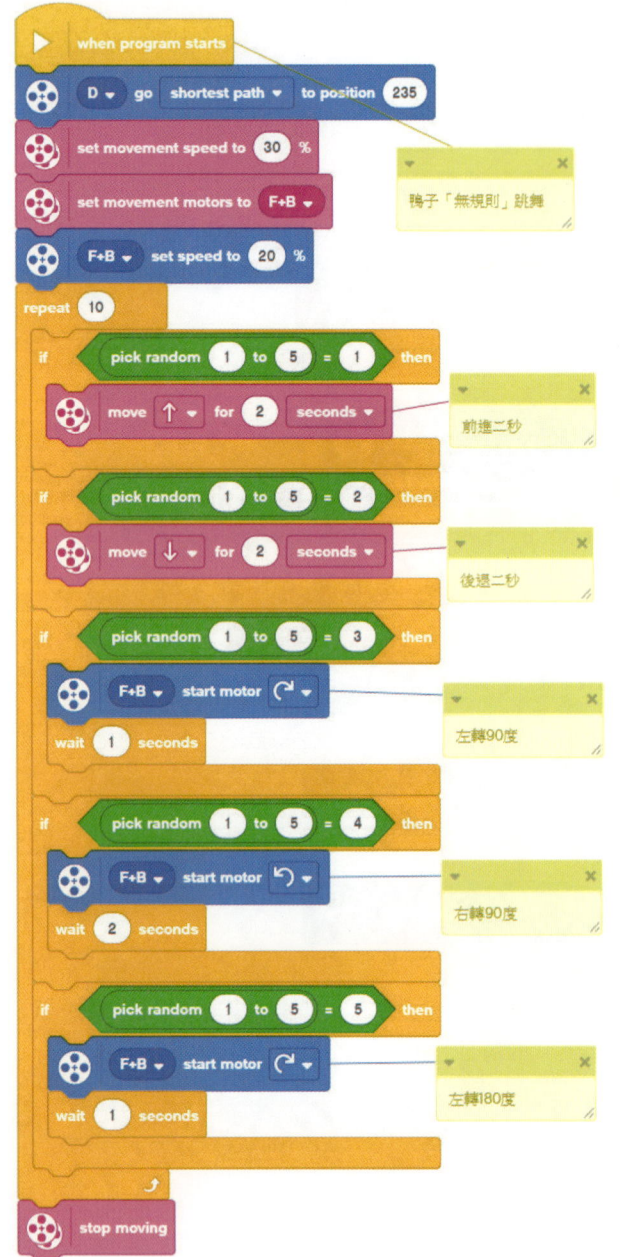

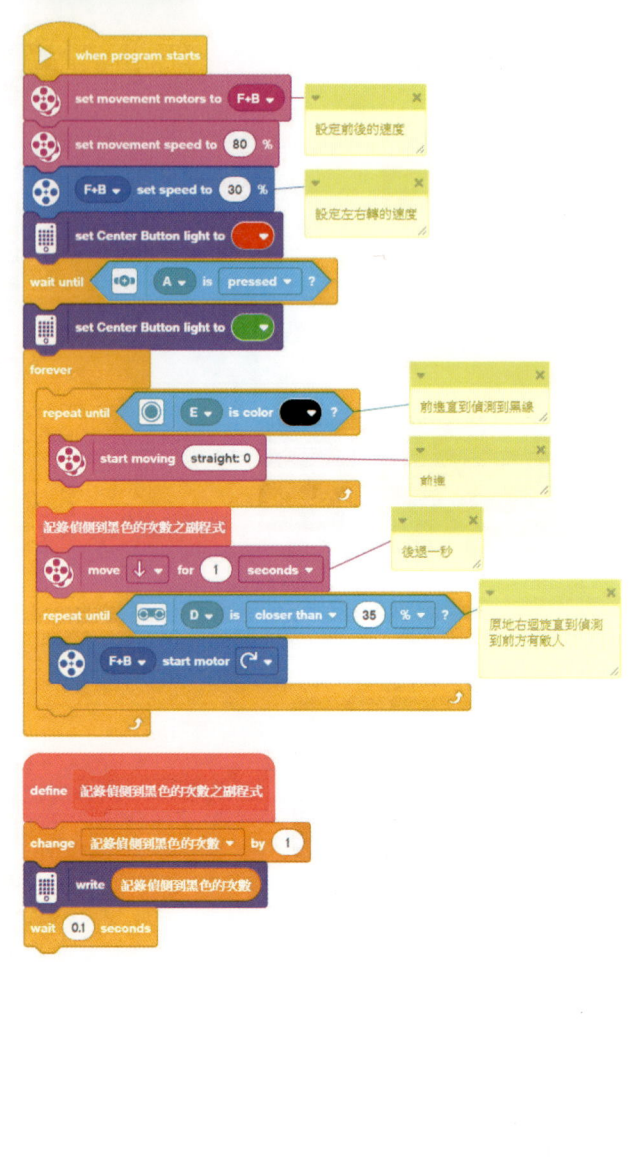

2.

鴨子「無規則」跳舞

Chapter 4

- 設定前後的速度
- 設定左右轉的速度
- 前進直到偵測到黑線
- 前進
- 後退一秒
- 原地右迴旋直到偵測到前方有敵人

前進二秒
後退二秒
左轉90度
右轉90度
左轉180度

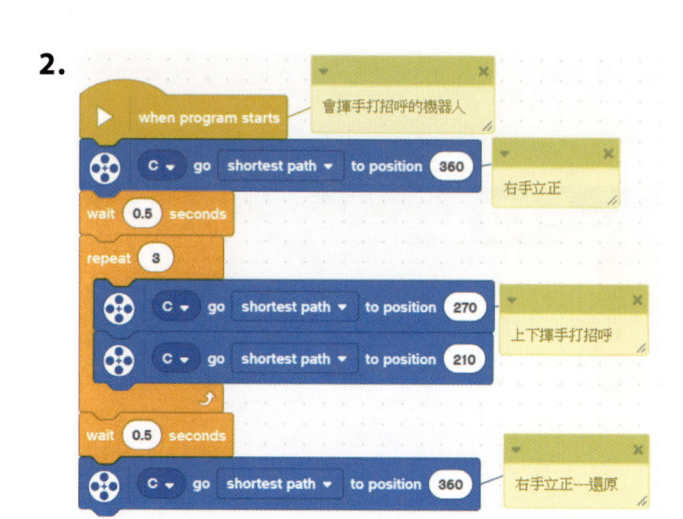

Chapter 5

1.

2.

附錄

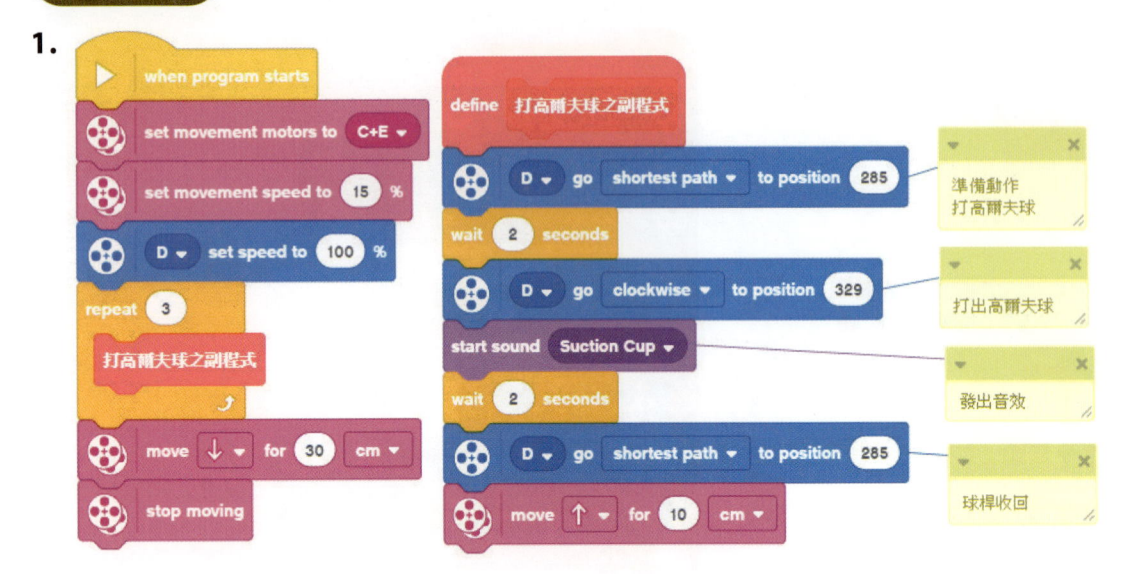

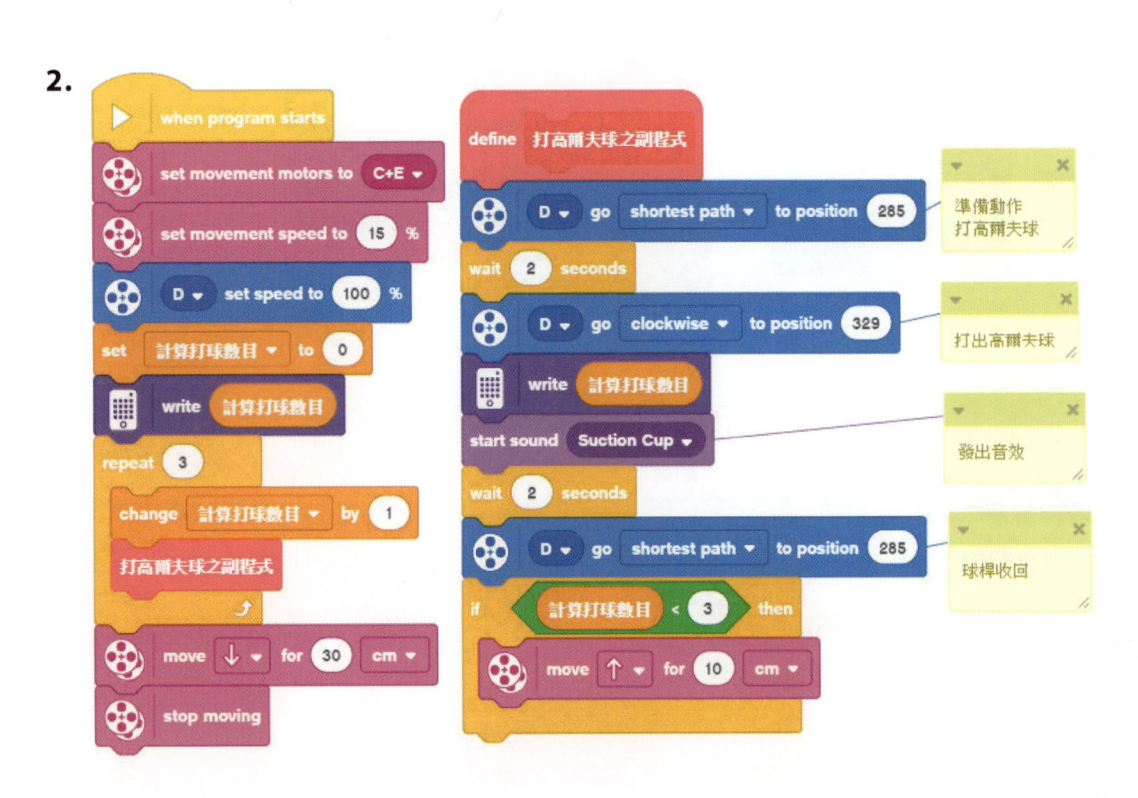

Chapter 6

1.

2.

Chapter 7

1.

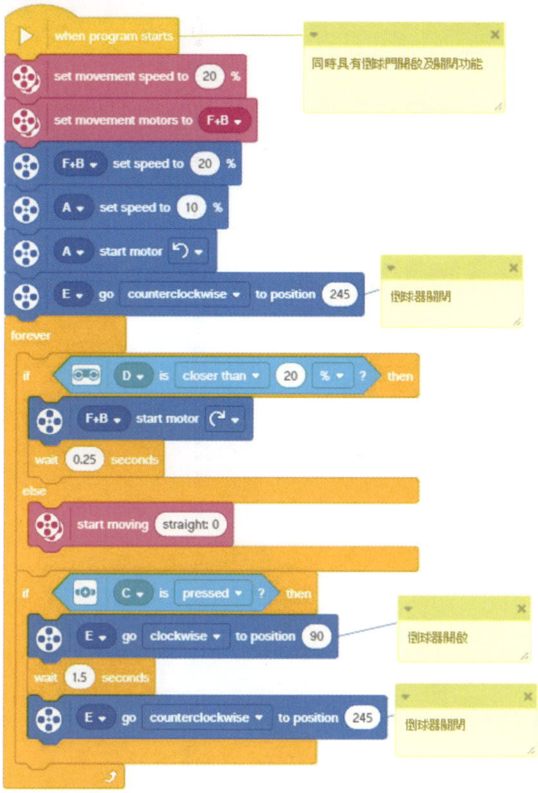

2.

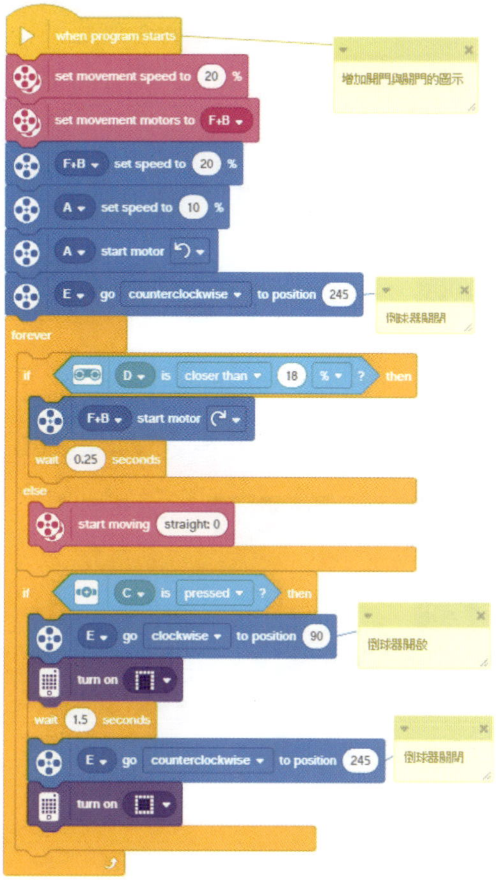

Chapter 8

1.

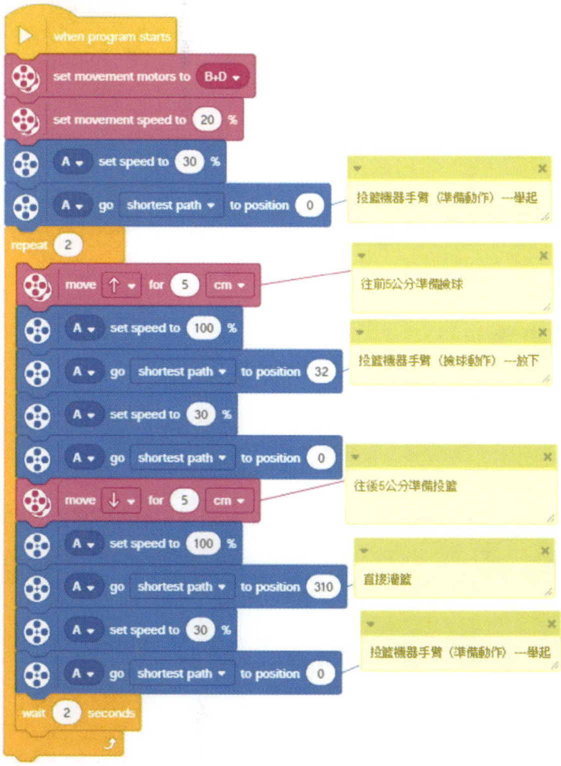

2.

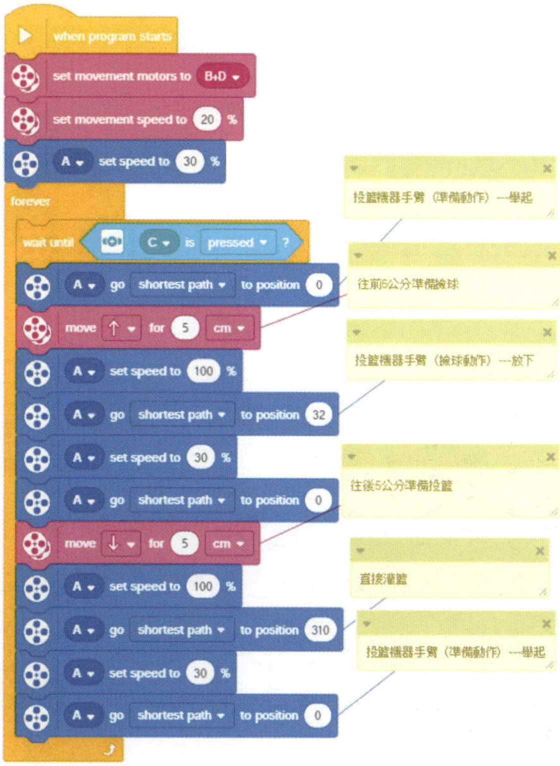

附錄

Chapter 9

1.

2.

Chapter 10

1.

2.

Chapter 11

1.

附錄

2. 主程式

戰車巡邏以正方形行走

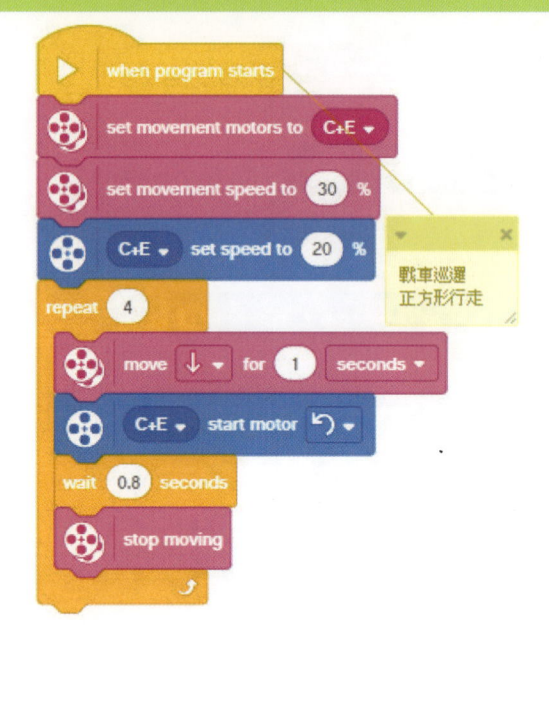

偵測到敵人發射子彈之副程式

燈光閃爍之副程式

Chapter 12

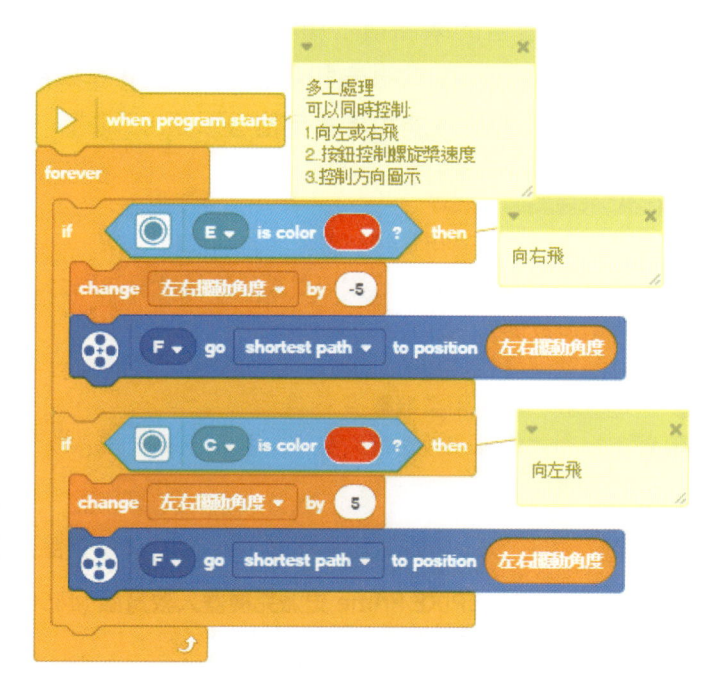

Lego SPIKE 機器人

SPIKE Prime 是一款 STEAM 教學解決方案，結合了色彩豐富的樂高積木顆粒，將樂高積木的搭建體驗、Scratch 程式語言和可程式多連接埠集線器相結合，致力於啟迪和培養自信心。

核心學習價值

- 將工程設計技能應用於設計過程的各個環節。
- 通過拆解問題和邏輯思維來培養高效的問題解決能力和程式設計能力。
- 設計將軟硬體結合起來的項目，以收集和交換數據。
- 處理變數、數組和雲端數據。
- 運用批判式思維，並培養未來職業發展所需的核心技能和素養。

產品比較

	SPIKE Prime 史派克機器人教育版 (#45678) 產品編號：3015041 建議售價：$17,800	SPIKE Prime 史派克機器人擴充組 (#45681) 產品編號：3015042 建議售價：$5,500
產品名稱		
主機	1 個	-
大型馬達	1 個	1 個
中型馬達	2 個	-
壓力感應器	1 個	-
距離感應器	1 個	-
顏色感應器	1 個	1 個
鋰電池	1 個	-
零件數	523 個	603 個

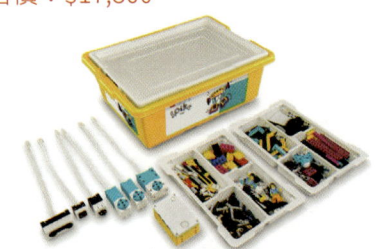

搭配書籍教材

新一代樂高 SPIKE Prime 機器人 - 使用 LEGO Education SPIKE App - 最新版
書號：PN011
作者：李春雄・李碩安
建議售價：$550

樂高 SPIKE 機器人創意專題實作 - 使用 LEGO Education SPIKE App 與擴充組 - 最新版
書號：PN038
作者：李春雄・李碩安
建議售價：$480

※ 價格・規格僅供參考　依實際報價為準

勁園科教　www.jyic.net　｜　諮詢專線：02-2908-5945 或洽轄區業務
歡迎辦理師資研習課程

MLC 創客學習力認證
Maker Learning Credential Certification

創客學習力認證精神

以創客指標 6 向度：外形（專業）、機構、電控、程式、通訊、AI 難易度變化進行命題，以培養學生邏輯思考與動手做的學習能力，認證強調有沒有實際動手做的精神。

MLC 創客學習力證書，累積學習歷程

學員每次實作，經由創客師核可，可獲得單張證書，多次實作可以累積成歷程證書。
藉由證書可以展現學習歷程，並能透過雷達圖及數據值呈現學習成果。

創客師 —核發→ 創客學習力認證 → 學員

學員收穫：
1. 讓學習有目標
2. 診斷學習成果
3. 累積學習歷程

單張證書

歷程證書

正面　　反面

創客學習力
雷達圖診斷
1. 興趣所在與職探方向
2. 不足之處

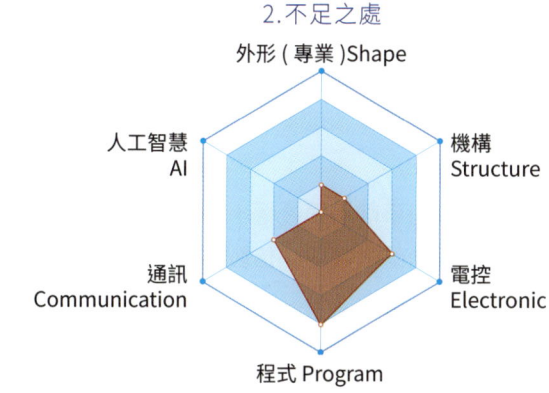

外形(專業)Shape、機構 Structure、電控 Electronic、程式 Program、通訊 Communication、人工智慧 AI

綜合素養力
各項基本素養能力

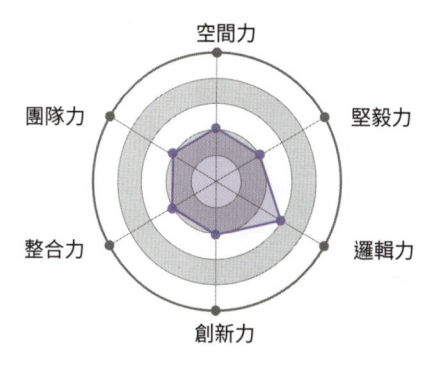

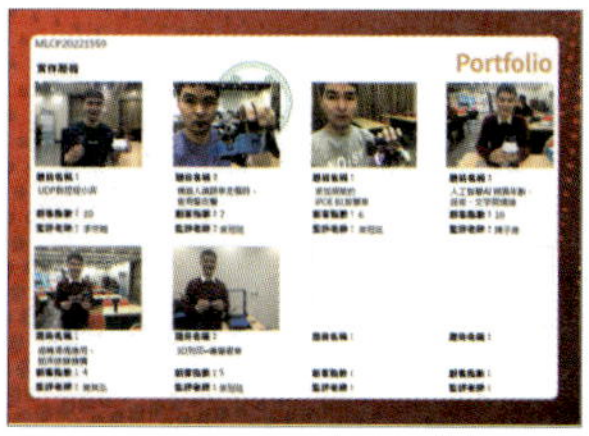

空間力、堅毅力、邏輯力、創新力、整合力、團隊力

數據值診斷
1. 學習能量累積
2. 多元性(廣度)學習或專注性(深度)學習

100 — 10 — 10
創客指標總數 — 創客項目數 — 實作次數

100 — 1 — 10
創客指標總數 — 創客項目數 — 實作次數

認證產品

產品編號	產品名稱	建議售價
PV151	申請 MLC 數位單張證書	$600
PV152	MLC 紙本單張證書	$600
PV153	申請 MLC 數位歷程證書	$600

產品編號	產品名稱	建議售價
PV154	MLC 紙本歷程證書	$600
PV159	申請 MLC 數位教學歷程證書	$600
PV160	MLC 紙本教學歷程證書	$600

諮詢專線：02-2908-5945 # 132　　聯絡信箱：oscerti@jyic.net

書　　　名	樂高SPIKE機器人創意專題實作- 使用LEGO Education SPIKE App與擴充組
書　　　號	PN038
版　　　次	2023年3月初版
編　著　者	李春雄・李碩安
責任編輯	康芳儀
校對次數	10次
版面構成	楊蕙慈
封面設計	楊蕙慈

國家圖書館出版品預行編目資料

樂高SPIKE機器人創意專題實作:
使用LEGO Education SPIKE App與擴充組/
李春雄, 李碩安編著.
-- 初版. -- 新北市：台科大圖書, 2023.03
　　　面；　公分
ISBN 978-986-523-567-3 (平裝)
1.CST: 電腦教育 2.CST: 機器人 3.CST: 電腦
　　程式設計 4.CST: 中等教育
524.375　　　　　　　　　　　111019280

出　版　者	台科大圖書股份有限公司
門市地址	24257新北市新莊區中正路649-8號8樓
電　　　話	02-2908-0313
傳　　　真	02-2908-0112
網　　　址	tkdbooks.com
電子郵件	service@jyic.net
版權宣告	**有著作權　侵害必究** 本書受著作權法保護。未經本公司事前書面授權，不得以任何方式（包括儲存於資料庫或任何存取系統內）作全部或局部之翻印、仿製或轉載。 書內圖片、資料的來源已盡查明之責，若有疏漏致著作權遭侵犯，我們在此致歉，並請有關人士致函本公司，我們將作出適當的修訂和安排。
郵購帳號	19133960
戶　　　名	台科大圖書股份有限公司 ※郵撥訂購未滿1500元者，請付郵資，本島地區100元 / 外島地區200元
客服專線	0800-000-599
網路購書	PChome商店街　JY國際學院 博客來網路書店　台科大圖書專區
各服務中心	總　公　司　02-2908-5945　　台中服務中心　04-2263-5882 台北服務中心　02-2908-5945　　高雄服務中心　07-555-7947

線上讀者回函
歡迎給予鼓勵及建議
tkdbooks.com/PN038